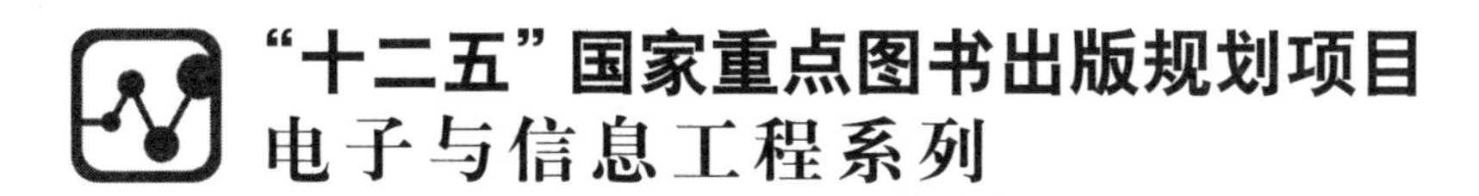

FRACTIONAL ORDER SIGNAL PROCESSING THEORY AND METHODS

分数阶信号处理理论与方法

哈爾濱工業大學出版社
HARBIN INSTITUTE OF TECHNOLOGY PRESS

内容简介

分数阶信号处理技术作为信号处理领域出现的新兴方向之一，以其独有的特点受到了广泛关注，它不但为传统信号处理方法无法解决的问题提供了新思路、新方法，而且牵引出诸多新应用。本书主要从分数阶积分变换的角度阐述分数阶信号处理的理论与方法。全书共分 9 章，内容包括分数阶傅里叶分析的基本概念、分数阶傅里叶分析的基本运算和定理、随机信号的分数阶傅里叶分析、分数阶滤波理论、分数阶采样与信号重构理论、短时分数阶傅里叶变换、分数阶时频分布理论和分数阶小波变换等。全书内容是作者近年来研究成果的提炼与总结，既注重理论与应用的结合，又强调知识性和可读性，对重要的知识点既有详尽的理论分析，又有合理的物理解释。

本书可作为理工科研究生的参考教材，也可供相关领域的教学人员、科技人员、工程技术人员作为参考。

图书在版编目(CIP)数据

分数阶信号处理理论与方法/史军，沙学军，张钦宇著. —哈尔滨：哈尔滨工业大学出版社，2017.11

ISBN 978－7－5603－6219－9

Ⅰ.①分… Ⅱ.①史… ②沙… ③张… Ⅲ.①信号处理 Ⅳ.①TN911.7

中国版本图书馆 CIP 数据核字(2016)第 311744 号

电子与通信工程
图书工作室

责任编辑　李长波
封面设计　刘洪涛
出版发行　哈尔滨工业大学出版社
社　　址　哈尔滨市南岗区复华四道街 10 号　邮编 150006
传　　真　0451－86414749
网　　址　http://hitpress.hit.edu.cn
印　　刷　哈尔滨市工大节能印刷厂
开　　本　787mm×1092mm　1/16　印张 15　字数 362 千字
版　　次　2017 年 11 月第 1 版　2017 年 11 月第 1 次印刷
书　　号　ISBN 978－7－5603－6219－9
定　　价　58.00 元

前 言

整数化思想的经典信号处理技术奠定了平稳信号与系统的分析和处理基础，然而随着研究对象和应用范围的不断扩展，如何解决复杂非平稳信号与系统的分析和处理问题成为限制电子信息系统进一步提升性能的瓶颈。一种有效的解决办法就是引入先进的信号处理技术。近年来，在信号分析与信息处理中，一系列新型信号处理技术的不断涌现极大地丰富了经典信号处理技术的内涵与外延。其中分数阶信号处理技术以其独有的特点受到了广泛关注，所谓"分数阶信号处理"通常是指阶数、维数、参数为分数的信号与系统的分析和处理方法，它不仅为处理传统方法无法解决的问题提供了新思路、新方法，而且牵引出诸多新应用。然而，作为一个前瞻性的研究方向，分数阶信号处理尚有诸多基础理论和工程应用问题有待进一步完善和解决。目前，分数阶信号处理的相关内容主要包括以下几个方面：分数阶积分变换、分数阶微积分、分数阶系统、分数阶统计量以及分形。鉴于这几个方面的内容自成体系，本书重点从分数阶积分变换的角度阐述分数阶信号处理的理论与方法，主要内容是作者近年来研究成果的提炼与总结，阐述时既注重理论与应用的结合，又强调知识性和可读性，对重要的知识点既有详尽的理论分析，又有合理的物理解释。

全书共 9 章，除第 1 章是作者对现有文献的综述分析以外，其他章节均是作者研究成果的归纳总结，涵盖了以下几方面内容：分数阶傅里叶分析（第 2～4 章），分数阶滤波理论（第 5 章），分数阶采样与信号重构（第 6 章），线性时间一分数阶频率表示（第 7、9 章），二次型时间一分数阶频率分布（第 8 章）。第 1 章从分数阶积分变换的角度，介绍分数阶信号处理的研究进展及主要应用。第 2 章介绍分数阶傅里叶分析的基本概念，主要包括连续、离散时间分数阶傅里叶变换及离散分数阶傅里叶变换的快速算法。第 3 章阐述分数阶傅里叶分析的基本运算和定理。首先，利用算子的方法给出分数阶傅里叶变换信号分析与处理机理的新解释；其次，基于所提分数阶算子给出分数阶卷积和分数阶相关的统一数学定义，并得到相应的分数阶卷积定理和分数阶相关定理；同时，给出分数阶能量谱与分数阶相关函数之间的内在联系，进而得到线性系统的响应、激励及其传输函数的分数阶能量谱间的关系；接着，从算子的角度，给出适合任意信号的由信号时宽一分数域带宽积表征的分数阶不确定性原理，特别地，从通信信号的角度，提出信号能量聚集性表征的分数阶不确定性原理；最后，利用分数阶时、频移算子得到分数阶 Poisson（泊松）求和公式及其对偶形式，并给出它们与分数阶傅里叶级数的密切联系。第 4 章论述随机信号的分数阶傅里叶分析。首先，给出分数阶功率谱密度的定义及性质；然后，通过分数阶 Wiener-Khinchin（维纳一辛钦）定理揭示随机信号分数阶功率谱密度与分数阶相关函数之间的内在联系，并以此给出传统白噪声的分数域特性分析；最后，给出随机信号通过线性系统的分数阶傅里叶分析。第 5 章讨论基于分数阶傅里叶变换的信号滤波问题。首先，阐明关于分数阶滤波的几个基本概念，即分数域无失真传输条件、分数域理想滤波器的特性、分数域滤波系统的物理可实现性以及级联分数域滤波器的实现；其次，针对现有分数阶 Wiener（维纳）滤波存在的问题，建立基于广义分数阶卷积的分数阶 Wiener 滤波器设计理论，得到分数阶傅里叶变换下滤波问题的 Wiener 解，从而解决最小均方误差准则下基于分数阶傅里叶变换的最优滤波问题；最后，针对现有分数阶匹配滤波存在的问题，利用广义分数阶卷积构建白噪声背景下分数阶匹配滤波器理论，并给出分数阶匹配滤波器的基本性质；进而又提出有色噪声背景下广义分数阶匹配滤波器的设计原理。本章所得到的结论对于设计分数阶其他类型的滤波器具有重要的理论指导意义。第 6 章针对现有分数阶采样与信号重构理论在实际应用中存在的问题，给出相应的解决方案。首先，考虑到现有时间有限信号分数阶采样定理在实际应用中面临的无法直接或准确获取信号分数谱的问题，提出一种仅由时域采样值进行信号重构的分数阶采样定理；同时，注意到现有分数域带限信号多通道采样存在因谱泄漏而造成信号失真的问题，给出一种基于广义分数阶卷积的分数域带限信号的多通道采样定理；此外，认识到实际应用中并不存在严格的带限信号，分别在函数空间中 Riesz（黎斯）基和框架下建立适合任意信号的一般化分数阶采样定理，从而可以有效地解决分数域带限信号的采样定理在应用中因 sinc（辛克）插值函数的高旁瓣和低衰减速率而导致的较大计算开销和插值误差的问题；最后，考虑到在一些应用中往往只能获取信号在某一有限时间间隔内的值，提出一种基于部分时域信息的分数域带限信号重构算法，与现有算法相比，该算法具有计算量、存储量小，信号重构精度高的特点。第 7 章针对分数阶傅里叶变换在信号分析与处理中面临的缺乏时间和分数阶频率定位功能的局限性等问题，从分数域局部化的角度，利用广义分数阶卷积提出一种新的短时分数阶傅里叶变换，并详细阐述它的基本原理，包括基本性质、定理、时间－分数阶频率的定位功能及分辨率等。第 8 章针对短时分数阶傅里叶变换因信号加窗而造成的时间分辨率和分数阶频率分辨率相互约束的矛盾，利用广义分数阶相关函数和分数阶频率算子分别从瞬时分数阶相关函数和分数阶特征函数两个角度给出二次型时间－分数阶频率分布的构造原理，并通过分数阶 Cohen（柯亨）类分布、分数阶 Wigner－Ville（维格纳－维莱）分布和分数阶模糊函数这三种典型的联合时域和分数域分布深入讨论时间－分数阶频率分布的分析特点和性质。第 9 章针对短时分数阶傅里叶变换存在的前述矛盾以及时间－分数阶频率分布因信号的二次型变换引入的交叉干扰项问题，从分数域伸缩滤波组的思想出发，利用广义分数阶卷积提出一种新的分数阶小波变换，并系统地建立分数阶小波分析理论，主要包括基本性质及定理、逆变换及容许性条件、重建核与重建核方程、联合时间－分数阶频率分析、分数阶多分辨分析与正交小波构造理论以及分数阶小波采样理论；同时，讨论分数阶小波变换在信号去噪和线性调频信号时延估计中的应用。

分数阶信号处理技术正在蓬勃发展之中，作者多年来虽始终致力于其理论体系和工程应用的研究，但书中疏漏之处在所难免。在此，诚恳希望得到诸位专家、同仁和广大读者的批评指正。

作　者

哈尔滨工业大学

2017 年 7 月

目　录

第1章 绪论

分数阶信号处理技术是在基于整数化思想的经典信号处理技术基础上发展起来的一个新的研究方向，极大地丰富了经典信号分析与处理的内涵和外延。在信号处理、图像处理、雷达、通信等方面具有十分广阔的应用前景。目前，分数阶信号处理相关内容主要包括以下几个方面：分数阶积分变换、分数阶微积分、分数阶系统、分数阶统计量以及分形。由于这几个方面自成体系，本书侧重从分数阶积分变换的角度阐述分数阶信号处理的理论与方法。

1.1 分数阶信号处理的研究进展

分数阶傅里叶变换[1-6] (Fractional Fourier Transform，FRFT) 的思想最早可以追溯到1929年N. Wiener的研究工作[7]。众所周知，傅里叶变换算子的特征函数为Hermite－Gauss(埃尔米特－高斯) 函数，相应的特征值是$e^{jn(\pi/2)}$，$n \in \mathbf{Z}$。Wiener在文献[7]中为了得到一类特殊偏微分方程的解，利用傅里叶变换构造了一种变换算子，它的特征函数与傅里叶变换算子相同，而相应的特征值是$e^{jn\alpha}$，其中α是$\pi/2$的分数倍。实际上，Wiener所构造的变换算子即为FRFT算子，尽管FRFT这一术语在当时还没有出现。1937年，E. U. Condon在文献[8]中利用连续群理论证明了傅里叶变换算子构成以4为变换周期的周期群，其研究表明，函数的一次傅里叶变换相当于在该群空间上使该函数围绕某一固定点进行角度为$\pi/2$的逆时针旋转。基于此，Condon构造出一类广义连续群，傅里叶变换算子构成的周期群为其子群，并得到了相当于在该广义连续群空间上进行任意角度旋转的函数变换，该函数变换实际上就是FRFT。1939年，H. Kober利用分数阶积分理论研究函数变换的特征根时[9]，提出了一类连续变换，傅里叶变换和FRFT皆可视为其特例情况。1973年，H. Hida在研究白噪声随机特性时受Wiener研究成果[7]的启发，结合傅里叶变换和旋转群的概念定义了一种积分算子(实为FRFT算子)，导出了该算子的积分核和一些重要的性质，并将之应用于随机微分方程的求解[10]。这一时期最具代表性的工作是V. Namias的研究[5]。1980年，Namias从傅里叶变换特征值和特征函数的角度，根据特征值的任意次幂运算首次提出了分数(任意实数) 傅里叶变换的概念，导出了它的高阶微分形式，并将之应用于求解量子力学中的微分方程。1987年，A. C. McBride和F. H. Kerr在Namias工作的基础上给出了FRFT更为严格的数学定义，并对FRFT的性质进行了补充和完善[6]。尽管FRFT具有诸多优良的信号处理特性，但是由于缺乏有效的物理解释和快速离散算法，使得其在信号处理领域迟迟未能受到应有的重视。1993年，A. W. Lohmann利用傅里叶变换与Wigner(维格纳) 分布的$\pi/2$角度旋转关系[11]，并结合图像旋转和Wigner分布旋转给出了FRFT的几何解释，

即 FRFT 相当于在 Wigner 分布时频平面上任意角度的旋转。1994 年，L. B. Almeida 在 Lohmann 工作的基础上，总结分析了 FRFT 的基本性质。同时，Almeida 从信号处理的角度进一步揭示了 FRFT 与传统时频分析工具(包括 Wigner 分布、模糊函数、短时傅里叶变换和谱图)的关系，得出了 FRFT 可以解释为信号在时频面上坐标轴绕原点逆时针以任意角度旋转的重要结论[4]。通俗地讲，信号的傅里叶变换可以视为将信号从时间轴上逆时针旋转 $\pi/2$ 到频率轴的表示，而其 FRFT 则可看成将信号从时间轴逆时针旋转任意角度到 u 轴的表示。至此，FRFT 被赋予了明确的物理意义。1996 年，H. M. Ozaktas 等提出了一种计算量与快速傅里叶变换相当的离散算法[12]，为 FRFT 的数值计算提供了理论支持。之后，J. Garcia 等、S. C. Pei 等、C. Candan 等以及 A. Serbes 和 L. Durak 又对 FRFT 离散化算法进一步完善和发展[12-16]，为 FRFT 的工程应用提供了保证。近年来，FRFT 作为一种新型信号分析工具备受关注，新的研究成果也不断涌现，从信号处理的角度归纳起来，相关理论研究主要集中在以下几个方面。

1. 分数阶卷积

1993 年，D. Mendlovic 和 H. M. Ozaktas 在研究 FRFT 光学实现[17,18]时在文献[17]中首次提出分数阶卷积的概念，并将两个时间函数的分数阶卷积定义为这两个函数的 FRFT 在分数域乘积所对应的时域形式。其后，D. Mustard 在文献[19]中也给出了相同的定义，并讨论了该分数阶卷积的一些基本性质及其与 Wigner 分布之间的关系。然而，文献[17]和[19]都没有直接给出该分数阶卷积具体的时域表达形式。实际上，这一结果可以根据 K. K. Sharma 和 S. D. Joshi 在文献[20]中的研究结论得到。不难验证文献[17]和[19]中分数阶卷积在时域体现为复杂的三重积分，与经典卷积在时域为简单一重积分的性质相差甚远，因而不利于实际实现。1994 年，H. M. Ozaktas 等在文献[21]中将分数阶卷积重新定义为两个时间函数的 FRFT 在分数域做经典卷积运算后所得结果对应的时域形式。之后，O. Akay 和 G. F. Boudreaux－Bartels 在文献[22]中也给出了相同的定义，其研究结果表明，文献[21]定义的分数阶卷积在时域体现为一重积分。很显然，该分数阶卷积在分数域也体现为一重积分运算，而不像经典卷积在频域那样为乘积运算，因此它不适合分数域乘性滤波处理。1997 年，L. B. Almeida 在文献[23]中分析了经典卷积在分数域的特性，其研究结果表明，两时间函数的经典卷积在分数域体现为积分运算，不具备频域所表现出的简单的乘积特性。为了使分数阶卷积具备经典卷积的基本特性，即时域卷积(一重积分)体现为分数域的乘积，A. I. Zayed 在 1998 年通过对经典卷积定义的修正提出了一种新的分数阶卷积[24]，该分数阶卷积在分数域体现为两个时间函数的 FRFT 乘积，再乘以一个线性调频因子。之后，P. Kraniauskas 等、R. Torres 等以及 A. K. Singh 和 R. Saxena 分别在文献[25]、[26]和[27]中利用不同的方法得到了与 Zayed 相同的结果。近期，J. Shi 等研究多通道分数阶采样时在文献[52]中提出了一种结构简单且蕴含于 FRFT 采样定理中的分数阶卷积。该分数阶卷积在时域为一重积分，在分数域体现为简单的乘积，它的结构与分数域带限信号采样重构公式相对应。

2. 分数阶相关

1993 年，D. Mendlovic 和 H. M. Ozaktas 在文献[17]中提出了分数阶相关的概念。他们基于所提出的分数阶卷积把两个时间函数的分数阶相关定义为一个时间函数与另一时间函数的反转共轭的分数阶卷积。根据前述分析可知，该分数阶相关时域为复杂的三重积分，不利于工程应用。1995年，D. Mendlovic等[28-30]类比经典相关的结构形式在文献[28]中提出了另外两种分数阶相关的定义。其中一种分数阶相关被定义为一个时间函数的α角度FRFT与另一时间函数α角度FRFT共轭的乘积的β角度FRFT；另外一种分数阶相关被定义为一个时间函数的α角度FRFT与另一时间函数反转共轭的$\pi-\alpha$角度FRFT的乘积的β角度FRFT。之后，Z. Zalevsky等在文献[31]中将两个时间函数的分数阶相关定义为一个时间函数的α角度FRFT与另一时间函数β角度FRFT共轭的乘积的γ角度FRFT。然而，文献[28]和[31]定义的分数阶相关函数的时域均为复杂的三重积分，甚至文献[28]也指出所提出的分数阶相关时域形式极其复杂，以致无法得到类似于简洁的时域经典相关易于实现的表达形式。2001年，O. Akay和G. F. Boudreaux－Bartels利用算子方法在文献[22]中提出了一种不同于前述定义的分数阶相关。实质上，该分数阶相关是两个时间函数的FRFT在分数域做经典相关后所对应的时域形式。为了使分数阶相关具有经典相关的基本特性，即时域为一重积分，而分数域体现为乘积运算，R. Torres等在2010年从平移不变性的角度提出了一种新的分数阶相关定义[26]。之后，A. K. Singh和R. Saxena在文献[32]中也得到了与Torres等一致的结果。

以上讨论均是对确定信号而言的，对于随机信号的分数阶相关问题，陶然和张峰等在文献[33,34]中以及S. C. Pei和J. J. Ding在文献[35]中都进行了探讨，得到了一些有用结论。

3. 分数阶不确定性原理

1995年，H. M. Ozaktas和O. Aytür研究分数域特性时在文献[63]中提出了分数阶不确定性原理，并得出这样的结论：任意两个α和β角度分数域的信号带宽（标准方差）的乘积不小于$\frac{1}{4}\sin^2(\beta-\alpha)$。然而，他们没有讨论最小不确定乘积对应的信号形式。之后，J. Shen和G. Xu等分别在文献[64]和[67]中也得到了与文献[63]相同的结果。同时，文献[67]指出不确定性乘积的界$\frac{1}{4}\sin^2(\beta-\alpha)$既适合实信号也适合复信号。2001年，S. Shinde和V. M. Gadre在文献[65]中针对实信号讨论了分数阶不确定性原理，其研究结果表明，实信号的任意两个α和β角度分数域带宽的乘积不小于$\frac{1}{4}\sin^2(\beta-\alpha)+\left(\Delta_t^2\cos\alpha\cos\beta+\frac{\sin\alpha\sin\beta}{4\Delta_t^2}\right)^2$。可见，$\frac{1}{4}\sin^2(\beta-\alpha)$并不是实信号的最小不确定性乘积。之后，文献[63]和[65]结果又被相继扩展到FRFT的广义形式[68-73]。

4. 分数阶滤波理论

1994年，H. M. Ozaktas等在文献[21]中提出了分数域滤波的概念，其基本思想是，先对信号进行α角度FRFT，将得到的结果在分数域与滤波器传输函数进行乘积运算，然后再进行负α角度FRFT得到滤波器输出的时域波形。根据前述关于分数阶卷积的介绍可知，文献[21]中的乘性滤波处理在时域对应于复杂的三重积分，不利于实际实现。之后，M. F. Erden等在文献[21]的基础上讨论了分数域乘性滤波器的级联滤波[74]。1995年，A. M. Kutay等[36]在最小均方误差准则下利用分数域乘性滤波的方式提出了分数域最优滤波概念。之后，S. R. Subramaniam等在文献[36]基础上讨论了噪声统计特性未知情况下最优滤波器的设计[75]。2004年，齐林等研究了白噪声环境中线性调频信号的分数域最优滤波问

题[76]，得到了分数域上等效 Wiener 滤波算子的求解方法。2010 年，L. Durak 和 S. Aldirmaz 在文献[77]中基于分数域乘性滤波方式给出了分数域自适应滤波器的设计方法。同年，S. A. Elgamel 等在文献[78]中讨论了线性调频信号的分数域匹配滤波。其后，F. Zhang 等在文献[79]中给出了一般信号的分数域匹配滤波器设计方法，其基本思想是以原信号 α 角度 FRFT 的反转共轭作为匹配模板，并将之与原信号 α 角度 FRFT 在分数域做经典卷积运算，即可实现对信号在分数域的匹配滤波处理。

5. 分数阶采样与信号重构理论

分数阶采样的思想源于 M. A. Kutay 等在文献[36,37]中关于分数域最优滤波的研究工作，为了数值计算 FRFT，他们提出了分数域带限信号的插值公式。1996 年，X. G. Xia 通过研究带限信号的特性首次系统地阐述了分数域带限信号的采样定理[38]，其研究表明：一个信号若是分数域带限的，那么其带限的分数域是唯一的。这也说明经典 Shannon（香农）采样定理在某些条件下并不是最优的。之后，A. I. Zayed、T. Erseghe 等以及 R. Torres 等分别在文献[39]、[40]和[41]中得到了与 Xia 相同的结果。2003 年，C. Candan 和 H. M. Ozaktas 在文献[42]中得到了时间有限信号的分数阶采样定理，该定理的本质是时间有限信号的分数阶傅里叶级数展开式。2005 年，张卫强等在文献[43]中得到了分数域带通信号的分数阶采样定理。同年，K. K. Sharma 和 S. D. Joshi 给出了分数域带限周期信号的分数阶采样定理[44]。近期，A. Bhandari 和 P. Marziliano 在文献[45]中得到了稀疏信号的分数阶采样定理。之后，A. Bhandari 和 A. I. Zayed 又在文献[46]中提出了采样空间的概念。为了降低采样率，A. I. Zayed 在文献[47]中提出了基于 Hilbert（希尔伯特）变换的分数域带限信号的采样定理。基于同样的目的，K. K. Sharma 和 S. D. Joshi 在文献[20]中提出了分数阶多通道采样定理。之后，F. Zhang 等、D. Wei 等以及 J. Shi 等分别在文献[48,49]、[50,51]和[52]中得到了与文献[20]类似的结果。近年来，北京理工大学陶然教授及其所领导的科研团队对分数域的采样问题展开了系统深入的研究，针对分数域带限信号提出了多种分数阶采样定理，初步建立了 FRFT 多采样率信号处理理论[53-59]。

在上述采样过程中，信号重构需要利用全部的时域信息。在一些特定场合或特殊应用中，往往只能获取信号部分的时域信息。基于此，K. K. Sharma 和 S. D. Joshi 在文献[60,69]中提出了分数域带限信号外推的概念。之后，S. C. Pei 和 J. J. Ding 提出了利用分数阶长椭球波函数展开的基于部分时域信息的信号重构方法[61]。H. Zhao 等又将文献[61]的结果推广到 FRFT 的广义形式，即线性正则性变换。

6. 其他分数阶变换

经过 30 余年的发展，FRFT 理论的内涵和外延不断得到丰富与发展。一方面，利用 FRFT 分数化的思想和方法，能够将现有许多积分变换分数化，例如，分数阶 Cosine（余弦）变换、分数阶 Sine（正弦）变换、分数阶 Hartley（哈特莱）变换和分数阶 Hilbert 变换等[80-82]；另一方面，随着研究的不断深入，人们也逐渐认识到 FRFT 是一种整体变换，无法刻画信号的局部特征。为了克服 FRFT 在信号分析中的局限性，短时分数阶傅里叶变换、联合时域—分数域信号表示和分数阶小波变换等概念便应运而生。

1996 年，D. Mendlovic 等在文献[83]中为了实现信号的局部空域滤波，提出了一种局部分数阶傅里叶变换，即加窗信号的 α 角度 FRFT，且角度 α 与窗函数的中心有关。同年，孙

晓兵和保铮在文献[84]中将加窗信号的 α 角度 FRFT 定义为短时分数阶傅里叶变换(Short-Time Fractional Fourier Transform,STFRFT),且角度 α 与窗函数的参数无关。之后,R. Tao 等在文献[85]中从联合时域和分数域分析的角度也得到了文献[84]中 STFRFT 的定义,并给出了它的基本性质及应用。特别地,若将 STFRFT[84] 的窗函数选为高斯函数,即可得到分数阶 Gabor(盖伯)变换[86]。2003 年,L. Stankovi 等在文献[87]中提出了一种加窗分数阶傅里叶变换,即信号 FRFT 的加窗傅里叶变换。然而该变换无法刻画信号在时域和分数域联合域内的局部特征,且缺乏有效的物理解释,并未受到太多的关注。

为了实现联合时域和分数域的信号表示,D. Dragoman 在文献[88]中提出了分数阶 Wigner 分布,即信号 FRFT 的常规 Wigner 分布。之后,O. Akay 和 G. Faye Boudreaux-Bartels 利用算子方法给出了另一种分数阶 Wigner 分布的定义,同时还提出了分数阶模糊函数的概念[89]。然而,由于分数阶 Wigner 分布和分数阶模糊函数的现有结论并不十分明确,且它们都属于双线性变换,存在交叉项,限制了它们在实际中的应用。

此外,D. Mendlovic 等在文献[90]中提出了分数阶小波(Fractional Wavelet Transform,FRWT)的概念,其思想是,对信号 FRFT 做常规小波变换。容易验证,该 FRWT 仅能刻画信号的分数域局部特征,而无法表征信号时域的局域特性。在文献[90]的基础上,G. Bhatnagar 等结合随机 FRFT 的概念提出了随机分数阶小波变换[91]。A. Prasad 和 A. Mahato 在文献[92]中也给出了一种分数阶小波变换定义,由于该定义缺乏有效的物理解释,并未得到研究者的关注。Y. Huang 和 B. Suter 在文献[93]中又提出了分数阶小波包变换的概念,同样因缺乏有效的物理解释,未受到关注。

1.2 分数阶信号处理的主要应用

1980 年,V. Namias 提出了 FRFT 的概念,并将之应用于量子力学[5]。1993 年,D. Mendlovic 和 H. M. Ozaktas 首次实现了光学 FRFT[17,18]。之后,FRFT 被广泛地应用于光学领域[96-110,112]。随着理论研究的不断深入和技术应用的不断扩展,FRFT 的应用从早期的量子力学和光学领域迅速渗透到雷达、声呐、信号与图像处理和通信等领域,主要集中在以下几个方面:信号检测与参数估计、信号采样与重构、信号滤波与分离、神经网络、数字水印及加密、移动目标检测等[1,2,38,94,95,112-128]。本书的目的是利用 FRFT 这一新型信号分析工具刻画通信系统各功能模块涉及的基本运算、定理与准则,从而为探索新型变换空间上的通信信号处理提供理论保证和技术支持,因此,接下来对 FRFT 在通信信号处理中的应用做个系统介绍。

2001 年,M. Martone 针对在时间和频率双选择性衰落信道下传统正交频分复用系统的子载波正交性容易受到破坏而导致系统性能下降的问题,提出了基于 FRFT 调制解调的多载波系统[129],其结果表明该系统是双弥散信道中近似最优的无线通信系统,可以在不增加额外计算开销的前提下,提升系统性能。其后,T. Erseghe 等在 Martone 的工作基础上构建了基于广义 FRFT 的多载波系统[130]。进一步地,D. Stojanovi 等又从理论上分析了该多载波系统的抗干扰性能[131],并进行了仿真验证。2004 年,齐林等针对直接序列扩频(DSSS)系统中扫频干扰,提出了基于分数域乘性滤波处理的抑制方法[132],其研究结果表明,基于 FRFT 的扫频干扰抑制方法能够有效地改善 DSSS 接收机性能,且分数域的相关接收机性能

优于时域相关接收机。2005年,陈恩庆等提出了基于FRFT的时变信道的参数估计方法[133],其主要思想是通过发射多分量的线性调频信号作为导频信号,并在接收端利用FRFT对接收到的导频信号进行参数估计,从而建立起快衰落信道的参数化模型。2009年,R. Khanna和R. Saxena提出了基于FRFT的多输入多输出系统[134],并给出了瑞利衰落信道下该系统波形设计的方法。近期,R. Tao等提出了基于FRFT阶数复用的概念[135],建立了数学模型,给出了理论分析,并进行了仿真验证。J. Shi等建立了基于FRFT的变换域通信系统[136-138],其研究结果表明:与传统变换域通信系统相比,该系统具有较强的抗干扰性能。时至今日,分数阶傅里叶变换在通信信号处理中的应用范围还在不断扩大。

1.3 本书的章节安排

本书的正文部分共有9章,重点从分数阶积分变换的角度,由浅入深、循序渐进地论述分数阶信号处理的理论与方法。

第2章详细介绍FRFT的基本概念,主要包括连续时间分数阶傅里叶变换、离散时间分数阶傅里叶变换以及离散分数阶傅里叶变换的快速算法。

第3章围绕FRFT基础理论存在的几个基本问题展开阐述和分析,这些问题集中体现在FRFT与算子的关系、分数阶卷积、分数阶相关、分数阶不确定性原理以及分数阶Poisson求和公式等。基本的研究思路是,通过建立FRFT与算子的关系,然后利用算子的方法给出相应问题的解决方案。

第4章讨论随机信号的分数阶傅里叶分析,主要包括随机信号的分数谱分析、分数阶(互)功率谱与分数阶自(互)相关函数的关系、随机信号通过分数阶线性系统的分数阶傅里叶分析等。

第5章讨论基于分数阶傅里叶变换的滤波问题。首先,分析分数域无失真传输条件、分数域理想滤波器的特性、分数域滤波系统的物理可实现性以及级联分数阶滤波器。其次,建立分数阶Wiener滤波器的设计原理,得到了FRFT下滤波问题的Wiener解。最后,给出分数阶匹配滤波器的设计原理及基本性质,进而讨论分数阶广义匹配滤波器的设计。

第6章针对FRFT的采样与重构理论在应用中存在的问题展开研究。首先,构建利用时域采样值进行信号重构的时间有限信号的采样定理。其次,针对现有多通道分数阶采样定理因存在谱泄漏而造成重构信号失真的问题,提出一种基于广义分数阶卷积的分数域带限信号的多通道分数阶采样定理。此外,考虑到实际应用中并不存在严格的带限信号,基于函数空间理论求得适合任意信号的一般化分数阶采样定理。最后,针对现有基于部分时域信息重构分数域带限信号的算法存在较大计算量、存储量和重构误差的问题,提出一种易于实现、计算量和存储量小、高重构精度的分数域带限信号的重构算法。

第7章针对分数阶傅里叶变换在信号分析中的局限性,从联合时域和分数域信号表示的角度给出加窗的解决方法。首先,为了克服分数阶傅里叶变换缺乏时间和分数阶频率的定位功能,利用广义分数阶卷积从分数域局部化的角度提出一种新的短时分数阶傅里叶变换。接着,详细阐述短时分数阶傅里叶变换的基本性质及定理。最后,讨论它的时间—分数阶频率的定位功能及分辨率。

第8章注意到短时分数阶傅里叶变换因信号加窗而造成的时间分辨率和分数阶频率分

辨率相互约束的矛盾，利用广义分数阶相关和分数阶频率算子，分别从瞬时分数阶相关函数和分数阶特征函数两个角度给出二次型时间－分数阶频率分布的构造原理，并通过分数阶Cohen类分布、分数阶Wigner分布和分数阶模糊函数这三种典型的联合时域和分数域分布深入讨论时间－分数阶频率分布的分析特点和性质。

第9章针对短时分数阶傅里叶变换存在的前述矛盾以及时间－分数阶频率分布因信号的二次型变换引入的交叉干扰项问题，从分数域伸缩滤波组的思想出发，利用广义分数阶卷积提出一种新的分数阶小波变换，并系统地建立分数阶小波分析理论，主要包括基本性质及定理、逆变换及容许性条件、重建核与重建核方程、联合时间－分数阶频率分析、分数阶多分辨分析与正交小波构造理论以及分数阶小波采样理论。同时，讨论分数阶小波变换在信号去噪和线性调频信号时延估计中的应用。

第 2 章 分数阶傅里叶分析的基本概念

经典傅里叶分析奠定了平稳信号分析与处理的基础，然而随着研究对象和应用范围的不断扩展，如何解决非平稳信号的分析与处理问题成为限制通信等电子信息系统进一步提升性能的瓶颈。一种有效的解决办法就是引入先进的信号处理技术。近年来，在信号处理领域涌现出一系列新型信号变换以解决这一问题。其中，在傅里叶分析基础上发展起来的分数阶傅里叶变换具有旋转角度的自由参数，能够展现出信号从时域逐渐变化到频域的所有特征，不但为解决问题提供了新思路、新方法，而且牵引出许多新应用。

2.1 连续时间分数阶傅里叶变换

2.1.1 定义与基本性质

信号 $f(t) \in L^2(\mathbf{R})$ 的分数阶傅里叶变换(Fractional Fourier Transform，FRFT) 定义为[1]

$$F_\alpha(u) = \mathscr{F}^\alpha[f(t)](u) = \int_{-\infty}^{+\infty} f(t) K_\alpha(u,t) \mathrm{d}t \tag{2.1}$$

式中，$\mathscr{F}^\alpha$ 表示 FRFT 算子，α 为 FRFT 旋转角度，积分核 $K_\alpha(u,t)$ 满足

$$K_\alpha(u,t) = \begin{cases} A_\alpha \mathrm{e}^{\mathrm{j}\frac{u^2+t^2}{2}\cot\alpha - \mathrm{j}tu\csc\alpha}, & \alpha \neq k\pi \\ \delta(t-u), & \alpha = 2k\pi \\ \delta(t+u), & \alpha = (2k-1)\pi \end{cases} \tag{2.2}$$

式中，$A_\alpha = \sqrt{(1-\mathrm{j}\cot\alpha)/2\pi}$ 且 $k \in \mathbf{Z}$。同时，分数阶傅里叶逆变换(Inverse Fractional Fourier Transform，IFRFT) 的表达式为

$$f(t) = \mathscr{F}^{-\alpha}[F_\alpha(u)](t) = \int_{-\infty}^{+\infty} F_\alpha(u) K_\alpha^*(u,t) \mathrm{d}u \tag{2.3}$$

其中，u 轴被称为分数阶傅里叶变换域，通常简称为分数域(Fractional Domain)，相应的变量 u 被称为分数阶频率(Fractional Frequency)[2]。

特别地，当 $\alpha = \pi/2$ 时，FRFT 和 IFRFT 便分别退化为传统傅里叶变换(Fourier Transform，FT) 及其逆变换[3]，即

$$F(\omega) = \mathfrak{F}[f(t)](\omega) = \frac{1}{\sqrt{2\pi}}\int_{-\infty}^{+\infty} f(t)\mathrm{e}^{-\mathrm{j}\omega t}\mathrm{d}t \tag{2.4}$$

$$f(t) = \mathfrak{F}^{-1}[F(\omega)](t) = \frac{1}{\sqrt{2\pi}}\int_{-\infty}^{+\infty} F(\omega)\mathrm{e}^{\mathrm{j}\omega t}\mathrm{d}\omega \tag{2.5}$$

式中,$\mathfrak{F}$ 和 $\mathfrak{F}^{-1}$ 分别表示傅里叶变换及其逆变换算子。此外,容易验证,$\mathscr{F}^0[f](u)=f(u)$,$\mathscr{F}^\pi[f](u)=f(-u)$,$\mathscr{F}^{3\pi/2}[f](u)=F(-u)$,$\mathscr{F}^{2\pi}[f](u)=f(u)$。从时频平面上来看[11,23],$\mathscr{F}^{\pi/2}[f](u)$ 是将函数 $f(t)$ 旋转 $\pi/2$ 角度,得到的是信号的傅里叶变换,即一个函数在与时间轴夹角为 $\pi/2$ 的 ω 轴上的表示;$\mathscr{F}^\pi[f](u)$ 相当于 t 轴连续两次 $\pi/2$ 角度的旋转,因此得到一个为 $-t$ 轴上的表示;$\mathscr{F}^{3\pi/2}[f](u)$ 可视为 t 轴连续三次 $\pi/2$ 角度的旋转,得到一个为 $-\omega$ 轴上的表示;$\mathscr{F}^{2\pi}[f](u)$ 表示对 $f(t)$ 进行四次连续 $\pi/2$ 角度的旋转,所得结果与原函数相同;而 $\mathscr{F}^\alpha[f](u)$ 则为对信号在时频面上围绕时间轴逆时针旋转任意角度 α 到 u 轴上的表示。于是,u 轴和与之垂直的轴(记为 v 轴)构成了一个新的(u,v) 坐标系,这个新坐标系可视为由原(t,ω) 坐标系逆时针旋转 α 角度形成的,如图 2.1 所示。

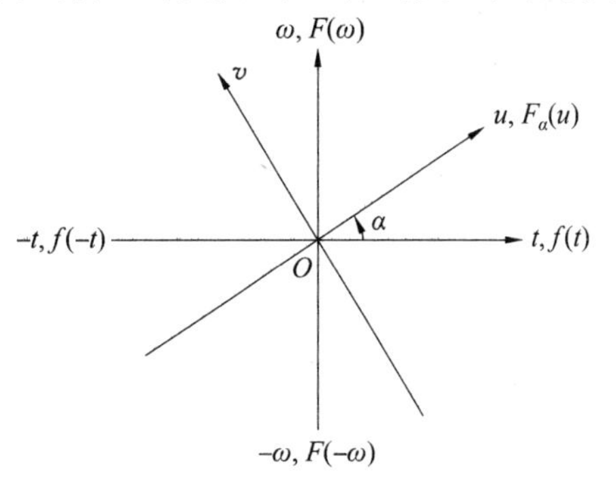

图 2.1　时频平面上 FRFT 旋转的示意图

若用算子符号表示,FRFT 可以表示为 $F_\alpha=\mathscr{F}^\alpha f$,表 2.1 给出了 FRFT 算子的基本性质。记 $F_\alpha(u)$ 表示信号 $f(t)$ 的 FRFT,表 2.2 给出了一些常见信号运算的 FRFT。此外,分数阶傅里叶变换能够进一步推广为线性正则性变换(Linear Canonical Transform, LCT),即

$$F_{(a,b,c,d)}(u)=\mathscr{L}^{(a,b,c,d)}[f(t)](u)=\begin{cases}\int_{-\infty}^{+\infty}f(t)K_{(a,b,c,d)}(u,t)\mathrm{d}t, & b\neq 0\\ \sqrt{d}\,\mathrm{e}^{(\mathrm{j}/2)cdu^2}f(du), & b=0\end{cases}\tag{2.6}$$

其中,积分核 $K_{(a,b,c,d)}(u,t)$ 的表达式为

$$K_{(a,b,c,d)}(u,t)=\frac{1}{\sqrt{\mathrm{j}2\pi b}}\mathrm{e}^{\mathrm{j}\frac{at^2+du^2}{2b}-\mathrm{j}\frac{1}{b}ut}\tag{2.7}$$

式中,参数 a、b、c、d 皆为实数且满足 $ad-bc=1$。容易验证,当$(a,b,c,d)=(\cos\alpha,\sin\alpha,-\sin\alpha,\cos\alpha)$ 时,LCT 就变成了乘以某个固定相位因子的 FRFT,即 $\mathscr{L}^{(a,b,c,d)}[f(t)](u)=\sqrt{\mathrm{e}^{-\mathrm{j}\alpha}}\mathscr{F}^\alpha[f(t)](u)$。几乎 FRFT 的所有性质都可以直接推广到 LCT,在此不再赘述。

表 2.1　FRFT 算子的基本性质

性质	数学表述
零旋转	$\mathscr{F}^0=\boldsymbol{I}$,符号 $\boldsymbol{I}$ 表示单位算子
与 FT 等价	$\mathscr{F}^{\pi/2}=\mathfrak{F}$
恒等变换	$\mathscr{F}^{2\pi}=\boldsymbol{I}$
线性	$\mathscr{F}^\alpha(c_1f+c_2g)=c_1\mathscr{F}^\alpha f+c_2\mathscr{F}^\alpha g,\quad c_1,c_2\in\mathbf{C}$
旋转相加性	$\mathscr{F}^\alpha\mathscr{F}^\beta=\mathscr{F}^{\alpha+\beta}$
结合性	$(\mathscr{F}^\alpha\mathscr{F}^\beta)\mathscr{F}^\gamma=\mathscr{F}^\alpha(\mathscr{F}^\beta\mathscr{F}^\gamma)$
连续性	$\mathscr{F}^{c_1\alpha_1+c_2\alpha_2}f=\mathscr{F}^{c_1\alpha_1}\mathscr{F}^{c_2\alpha_2}f=\mathscr{F}^{c_2\alpha_2}\mathscr{F}^{c_1\alpha_1}f,\quad c_1,c_2\in\mathbf{R}$
自成像性	$\mathscr{F}^{\alpha+2\pi}f=\mathscr{F}^\alpha f$
逆运算性质	$(\mathscr{F}^\alpha)^{-1}=\mathscr{F}^{-\alpha}$
酉性	$(\mathscr{F}^\alpha)^{-1}=(\mathscr{F}^\alpha)^{\mathrm{H}}$,符号 H 表示取共轭转置
能量守恒性	$\langle f,g\rangle=\langle\mathscr{F}^\alpha f,\mathscr{F}^\alpha g\rangle$
Wigner 时频分布旋转性[4]	$\mathrm{WVD}_{F_\alpha}(u,v)=\mathrm{WVD}_f(u\cos\alpha-v\sin\alpha,u\sin\alpha+v\cos\alpha)$

表 2.2 一些常见信号运算的 FRFT

信号运算	FRFT
时间反转 $f(-t)$	$F_\alpha(-u)$
共轭 $f^*(t)$	$F^*_{-\alpha}(u)$
尺度变换 $f(ct)$	$\sqrt{\frac{1-\mathrm{j}\cot\alpha}{c^2-\mathrm{j}\cot\alpha}}\mathrm{e}^{\mathrm{j}\frac{(\cos^2\alpha-\cos^2\beta)u^2}{\sin 2\alpha}}F_\beta\left(\frac{u\csc\alpha}{c\csc\beta}\right)$, $\tan\beta=c^2\tan\alpha$, $c\in\mathbf{R}^+$
时移 $f(t-\tau)$	$\mathrm{e}^{\mathrm{j}\frac{\tau^2}{2}\sin\alpha\cos\alpha-\mathrm{j}u\tau\sin\alpha}F_\alpha(u-\tau\cos\alpha)$
频移 $f(t)\mathrm{e}^{\mathrm{j}vt}$	$\mathrm{e}^{-\mathrm{j}\frac{v^2}{2}\sin\alpha\cos\alpha+\mathrm{j}uv\cos\alpha}F_\alpha(u-v\sin\alpha)$
微分 $f'(t)$	$-\mathrm{j}uF_\alpha(u)\sin\alpha+F'_\alpha(u)\cos\alpha$
积分 $\int_\xi^t f(\tau)\mathrm{d}\tau$	$\frac{1}{\cos\alpha}\mathrm{e}^{-\mathrm{j}\frac{u^2}{2}\tan\alpha}\int_\xi^u F_\alpha(v)\mathrm{e}^{\mathrm{j}\frac{v}{2}\tan\alpha}\mathrm{d}v$

2.1.2 与传统线性时频表示的关系

传统时频分析是一种联合时间和频率的信号分析方法，在非平稳信号处理中发挥着重要的作用，它总体上可以归为两类，一类是线性时频表示，主要包括短时傅里叶变换、小波变换等；另一类是二次型时频分布，主要包括 Wigner－Ville 分布、Cohen 类分布、模糊函数等。下面将介绍分数阶傅里叶变换与线性时频表示的关系。

1. 与傅里叶变换的关系

由式(2.1)可知，分数阶傅里叶变换与傅里叶变换的关系可以表述为

$$\mathscr{F}^\alpha[f(t)](u)=\sqrt{1-\mathrm{j}\cot\alpha}\,\mathrm{e}^{\mathrm{j}\frac{u^2}{2}\cot\alpha}\mathfrak{F}\left[f(t)\mathrm{e}^{\mathrm{j}\frac{t^2}{2}\cot\alpha}\right](u\csc\alpha) \tag{2.8}$$

可以看出，分数阶傅里叶变换的计算过程可以分解为以下几个步骤：

① 原函数 $f(t)$ 与一线性调频函数相乘，得到

$$\tilde{f}(t)=f(t)\mathrm{e}^{\mathrm{j}\frac{t^2}{2}\cot\alpha} \tag{2.9}$$

② 对 $\tilde{f}(t)$ 进行傅里叶变换(变换元做了尺度 $\csc\alpha$ 伸缩)，即

$$\tilde{F}(u\csc\alpha)=\mathfrak{F}[\tilde{f}(t)](u\csc\alpha) \tag{2.10}$$

③ 再将 $\tilde{F}(u\csc\alpha)$ 与一线性调频函数相乘，得到

$$\hat{F}(u\csc\alpha)=\tilde{F}(u\csc\alpha)\mathrm{e}^{\mathrm{j}\frac{u^2}{2}\cot\alpha} \tag{2.11}$$

④ 最后，将 $\hat{F}(u)$ 乘以一复数因子，得到原函数的分数阶傅里叶变换，即

$$F_\alpha(u)=\sqrt{1-\mathrm{j}\cot\alpha}\,\hat{F}(u\csc\alpha) \tag{2.12}$$

至此，给出了分数阶傅里叶变换与传统傅里叶变换的内在联系。

2. 与短时傅里叶变换的关系

短时傅里叶变换是一种重要的时频分析工具，而且谱图对应的是短时傅里叶变换的模平方。由于短时傅里叶变换和谱图都是信号的二维平面表示，所以人们很自然地对分数阶傅里叶变换与短时傅里叶变换、谱图的关系感兴趣。

对于信号 $f(t)\in L^2(\mathbf{R})$，短时傅里叶变换(STFT)的标准定义为

$$\mathrm{STFT}_f(t,\omega)=\frac{1}{\sqrt{2\pi}}\int_{-\infty}^{+\infty}f(\tau)h^*(t-\tau)\mathrm{e}^{-\mathrm{j}\omega\tau}\mathrm{d}\tau \tag{2.13}$$

式中，$h(t)$ 为分析窗函数。根据 Parseval 准则，短时傅里叶变换也可以写成频域的表达形式，即

$$\mathrm{STFT}_f(t,\omega)=\frac{1}{\sqrt{2\pi}}\mathrm{e}^{-\mathrm{j}\omega t}\int_{-\infty}^{+\infty}F(v)H^*(w-v)\mathrm{e}^{\mathrm{j}vt}\mathrm{d}v \tag{2.14}$$

式中，$F(\omega)$ 和 $H(\omega)$ 分别表示 $f(t)$ 和 $h(t)$ 的傅里叶变换。式(2.13)和式(2.14)表明，短时傅里叶变换的标准定义时域和频域的形式类似，但不对称，即频域定义在结构上多了一个指数因子 $\mathrm{e}^{-\mathrm{j}\omega t}$。在处理时频面的旋转问题时，这种时间和频率之间的不对称性是需要避免的。为此，对式(2.13)所示定义进行修正，得到修正的短时傅里叶变换(MSTFT)的时域形式为

$$\mathrm{MSTFT}_f(t,\omega)=\frac{1}{\sqrt{2\pi}}\mathrm{e}^{\mathrm{j}\frac{1}{2}\omega t}\int_{-\infty}^{+\infty}f(\tau)h^*(t-\tau)\mathrm{e}^{-\mathrm{j}\omega\tau}\mathrm{d}\tau \tag{2.15}$$

相应地，修正的短时傅里叶变换的频域形式为

$$\mathrm{MSTFT}_f(t,\omega)=\frac{1}{\sqrt{2\pi}}\mathrm{e}^{-\mathrm{j}\frac{1}{2}\omega t}\int_{-\infty}^{+\infty}F(v)H^*(\omega-v)\mathrm{e}^{\mathrm{j}vt}\mathrm{d}v \tag{2.16}$$

于是，可以得到如下结论：

若 $F_\alpha(u)=\mathscr{F}^\alpha[f(t)](u)$，$H_\alpha(u)=\mathscr{F}^\alpha[h(t)](u)$，则有

$$\mathrm{MSTFT}_f(t,\omega)=\frac{1}{\sqrt{2\pi}}\mathrm{e}^{-\mathrm{j}\frac{1}{2}uv}\int_{-\infty}^{+\infty}F_\alpha(z)H_\alpha^*(u-z)\mathrm{e}^{\mathrm{j}zv}\mathrm{d}z \tag{2.17}$$

证明　首先，根据式(2.15)和分数阶傅里叶变换的逆变换，可得

$$\begin{aligned}\mathrm{MSTFT}_f(t,\omega)&=\frac{\mathrm{e}^{\mathrm{j}\frac{1}{2}\omega t}}{\sqrt{2\pi}}\int_{-\infty}^{+\infty}\left[\int_{-\infty}^{+\infty}F_\alpha(u')K_\alpha^*(u',\tau)\mathrm{d}u'\right]h^*(t-\tau)\mathrm{e}^{-\mathrm{j}\omega\tau}\mathrm{d}\tau\\&=\frac{\mathrm{e}^{\mathrm{j}\frac{1}{2}\omega t}}{\sqrt{2\pi}}\int_{-\infty}^{+\infty}F_\alpha(u')\left[\int_{-\infty}^{+\infty}K_\alpha(u',\tau)h(t-\tau)\mathrm{e}^{\mathrm{j}\omega\tau}\mathrm{d}\tau\right]^*\mathrm{d}u'\end{aligned} \tag{2.18}$$

此外，利用分数阶傅里叶变换的时移和频移特性，则式(2.18)第二个等号中方括号的内积分为

$$H_\alpha(-u'+t\cos\alpha+\omega\sin\alpha)\mathrm{e}^{-\mathrm{j}\frac{1}{2}(\omega^2-t^2)\sin\alpha\cos\alpha-\mathrm{j}u(t\sin\alpha-\omega\cos\alpha)+\mathrm{j}\omega t\sin^2\alpha} \tag{2.19}$$

进一步地，将式(2.19)代入式(2.18)，可得

$$\begin{aligned}\mathrm{MSTFT}_f(t,\omega)=&\frac{\mathrm{e}^{\mathrm{j}\frac{1}{2}\omega t}}{\sqrt{2\pi}}\int_{-\infty}^{+\infty}F_\alpha(u')H_\alpha^*(-u'+t\cos\alpha+\omega\sin\alpha)\times\\&\mathrm{e}^{\mathrm{j}\frac{1}{2}(\omega^2-t^2)\sin\alpha\cos\alpha+\mathrm{j}u(t\sin\alpha-\omega\cos\alpha)-\mathrm{j}\omega t\sin^2\alpha}\mathrm{d}u'\end{aligned} \tag{2.20}$$

这是在(t,ω)坐标系下的结果。根据前述分析可知，分数阶傅里叶变换相当于信号在时频面上围绕时间轴逆时针旋转角度 α 到 u 轴上的表示。于是，u 轴和与之垂直的 v 轴构成了一个新的(u,v)坐标系。此外，这个新坐标系也可视为由原(t,ω)坐标系逆时针旋转 α 角度形成，即

$$\begin{bmatrix}u\\v\end{bmatrix}=\begin{bmatrix}\cos\alpha & \sin\alpha\\-\sin\alpha & \cos\alpha\end{bmatrix}\begin{bmatrix}t\\\omega\end{bmatrix} \tag{2.21}$$

根据式(2.21)对式(2.20)进行坐标系变换，并经过化简得到

$$\text{MSTFT}_f(t,\omega)=\frac{\mathrm{e}^{-\mathrm{j}\frac{1}{2}uv}}{\sqrt{2\pi}}\int_{-\infty}^{+\infty}F_\alpha(u')H_\alpha^*(u-u')\mathrm{e}^{\mathrm{j}u'v}\mathrm{d}u' \tag{2.22}$$

可以看出,式(2.22)右端是在(u,v)坐标系下用分数域窗函数$H_\alpha(u)$计算得到的$F_\alpha(u')$的修正短时傅里叶变换;左边是在(t,ω)坐标系下用时域窗函数$h(t)$计算得到的$f(t)$的修正短时傅里叶变换。该结果表明,一个信号分数阶傅里叶变换的修正短时傅里叶变换就是原信号修正短时傅里叶变换在时频面的旋转形式,从而进一步验证了分数阶傅里叶变换是时频面上的一个旋转算子。此外,由于谱图是标准短时傅里叶变换的模平方,所以它也是上述修正短时傅里叶变换的模平方。因此,可以立即得出结论:分数阶傅里叶变换对谱图的作用完全等同于它对修正短时傅里叶变换的作用。

3. 与小波变换的关系

小波变换是目前应用最为广泛的时频分析工具之一,它是用联合时间和尺度平面来描述信号。

信号$f(t)\in L^2(\mathbf{R})$的小波变换(WT)定义为

$$\text{WT}_f(a,b)=\frac{1}{\sqrt{a}}\int_{-\infty}^{+\infty}f(t)\psi_{ab}^*(t)\mathrm{d}t \tag{2.23}$$

式中,小波基函数$\psi_{ab}(t)$由母小波$\psi(t)$通过尺度伸缩和平移生成,即

$$\psi_{ab}(t)=\psi\left(\frac{t-b}{a}\right) \tag{2.24}$$

式中,$a\in\mathbf{R}^+$和$b\in\mathbf{R}$分别代表尺度参数和平移参数。为了得到分数阶傅里叶变换与小波变换的关系,将分数阶傅里叶变换的定义改写为

$$F_\alpha(u)=\int_{-\infty}^{+\infty}f(t)K_\alpha(u,t)\mathrm{d}t=A_\alpha\mathrm{e}^{-\mathrm{j}\frac{u^2}{2}\tan\alpha}\int_{-\infty}^{+\infty}f(t)\mathrm{e}^{\mathrm{j}\left(\frac{t-u\sec\alpha}{\sqrt{2\tan\alpha}}\right)^2}\mathrm{d}t \tag{2.25}$$

在式(2.25)中做变量代换$u'=u\sec\alpha$,可得

$$F_\alpha(u'\cos\alpha)=A_\alpha\mathrm{e}^{-\mathrm{j}\frac{u'^2}{2}\cot\alpha}\int_{-\infty}^{+\infty}f(t)\mathrm{e}^{\mathrm{j}\left(\frac{t-u'}{\sqrt{2\tan\alpha}}\right)^2}\mathrm{d}t \tag{2.26}$$

该结果表明,若将$\sqrt{2\tan\alpha}$和u'分别看作尺度参数和平移参数,分数阶傅里叶变换可以看成以二次相位复指数函数$\mathrm{e}^{\mathrm{j}t^2}$为母小波的小波变换。

2.1.3 与传统二次型时频分布的关系

1. 与 Wigner－Ville 分布的关系

有别于线性时频表示,Wigner－Ville 分布是一种双线性时频分布,其实质是反映信号能量在时频面内的分布。由于其表达式中不含任何窗函数,遂避免了线性时频表示中时域分辨率和频域分辨率的相互牵制,在非平稳信号分析与处理中发挥着重要作用。

信号$f(t)\in L^2(\mathbf{R})$的 Wigner－Ville 分布(WVD)定义为

$$\text{WVD}_f(t,\omega)=\int_{-\infty}^{+\infty}f\left(t+\frac{\tau}{2}\right)f^*\left(t-\frac{\tau}{2}\right)\mathrm{d}t \tag{2.27}$$

作为双线性时频分析工具的基础,Wigner－Ville 分布与分数阶傅里叶变换存在密切的联系,即一个信号分数阶傅里叶变换的 Wigner－Ville 分布是原信号 Wigner－Ville 分布的坐标旋转形式。也就是说,若$F_\alpha(u)$是$f(t)$的分数阶傅里叶变换,则有

$$\mathrm{WVD}_{F_\alpha}(u,v)=\mathrm{WVD}_f(u\cos\alpha-v\sin\alpha,u\sin\alpha+v\cos\alpha)\tag{2.28}$$

证明　首先，对式(2.28)中积分做变量代换 $x=t+\frac{\tau}{2}$，得到

$$\mathrm{WVD}_f(t,\omega)=2\mathrm{e}^{\mathrm{j}2\omega t}\int_{-\infty}^{+\infty}f(x)f^*(2t-x)\mathrm{e}^{-\mathrm{j}2\omega x}\mathrm{d}x\tag{2.29}$$

此外，利用分数阶傅里叶变换时移特性及其逆变换，可将 $f^*(2t-x)$ 表示为

$$f^*(2t-x)=\int_{-\infty}^{+\infty}F_\alpha^*(-v+2t\cos\alpha)\mathrm{e}^{-\mathrm{j}2t^2\sin\alpha\cos\alpha+\mathrm{j}2vt\sin\alpha}K_\alpha(v,x)\mathrm{d}v\tag{2.30}$$

将式(2.30)代入式(2.29)，并整理得到

$$\mathrm{WVD}_f(t,\omega)=2\mathrm{e}^{\mathrm{j}2\omega t}\int_{-\infty}^{+\infty}F_\alpha(v+2\omega\cos\alpha)F_\alpha^*(-v+2t\cos\alpha)\times \mathrm{e}^{-\mathrm{j}2(t^2+\omega^2)\sin\alpha\cos\alpha+\mathrm{j}2vt\sin\alpha-\mathrm{j}2v\omega\cos\alpha}\mathrm{d}v\tag{2.31}$$

进一步地，对式(2.31)中积分做变量代换 $\xi=v+2\omega\sin\alpha$，得到

$$\mathrm{WVD}_f(t,\omega)=2\mathrm{e}^{\mathrm{j}2\omega t}\int_{-\infty}^{+\infty}F_\alpha(\xi)F_\alpha^*(-\xi+2t\cos\alpha+2\omega\sin\alpha)\times \mathrm{e}^{\mathrm{j}2(\omega^2-t^2)\sin\alpha\cos\alpha+\mathrm{j}2\xi(t\sin\alpha-\omega\cos\alpha)-\mathrm{j}4\omega t\sin^2\alpha}\mathrm{d}\xi\tag{2.32}$$

利用式(2.21)给出的坐标关系，可得

$$\mathrm{WVD}_f(t,\omega)=2\mathrm{e}^{\mathrm{j}2uv}\int_{-\infty}^{+\infty}F_\alpha(\xi)F_\alpha^*(2u-\xi)\mathrm{e}^{-\mathrm{j}2u\xi}\mathrm{d}\xi\tag{2.33}$$

这就建立了式(2.28)给出的信号分数阶傅里叶变换的 Wigner－Ville 分布与原信号 Wigner－Ville 分布的旋转关系式。

应该指出，虽然 Wigner－Ville 分布对分数阶傅里叶变换具有旋转不变性，但并非任意时频分布都具有这一性质。现在，讨论一任意 Cohen 类时频分布相对分数阶傅里叶变换具有旋转不变性的条件。信号 $f(t)\in L^2(\mathbf{R})$ 的 Cohen 类时频分布定义为

$$\mathrm{TFD}_f(t,\omega)=\frac{1}{4\pi^2}\iiint_{-\infty}^{+\infty}f\left(x+\frac{\tau}{2}\right)f\left(x-\frac{\tau}{2}\right)\phi(\theta,\tau)\mathrm{e}^{-\mathrm{j}\theta t-\mathrm{j}\omega\tau+\mathrm{j}\theta x}\mathrm{d}x\mathrm{d}\tau\mathrm{d}\theta\tag{2.34}$$

式中，$\phi(\theta,\tau)$ 为 Cohen 类时频分布的二维核函数。

我们知道，分数阶傅里叶变换可以看作是对信号 $f(t)$ 在时频平面的一种连续旋转变换，也就是，若 $F_\alpha(u)$ 是 $f(t)$ 的分数阶傅里叶变换，则 $F_\alpha(u)$ 可以看作是 $f(t)$ 在 t 轴旋转了 α 角度得到的 u 轴上的表示形式。于是，一个很自然的问题是：如果 $f(t)$ 在 (t,ω) 平面的时频分布为 $\mathrm{TFD}_f(t,\omega)$，且 $F_\alpha(u)$ 在新坐标系 (u,v) 的同一时频分布为 $\mathrm{TFD}_{F_\alpha}(u,v)$，那么这两种分布之间会有何种关系呢？最简单的关系是恒等关系，此时称 $\mathrm{TFD}_f(t,\omega)$ 是旋转不变的。于是，上述问题便等价为：一种时频分布在何种条件下相对于分数阶傅里叶变换具有旋转不变性，即在何种条件满足

$$\mathrm{TFD}_f(t,\omega)=\mathrm{TFD}_{F_\alpha}(u,v)\tag{2.35}$$

这里考虑这样一种 Cohen 类时频分布，它可以通过计算 Wigner－Ville 分布得到，即

$$\mathrm{TFD}_f(t,\omega)=\frac{1}{4\pi^2}\iint_{-\infty}^{+\infty}\varphi(t-\tau,\omega-v)\mathrm{WVD}_f(t,\omega)\mathrm{d}\tau\mathrm{d}v\tag{2.36}$$

式中，$\varphi(\cdot,\cdot)$ 为时频分布 $\mathrm{TFD}_f(t,\omega)$ 的核函数。进一步地，式(2.36)可写成二维卷积的形式

$$\mathrm{TFD}_f(t,\omega)=\varphi(t,\omega)\overset{t\omega}{**}\mathrm{WVD}_f(t,\omega)\tag{2.37}$$

式中，$\overset{t\omega}{**}$ 表示对变量 t 和 ω 的二维卷积。将式(2.21)、(2.37) 代入式(2.35)，有

$$\mathrm{TFD}_f(t,\omega)=\varphi(t,\omega)\overset{t\omega}{**}\mathrm{WVD}_f(t,\omega)=\varphi(u\cos\alpha-v\sin\alpha,u\sin\alpha+v\cos\alpha)\overset{uv}{**}\mathrm{WVD}_{F_\alpha}(u,v) \tag{2.38}$$

式中，$\overset{uv}{**}$ 表示对变量 u 和 v 的二维卷积，且 $\mathrm{WVD}_{F_\alpha}(u,v)$ 代表 $\mathrm{WVD}_f(t,\omega)$ 旋转角度 α 后的结果。类似地，对于 (u,v) 平面的同一时频分布有

$$\mathrm{TFD}_{F_\alpha}(u,v)=\varphi(u,v)\overset{uv}{**}\mathrm{WVD}_{F_\alpha}(u,v) \tag{2.39}$$

比较式(2.38) 和式(2.39) 易知，一种时频分布相对于分数阶傅里叶变换满足旋转不变性的充分必要条件是对于任何 α 均存在：

$$\varphi(u,v)=\varphi(u\cos\alpha-v\sin\alpha,u\sin\alpha+v\cos\alpha) \tag{2.40}$$

这等价于要求核函数 $\varphi(u,v)$ 本身应该具有旋转不变性，即要求 $\varphi(u,v)$ 在 (u,v) 平面上的等高线分布为圆；也就是说，要求二维函数 $\varphi(u,v)$ 可以写成径向函数的形式，即，$\varphi(u,v)$ 是 $\sqrt{u^2+v^2}$ 的函数。

2. 与 Radon－Wigner 分布的关系

Radon－Wigner 变换是一种直线积分的投影变换，实质上可以看成是 Wigner－Ville 分布的广义边缘积分。若信号 $f(t)$ 的 Wigner－Ville 分布以 $\mathrm{WVD}_f(t,\omega)$ 表示，常见的两种边缘积分的公式可以表示为

$$\int_{-\infty}^{+\infty}\mathrm{WVD}_f(t,\omega)\mathrm{d}t=|F(\omega)|^2 \tag{2.41}$$

$$\int_{-\infty}^{+\infty}\mathrm{WVD}_f(t,\omega)\mathrm{d}\omega=|f(t)|^2 \tag{2.42}$$

即对不同的 ω 值平行于 t 轴的积分，其边缘积分为信号的功率；对不同的 t 值平行于 ω 轴的积分，其边缘积分为信号的瞬时功率。

如图 2.2 所示，将原坐标系 (t,ω) 旋转角度 α 得到新的 (u,v) 坐标系，这时以不同的 u 值平行于 v 轴对 Wigner－Ville 分布进行积分，所得的结果为 Radon－Wigner 变换(RWT)，即

$$\mathrm{RWT}_f(u,\alpha)=\int_{L\text{直线}}\mathrm{WVD}_f(t,\omega)\mathrm{d}v \tag{2.43}$$

可以看出，Radon－Wigner 变换对于一定的旋转角度 α 是 u 的函数(相当于直线 L 平移)，对于不同的 α 变换的结果是变化的，是一种二维变换。

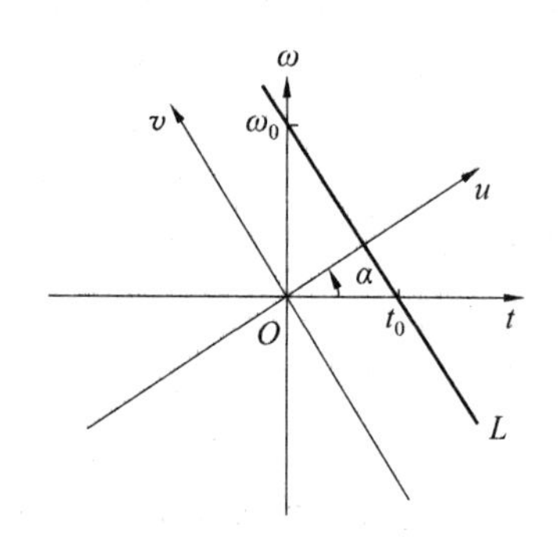

图 2.2　Radon－Wigner 变换的几何关系

为了得到 Radon－Wigner 变换与分数阶傅里叶变换的关系，利用式(2.21) 将式(2.43) 改写成

$$\begin{aligned}\mathrm{RWT}_f(u,\alpha)&=\int_{L\text{直线}}\mathrm{WVD}_f(u\cos\alpha-v\sin\alpha,u\sin\alpha+v\cos\alpha)\mathrm{d}v\\&=\iint_{-\infty}^{+\infty}\mathrm{WVD}_f(u'\cos\alpha-v\sin\alpha,u'\sin\alpha+v\cos\alpha)\delta(u-u')\mathrm{d}u'\mathrm{d}v\\&=\int_{-\infty}^{+\infty}\mathrm{WVD}_f(u\cos\alpha-v\sin\alpha,u\sin\alpha+v\cos\alpha)\mathrm{d}v\end{aligned} \tag{2.44}$$

进一步地，根据分数阶傅里叶变换与 Wigner－Ville 分布的关系可知

$$\mathrm{WVD}_{F_\alpha}(u,v)=\mathrm{WVD}_f(u\cos\alpha-v\sin\alpha,u\sin\alpha+v\cos\alpha) \tag{2.45}$$

式中,$F_\alpha(u)$ 表示信号 $f(t)$ 的分数阶傅里叶变换。那么,将式(2.45)代入式(2.44)可得

$$\mathrm{RWT}_f(u,\alpha)=\int_{-\infty}^{+\infty}\mathrm{WVD}_{F_\alpha}(u,v)\mathrm{d}v \tag{2.46}$$

利用式(2.41)所示 Wigner-Ville 分布的边缘分布特性,由式(2.46)得到

$$\mathrm{RWT}_f(u,\alpha)=|F_\alpha(u)|^2 \tag{2.47}$$

该结果表明,一个信号分数阶傅里叶变换的模平方恰好是角度 α 方向上原信号的 Radon-Wigner 变换。

3. 与模糊函数的关系

模糊函数是将信号变换到时延-频偏(即多普勒频率)平面的表示,在非平稳信号处理中具有重要的意义。信号 $f(t)\in L^2(\mathbf{R})$ 的模糊函数(AF)定义为

$$\mathrm{AF}_f(\tau,\xi)=\int_{-\infty}^{+\infty}f\left(t+\frac{\tau}{2}\right)f^*\left(t-\frac{\tau}{2}\right)\mathrm{e}^{-\mathrm{j}\xi t}\mathrm{d}t \tag{2.48}$$

若 $F_\alpha(u)$ 表示信号 $f(t)$ 的分数阶傅里叶变换,则有

$$\mathrm{AF}_{F_\alpha}(u,v)=\mathrm{AF}_f(u\cos\alpha-v\sin\alpha,u\sin\alpha+v\cos\alpha) \tag{2.49}$$

证明　对式(2.49)中积分做变量替换,令 $x=t+\frac{\tau}{2}$,得到

$$\mathrm{AF}_f(\tau,\xi)=\mathrm{e}^{\mathrm{j}\xi\tau}\int_{-\infty}^{+\infty}f(t)f^*(x-\tau)\mathrm{e}^{-\mathrm{j}\xi x}\mathrm{d}x \tag{2.50}$$

此外,根据分数阶傅里叶变换的时移性质,式(2.50)中函数 $f^*(x-\tau)$ 可以表示为

$$f^*(x-\tau)=\int_{-\infty}^{+\infty}F_\alpha^*(u'-\tau\cos\alpha)\mathrm{e}^{-\mathrm{j}\frac{1}{2}\sin\alpha\cos\alpha+\mathrm{j}u'\tau\sin\alpha}K_\alpha(u',x)\mathrm{d}u' \tag{2.51}$$

将式(2.51)代入式(2.50),经过化简得到

$$\mathrm{AF}_f(\tau,\xi)=\mathrm{e}^{-\mathrm{j}\frac{\tau^2}{2}\sin\alpha\cos\alpha+\mathrm{j}\frac{1}{2}\xi\tau}\int_{-\infty}^{+\infty}F_\alpha^*(u'-\tau\cos\alpha)\mathrm{e}^{\mathrm{j}u'\tau\sin\alpha}\left[\int_{-\infty}^{+\infty}f(x)\mathrm{e}^{-\mathrm{j}\xi x}K_\alpha(u',x)\mathrm{d}x\right]\mathrm{d}u' \tag{2.52}$$

根据分数阶傅里叶变换的频移特性,可得

$$\int_{-\infty}^{+\infty}f(x)\mathrm{e}^{-\mathrm{j}\xi x}K_\alpha(u',x)\mathrm{d}x=F_\alpha(u'+v\sin\alpha)\mathrm{e}^{-\mathrm{j}\frac{v^2}{2}\sin\alpha\cos\alpha-\mathrm{j}u'v\cos\alpha} \tag{2.53}$$

将式(2.53)代入式(2.52),则有

$$\mathrm{AF}_f(\tau,\xi)=\mathrm{e}^{-\mathrm{j}\frac{\tau^2+\xi^2}{2}\sin\alpha\cos\alpha+\mathrm{j}\frac{1}{2}\xi\tau}\int_{-\infty}^{+\infty}F_\alpha^*(u'-\tau\cos\alpha)F_\alpha(u'+\xi\sin\alpha)\mathrm{e}^{\mathrm{j}u'(\tau\sin\alpha-\xi\cos\alpha)}\mathrm{d}u' \tag{2.54}$$

对式(2.54)做变量替换,令 $\varepsilon=u'+\xi\sin\alpha$,得到

$$\mathrm{AF}_f(\tau,\xi)=\mathrm{e}^{-\mathrm{j}\frac{\tau^2-\xi^2}{2}\sin\alpha\cos\alpha+\mathrm{j}\frac{\xi\tau}{2}(\cos^2\alpha-\sin^2\alpha)}\int_{-\infty}^{+\infty}F_\alpha(\varepsilon)F_\alpha^*(\varepsilon-\tau\cos\alpha-\xi\sin\alpha)\mathrm{e}^{\mathrm{j}\varepsilon(\tau\sin\alpha-\xi\cos\alpha)}\mathrm{d}\varepsilon \tag{2.55}$$

将式(2.55)右端变换到新坐标系(u,v)中,(u,v)由原坐标系(τ,ξ)逆时针旋转角度 α 而成,于是,式(2.55)可以进一步表示为

$$\mathrm{AF}_f(\tau,\xi)=\mathrm{e}^{\mathrm{j}\frac{1}{2}uv}\int_{-\infty}^{+\infty}F_\alpha(\varepsilon)F_\alpha^*(\varepsilon-u)\mathrm{e}^{\mathrm{j}v\varepsilon}\mathrm{d}\varepsilon \tag{2.56}$$

该结果表明，一个信号分数阶傅里叶变换的模糊函数等于原信号模糊函数在时延－频偏平面上逆时针 α 角度的旋转。

2.2　离散时间分数阶傅里叶变换

2.2.1　离散时间分数阶傅里叶变换的定义

根据连续分数阶傅里叶变换的定义，可得序列 $f[n]\in\ell^2(\mathbf{Z})$ 的离散时间分数阶傅里叶变换(Discrete Time Fractional Fourier Transform，DTFRFT) 定义为[33]

$$\widetilde{F}_\alpha(u)=\widetilde{\mathscr{F}}^\alpha\{f[n]\}(u)=\sum_{n\in\mathbf{Z}}f[n]K_\alpha(u,n) \tag{2.57}$$

式中，$K_\alpha(\cdot,\cdot)$ 为连续分数阶傅里叶变换的核函数，如式(2.2) 所示。相应地，离散时间分数阶傅里叶逆变换的定义为

$$f[n]=\int_0^{2\pi\sin\alpha}\widetilde{F}_\alpha(u)K_\alpha^*(u,n)\mathrm{d}u \tag{2.58}$$

当然式(2.58) 等号右端积分区间可以是$(-\pi\sin\alpha,\pi\sin\alpha)$ 或其他任一个周期。此外，式(2.57) 级数的收敛条件为

$$\sum_{n\in\mathbf{Z}}|f[n]K_\alpha(u,n)|=\sqrt{\frac{|\csc\alpha|}{2\pi}}\sum_{n\in\mathbf{Z}}|f[n]|<\infty \tag{2.59}$$

也就是说，若序列 $f[n]$ 是绝对可和的，则它的离散时间分数阶傅里叶变换一定存在且连续；反过来说，序列的离散时间分数阶傅里叶变换存在且连续，则序列一定是绝对可和的。由于在时域上 $f[n]$ 是离散的，故分数域上 $\widetilde{F}_\alpha(u)$ 一定是 u 的周期函数，式(2.57) 正是周期函数 $\widetilde{F}_\alpha(u)$ 的分数阶傅里叶级数展开式，而 $f[n]$ 则是分数阶傅里叶级数的系数，由式(2.58) 确定。

2.2.2　离散时间分数阶傅里叶变换的基本性质及定理

由于序列的分数阶傅里叶变换与连续函数的分数阶傅里叶变换有许多相同之处，这里只给出结论，略去证明。

1. 线性

若 $\widetilde{X}_\alpha(u)=\widetilde{\mathscr{F}}^\alpha\{x[n]\}(u)$，$\widetilde{Y}_\alpha(u)=\widetilde{\mathscr{F}}^\alpha\{y[n]\}(u)$，那么

$$\widetilde{\mathscr{F}}^\alpha\{k_1x[n]+k_2y[n]\}(u)=k_1\widetilde{X}_\alpha(u)+k_2\widetilde{Y}_\alpha(u) \tag{2.60}$$

式中，k_1 和 k_2 为任意常数。

2. 序列的反褶

若 $\widetilde{X}_\alpha(u)=\widetilde{\mathscr{F}}^\alpha\{x[n]\}(u)$，那么

$$\widetilde{\mathscr{F}}^\alpha\{x[-n]\}(u)=\widetilde{X}_{-\alpha}(u) \tag{2.61}$$

3. 序列的共轭

若 $\widetilde{X}_\alpha(u)=\widetilde{\mathscr{F}}^\alpha\{x[n]\}(u)$，那么

$$\widetilde{\mathscr{F}}^\alpha\{x^*[n]\}(u)=\widetilde{X}_{-\alpha}^*(u) \tag{2.62}$$

4. 序列的位移

若 $\widetilde{X}_\alpha(u)=\widetilde{\mathscr{F}}^\alpha\{x[n]\}(u)$，那么

$$\widetilde{\mathscr{F}}^\alpha\{x[n-n_0]\}(u)=\mathrm{e}^{\mathrm{j}\frac{n_0^2}{2}\cos\alpha\sin\alpha}\mathrm{e}^{-\mathrm{j}un_0\sin\alpha}\widetilde{X}_\alpha(u-n_0\cos\alpha) \tag{2.63}$$

5. 序列的调制

若 $\widetilde{X}_\alpha(u)=\widetilde{\mathscr{F}}^\alpha\{x[n]\}(u)$，那么

$$\widetilde{\mathscr{F}}^\alpha\{x[n]\mathrm{e}^{\mathrm{j}vn}\}(u)=\mathrm{e}^{\mathrm{j}\frac{v^2}{2}\cos\alpha\sin\alpha}\mathrm{e}^{-\mathrm{j}uv\cos\alpha}\widetilde{X}_\alpha(u-v\sin\alpha) \tag{2.64}$$

6. 序列的加权

若 $\widetilde{X}_\alpha(u)=\widetilde{\mathscr{F}}^\alpha\{x[n]\}(u)$，那么

$$\widetilde{\mathscr{F}}^\alpha\{nx[n]\}(u)=\mathrm{j}\widetilde{X}'_\alpha(u)\sin\alpha+\widetilde{X}_\alpha(u)u\cos\alpha \tag{2.65}$$

7. 序列的尺度伸缩

若 $\widetilde{X}_\alpha(u)=\widetilde{\mathscr{F}}^\alpha\{x[n]\}(u)$，那么

$$\widetilde{\mathscr{F}}^\alpha\{x[cn]\}(u)=\mathrm{e}^{\mathrm{j}\frac{u^2}{2}\left(1-\frac{\cos^2\beta}{\cos^2\alpha}\right)\cot\alpha}X_\beta\left(\frac{u\sin\beta}{c\sin\alpha}\right) \tag{2.66}$$

式中，$\beta=\operatorname{arccot}(c^{-2}\cot\alpha)$。

8. 线性调频周期特性

离散时间分数阶傅里叶变换具有线性调频周期特性，即

$$\widetilde{F}_\alpha(u+2k\pi\sin\alpha)\mathrm{e}^{-\mathrm{j}\frac{(u+2k\pi\sin\alpha)^2}{2}\cot\alpha}=\widetilde{F}_\alpha(u)\mathrm{e}^{-\mathrm{j}\frac{u^2}{2}\cot\alpha},\quad k\in\mathbf{Z} \tag{2.67}$$

此外，根据式(2.57)和分数阶傅里叶变换变换核函数，可得

$$\widetilde{F}_\alpha(u)\mathrm{e}^{-\mathrm{j}\frac{u^2}{2}\cot\alpha}=\sum_{n\in\mathbf{Z}}c[n]\mathrm{e}^{\mathrm{j}\frac{n^2}{2}\cot\alpha-\mathrm{j}un\csc\alpha} \tag{2.68}$$

式中，$c[n]=A_\alpha f[n]$。同时，利用式(2.58)，可得

$$c[n]=\frac{1}{2\pi\sin\alpha}\int_0^{2\pi\sin\alpha}\left(\widetilde{F}_\alpha(u)\mathrm{e}^{-\mathrm{j}\frac{u^2}{2}\cot\alpha}\right)\mathrm{e}^{-\mathrm{j}\frac{n^2}{2}\cot\alpha+\mathrm{j}un\csc\alpha}\mathrm{d}u \tag{2.69}$$

若分数域函数 $\widetilde{F}_\alpha(u)\in L^2[0,2\pi\sin\alpha]$，则其与复指数函数 $\mathrm{e}^{-(\mathrm{j}/2)u^2\cot\alpha}$ 的乘积 $(\widetilde{F}_\alpha(u)\mathrm{e}^{-(\mathrm{j}/2)u^2\cot\alpha})$ 也属于空间 $L^2[0,2\pi\sin\alpha]$。根据式(2.68)和式(2.69)可知，空间 $L^2[0,2\pi\sin\alpha]$ 上的任意数分数域函数都可以展开成式(2.68)所示级数的形式。

9. 内积定理

若 $\widetilde{X}_\alpha(u)=\widetilde{\mathscr{F}}^\alpha\{x[n]\}(u)$，那么

$$\sum_{n\in\mathbf{Z}}x[n]y^*[n]=\int_0^{2\pi\sin\alpha}\widetilde{X}_\alpha(u)\widetilde{Y}_\alpha^*(u)\mathrm{d}u \tag{2.70}$$

10. 帕塞瓦尔定理

若 $\widetilde{X}_\alpha(u)=\widetilde{\mathscr{F}}^\alpha\{x[n]\}(u)$，那么

$$\sum_{n\in\mathbf{Z}}|x[n]|^2=\int_0^{2\pi\sin\alpha}|\widetilde{X}_\alpha(u)|^2\mathrm{d}u \tag{2.71}$$

2.3　离散分数阶傅里叶变换快速算法

在数字通信系统和数字信号与图像处理中，模拟信号往往被转化成数字信号进行分析

和处理。因此,数值计算便成为分数阶傅里叶变换理论研究中一个基本的问题。正如快速傅里叶变换(FFT)的出现大大推动了傅里叶变换的发展与应用一样,分数阶傅里叶变换的快速离散算法是分数阶傅里叶变换得以成功应用的基础。所以,有必要对离散分数阶傅里叶变换及其快速算法加以研究。从前述介绍可知,分数阶傅里叶变换的基函数是线性调频函数,而傅里叶变换的基函数是正弦函数,这使得分数阶傅里叶变换的数值计算比传统傅里叶变换复杂得多。为保证数值计算结果与连续分数阶傅里叶变换一致,通常要求离散分数阶傅里叶变换算子 $\boldsymbol{F}^{\alpha}$ 同时具有以下特性:

① 酉性,即$(\boldsymbol{F}^{\alpha})^{\mathrm{H}}$,H 表示共轭转置。

② 旋转相加性,即 $\boldsymbol{F}^{\alpha}\boldsymbol{F}^{\beta}=\boldsymbol{F}^{\alpha+\beta}$。

③ 与离散傅里叶变换等价,即 $\boldsymbol{F}^{\frac{\pi}{2}}$ 退化为离散傅里叶变换算子。

④ 角度取值的连续性。

此外,从工程应用的要求来看,一般希望离散分数阶傅里叶变换的计算复杂度要与传统离散傅里叶变换相当。近年来,人们提出了多种离散分数阶傅里叶变换的定义及快速算法。本节介绍两种常用的分数阶傅里叶变换数值计算方法。

2.3.1 采样型离散算法

1996 年,H. M. Ozaktas 等对分数阶傅里叶变换数值计算算法展开系统研究,提出了采样型离散算法,其基本思想是:根据连续分数阶傅里叶变换的定义式,将分数阶傅里叶变换的复杂积分运算分解成若干简单的计算步骤,然后对每个步骤进行离散化处理。在文献[12]中,Ozaktas 等给出了基于两种不同分解方法的分数阶傅里叶变换数值计算算法。该算法在计算信号分数阶傅里叶变换之前,需要对原始信号进行量纲归一化处理。为此,先引入时域和频域的无量纲化[12] 的概念。

若一个函数的非零值只限定在一个有限的区间内,称该函数为紧支撑函数。时宽带宽积构成的不确定性原理表明,一个函数和它的傅里叶变换二者不可能都是紧支撑的,除非它们恒等于零。然而,在实际中我们总是对有限时间间隔和有限(频率)带宽感兴趣。

假定信号的时域表示近似定义在区间$[-\Delta t/2,\Delta t/2]$内,并且其频域表示近似定义在区间$[-\Delta\omega/2,\Delta\omega/2]$内,信号的有限区间表示等价于假定:信号能量绝大部分集中在这些区间内。对于一给定的函数类,这一假定可以通过选择足够大的 Δt 和 $\Delta\omega$ 予以保证。定义时间-带宽乘积 $N=\Delta t\Delta\omega$,根据不确定性原理,恒有 $N>1$。

由于时域和频域具有不同的量纲时间和频率,在某些讨论中显得有些不方便。通过无量纲化处理,可以将时域和频域分别转换为无量纲的域。具体的方法是引入尺度参数 s,它具有时间量纲;并定义尺度化的坐标 $x=t/s$ 和 $v=\omega_{s}$。这样一来,x 和 v 即成为无量纲坐标。借助这些新的坐标,时域和频域表示将分别定义在区间$[-\Delta t/(2s),\Delta t/(2s)]$和$[-s\Delta\omega/2,s\Delta\omega/2]$内。选择 $s=\sqrt{\Delta t/\Delta\omega}$,以使两个区间的长度都等于无量纲 $\Delta x(=\Delta\omega\Delta t)$,即区间均为$[-\Delta x/2,\Delta x/2]$。在新定义的直角坐标里,信号即可以用样本间隔为$\dfrac{1}{\Delta x}=\dfrac{1}{\sqrt{N}}$的 $N=(\Delta x)^{2}$ 个样本表示。将时间量纲 t 和频率量纲 ω 转换为同一无量纲 x 的操作称为无量纲化。因此,在量纲归一化之后,在分数阶傅里叶变换和 Wigner-Ville 分布等定义中的坐标便都成了无量纲的坐标。

假定在所有域内的信号表示都定义在以原点为中心、长度等于 Δx 的间隔内，这等价于假定 Wigner－Ville 分布定义在直径 Δx 的圆内。也就是说，假定的信号绝大部分能量都集中在该圆内，这可以通过选择 Δx 足够大来保证。当然，从减少计算的角度出发，又希望 Δx 尽可能小。在下面考虑分数阶傅里叶变换的数值计算的情况下，假定 Δx 取整数；而且在新定义的坐标里，信号在时域和频域可用 $N=(\Delta x)^2$ 个样本表示，即样本间隔 $\frac{1}{\Delta x}=\frac{1}{\sqrt{N}}$，这种处理方法的特点是先对连续信号量纲归一化，然后再采样。然而，在实际工程应用中所能得到的往往不是原始连续信号，而是按照一定采样率采样得到的离散信号。因此，上述分数阶傅里叶变换数值计算的方法只是一种原理性的方法，在实际工程应用中不具有可操作性。为此，文献[4] 针对离散信号给出了两种实用的量纲归一化方法。

(1) 离散尺度化法。离散尺度化是指直接对离散数据做伸缩变换，使得尺度化后的离散数据正好等于对原始连续信号做量纲归一化后的结果，其关键是选择合适的时宽 Δt、带宽 $\Delta\omega$、尺度因子 s 和归一化宽度 Δx。Δt 可以直接取为观测信号的时间 T，即 $\Delta t=T$。同时，以信号的中点作为时间原点，信号的时域表示限定在区间$[-T/2,T/2]$内。在实际应用中，往往不知道原始连续信号的确切带宽，但可以得知获取其离散采样值的采样频率 ω_s。根据采样定理，采样频率一定大于连续信号最高频率的 2 倍。信号带宽 $\Delta\omega$ 的选取并不要求是最小值，只要满足将信号的绝大部分能量包含其中即可。因此，将带宽直接取为采样频率是完全合理的，即 $\Delta\omega=\omega_s$，信号的频域表示限定在区间$[-\omega_s/2,\omega_s/2]$内。相应地，可以得到尺度因子 s 和归一化宽度 Δx 分别为

$$s=\sqrt{\Delta t/\Delta\omega}=\sqrt{T/\omega_s} \tag{2.72}$$

$$\Delta x=\sqrt{\Delta t\Delta\omega}=\sqrt{T\omega_s} \tag{2.73}$$

离散数据原来的采样间隔为 $T_s=2\pi/\omega_s$，对其做尺度转换后，采样间隔变为

$$T'_s=2\pi/\sqrt{T\omega_s}=2\pi/\Delta x \tag{2.74}$$

而原来的时间区间为$[-T/2,T/2]$，经过尺度转换后变为区间$[-\Delta x/2,\Delta x/2]$。因此，以采样频率为带宽，以观测时间为时宽，直接对离散数据做尺度伸缩变换，所得结果与对原始连续信号做量纲归一化再采样所得的结果一致。经过这样的预处理，离散数据就可以直接进行分数阶傅里叶变换的数值计算。

(2) 数据补零 / 截取法。离散尺度法是通过对离散数据在时域上的伸缩来实现归一化。信号尺度伸缩必然会导致原有信号的某些特征发生畸变，譬如对一个线性调频信号进行尺度伸缩会使其调频率发生改变。数据补零 / 截取法在量纲归一化过程中不会使原信号发生畸变，其关键是选择合适的参数 Δt、$\Delta\omega$、s 和 Δx。首先，将时间原点选取在数据的中点。为了保证原信号不发生畸变，尺度因子选取为 $s=1$。时间宽度 Δt 和带宽 $\Delta\omega$ 分别选取为信号的观测时间 T 和采样频率 ω_s。那么，归一化宽度 Δx 的确定分为以下两种情况：

① 若带宽 ω_s 大于时宽 T，则 Δx 取两者的大值，即 $\Delta x=\omega_s$。由于原始数据的采样间隔为 $2\pi/\omega_s$，时间区间为$[-T/2,T/2]$，而归一化之后要求采样间隔不变，而时间区间变为$[-\omega_s/2,\omega_s/2]$，因此需要在$[-\omega_s/2,\omega_s/2]$和$[-T/2,T/2]$区间以同样的采样间隔进行数据补零，人为地增加信号的时间宽度，从而实现信号的时宽和带宽归一化。

② 若带宽 ω_s 小于时宽 T，则 Δx 取两者的小值，即 $\Delta x=\omega_s$。由于原始数据的采样间隔

为 $2\pi/\omega_s$，时间区间为$[-T/2, T/2]$，而归一化之后仍要求采样间隔不变，则时间区间减小为$[-\omega_s/2, \omega_s/2]$，因此需要对原始数据做截取，只取出在区间$[-\omega_s/2, \omega_s/2]$内的数据，从而实现信号的时宽和带宽归一化。

1. 第一种分解算法

为便于分析，这里重写分数阶傅里叶变换的定义式

$$F_\alpha(u)=A_\alpha\int_{-\infty}^{+\infty}f(t)\mathrm{e}^{\mathrm{j}\frac{t^2}{2}\cot\alpha+\mathrm{j}\frac{u^2}{2}\cot\alpha-\mathrm{j}tu\csc\alpha}\mathrm{d}t \tag{2.75}$$

式中，$A_\alpha=\sqrt{(1-\mathrm{j}\cot\alpha)/(2\pi)}$。由于式(2.75)中积分变量 t 含有平方项，若直接对该积分进行离散化处理，通常具有较高的计算复杂度。一个常用的办法是：通过某种转换将该复杂的积分计算转化为其他形式的简单的数学运算。假定角度 $\alpha\in[-\pi/2,\pi/2]$，考虑到三角函数关系

$$\cot\alpha=\frac{\cos\alpha}{\sin\alpha}=\frac{1-\sin^2\left(\frac{\alpha}{2}\right)}{2\sin\left(\frac{\alpha}{2}\right)\cos\left(\frac{\alpha}{2}\right)}=\csc\alpha-\tan\left(\frac{\alpha}{2}\right) \tag{2.76}$$

将式(2.76)代入式(2.75)，可得

$$F_\alpha(u)=A_\alpha\mathrm{e}^{-\mathrm{j}\frac{u^2}{2}\tan\left(\frac{\alpha}{2}\right)}\int_{-\infty}^{+\infty}\left[f(t)\mathrm{e}^{\mathrm{j}\frac{t^2}{2}\tan\left(\frac{\alpha}{2}\right)}\right]\mathrm{e}^{\mathrm{j}\frac{(u-t)^2}{2}\csc\alpha}\mathrm{d}t \tag{2.77}$$

可以看出，连续信号的分数阶傅里叶变换计算可以分为以下步骤进行：

① 用一线性调频信号调制原始信号 $f(t)$，得到调制信号 $g(t)$，即

$$g(t)=f(t)\mathrm{e}^{\mathrm{j}\frac{t^2}{2}\tan\left(\frac{\alpha}{2}\right)} \tag{2.78}$$

② 将调制信号 $g(t)$ 与另一线性调频信号做卷积运算，即

$$g_0(u)=A_\alpha\int_{-\infty}^{+\infty}g(t)\mathrm{e}^{\mathrm{j}\frac{(u-t)^2}{2}\csc\alpha}\mathrm{d}t \tag{2.79}$$

③ 再用一线性调频信号调制卷积输出信号 $g_o(u)$，得到原信号 $f(t)$ 的分数阶傅里叶变换调制信号 $F_\alpha(u)$，即

$$F_\alpha(u)=g_o(u)\mathrm{e}^{-\mathrm{j}\frac{u^2}{2}\tan\left(\frac{\alpha}{2}\right)} \tag{2.80}$$

于是，分数阶傅里叶变换的数值计算便转化为对上述每个步骤的离散化处理。下面给出具体的实现过程。

第一步对原始信号 $f(t)$ 与线性调频信号 $\mathrm{e}^{-\mathrm{j}\frac{t^2}{2}\tan\left(\frac{\alpha}{2}\right)}$ 的乘积进行采样。因为假定旋转角度 $\alpha\in[-\pi/2,\pi/2]$，所以该线性调频信号 $\mathrm{e}^{-\mathrm{j}\frac{t^2}{2}\tan\left(\frac{\alpha}{2}\right)}$ 的调频率 $\left|\tan\left(\frac{\alpha}{2}\right)\right|\leqslant 1$。又因为信号的时域表示限定在区间$[-\Delta x/2, \Delta x/2]$，所以线性调频信号的最高瞬时频率为 $\left|\tan\left(\frac{\alpha}{2}\right)\right|\Delta x/2$，它的双边带宽为 $\left|\tan\left(\frac{\alpha}{2}\right)\right|\Delta x$。因为信号 $f(t)$ 与线性调频信号 $\mathrm{e}^{-\mathrm{j}\frac{t^2}{2}\tan\left(\frac{\alpha}{2}\right)}$ 相乘对应于两者在频域的卷积，所以调制信号 $g(t)$ 的双边带宽可确定为$\left(1+\left|\tan\left(\frac{\alpha}{2}\right)\right|\right)\Delta x$，因此 $g(t)$ 的带宽最高可达到原信号 $f(t)$ 带宽的 2 倍。为了满足采样定理，应当对 $f(t)$ 以$\frac{1}{2\Delta x}$为间隔采样。若原来对 $f(t)$ 的采样间隔是$\frac{1}{\Delta x}$，则可以通过内插的方法

获得采样间隔为$\frac{1}{2\Delta x}$的样本值。然后，再将 $f(t)$ 的离散采样值与线性调频信号 $\mathrm{e}^{-\mathrm{j}\frac{t^2}{2}\tan\left(\frac{\alpha}{2}\right)}$ 的离散采样值相乘，从而得到期望信号 $g(t)$ 的采样值。

第二步计算 $g(t)$ 与线性调频信号 $\mathrm{e}^{\mathrm{j}\frac{u^2}{2}\csc\alpha}$ 的卷积。在推导的过程中，由于 $g(t)$ 是带限的，因此线性调频信号 $\mathrm{e}^{\mathrm{j}\frac{u^2}{2}\csc\alpha}$ 完全可以也取其带限的形式，则有

$$g_{\circ}(t)=A_{\alpha}\int_{-\infty}^{+\infty}g(t)\mathrm{e}^{\mathrm{j}\frac{(u-t)^2}{2}\csc\alpha}\mathrm{d}t=A_{\alpha}\int_{-\infty}^{+\infty}g(t)c(u-t)\mathrm{d}t \tag{2.81}$$

式中

$$c(u)=A_{\alpha}\int_{-\Delta x}^{+\Delta x}C(\omega)\mathrm{e}^{\mathrm{j}u\omega}\mathrm{d}\omega \tag{2.82}$$

而 $C(\omega)$ 为 $\mathrm{e}^{\mathrm{j}\frac{u^2}{2}\csc\alpha}$ 的傅里叶变换，即

$$C(\omega)=\frac{1}{\sqrt{\csc\alpha}}\mathrm{e}^{\mathrm{j}\frac{\pi}{4}-\mathrm{j}\pi\omega^2\csc^2\alpha} \tag{2.83}$$

注意，式(2.82) 的求解可通过菲涅尔积分得到。于是，式(2.81) 的离散形式为

$$g_{\circ}\left(\frac{m}{2\Delta x}\right)=A_{\alpha}\sum_{n=-N}^{N}c\left(\frac{m-n}{2\Delta x}\right)g\left(\frac{n}{2\Delta x}\right) \tag{2.84}$$

这一离散卷积可以利用快速傅里叶变换来计算。

第三步计算原信号 $f(t)$ 分数阶傅里叶变换 $F_{\alpha}(u)$ 的采样值 $F_{\alpha}\left(\frac{m}{\Delta x}\right)$。由于在第一步对原信号 $f(t)$ 以采样间隔为$\frac{1}{\Delta x}$的采样值做了 2 倍内插，因此需要对最后得到的结果进行 2 倍抽取，才能获得 $F_{\alpha}(u)$ 的采样值 $F_{\alpha}\left(\frac{m}{\Delta x}\right)$。也就是说，从连续信号 $f(t)$ 的 N 个离散采样值 $f\left(\frac{m}{\Delta x}\right)$ 开始，最后得到相同点数的 $F_{\alpha}(u)$ 的 N 个离散采样值 $F_{\alpha}\left(\frac{m}{\Delta x}\right)$。

若用 $\boldsymbol{f}$ 和 $\boldsymbol{F}_{\alpha}$ 分别表示由 $f(t)$ 和 $F_{\alpha}(u)$ 的 N 个离散采样值组成的列向量，即

$$\boldsymbol{f}=\left(f\left(\frac{1}{\Delta x}\right),f\left(\frac{2}{\Delta x}\right),\cdots,f\left(\frac{N}{\Delta x}\right)\right)^{\mathrm{T}} \tag{2.85}$$

$$\boldsymbol{F}_{\alpha}=\left(F_{\alpha}\left(\frac{1}{\Delta x}\right),F_{\alpha}\left(\frac{2}{\Delta x}\right),\cdots,F_{\alpha}\left(\frac{N}{\Delta x}\right)\right)^{\mathrm{T}} \tag{2.86}$$

则上述分数阶傅里叶变换的数值计算过程可以表示为矩阵运算的形式，即

$$\boldsymbol{F}_{\alpha}=\boldsymbol{F}_{\mathrm{I}}^{\alpha}\boldsymbol{f},\quad \boldsymbol{F}_{\mathrm{I}}^{\alpha}=\boldsymbol{D}\boldsymbol{\Lambda}\boldsymbol{C}_{\alpha}\boldsymbol{\Lambda}\boldsymbol{J} \tag{2.87}$$

式中，$\boldsymbol{D}$ 和 $\boldsymbol{J}$ 分别对应抽取和内插运算的矩阵；矩阵 $\boldsymbol{\Lambda}$ 为对角阵，它对应线性调频函数乘法；而矩阵 $\boldsymbol{C}_{\alpha}$ 对应卷积运算。可以看出，矩阵 $\boldsymbol{F}_{\mathrm{I}}^{\alpha}$ 可以利用原信号的离散采样值得到其分数阶傅里叶变换的采样值，这是对离散分数阶傅里叶变换矩阵定义的基本要求。根据前提假设，上述计算方法只适用于角度 $\alpha\in[-\pi/2,\pi/2]$ 的情况，当角度 α 位于该区间之外时，可以利用分数阶傅里叶变换算子的旋转相加性来得到所需的结果。

2. 第二种分解算法

由式(2.82) 可知，上述分数阶傅里叶变换的数值计算必须要求解菲涅尔积分，而计算菲涅尔积分通常采用查表的方法。为了避免这个问题，将分数阶傅里叶变换的定义分解成

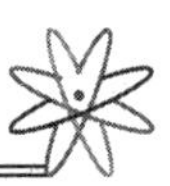

$$F_\alpha(u)=A_\alpha \mathrm{e}^{\mathrm{j}\frac{u^2}{2}\csc\alpha}\int_{-\infty}^{+\infty}\left[f(t)\mathrm{e}^{\mathrm{j}\frac{t^2}{2}\cot\alpha}\right]\mathrm{e}^{-\mathrm{j}tu\csc\alpha}\mathrm{d}t \tag{2.88}$$

那么,分数阶傅里叶变换的数值计算可以通过以下三个步骤来运算:

$$g(t)=f(t)\mathrm{e}^{\mathrm{j}\frac{t^2}{2}\cot\alpha} \tag{2.89}$$

$$g_o(u)=\int_{-\infty}^{+\infty}g(t)\mathrm{e}^{-\mathrm{j}tu\csc\alpha}\mathrm{d}t \tag{2.90}$$

$$F_\alpha(u)=A_\alpha \mathrm{e}^{\mathrm{j}\frac{u^2}{2}\cot\alpha}g_o(u) \tag{2.91}$$

原信号 $f(t)$ 首先被线性调频信号 $\mathrm{e}^{\mathrm{j}\frac{t^2}{2}\cot\alpha}$ 调制得到信号 $g(t)$。为了对调制信号 $g(t)$ 离散化处理,需要先确定它的带宽。假定 $f(t)$ 已经进行了量纲归一化,它的能量分布被限定在以原点为中心、直径为 Δx 的圆内。当角度在区间 $\alpha\in[\pi/4,3\pi/4]$ 时,$|\cot\alpha|\leqslant 1$,则调制信号 $f(t)\mathrm{e}^{\mathrm{j}\frac{t^2}{2}\cot\alpha}$ 的最高频率为 $\left(1+\left|\tan\left(\frac{\alpha}{2}\right)\right|\right)\frac{\Delta x}{2}\leqslant\Delta x$。这样,以 $\frac{1}{2\Delta x}$ 为采样间隔并利用香农插值公式可将式(2.90)所示调制信号表示为

$$f(t)\mathrm{e}^{\mathrm{j}\frac{t^2}{2}\cot\alpha}=\sum_{n=-N}^{n}f\left(\frac{n}{2\Delta x}\right)\mathrm{e}^{\mathrm{j}\frac{1}{2}\left(\frac{n}{2\Delta x}\right)^2\cot\alpha}\operatorname{sinc}(2t\Delta x-n) \tag{2.92}$$

将式(2.92)代入式(2.88),并交换积分求和顺序,得到

$$F_\alpha(u)=A_\alpha \mathrm{e}^{\mathrm{j}\frac{u^2}{2}\cot\alpha}\sum_{n=-N}^{N}f\left(\frac{n}{2\Delta x}\right)\mathrm{e}^{\mathrm{j}\frac{1}{2}\left(\frac{n}{2\Delta x}\right)^2\cot\alpha}\int_{-\infty}^{+\infty}\operatorname{sinc}(2t\Delta x-n)\mathrm{e}^{-\mathrm{j}tu\csc\alpha}\mathrm{d}t \tag{2.93}$$

由于

$$\int_{-\infty}^{+\infty}\operatorname{sinc}(2t\Delta x-n)\mathrm{e}^{-\mathrm{j}tu\csc\alpha}\mathrm{d}t=\mathrm{e}^{-\mathrm{j}\frac{n}{2\Delta x}u\csc\alpha}\ \frac{1}{2\Delta x}\operatorname{rect}\left(\frac{x\csc\alpha}{2\Delta x}\right) \tag{2.94}$$

在 $\alpha\in[\pi/4,3\pi/4]$ 内,对于任意 $x\in[-\Delta x/2,\Delta x/2]$,矩形函数 $\operatorname{rect}\left(\frac{x\csc\alpha}{2\Delta x}\right)=1$。于是,结合式(2.93)和(2.94),得到

$$F_\alpha(u)=\frac{A_\alpha}{2\Delta x}\sum_{n=-N}^{N}f\left(\frac{n}{2\Delta x}\right)\mathrm{e}^{\mathrm{j}\frac{u^2}{2}\cot\alpha+\mathrm{j}\frac{1}{2}\left(\frac{n}{2\Delta x}\right)^2\cot\alpha-\mathrm{j}\frac{n}{2\Delta x}u\csc\alpha} \tag{2.95}$$

式中,时域变量 t 已经实现了离散化,而分数域变量 u 仍然是连续的。下面需要对分数域变量 u 进行离散化处理。以 $\frac{1}{2\Delta x}$ 为采样间隔,在区间$[-\Delta x/2,\Delta x/2]$内对分数域变量 u 进行采样,即令 $u=\frac{m}{2\Delta x}$,代入式(2.95)得到

$$F_\alpha\left(\frac{m}{2\Delta x}\right)=\frac{A_\alpha}{2\Delta x}\sum_{n=-N}^{N}f\left(\frac{n}{2\Delta x}\right)\mathrm{e}^{\mathrm{j}\frac{1}{2}\frac{m^2+n^2}{(2\Delta x)^2}\cot\alpha-\mathrm{j}\frac{nm}{(2\Delta x)^2}u\csc\alpha},\quad -N\leqslant m\leqslant N \tag{2.96}$$

该结果表明,可以利用原函数的离散采样值求出其分数阶傅里叶变换的离散采样值。但是如果直接利用式(2.96)计算,计算复杂度为 $O(N^2)$,运算量仍然很大。为此,利用恒等式 $mn=\frac{1}{2}[m^2+n^2-(m-n)^2]$ 对式(2.96)进一步化简,得到

$$F_\alpha\left(\frac{m}{2\Delta x}\right)=\frac{A_\alpha}{2\Delta x}\mathrm{e}^{\mathrm{j}\frac{1}{2}\left(\frac{m}{2\Delta x}\right)^2(\cot\alpha-\csc\alpha)}\times$$
$$\sum_{n=-N}^{N}\left[f\left(\frac{n}{2\Delta x}\right)\mathrm{e}^{\mathrm{j}\frac{1}{2}\left(\frac{n}{2\Delta x}\right)^2(\cot\alpha-\csc\alpha)}\right]\mathrm{e}^{\mathrm{j}\frac{1}{2}\frac{(m-n)^2}{(2\Delta x)^2}\csc\alpha} \tag{2.97}$$

式中，$-N \leqslant m \leqslant N$。可以看出，式(2.97)求和部分为离散卷积形式，可以利用快速傅里叶变换计算，其总的计算复杂度为 $O(N\log_2 N)$。结合式(2.85)和式(2.86)，可将上述算法的整个过程以矩阵的形式表示为

$$\boldsymbol{F}_\alpha = \boldsymbol{F}_{\mathrm{II}}^{\alpha}\boldsymbol{f}, \quad \boldsymbol{F}_{\mathrm{II}}^{\alpha} = \boldsymbol{D}\boldsymbol{K}_\alpha\boldsymbol{J} \tag{2.98}$$

式中，矩阵 $\boldsymbol{K}_\alpha$ 的第 m 行第 n 列元素为

$$K_\alpha(m,n) = \frac{A_\alpha}{2\Delta x}\sum_{n=-N}^{N} f\left(\frac{n}{2\Delta x}\right) \mathrm{e}^{\mathrm{j}\frac{1}{2}\frac{m^2+n^2}{(2\Delta x)^2}\cot\alpha - \mathrm{j}\frac{nm}{(2\Delta x)^2}\csc\alpha} \tag{2.99}$$

于是，通过矩阵 $\boldsymbol{F}_{\mathrm{II}}^{\alpha}$ 与原函数样值的矩阵运算，直接得到原函数分数阶傅里叶变换的样值。虽然整个推导过程是在 $\alpha \in [\pi/4, 3\pi/4]$ 条件下进行的，但可以利用分数阶傅里叶变换的旋转相加性，将角度范围扩展到区间 $[0, \pi/4]$ 或者 $[3\pi/4, \pi]$。

尽管前述两种分数阶傅里叶变换数值计算算法具有计算速度快、精度高的特点，但其不具备正交性，是一种近似算法。为此，S. C. Pei 和 J. J. Ding 提出了一种不同的采样型离散方法[13]。与前述算法不同的是，Pei 和 Ding 未对连续分数阶傅里叶变换定义式进行分解，而直接从输入输出变量实现采样，然后通过限定输入输出采样间隔来保持变换的可逆性。下面给出具体的推导过程。

将连续分数阶傅里叶变换的定义式写为

$$F_\alpha(u) = \sqrt{\frac{1-\mathrm{j}\cot\alpha}{2\pi}}\,\mathrm{e}^{\mathrm{j}\frac{u^2}{2}\cot\alpha}\int_{-\infty}^{+\infty} f(t)\,\mathrm{e}^{\mathrm{j}\frac{t^2}{2}\cot\alpha}\,\mathrm{e}^{-\mathrm{j}tu\csc\alpha}\,\mathrm{d}t \tag{2.100}$$

首先，对连续分数阶傅里叶变换的输入函数 $f(t)$ 和输出函数 $F_\alpha(u)$ 进行采样，采样间隔分别为 Δt 和 Δu，得到

$$y(n) = f(n\Delta t), \quad Y_\alpha(m) = F_\alpha(m\Delta u), \quad -N \leqslant n \leqslant N, -M \leqslant m \leqslant M \tag{2.101}$$

将式(2.101)代入式(2.100)，得到

$$Y_\alpha(m) = \sqrt{\frac{1-\mathrm{j}\cot\alpha}{2\pi}}\,\Delta t\,\mathrm{e}^{\mathrm{j}\frac{(m\Delta u)^2}{2}\cot\alpha}\sum_{n=-N}^{N} y(n)\,\mathrm{e}^{\mathrm{j}\frac{(n\Delta t)^2}{2}\cot\alpha}\,\mathrm{e}^{-\mathrm{j}mn\Delta t\Delta u\csc\alpha} \tag{2.102}$$

进一步地，将式(2.102)改写为

$$Y_\alpha(m) = \sum_{n=-N}^{N} y(n)K_\alpha(m,n) \tag{2.103}$$

式中

$$K_\alpha(m,n) = \sqrt{\frac{1-\mathrm{j}\cot\alpha}{2\pi}}\,\Delta t\,\mathrm{e}^{\mathrm{j}\frac{(m\Delta u)^2}{2}\cot\alpha + \mathrm{j}\frac{(n\Delta t)^2}{2}\cot\alpha - \mathrm{j}mn\Delta t\Delta u\csc\alpha} \tag{2.104}$$

为了使式(2.103)具有可逆性，当 $M \geqslant N$ 时，需要使它的逆变换矩阵等于 $K_\alpha(m,n)$ 的共轭转置矩阵，即

$$y(n) = \sum_{n=-M}^{M} Y_\alpha(m)K_\alpha^*(m,n) \tag{2.105}$$

将式(2.103)代入式(2.105)，得到

$$\begin{aligned} y(n) &= \sum_{m=-M}^{M}\sum_{k=-N}^{N} y(k)K_\alpha(m,k)K_\alpha^*(m,n) \\ &= \frac{(\Delta t)^2}{2\pi\,|\sin\alpha|}\sum_{m=-M}^{M}\sum_{k=-N}^{N}\mathrm{e}^{\mathrm{j}\frac{k^2-n^2}{2}\cot\alpha + \mathrm{j}m(n-k)\Delta t\Delta u}\,y(k) \end{aligned} \tag{2.106}$$

为了使式(2.106)中对 m 的求和等于 $\delta(n-k)$，即

$$\sum_{m=-M}^{M} \mathrm{e}^{\mathrm{j}m(n-k)\Delta t\Delta u} = \delta(n-k) \tag{2.107}$$

需要满足

$$\Delta t\Delta u = \frac{2\pi S\sin\alpha}{2M+1} \tag{2.108}$$

式中，$|S|$ 是与 $2M+1$ 互为质数的整数。于是，式(2.104)变为

$$K_\alpha(m,n) = \sqrt{\frac{1-\mathrm{j}\cot\alpha}{2\pi}}\Delta t \mathrm{e}^{\mathrm{j}\frac{(m\Delta u)^2}{2}\cot\alpha + \mathrm{j}\frac{(n\Delta t)^2}{2}\cot\alpha - \mathrm{j}mn\frac{2\pi S}{2M+1}} \tag{2.109}$$

同时，得到

$$\begin{aligned}\sum_{m=-M}^{M}\sum_{k=-N}^{N} \mathrm{e}^{\mathrm{j}\frac{k^2-n^2}{2}\cot\alpha + \mathrm{j}m(n-k)\Delta t\Delta u} y(k) &= \frac{2M+1}{2\pi|\sin\alpha|}(\Delta t)^2 y(n) \\ &= \frac{2M+1}{2\pi \operatorname{sgn}(\sin\alpha)\sin\alpha}(\Delta t)^2 y(n)\end{aligned} \tag{2.110}$$

此外，对 $K_\alpha(m,n)$ 做归一化处理以满足式(2.107)，于是有

$$K_\alpha(m,n) = \sqrt{\frac{\operatorname{sgn}(\sin\alpha)(\sin\alpha - \mathrm{j}\cos\alpha)}{2M+1}}\Delta t \mathrm{e}^{\mathrm{j}\frac{(m\Delta u)^2}{2}\cot\alpha + \mathrm{j}\frac{(n\Delta t)^2}{2}\cot\alpha - \mathrm{j}mn\frac{2\pi S}{2M+1}} \tag{2.111}$$

为简便起见，选择 $S=\operatorname{sgn}(\sin\alpha)=\pm1$，式(2.111)改写为

$$K_\alpha(m,n) = \sqrt{\frac{\operatorname{sgn}(\sin\alpha)(\sin\alpha - \mathrm{j}\cos\alpha)}{2M+1}}\Delta t \mathrm{e}^{\mathrm{j}\frac{(m\Delta u)^2}{2}\cot\alpha + \mathrm{j}\frac{(n\Delta t)^2}{2}\cot\alpha - \mathrm{j}mn\frac{2\pi \operatorname{sgn}(\sin\alpha)}{2M+1}} \tag{2.112}$$

于是，离散分数阶傅里叶变换的计算公式分以下两种情况：

①$\sin\alpha > 0$，即 $2k\pi < \alpha < 2k\pi + \pi, k \in \mathbf{Z}$

$$Y_\alpha(m) = \sqrt{\frac{\sin\alpha - \mathrm{j}\cos\alpha}{2M+1}}\Delta t \mathrm{e}^{\mathrm{j}\frac{(m\Delta u)^2}{2}\cot\alpha}\sum_{n=-N}^{N} y(n)\mathrm{e}^{\mathrm{j}\frac{(n\Delta t)^2}{2}\cot\alpha - \mathrm{j}mn\frac{2\pi}{2M+1}} \tag{2.113}$$

②$\sin\alpha < 0$，即 $2k\pi - \pi < \alpha < 2k\pi, k \in \mathbf{Z}$

$$Y_\alpha(m) = \sqrt{\frac{-\sin\alpha + \mathrm{j}\cos\alpha}{2M+1}}\Delta t \mathrm{e}^{\mathrm{j}\frac{(m\Delta u)^2}{2}\cot\alpha}\sum_{n=-N}^{N} y(n)\mathrm{e}^{\mathrm{j}\frac{(n\Delta t)^2}{2}\cot\alpha + \mathrm{j}mn\frac{2\pi}{2M+1}} \tag{2.114}$$

另外，必须满足限制条件 $M \geqslant N$ 和

$$\Delta u\Delta t = \frac{2\pi|\sin\alpha|}{2M+1} \tag{2.115}$$

可以发现，当 $M=N$ 且 $\alpha=\frac{\pi}{2}$ 时，式(2.113)退化为离散傅里叶变换，当 $\alpha=-\frac{\pi}{2}$ 时，式(2.114)变为离散傅里叶变换的逆变换。此外，当 $\alpha=k\pi$ 时，不能用式(2.113)和式(2.114)定义离散分数阶傅里叶变换，可以用

$$Y_\alpha(m) = y(m), \quad \alpha = 2k\pi \tag{2.116}$$

$$Y_\alpha(m) = y(-m), \quad \alpha = (2k+1)\pi \tag{2.117}$$

来定义。注意到，在式(2.115)中，若 $|\sin\alpha|$ 很小，Δt 和 Δu 也必须很小，采样点数必然增多，导致计算量增加。为了避免这一问题，考虑到对连续分数阶傅里叶变换有

$$F_\alpha(u) = \mathscr{F}^{\alpha-\frac{\pi}{2}}[\mathscr{F}^{\frac{\pi}{2}}[f(t)](u')](u) \tag{2.118}$$

所以，当 $|\sin\alpha|$ 很小时，可以先做原始信号 $f(t)$ 采样信号的离散傅里叶变换，然后再计算角度为 $\alpha-\frac{\pi}{2}$ 的离散分数阶傅里叶变换。因此，将上述离散分数阶傅里叶变换计算式写为

$$Y_\alpha(m)=Ce^{j\frac{(m\Delta u)^2}{2}\tan\alpha}\sum_{r=-N}^{N}\sum_{n=-N}^{N}e^{jrm\frac{2\pi\mathrm{sgn}(\csc\alpha)}{2M+1}}e^{-j\frac{(r\Delta\omega)^2}{2}\tan\alpha-jnr\frac{2\pi}{2N+1}}y(n) \tag{2.119}$$

式中

$$\Delta u\Delta\omega=\frac{2\pi|\cos\alpha|}{2M+1} \tag{2.120}$$

$$C=\sqrt{\frac{|\cos\alpha|+j\mathrm{sgn}(\cos\alpha)\sin\alpha}{(2M+1)(2N+1)}} \tag{2.121}$$

因为

$$\Delta t\Delta\omega=\frac{2\pi}{2N+1},\quad \Delta\omega=\frac{2\pi}{\Delta t(2N+1)} \tag{2.122}$$

所以，在 $|\sin\alpha|\approx 0$ 时，可以定义修正的离散分数阶傅里叶变换，即

$$Y_\alpha(m)=Ce^{j\frac{(m\Delta u)^2}{2}\tan\alpha}\sum_{r=-N}^{N}\sum_{n=-N}^{N}e^{jrm\frac{2\pi\mathrm{sgn}(\csc\alpha)}{2M+1}}e^{-j\frac{1}{2}\left(\frac{2\pi r}{\Delta t(2N+1)}\right)^2\tan\alpha-jnr\frac{2\pi}{2N+1}}y(n) \tag{2.123}$$

式中，$\Delta u=(\Delta t(2N+1)|\cos\alpha|)/(2M+1)$。该算法一个重要的特点是计算速度很快，由于它只需要两次线性调频信号乘积和一次快速傅里叶变换，因此它的总的运算量为 $2(2M+1)+\frac{1}{2}(2M+1)\log_2(2M+1)$，其中 $2M+1$ 为输出序列的长度。从满足分数阶傅里叶变换的性质来说，该算法得到的离散分数阶傅里叶变换满足可逆性和周期性，不满足旋转相加性。虽然不满足旋转相加性，但该算法可以通过一定的转换能从一个角度的分数域得到另一个角度分数域的结果，具体内容可参考文献[13]。

2.3.2　特征分解型离散算法

特征分解型离散算法[14]是通过类比连续分数阶傅里叶变换和连续傅里叶变换算子特征方程之间的内在联系，得到离散分数阶傅里叶变换矩阵和离散傅里叶变换矩阵特征方程之间的关系，从而将构造离散分数阶傅里叶变换矩阵转化为求解一组正交的离散傅里叶变换矩阵特征向量的问题。为此，首先介绍离散傅里叶变换矩阵 $\boldsymbol{F}$ 的一些基本性质。为便于分析，重写连续傅里叶变换算子 $\mathfrak{F}$ 的特征方程

$$\mathfrak{F}H_n(t)=e^{-jn\frac{\pi}{2}}H_n(\omega),\quad n=0,1,2,\cdots \tag{2.124}$$

式中，$e^{-jn\frac{\pi}{2}}$ 和 $H_n(t)$ 分别为傅里叶变换算子 $\mathfrak{F}$ 的特征值和特征函数。可以看出，N 维离散傅里叶变换矩阵 $\boldsymbol{F}$ 的特征值是 $e^{-jk\frac{\pi}{2}}(k=0,1,2,\cdots,N-1)$，它共有四个取值 1、$-1$、j 和 $-$j。对于不同数值的 N，该特征值四个取值的重复度也不同。对于任一 $m\in\mathbf{N}$，当 $N=4m$ 时，1、-1、j 和 $-$j 的重复度分别为 $m+1$、m、m 和 $m-1$；当 $N=4m+1$ 时，1、-1、j 和 $-$j 的重复度分别为 $m+1$、m、m 和 m；当 $N=4m+2$ 时，1、-1、j 和 $-$j 的重复度分别为 $m+1$、m、$m+1$ 和 m；当 $N=4m+3$ 时，1、-1、j 和 $-$j 的重复度分别为 $m+1$、$m+1$、$m+1$ 和 m。此外，离散傅里叶变换矩阵 $\boldsymbol{F}$ 特征值的每个取值对应的特征向量全体张成一个特征子空间，而每个取值的重复度则决定了相应特征子空间的秩。将 1、-1、j 和 $-$j 对应的特征子空间分别记为 E_0、E_1、E_2 和 E_3。对于 N 维离散傅里叶变换矩阵 $\boldsymbol{F}$ 来说，重复度为 M 的特征值有 M 个独立的特征向量，它们可以通过计算下式中矩阵 $\boldsymbol{S}$ 的特征向量得到，即

$$\boldsymbol{S}=\begin{pmatrix}2 & 1 & 0 & \cdots & 1\\ 1 & 2\cos\omega & 1 & \cdots & 0\\ 0 & 1 & 2\cos 2\omega & \cdots & 0\\ \vdots & \vdots & \vdots & & \vdots\\ 1 & 0 & 0 & \cdots & 2\cos(N-1)\omega\end{pmatrix} \tag{2.125}$$

式中，$\omega=2\pi/N$。可以证明矩阵 $\boldsymbol{S}$ 和 $\boldsymbol{F}$ 是可以交换的，即 $\boldsymbol{SF}=\boldsymbol{FS}$，因此，矩阵 $\boldsymbol{S}$ 的特征向量也是矩阵 $\boldsymbol{F}$ 的特征向量，但它们对应不同的特征值。

我们知道，分数阶傅里叶变换算子 $\mathscr{F}^{\alpha}$ 与傅里叶变换算子 $\mathfrak{F}$ 具有相同的特征函数和不同的特征值，即

$$\mathscr{F}^{\alpha}H_n(t)=\mathrm{e}^{-\mathrm{j}n\alpha}H_n(t),\quad n=0,1,2,\cdots \tag{2.126}$$

类似地，离散分数阶傅里叶变换矩阵 $\boldsymbol{F}^{\alpha}$ 与离散傅里叶变换矩阵 $\boldsymbol{F}$ 应该具有相同的特征向量和不同的特征值，且满足

$$\boldsymbol{F}^{\alpha}[\hat{\boldsymbol{u}}_n]=\mathrm{e}^{-\mathrm{j}n\alpha}\hat{\boldsymbol{u}}_n \tag{2.127}$$

式中，$\boldsymbol{F}^{\alpha}$ 表示离散分数阶傅里叶变换矩阵；$\hat{\boldsymbol{u}}_n$ 表示离散傅里叶变换矩阵 $\boldsymbol{F}$ 的特征向量；$\mathrm{e}^{-\mathrm{j}n\alpha}$ 为 $\boldsymbol{F}^{\alpha}$ 的特征值。式(2.127)表明，可以通过求解离散傅里叶变换矩阵 $\boldsymbol{F}$ 的特征向量 $\hat{\boldsymbol{u}}_n$ 来构造离散分数阶傅里叶变换矩阵 $\boldsymbol{F}^{\alpha}$。

由前述分析可知，与连续傅里叶变换算子不同，离散傅里叶变换矩阵 $\boldsymbol{F}$ 的特征分解不唯一，即其特征向量不唯一。那么，离散傅里叶变换是否具有这样的特征向量，它既要满足式(2.127)，又要与式(2.126)中连续 Hermite 函数 $H_n(t)$ 在波形上保持一致。把这样的特征向量称为离散傅里叶变换 Hermite 特征向量。首先，问题的答案是肯定的，下面给出基本原理和推导过程。为此，先给出相关定理及证明。

定理 2.1 N 维离散傅里叶变换矩阵 $\boldsymbol{F}$ 的 Hermite 特征向量所对应的连续 Hermite 函数的方差应为 $T_{\mathrm{s}}\sqrt{N/(2\pi)}$，$T_{\mathrm{s}}$ 是时域采样间隔，且该连续 Hermite 函数采样后得到函数序列

$$\phi_n(k)=\frac{1}{\sqrt{2^n n!\ T_{\mathrm{s}}\sqrt{N/2}}}h_n\left(\frac{k}{\sqrt{N/(2\pi)}}\right)\mathrm{e}^{-\frac{k^2\pi}{N}} \tag{2.128}$$

式中，$h_n(\cdot)$ 是 n 阶 Hermite 多项式。

证明 式(2.128)给出了方差为 1 的连续 Hermite 函数定义，很容易得到离散傅里叶变换矩阵 $\boldsymbol{F}$ 的特征向量对应的方差为 σ 的连续 Hermite 函数表达式为

$$\frac{1}{\sqrt{2^n n!\ \sigma\sqrt{\pi}}}h_n\left(\frac{t}{\sigma}\right)\mathrm{e}^{-\frac{t^2}{2\sigma^2}} \tag{2.129}$$

进一步地，对式(2.129)中连续 Hermite 函数以时间间隔 T_{s} 进行采样，得到

$$\frac{1}{\sqrt{2^n n!\ \sigma\sqrt{\pi}}}h_n\left(\frac{kT_{\mathrm{s}}}{\sigma}\right)\mathrm{e}^{-\frac{(kT_{\mathrm{s}})^2}{2\sigma^2}},\quad k=1,2,\cdots,N \tag{2.130}$$

同时，对式(2.129)中连续 Hermite 函数进行连续傅里叶变换，则有

$$\frac{\sqrt{\sigma}}{\sqrt{2^n n!\ \sqrt{\pi}}}h_n(\sigma\omega)\mathrm{e}^{-\frac{\sigma^2\omega^2}{2}} \tag{2.131}$$

由采样理论可知，式(2.130)中离散 Hermite 函数的离散傅里叶变换谱的频率分辨率为

$2\pi/(NT_s)$，且其谱的包络与其连续形式的连续傅里叶变换谱包络相同，见式(2.131)。那么，该离散 Hermite 函数的离散傅里叶变换谱在各个频点上的值可以通过将式(2.131)中变量 ω 以频率间隔为 $2\pi/(NT_s)$ 进行离散化得到，即

$$\frac{\sqrt{\sigma}}{\sqrt{2^n n!\sqrt{\pi}}}h_n\left(k\frac{2\pi}{NT_s}\sigma\right)e^{-\frac{2k^2\pi^2\sigma^2}{N^2T_s^2}} \tag{2.132}$$

由傅里叶变换的特征方程可知，离散傅里叶变换的 Hermite 特征向量经过离散傅里叶变换后，形状保持不变。这就要求式(2.130)中的离散 Hermite 函数的方差与式(2.132)中其离散傅里叶变换谱的方差相等，即

$$\frac{\sigma^2}{T_s^2}=\frac{N^2T_s^2}{4\pi^2\sigma^2} \tag{2.133}$$

进一步地，求得方差

$$\sigma=\sqrt{\frac{N}{2\pi}}T_s \tag{2.134}$$

将式(2.134)代入式(2.130)，可得

$$\phi_n(k)=\frac{1}{\sqrt{2^n n!\ T_s\sqrt{N/2}}}h_n\left(\frac{k}{\sqrt{N/(2\pi)}}\right)e^{-\frac{k^2\pi}{N}} \tag{2.135}$$

这表明，$\phi_n(k)$ 也可以看成是方差为 1 的连续 Hermite 函数以采样间隔$\sqrt{2\pi/N}$ 进行采样得到的函数序列。

定理 2.2　若函数序列 $\phi_n(k)$ 是由单位方差的连续 Hermite 函数以采样间隔 $T=\sqrt{2\pi/N}$ 进行采样得到的，则有如下结果成立：

$$(-\mathrm{j})^n\phi_n(k)\approx\begin{cases}\dfrac{1}{\sqrt{N}}\displaystyle\sum_{m=-N/2}^{N/2-1}\phi_n(m)e^{-\mathrm{j}\frac{2\pi mk}{N}}, & N\text{ 为偶数}\\[2ex] \dfrac{1}{\sqrt{N}}\displaystyle\sum_{m=-(N-1)/2}^{(N-1)/2}\phi_n(m)e^{-\mathrm{j}\frac{2\pi mk}{N}}, & N\text{ 为奇数}\end{cases} \tag{2.136}$$

证明　不妨假设 N 为偶数，N 为奇数的证明过程类似。我们知道，单位方差的连续 Hermite 函数 $\phi_n(t)$ 是傅里叶变换算子 $\mathfrak{F}$ 的特征函数，则有

$$\mathfrak{F}[\phi_n(t)](\omega)=e^{-\mathrm{j}n\frac{\pi}{2}}\phi_n(\omega)=(-\mathrm{j})^n\phi_n(\omega) \tag{2.137}$$

进一步地，式(2.137)可改写成

$$(-\mathrm{j})^n\phi_n(\omega)=\frac{1}{\sqrt{2\pi}}\int_{-\infty}^{+\infty}\phi_n(t)e^{-\mathrm{j}\omega t}\mathrm{d}t \tag{2.138}$$

将积分区间从$(-\infty,+\infty)$截取为$(-NT/2,+NT/2)$，可得到式(2.138)的近似等式，即

$$(-\mathrm{j})^n\phi_n(\omega)\approx\frac{1}{\sqrt{2\pi}}\int_{-NT/2}^{+NT/2}\phi_n(t)e^{-\mathrm{j}\omega t}\mathrm{d}t \tag{2.139}$$

之所以可以这样近似，是因为当 N 很大时，$NT=\sqrt{2\pi N}$ 也很大，且 Gauss 函数 $e^{-\frac{t^2}{2}}$ 的衰减很快。同时，当 N 很大时，$T=\sqrt{2\pi/N}$ 很小，则式(2.139)中积分可进一步写成

$$\int_{-NT/2}^{NT/2}\phi_n(t)e^{-\mathrm{j}\omega t}\mathrm{d}t\approx T\sum_{m=-N/2}^{N/2-1}\phi_n(mT)e^{-\mathrm{j}\omega mT} \tag{2.140}$$

将式(2.140)代入式(2.139)，得到

$$(-\mathrm{j})^n \phi_n(\omega) \approx \frac{1}{\sqrt{N}} \sum_{m=-N/2}^{N/2-1} \phi_n(mT) \mathrm{e}^{-\mathrm{j}\omega m T} \tag{2.141}$$

此处约等号对于任意的 ω 均成立，因此，令 $\omega = kT$ 并代入式(2.141)，则有

$$(-\mathrm{j})^n \phi_n(k) \approx \frac{1}{\sqrt{N}} \sum_{m=-N/2}^{N/2-1} \phi_n(m) \mathrm{e}^{-\mathrm{j}\frac{2\pi mk}{N}} \tag{2.142}$$

可以看出，式(2.136)存在两个近似误差：式(2.139)引起的截断误差和式(2.140)引入的数值计算误差。当 N 趋近于无穷大时，误差将趋近于零。因此，N 越大，式(2.136)逼近效果越好。此外，逼近效果还与 Hermite 多项式的阶数 n 有关，这是因为 n 阶 Hermite 多项式随时间的衰减速率正比于函数 $t^n \mathrm{e}^{-\frac{t^2}{2}}$。

定理 2.3 将函数序列 $\phi_n(k)$ 按照以下方式平移得到

当 N 为偶数时

$$\bar{\phi}_n(k) = \begin{cases} \phi_n(k), & 0 \leqslant k \leqslant N/2-1 \\ \phi_n(k-N), & N/2 \leqslant k \leqslant N-1 \end{cases} \tag{2.143}$$

当 N 为奇数时

$$\bar{\phi}_n(k) = \begin{cases} \phi_n(k), & 0 \leqslant k \leqslant (N-1)/2 \\ \phi_n(k-N), & (N+1)/2 \leqslant k \leqslant N-1 \end{cases} \tag{2.144}$$

则 $\bar{\phi}_n(k)$ 的离散傅里叶变换近似为$(-\mathrm{j})^n \bar{\phi}_n(m)$，即当 N 足够大时

$$(-\mathrm{j})^n \bar{\phi}_n(m) \approx \frac{1}{\sqrt{N}} \sum_{k=0}^{N-1} \bar{\phi}_n(k) \mathrm{e}^{-\mathrm{j}\frac{2\pi mk}{N}} \tag{2.145}$$

证明 不妨令 N 为偶数，根据离散傅里叶变换定义，得到

$$\mathrm{DFT}[\bar{\phi}_n(k)] = \frac{1}{\sqrt{N}} \sum_{k=0}^{N/2-1} \phi_n(k) \mathrm{e}^{-\mathrm{j}\frac{2\pi km}{N}} + \frac{1}{\sqrt{N}} \sum_{k=N/2}^{N-1} \phi_n(k-N) \mathrm{e}^{-\mathrm{j}\frac{2\pi km}{N}} \tag{2.146}$$

同时，因为 $\mathrm{e}^{-\mathrm{j}\frac{2\pi km}{N}} = \mathrm{e}^{-\mathrm{j}\frac{2\pi(k-N)m}{N}}$，所以

$$\frac{1}{\sqrt{N}} \sum_{k=N/2}^{N-1} \phi_n(k-N) \mathrm{e}^{-\mathrm{j}\frac{2\pi km}{N}} = \frac{1}{\sqrt{N}} \sum_{l=-N/2}^{-1} \phi_n(l) \mathrm{e}^{-\mathrm{j}\frac{2\pi lm}{N}} \tag{2.147}$$

将式(2.147)代入式(2.146)，得到

$$\begin{aligned} \mathrm{DFT}[\bar{\phi}_n(k)] &= \frac{1}{\sqrt{N}} \sum_{k=-N/2}^{N/2-1} \phi_n(k) \mathrm{e}^{-\mathrm{j}\frac{2\pi km}{N}} \\ &\approx (-\mathrm{j})^n \bar{\phi}_n(m), \quad 0 \leqslant m \leqslant N/2-1 \end{aligned} \tag{2.148}$$

进一步地，利用等式 $\mathrm{e}^{-\mathrm{j}\frac{2\pi km}{N}} = \mathrm{e}^{-\mathrm{j}\frac{2\pi(k-N)m}{N}}$，式(2.148)可改写为

$$\begin{aligned} \mathrm{DFT}[\bar{\phi}_n(k)] &= \frac{1}{\sqrt{N}} \sum_{k=-N/2}^{N/2-1} \phi_n(k) \mathrm{e}^{-\mathrm{j}\frac{2\pi k(m-N)}{N}} \\ &\approx (-\mathrm{j})^n \bar{\phi}_n(m-N), \quad N/2 \leqslant m \leqslant N-1 \end{aligned} \tag{2.149}$$

将式(2.148)和(2.149)合并，得到

$$\mathrm{DFT}[\bar{\phi}_n(k)] = \frac{1}{\sqrt{N}} \sum_{k=0}^{N-1} \bar{\phi}_n(k) \mathrm{e}^{-\mathrm{j}\frac{2\pi mk}{N}} \approx (-\mathrm{j})^n \bar{\phi}_n(m) \tag{2.150}$$

至此证毕。此外，N 为奇数的证明与上述过程类似，不再赘述。

定理 2.2 和定理 2.3 表明，连续 Hermite 函数的采样序列近似为离散傅里叶变换矩阵的特征向量，将其归一化形式记为

$$\boldsymbol{u}_n = \frac{[\bar{\phi}_n(0)\bar{\phi}_n(1)\cdots\bar{\phi}_n(N-1)]^{\mathrm{T}}}{\|[\bar{\phi}_n(0)\bar{\phi}_n(1)\cdots\bar{\phi}_n(N-1)]^{\mathrm{T}}\|} \tag{2.151}$$

此外，通过计算矩阵 $\boldsymbol{S}$ 可以得到离散傅里叶变换矩阵 $\boldsymbol{F}$ 的一组实正交特征向量，因此可以将这组正交特征向量作为离散傅里叶变换特征子空间的基向量，然后计算向量 $\boldsymbol{u}_n$ 在离散傅里叶变换特征子空间的投影，从而得到离散傅里叶变换的 Hermite 特征向量 $\bar{\boldsymbol{u}}_n$，即

$$\bar{\boldsymbol{u}}_n = \sum_{(n-k)\bmod 4=0} \langle \boldsymbol{u}_n, \boldsymbol{v}_k \rangle \boldsymbol{v}_k \tag{2.152}$$

式中，$k=n\bmod 4$，$\boldsymbol{v}_k$ 是矩阵特征向量。注意，式(2.152)所得的向量不一定是特征子空间的正交基。若要使离散分数阶傅里叶变换满足旋转相加性，离散傅里叶变换 Hermite 特征向量必须是正交，因此需对式(2.152)得到的向量进行正交化处理。容易证明，不同特征子空间的向量是相互正交的，因此只需在每个特征子空间内部进行正交化处理，具体流程如下：

① 计算连续 Hermite 函数的取样向量 $\boldsymbol{u}_n$。

② 计算矩阵 $\boldsymbol{S}$ 的特征向量 $\boldsymbol{v}_k$。

③ 根据式(2.152)计算离散傅里叶变换 Hermite 特征向量 $\bar{\boldsymbol{u}}_n$。

④ 对 $\bar{\boldsymbol{u}}_n$ 进行正交化进而得到正交的 Hermite 特征向量。

为此，S. C. Pei 等在文献[14]中提出了基于 Gram－Schmite 方法和 Orthogonal Procrustes 方法的正交化算法，并把这两种算法分别称为 GSA 和 OPA 算法。

理论研究表明，连续分数阶傅里叶变换核函数可以分解为

$$K_\alpha(u,t) = \sum_{n=0}^{+\infty} \mathrm{e}^{-\mathrm{j}n\alpha} H_n(t) H_n(u) \tag{2.153}$$

类似地，可以定义离散分数阶傅里叶变换的变换矩阵为

$$\boldsymbol{F}^\alpha = \hat{\boldsymbol{U}}\boldsymbol{D}^\alpha\hat{\boldsymbol{U}}^{\mathrm{T}} = \begin{cases} \displaystyle\sum_{n=0}^{N-1} \mathrm{e}^{\mathrm{j}k\alpha}\hat{\boldsymbol{u}}_k\hat{\boldsymbol{u}}_k^{\mathrm{T}}, & N\text{ 为偶数} \\ \displaystyle\sum_{n=0}^{N-2} \mathrm{e}^{\mathrm{j}k\alpha}\hat{\boldsymbol{u}}_k\hat{\boldsymbol{u}}_k^{\mathrm{T}} + \mathrm{e}^{\mathrm{j}k\alpha}\hat{\boldsymbol{u}}_N\hat{\boldsymbol{u}}_N^{\mathrm{T}}, & N\text{ 为奇数} \end{cases} \tag{2.154}$$

式中，$\hat{\boldsymbol{U}}$ 的表达形式为

$$\hat{\boldsymbol{U}} = \begin{cases} [\hat{\boldsymbol{u}}_0\hat{\boldsymbol{u}}_1\cdots\hat{\boldsymbol{u}}_{N-1}], & N\text{ 为偶数} \\ [\hat{\boldsymbol{u}}_0\hat{\boldsymbol{u}}_1\cdots\hat{\boldsymbol{u}}_{N-2}\hat{\boldsymbol{u}}_N], & N\text{ 为奇数} \end{cases} \tag{2.155}$$

$\boldsymbol{D}^\alpha$ 是对角矩阵，当 N 为偶数时

$$\boldsymbol{D}^\alpha = \begin{pmatrix} \mathrm{e}^{-\mathrm{j}0} & 0 & 0 & \cdots & 0 \\ 0 & \mathrm{e}^{-\mathrm{j}1\alpha} & 0 & \cdots & 0 \\ 0 & 0 & \mathrm{e}^{-\mathrm{j}2\alpha} & \cdots & 0 \\ \vdots & \vdots & \vdots & & \vdots \\ 0 & 0 & 0 & \cdots & \mathrm{e}^{-\mathrm{j}N\alpha} \end{pmatrix} \tag{2.156}$$

而当 N 为奇数时

$$
\boldsymbol{D}^{\alpha}=\begin{pmatrix} e^{-j0} & 0 & 0 & \cdots & 0 \\ 0 & e^{-j1\alpha} & 0 & \cdots & 0 \\ 0 & 0 & e^{-j2\alpha} & \cdots & 0 \\ \vdots & \vdots & \vdots & & \vdots \\ 0 & 0 & 0 & \cdots & e^{-j(N-1)\alpha} \end{pmatrix} \tag{2.157}
$$

综上分析,信号 $x(t)$ 的离散分数阶傅里叶变换可以通过公式

$$
\boldsymbol{X}_{\alpha}=\boldsymbol{F}^{\alpha}\boldsymbol{x}=\hat{\boldsymbol{U}}\boldsymbol{D}^{\alpha}\hat{\boldsymbol{U}}^{\mathrm{T}}\boldsymbol{x} \tag{2.158}
$$

计算。相应地,离散分数阶傅里叶变换的逆变换公式为

$$
\boldsymbol{x}=\boldsymbol{F}^{-\alpha}\boldsymbol{X}_{\alpha}=\hat{\boldsymbol{U}}\boldsymbol{D}^{-\alpha}\hat{\boldsymbol{U}}^{\mathrm{T}}\boldsymbol{X}_{\alpha} \tag{2.159}
$$

以上介绍了基于特征分解的离散分数阶傅里叶变换矩阵构造的基本思想和方法,此外,文献[15,16,17,18]中还提出了一些基于特征分解方法的离散分数阶傅里叶变换矩阵的其他构造算法,这里不再赘述。

第 3 章 分数阶傅里叶分析的基本运算和定理

本章重点讨论分数阶傅里叶变换基础理论存在的几个基本问题。首先，揭示分数阶傅里叶变换与算子的内在联系，导出与分数阶傅里叶变换密切相关的Hermite算子和酉算子；其次，利用得到的酉算子定义广义分数阶卷积/相关，并给出广义分数阶卷积/相关定理以及分数阶相关与分数阶能量谱的关系，解决分数阶卷积/相关的统一定义问题；接着，利用导出的 Hermite 算子提出适合于任意信号的分数阶不确定性原理，解决分数阶不确定性原理的普适化问题，特别地，从通信信号的角度得到信号能量聚集性的分数阶不确定性原理；最后，利用提出的酉算子得到分数阶 Poisson 求和公式及其对偶形式，并揭示它们与分数阶傅里叶级数的关系。

3.1 预备知识

3.1.1 函数空间

本节用记号 $\mathbf{N}$、$\mathbf{Z}$、$\mathbf{R}$ 和 $\mathbf{C}$ 分别表示自然数、整数、实数和复数集。复数 $z\in\mathbf{C}$ 的模记作 $|z|$，其复共轭记作 z^*。$\mathbf{R}^+$ 表示正实数集。函数 $f(t)$ 的支撑是集合 $\{t\in\mathbf{R}: f(t)\neq 0\}$ 的闭包，记作 $\operatorname{supp} f$。对多重积分符号进行简记，例如二重积分符号 $\int_{-\infty}^{+\infty}\int_{-\infty}^{+\infty}$，将其简记为 $\iint_{-\infty}^{+\infty}$。

定义 3.1(内积空间)　一个复向量空间 $\mathscr{V}$ 称为内积空间是指，对于任意的 $x,y\in\mathscr{V}$，存在一个复数 $\langle x,y\rangle$(称为 x 和 y 的内积) 满足：

①$\langle x,y\rangle=\langle y,x\rangle^*$。

②$\langle ax+by,z\rangle=a\langle x,z\rangle+b\langle y,z\rangle$，对一切 $x,y,z\in\mathscr{V}$ 和 $a,b\in\mathbf{C}$ 成立。

③$\langle x,x\rangle\geqslant 0$，且 $\langle x,x\rangle=0$ 当且仅当 $x=0$ 时成立。

一个元素 $x\in\mathscr{V}$ 的范数 $\|x\|$ 用内积定义，即 $\|x\|=\langle x,x\rangle^{1/2}$。

定义 3.2(完备空间)　设 $\{x_n\}_{n\in\mathbf{N}}$ 是复向量空间 $\mathscr{V}$ 中一函数序列，当且仅当对任意的 m，$n\to\infty$ 时，有 $\|x_m-x_n\|\to 0$，则称 $\{x_n\}_{n\in\mathbf{N}}$ 是 $\mathscr{V}$ 中的 Cauchy(柯西) 列。若 V 中任一 Cauchy 列 $\{x_n\}_{n\in\mathbf{N}}$ 是收敛的，即 $x_n\to x\in\mathscr{V}$，则称空间 $\mathscr{V}$ 是完备空间。

定义 3.3(**Hilbert** 空间)　一个完备的内积空间称为 Hilbert 空间，记为 $\mathscr{H}$。

3.1.2 算子代数

定义 3.4(线性算子)　设 X 和 Y 是具有相同数域的两个线性空间，$\mathscr{A}$ 是从 X 到 Y 的一个映射，如果对任意的 $x,y\in X$ 和 $a,b\in\mathbf{C}$，都有

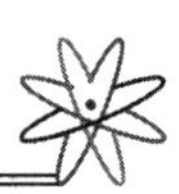

$$\mathscr{A}(ax+by)=a\mathscr{A}x+b\mathscr{A}y \tag{3.1}$$

成立，则称 $\mathscr{A}$ 是线性算子。

定义 3.5(Hermite 算子)　若一个线性算子 $\mathscr{A}$ 对于任何函数 x 和 y 都有

$$\langle \mathscr{A}x, y\rangle=\langle x, \mathscr{A}y\rangle \tag{3.2}$$

则称 $\mathscr{A}$ 为 Hermite(或自伴)算子。

定义 3.6(算子的逆)　算子 $\mathscr{A}$ 的逆记为 $\mathscr{A}^{-1}$，且满足

$$\mathscr{A}\mathscr{A}^{-1}=\boldsymbol{I} \tag{3.3}$$

容易验证，两个算子乘积的逆为 $(\mathscr{A}\mathscr{B})^{-1}=\mathscr{B}^{-1}\mathscr{A}^{-1}$。

定义 3.7(算子的相伴)　算子 $\mathscr{A}$ 的相伴记为 $\mathscr{A}^{+}$，对于任何函数 x 和 y，满足

$$\langle \mathscr{A}x, y\rangle=\langle x, \mathscr{A}^{+}y\rangle \tag{3.4}$$

定义 3.8(酉算子)　若一个算子 $\boldsymbol{U}$ 的相伴 $\boldsymbol{U}^{+}$ 等于它的逆 $\boldsymbol{U}^{-1}$，即 $\boldsymbol{U}^{+}=\boldsymbol{U}^{-1}$，则称算子 $\boldsymbol{U}$ 是酉(Unitary)算子。

定义 3.9(单参数酉算子群)　若把 $\boldsymbol{U}_\tau$ 视为变量 τ 的算子值函数，设 $\{\boldsymbol{U}_\tau \mid \tau\in\mathbf{R}\}$ 是 Hilbert 空间上一个单参数集合，且满足下述三个条件[139-141]：

①$\boldsymbol{U}_{\tau_1}\boldsymbol{U}_{\tau_2}=\boldsymbol{U}_{\tau_1+\tau_2}$；

②$\boldsymbol{U}_0=\boldsymbol{I}$；

③ 若 $\tau\to\tau_0$，则 $\boldsymbol{U}_\tau\to\boldsymbol{U}_{\tau_0}$。

所以 $\{\boldsymbol{U}_\tau \mid \tau\in\mathbf{R}\}$ 为 Hilbert 空间上的一个单参数酉算子群。

定理 3.1(Stone 定理)　在 Hilbert 空间上存在唯一的 Hermite 算子 $\mathscr{A}$ 与酉算子 $\boldsymbol{U}_\tau$ 相对应，且满足[141]

$$\boldsymbol{U}_\tau=\mathrm{e}^{\mathrm{j}\tau\mathscr{A}}=\sum_{k=0}^{+\infty}\frac{(\mathrm{j}\tau)^k}{k!}\mathscr{A}^k \tag{3.5}$$

$$\mathscr{A}=\mathrm{j}\lim_{\tau\to 0}\frac{\boldsymbol{U}_\tau-\boldsymbol{I}}{\tau} \tag{3.6}$$

若有两个算子 $\mathscr{A}$ 和 $\mathscr{B}$，那么 $\mathscr{A}\mathscr{B}$ 表示先运算 $\mathscr{A}$，然后运算 $\mathscr{B}$。一般地，运算次序是不可互换的。为了考察两个算子是否可以对易，可以对任意函数运算 $\mathscr{A}\mathscr{B}$ 和 $\mathscr{B}\mathscr{A}$，看是否能得到相同的结果。更简单的方法是，运算 $\mathscr{A}\mathscr{B}-\mathscr{B}\mathscr{A}$ 来考察结果是否为零。$\mathscr{A}\mathscr{B}-\mathscr{B}\mathscr{A}$ 称为 $\mathscr{A}$ 和 $\mathscr{B}$ 的对易子，记为 $[\mathscr{A},\mathscr{B}]$，即

$$[\mathscr{A},\mathscr{B}]=\mathscr{A}\mathscr{B}-\mathscr{B}\mathscr{A} \tag{3.7}$$

同时，算子 $\mathscr{A}$ 和 $\mathscr{B}$ 的反对易子记为 $[\mathscr{A},\mathscr{B}]_+$，即

$$[\mathscr{A},\mathscr{B}]_+=\mathscr{A}\mathscr{B}+\mathscr{B}\mathscr{A} \tag{3.8}$$

特别地，当 $\mathscr{A}$ 和 $\mathscr{B}$ 与它们的对易子交易时，即当

$$[[\mathscr{A},\mathscr{B}],\mathscr{A}]=[[\mathscr{A},\mathscr{B}],\mathscr{B}]=0 \tag{3.9}$$

时，有

$$\mathrm{e}^{\mathrm{j}a\mathscr{A}+\mathrm{j}b\mathscr{B}}=\mathrm{e}^{\frac{ab}{2}[\mathscr{A},\mathscr{B}]}\mathrm{e}^{\mathrm{j}a\mathscr{A}}\mathrm{e}^{\mathrm{j}b\mathscr{B}},\quad a,b\in\mathbf{R} \tag{3.10}$$

此外，若 $\mathscr{A}$ 和 $\mathscr{B}$ 都是 Hermite 算子，则算子

$$c\mathscr{A},\mathscr{A}^n,\mathscr{A}+\mathscr{B},[\mathscr{A},\mathscr{B}]_+,[\mathscr{A},\mathscr{B}]/\mathrm{j} \tag{3.11}$$

都是 Hermite 算子，其中 $c\in\mathbf{R}$，$n\in\mathbf{Z}$。然而，它们的乘积 $\mathscr{A}\mathscr{B}$ 不一定是 Hermite 的，但是，$\mathscr{A}\mathscr{B}$ 可以利用 Hermite 算子 $[\mathscr{A},\mathscr{B}]_+$ 和 $[\mathscr{A},\mathscr{B}]/\mathrm{j}$ 来表示，即

$$\mathscr{A}\mathscr{B}=\frac{1}{2}[\mathscr{A},\mathscr{B}]_{+}+\frac{\mathrm{j}}{2}[\mathscr{A},\mathscr{B}]/\mathrm{j} \tag{3.12}$$

3.1.3　信号的一般表示

信号分析的基本目的是研究和刻画信号的本质特征。为了深入、全面地了解信号的特征，选择合理的信号表示至关重要，因为信号表示关系到获取信息、处理信息和传输信息的质量。在数学上，用完备的函数集来展开信号，可以获得信号的不同表示。函数集的选取由信号的特性或实际需要决定，目的在于更好地理解信号的本质特性。在信号表示理论中，Hermite 算子和酉算子是非常有用的两类算子，不同的信号表示往往与某种 Hermite 算子存在着密切联系，而酉性是信号表示需要具备的基本性质之一。

1. 信号的变换

一般地，一物理量 $\bar{\omega}$ 所对应的 Hermite 算子 $\mathscr{B}$ 的特征值问题可表述为[139]

$$\mathscr{B}\boldsymbol{\kappa}_{\mathscr{B}}(\bar{\omega},t)=\bar{\omega}\boldsymbol{\kappa}_{\mathscr{B}}(\bar{\omega},t),\quad \bar{\omega}\in\mathbf{R} \tag{3.13}$$

式中，$\boldsymbol{\kappa}_{\mathscr{B}}(\bar{\omega},t)$ 是 $\mathscr{B}$ 的特征函数。算子理论表明[139]，Hermite 算子规范化的特征函数构成 Hilbert 空间上一组完备标准正交基，即有

$$\int_{-\infty}^{+\infty}\boldsymbol{\kappa}_{\mathscr{B}}(\bar{\omega},t)\boldsymbol{\kappa}_{\mathscr{B}}^{*}(\bar{\omega}',t)\mathrm{d}t=\delta(\bar{\omega}-\bar{\omega}') \tag{3.14}$$

$$\int_{-\infty}^{+\infty}\boldsymbol{\kappa}_{\mathscr{B}}(\bar{\omega},t)\boldsymbol{\kappa}_{\mathscr{B}}^{*}(\bar{\omega},t')\mathrm{d}\bar{\omega}=\delta(t-t') \tag{3.15}$$

于是，可以定义下述正交变换 $\mathscr{O}_{\mathscr{B}}:L^2(\mathbf{R})\rightarrow L^2(\mathbf{R})$，即

$$F_{\mathscr{B}}(\bar{\omega})=\mathscr{O}_{\mathscr{B}}[f(t)](\bar{\omega})=\int_{-\infty}^{+\infty}f(t)\boldsymbol{\kappa}_{\mathscr{B}}^{*}(\bar{\omega},t)\mathrm{d}t \tag{3.16}$$

相应地，该正交变换的逆变换为

$$f(t)=\mathscr{O}_{\mathscr{B}}^{-1}[F_{\mathscr{B}}(\bar{\omega})](t)=\int_{-\infty}^{+\infty}F_{\mathscr{B}}(\bar{\omega})\boldsymbol{\kappa}_{\mathscr{B}}(\bar{\omega},t)\mathrm{d}\bar{\omega} \tag{3.17}$$

此外，算子 $\boldsymbol{U}_{\tau}$ 是与 Hermite 算子 $\mathscr{B}$ 唯一对应的酉算子，即 $\boldsymbol{U}_{\tau}=\mathrm{e}^{-\mathrm{j}\tau\mathscr{B}}$。于是，容易得到

$$\boldsymbol{U}_{\tau}\boldsymbol{\kappa}_{\mathscr{B}}(\bar{\omega},t)=\mathrm{e}^{-\mathrm{j}\tau\bar{\omega}}\boldsymbol{\kappa}_{\mathscr{B}}(\bar{\omega},t),\quad \bar{\omega}\in\mathbf{R} \tag{3.18}$$

这表明，Hermite算子和与之对应的酉算子具有相同的特征函数。根据式(3.18)和(3.16)，可得

$$\boldsymbol{U}_{\tau}f(t)=\int_{-\infty}^{+\infty}F_{\mathscr{B}}(\bar{\omega})\mathrm{e}^{-\mathrm{j}\tau\bar{\omega}}\boldsymbol{\kappa}_{\mathscr{B}}(\bar{\omega},t)\mathrm{d}\bar{\omega} \tag{3.19}$$

因此，有

$$F_{\mathscr{B}}(\bar{\omega})\mathrm{e}^{-\mathrm{j}\tau\bar{\omega}}=\mathscr{O}_{\mathscr{B}}[\boldsymbol{U}_{\tau}f(t)](\bar{\omega})=\int_{-\infty}^{+\infty}\boldsymbol{U}_{\tau}f(t)\boldsymbol{\kappa}_{\mathscr{B}}(\bar{\omega},t)\mathrm{d}\bar{\omega} \tag{3.20}$$

即

$$\mathscr{O}_{\mathscr{B}}[\boldsymbol{U}_{\tau}f(t)](\bar{\omega})=\mathrm{e}^{-\mathrm{j}\tau\bar{\omega}}\mathscr{O}_{\mathscr{B}}[f(t)](\bar{\omega}) \tag{3.21}$$

该结果表明，变换 $\mathscr{O}_{\mathscr{B}}$ 相对于酉算子 $\boldsymbol{U}_{\tau}$ 的作用具有不变性，即

$$|\mathscr{O}_{\mathscr{B}}[\boldsymbol{U}_{\tau}f(t)](\bar{\omega})|=|\mathscr{O}_{\mathscr{B}}[f(t)](\bar{\omega})| \tag{3.22}$$

也就是说，酉算子对信号的作用不会造成变换 $\mathscr{O}_{\mathscr{B}}$ 所确定的变换域物理量 $\bar{\omega}$ 的变化。在传统傅里叶分析中，时移算子就是最基本的酉算子，对于傅里叶变换算子 $\mathfrak{F}$ 得到的信号频谱，时移算子作用不会导致信号新的频谱分量的产生。

2. 信号的变换域参量

记 $X_{\mathscr{B}}(\bar{\omega})$ 为单位能量信号 $x(t)$ 的 $\mathscr{O}_{\mathscr{B}}$ 变换，于是，$\bar{\omega}$ 的平均值可以表示为

$$\langle\bar{\omega}\rangle=\int_{-\infty}^{+\infty}\bar{\omega}\mid F_{\mathscr{B}}(\bar{\omega})\mid^2\mathrm{d}\bar{\omega} \tag{3.23}$$

根据 Hermite 算子的特性，$\bar{\omega}$ 的平均值可以使用信号 $x(t)$ 来计算，即

$$\langle\bar{\omega}\rangle=\int_{-\infty}^{+\infty}f^*(t)\mathscr{B}f(t)\mathrm{d}t\overset{\Delta}{=}\langle\mathscr{B}\rangle \tag{3.24}$$

值得注意的是，若 $\mathscr{B}$ 是 Hermite 算子，则式(3.24) 中平均值将永远是实的[139]。

同样，信号对应 $\bar{\omega}$ 所在变换域的带宽 $\Delta_{\bar{\omega}}$ 满足

$$\begin{aligned}\Delta_{\bar{\omega}}^2&=\int_{-\infty}^{+\infty}(\bar{\omega}-\langle\bar{\omega}\rangle)^2\mid F_{\mathscr{B}}(\bar{\omega})\mid^2\mathrm{d}\bar{\omega}\\&=\int_{-\infty}^{+\infty}f^*(t)\mathscr{B}^2f(t)\mathrm{d}t-\left[\int_{-\infty}^{+\infty}f^*(t)\mathscr{B}f(t)\mathrm{d}t\right]^2\\&=\langle\mathscr{B}^2\rangle-\langle\mathscr{B}\rangle^2\end{aligned} \tag{3.25}$$

将信号 $f(t)$ 写成幅度和相位的形式，即

$$f(t)=A(t)\mathrm{e}^{\mathrm{j}\theta(t)} \tag{3.26}$$

式中，信号幅度函数 $A(t)$ 和相位函数 $\theta(t)$ 都是可微函数。于是，利用 Hermite 算子与瞬时变量的关系[139]，可以将 $\bar{\omega}$ 的瞬时值表示为

$$\bar{\omega}_i(t)=\Re\left\{\frac{\mathscr{B}f(t)}{f(t)}\right\} \tag{3.27}$$

式中，$\Re\{\cdot\}$ 表示取函数实部运算。

3. 时间算子和频率算子

现在介绍时间算子和频率算子的概念，并阐述它们与传统傅里叶变换的内在联系。

时间表示是刻画信号特征的基本手段，因为时间是最基本的物理参量之一。信号的时域特征常用信号能量、波形中心和时宽等来描述。对于能量有限信号 $f(t)$，即

$$E_f=\int_{-\infty}^{+\infty}\mid f(t)\mid^2\mathrm{d}t<+\infty \tag{3.28}$$

不失一般性地，将其总能量归一化为 1。从能量分布的观点来看，信号的中心(即时间 t 的均值)

$$\langle t\rangle=\int_{-\infty}^{+\infty}t\mid f(t)\mid^2\mathrm{d}t \tag{3.29}$$

给出了信号能量集中的大致时刻。信号的时宽(即时间 t 的标准方差)满足

$$\Delta_t^2=\int_{-\infty}^{+\infty}(t-\langle t\rangle)^2\mid f(t)\mid^2\mathrm{d}t=\langle t^2\rangle-\langle t\rangle^2 \tag{3.30}$$

则反映了信号能量集中的大致范围。

除了时间之外，刻画信号的最重要参量是频率，实现频率表示的数学工具是傅里叶变换。记 $F(\omega)$ 表示信号 $f(t)$ 的傅里叶变换。那么，通过频率的均值(信号频谱中心)

$$\langle\omega\rangle=\int_{-\infty}^{+\infty}\omega\mid F(\omega)\mid^2\mathrm{d}\omega \tag{3.31}$$

及其标准方差(信号频域带宽)

$$\Delta_\omega^2=\int_{-\infty}^{+\infty}(\omega-\langle\omega\rangle)^2\mid F(\omega)\mid^2\mathrm{d}\omega=\langle\omega^2\rangle-\langle\omega\rangle^2 \tag{3.32}$$

可以了解信号能量的频域分布特征。

若信号的频谱相对时域波形较为复杂，计算信号频域特征参量时为了避免复杂的频谱运算，人们引入了频率算子 $\mathscr{W}$，其时域表达形式为[139]

$$\mathscr{W} = -\mathrm{j}\,\frac{\mathrm{d}}{\mathrm{d}t} \tag{3.33}$$

于是，式(3.31) 可以改写为

$$\langle\omega\rangle = \int_{-\infty}^{+\infty} \omega\,|F(\omega)|^2 \mathrm{d}\omega = \int_{-\infty}^{+\infty} f^*(t)\mathscr{W}f(t)\mathrm{d}t \tag{3.34}$$

频率算子 $\mathscr{W}$ 可以重复作用于信号，即

$$\mathscr{W}^n f(t) = (-\mathrm{j})^n \frac{\mathrm{d}^n}{\mathrm{d}t^n} f(t) \tag{3.35}$$

而且它是一个 Hermite 算子，即对于任意两个信号 $f(t)$ 和 $g(t)$，有

$$\int_{-\infty}^{+\infty} f^*(t)\mathscr{W}g(t)\mathrm{d}t = \int_{-\infty}^{+\infty} g(t)(\mathscr{W}f(t))^*\mathrm{d}t \tag{3.36}$$

于是，可以把式(3.32) 改写为

$$\begin{aligned}\Delta_\omega^2 = \langle\omega^2\rangle - \langle\omega\rangle^2 &= \int_{-\infty}^{+\infty} f^*(t)\mathscr{W}^2 f(t)\mathrm{d}t - \left[\int_{-\infty}^{+\infty} f^*(t)\mathscr{W}f(t)\mathrm{d}t\right]^2 \\ &= \int_{-\infty}^{+\infty} \mathscr{W}f(t)(\mathscr{W}f(t))^*\mathrm{d}t - \left[\int_{-\infty}^{+\infty} f^*(t)\mathscr{W}f(t)\mathrm{d}t\right]^2 \\ &= \int_{-\infty}^{+\infty} |\mathscr{W}f(t)|^2\mathrm{d}t - \left[\int_{-\infty}^{+\infty} f^*(t)\mathscr{W}f(t)\mathrm{d}t\right]^2\end{aligned} \tag{3.37}$$

前述分析表明，Hermite 算子规范化的特征函数构成一个完备正交函数集，因此用 Hermite 算子的特征函数对信号进行展开，可以得到相应的信号变换。对于频率算子，其特征函数满足特征方程[139]

$$\mathscr{W}\xi_{\mathscr{W}}(\omega,t) = \omega\xi_{\mathscr{W}}(\omega,t) \tag{3.38}$$

式中，ω 和 $\xi_{\mathscr{W}}(\omega,t)$ 分别为频率算子的特征值和特征函数。求解式(3.38) 得到

$$\xi_{\mathscr{W}}(\omega,t) = \frac{1}{\sqrt{2\pi}}\mathrm{e}^{\mathrm{j}\omega t} \tag{3.39}$$

这里，对特征函数 $\xi_{\mathscr{W}}(\omega,t)$ 做了规范化处理，即

$$\int_{-\infty}^{+\infty} \xi_{\mathscr{W}}(\omega,t)\xi_{\mathscr{W}}^*(\omega',t)\mathrm{d}t = \delta(\omega-\omega') \tag{3.40}$$

于是，任意信号 $f(t) \in L^2(\mathbf{R})$ 可以展开为

$$f(t) = \langle F(\cdot),\xi_{\mathscr{W}}^*(\cdot,t)\rangle = \frac{1}{\sqrt{2\pi}}\int_{-\infty}^{+\infty} F(\omega)\mathrm{e}^{\mathrm{j}\omega t}\mathrm{d}\omega \tag{3.41}$$

式中，$F(\omega)$ 称为“展开系数”或“信号的变换”，由如下方程给出

$$F(\omega) = \langle x(\cdot),\xi_{\mathscr{W}}(\omega,\cdot)\rangle = \frac{1}{\sqrt{2\pi}}\int_{-\infty}^{+\infty} f(t)\mathrm{e}^{-\mathrm{j}\omega t}\mathrm{d}t \tag{3.42}$$

实际上，式(3.41) 和(3.42) 分别为傅里叶逆变换和正变换。因此，频率算子本质上确定了信号的傅里叶变换。

此外，根据式(3.29) 可知，时间算子 $\mathscr{T}$ 的时域表达形式为

$$\mathscr{T} = t \tag{3.43}$$

它也是一个 Hermite 算子，其特征函数 $\xi_{\mathscr{T}}(t,t')$ 满足

$$\mathcal{T}\xi_{\mathcal{T}}(t,t')=t'\xi_{\mathcal{T}}(t,t') \tag{3.44}$$

式中，t' 表示时间算子的特征值。求解式(3.44)，可得

$$\xi_{\mathcal{T}}(t,t')=\delta(t-t') \tag{3.45}$$

因此，时间算子对应于恒等变换，即

$$f(t)=\langle f(\cdot),\xi_{\mathcal{T}}(t,\cdot)\rangle=\int_{-\infty}^{+\infty}f(t')\delta(t-t')\mathrm{d}t' \tag{3.46}$$

相反，若信号时域波形比频谱复杂，可通过频谱来计算信号的时域特征参量。此时，需要利用频率算子和时间算子的频域表达形式，即①

$$\mathcal{W}=\omega \tag{3.47}$$

$$\mathcal{T}=\mathrm{j}\frac{\mathrm{d}}{\mathrm{d}\omega} \tag{3.48}$$

在设计信号表示时经常需要考虑变换算子的酉性。酉算子的重要意义在于它是保内积算子。也就是说，当它作用于一个信号时，能够保证作用前后信号的能量守恒。根据式(3.5)，利用频率算子的时域形式可以定义酉算子

$$\boldsymbol{T}_\tau=\mathrm{e}^{-\mathrm{j}\tau\mathcal{W}} \tag{3.49}$$

将该酉算子作用于信号 $f(t)$，则有

$$\boldsymbol{T}_\tau f(t)=\mathrm{e}^{-\mathrm{j}\tau\mathcal{W}}f(t)=\sum_{n=0}^{+\infty}\frac{(-\mathrm{j}\tau)^n}{n!}\mathcal{W}^n f(t) \tag{3.50}$$

同时，考虑到函数 $f(t)$ 的泰勒(Taylor) 展开式为

$$f(t)=f(t_0)+\frac{f'(t_0)}{1!}(t-t_0)+\cdots+\frac{f^{(n)}(t_0)}{n!}(t-t_0)^n+\cdots=$$

$$\sum_{n=0}^{+\infty}\frac{f^{(n)}(t_0)}{n!}(t-t_0)^n \tag{3.51}$$

则 $f(t-\tau)$ 在 t 处的泰勒展开式为

$$f(t-\tau)=\sum_{n=0}^{+\infty}\frac{f^{(n)}(t)}{n!}(t-\tau-t)^n=\sum_{n=0}^{+\infty}\frac{(-\tau)^n}{n!}\frac{\mathrm{d}^n}{\mathrm{d}t}f(t) \tag{3.52}$$

比较式(3.52) 和(3.50)，则有

$$\boldsymbol{T}_\tau f(t)=\mathrm{e}^{-\mathrm{j}\tau\mathcal{W}}f(t)=\sum_{n=0}^{+\infty}\frac{(-\mathrm{j}\tau)^n}{n!}\mathcal{W}^n f(t)=f(t-\tau) \tag{3.53}$$

可以看出，由频率算子时域形式所确定的酉算子 $\boldsymbol{T}_\tau$ 实际上是时移算子。进一步地，容易验证时移算子和频率算子的时域形式具有相同的特征函数、不同的特征值，即

$$\boldsymbol{T}_\tau\xi_{\mathcal{W}}(\omega,t)=\mathrm{e}^{-\mathrm{j}\omega\tau}\xi_{\mathcal{W}}(\omega,t) \tag{3.54}$$

同样，利用时间算子的频域形式可以得到频移算子 $\boldsymbol{W}_\nu$，即

$$\boldsymbol{W}_\nu F(\omega)=\mathrm{e}^{\mathrm{j}\nu\mathcal{T}}F(\omega)=F(\omega-\nu) \tag{3.55}$$

此外，不难验证，时移算子与傅里叶变换满足

$$\mathfrak{F}[\boldsymbol{T}_\tau f(t)](\omega)=\mathrm{e}^{-\mathrm{j}\omega\tau}F(\omega) \tag{3.56}$$

---

① 需要指出的是，频率(或时间) 算子的时域形式用于作用信号的时域波形，而它们的频域形式则作用于信号频谱。例如，记 $F(\omega)$ 表示信号 $f(t)$ 的傅里叶变换，对于 $\mathcal{W}f(t)$ 和 $\mathcal{W}F(\omega)$，前者 $\mathcal{W}$ 为其时域形式，而后者 $\mathcal{W}$ 为其频域形式。两种分析形式是等价的，选择何种形式进行分析可视信号波形和频谱的复杂度决定

式(3.56)表明，时移算子的作用仅能引起信号频谱的相位变化，而不会造成信号频谱成分的改变。而对于频移算子，则有

$$\mathfrak{F}^{-1}[\boldsymbol{W}_v F(\omega)](\omega)=\mathrm{e}^{-\mathrm{j}vt}f(t) \tag{3.57}$$

3.2　分数阶傅里叶变换的算子表述

3.2.1　分数阶频率算子和分数阶平移算子

记 $F_\alpha(u)$ 为信号 $f(t)$ 的分数阶傅里叶变换。根据信号分析中 Hermite 算子的定义，利用信号时域波形来计算分数阶频率 u 的均值(即信号分数谱中心)，可以得到与 u 相对应的分数阶频率算子。记 $\mathscr{U}^\alpha$ 表示分数阶频率算子，则有

$$\langle u\rangle=\int_{-\infty}^{+\infty}u\mid F_\alpha(u)\mid^2\mathrm{d}u=\int_{-\infty}^{+\infty}f^*(t)\mathscr{U}^\alpha f(t)\mathrm{d}t \tag{3.58}$$

式中，$\mathscr{U}^\alpha$ 的时域表达形式为

$$\mathscr{U}^\alpha=\cos\alpha\cdot\mathscr{T}+\sin\alpha\cdot\mathscr{W} \tag{3.59}$$

其中，$\mathscr{T}$ 和 $\mathscr{W}$ 分别如式(3.43)和(3.33)所示。由于两个 Hermite 算子的线性组合仍是 Hermite 的[139]，因此分数阶频率算子 $\mathscr{U}^\alpha$ 是一个 Hermite 算子。

为了得到分数阶频率算子 $\mathscr{U}^\alpha$ 对应的信号变换，需要求解它的特征值和特征函数。分别用 u 和 $\xi_{\mathscr{U}^\alpha}(u,t)$ 表示 $\mathscr{U}^\alpha$ 的特征值和特征函数，则有

$$\mathscr{U}^\alpha\xi_{\mathscr{U}^\alpha}(u,t)=u\xi_{\mathscr{U}^\alpha}(u,t) \tag{3.60}$$

求解式(3.60)，可得算子 $\mathscr{U}^\alpha$ 规范化的特征函数为

$$\xi_{\mathscr{U}^\alpha}(u,t)=A_{-\alpha}\mathrm{e}^{-\mathrm{j}\frac{t^2+u^2}{2}\cot\alpha+\mathrm{j}tu\csc\alpha} \tag{3.61}$$

于是，对于任意的 $f(t)\in L^2(\mathbf{R})$ 可以展开为

$$f(t)=\langle F_\alpha(\cdot),\xi^*_{\mathscr{U}^\alpha}(\cdot,t)\rangle=\int_{-\infty}^{+\infty}F_\alpha(u)A_{-\alpha}\mathrm{e}^{-\mathrm{j}\frac{t^2+u^2}{2}\cot\alpha+\mathrm{j}tu\csc\alpha}\mathrm{d}u \tag{3.62}$$

式中，展开系数 $F_\alpha(u)$ 满足

$$F_\alpha(u)=\langle f(\cdot),\xi_{\mathscr{U}^\alpha}(u,\cdot)\rangle=\int_{-\infty}^{+\infty}f(t)A_\alpha\mathrm{e}^{\mathrm{j}\frac{t^2+u^2}{2}\cot\alpha-\mathrm{j}tu\csc\alpha}\mathrm{d}t \tag{3.63}$$

实际上，式(3.63)和(3.62)分别为分数阶傅里叶变换及其逆变换。因此，分数阶频率算子 $\mathscr{U}^\alpha$ 与分数阶傅里叶变换本质上是一一对应的。

同样，根据 u 的平均值的分数域形式，可以得到 $\mathscr{U}^\alpha$ 的分数域表达形式为

$$\mathscr{U}^\alpha=u \tag{3.64}$$

此外，利用分数阶频率算子 $\mathscr{U}^\alpha$ 的时域形式并根据式(3.5)可以定义分数阶时移算子

$$\boldsymbol{T}_\tau^\alpha f(t)=\mathrm{e}^{-\mathrm{j}\tau\csc\alpha\cdot\mathscr{U}^\alpha}=\mathrm{e}^{-\mathrm{j}\tau\cot\alpha\cdot\mathscr{T}-\mathrm{j}\tau\mathscr{W}}f(t) \tag{3.65}$$

由于$[\mathscr{T},\mathscr{W}]=\mathrm{j}$[139]，因此算子 $\mathscr{T}$ 和 $\mathscr{W}$ 满足式(3.10)。于是，式(3.65)可以写为

$$\boldsymbol{T}_\tau^\alpha f(t)=\mathrm{e}^{\frac{\tau^2}{2}\cot\alpha\cdot[\mathscr{T},\mathscr{W}]}\mathrm{e}^{-\mathrm{j}\tau\cot\alpha\cdot\mathscr{T}}\mathrm{e}^{-\mathrm{j}\tau\mathscr{W}}f(t) \tag{3.66}$$

将式(3.33)和(3.43)代入式(3.66)，并结合式(3.49)，得到

$$\boldsymbol{T}_\tau^\alpha f(t)=f(t-\tau)\mathrm{e}^{-\mathrm{j}\tau\left(t-\frac{\tau}{2}\right)\cot\alpha} \tag{3.67}$$

同时，容易验证分数阶时移算子与分数阶傅里叶变换满足

$$\mathscr{F}^{\alpha}[\boldsymbol{T}_{\tau}^{\alpha}f(t)](u)=\mathrm{e}^{-\mathrm{j}\tau u\csc\alpha}F_{\alpha}(u) \tag{3.68}$$

这表明，分数阶时移算子作用于信号时仅能引起信号分数谱的相位变化，而不会造成信号分数谱成分的改变。需要指出的是，文献[142]定义了一种分数阶平移算子，即 $\mathscr{R}_{\rho}^{\alpha}f(t)=f(t-\rho\cos\alpha)\mathrm{e}^{-\mathrm{j}\pi\rho^{2}\cos\alpha\sin\alpha+\mathrm{j}2\pi t\rho\sin\alpha}$，容易验证该分数阶平移算子在分数阶傅里叶变换下并不满足式(3.68)所示的酉不变性。

类似地，可用信号 $f(t)$ 的分数阶傅里叶变换 $F_{\alpha}(u)$ 来计算时间 t 的均值，即

$$\langle t\rangle=\int_{-\infty}^{+\infty}t\mid f(t)\mid^{2}\mathrm{d}t=\int_{-\infty}^{+\infty}F_{\alpha}^{*}(u)\mathscr{T}F_{\alpha}(u)\mathrm{d}u \tag{3.69}$$

式中，时间算子 $\mathscr{T}$ 的分数域表达形式为

$$\mathscr{T}=\cos\alpha\cdot u+\sin\alpha\cdot\left(\mathrm{j}\frac{\mathrm{d}}{\mathrm{d}u}\right) \tag{3.70}$$

进而，根据式(3.5)可以得到分数阶频移算子，记为 $\boldsymbol{W}_{v}^{\alpha}$，即

$$\boldsymbol{W}_{v}^{\alpha}F_{\alpha}(u)=F_{\alpha}(u-v)\mathrm{e}^{\mathrm{j}v(u-\frac{v}{2})\cot\alpha} \tag{3.71}$$

在分数阶傅里叶变换下，分数阶频移算子 $\boldsymbol{W}_{v}^{\alpha}$ 满足特性

$$\mathscr{F}^{-\alpha}[\boldsymbol{W}_{v}^{\alpha}F_{\alpha}(u)](t)=\mathrm{e}^{\mathrm{j}tv\csc\alpha}f(t) \tag{3.72}$$

3.2.2 分数阶频率的均值、带宽及协方差

对于任意单位能量信号 $f(t)$，利用分数阶频率算子 $\mathscr{U}^{\alpha}$ 可将分数阶频率 u 的平均值表示为

$$\begin{aligned}\langle u\rangle&=\int_{-\infty}^{+\infty}u\mid F_{\alpha}(u)\mid^{2}\mathrm{d}u=\langle uF_{\alpha}(u),F_{\alpha}(u)\rangle\\&=\langle\mathscr{U}^{\alpha}f(t),f(t)\rangle\stackrel{\Delta}{=}\langle\mathscr{U}^{\alpha}\rangle\end{aligned} \tag{3.73}$$

同时，信号 $f(t)$ 的分数域带宽 $\Delta_{u_{\alpha}}$ 可以表示为

$$\begin{aligned}\Delta_{u_{\alpha}}^{2}&=\int_{-\infty}^{+\infty}(u-\langle u\rangle)^{2}\mid F_{\alpha}(u)\mid^{2}\mathrm{d}u\\&=\langle(u-\langle\mathscr{U}^{\alpha}\rangle)^{2}F_{\alpha}(u),F_{\alpha}(u)\rangle\\&=\langle(\mathscr{U}^{\alpha}-\langle\mathscr{U}^{\alpha}\rangle)^{2}f(t),f(t)\rangle\\&=\langle(\mathscr{U}^{\alpha}-\langle\mathscr{U}^{\alpha}\rangle)^{2}\rangle\\&=\langle(\mathscr{U}^{\alpha})^{2}\rangle-\langle\mathscr{U}^{\alpha}\rangle^{2}\end{aligned} \tag{3.74}$$

特别地，当 $\langle\mathscr{U}^{\alpha}\rangle=0$ 时，式(3.74)变为

$$\langle u^{2}F_{\alpha}(u),F_{\alpha}(u)\rangle=\langle(\mathscr{U}^{\alpha})^{2}\rangle \tag{3.75}$$

此外，记 $\mathrm{Cov}_{\mathscr{U}^{\alpha}\mathscr{U}^{\beta}}$ 表示 α 角度分数域的分数阶频率变量 u 与 β 角度分数域的分数阶频率变量 v 的协方差，根据时频分析理论[139]，则有

$$\mathrm{Cov}_{\mathscr{U}^{\alpha}\mathscr{U}^{\beta}}=\frac{1}{2}\langle[\mathscr{U}^{\alpha},\mathscr{U}^{\beta}]_{+}\rangle-\langle\mathscr{U}^{\alpha}\rangle\langle\mathscr{U}^{\beta}\rangle \tag{3.76}$$

3.2.3 瞬时分数阶频率和分数阶群延迟

在分数阶傅里叶分析中，通常需要了解信号分数谱随时间变化的情况。将信号 $f(t)$ 写成幅度和相位的形式，即

$$f(t)=A(t)\mathrm{e}^{\mathrm{j}\theta(t)} \tag{3.77}$$

式中，$A(t)$ 和 $\theta(t)$ 都是可微函数。于是，利用 Hermite 算子与瞬时变量的关系[139]，可以将瞬时分数域变量 u 表示为

$$u_{\mathrm{i}}(t)=\Re\left\{\frac{\mathscr{U}^{\alpha}f(t)}{f(t)}\right\} \tag{3.78}$$

式中，$\mathscr{U}^{\alpha}$ 的时域表达式如式(3.59) 所示。将式(3.77) 代入式(3.78)，则有

$$u_{\mathrm{i}}(t)=\cos\alpha\cdot t+\sin\alpha\cdot\theta'(t) \tag{3.79}$$

类似地，把信号 $f(t)$ 的分数阶傅里叶变换 $F_{\alpha}(u)$ 也用幅度和相位表示，即 $F_{\alpha}(u)=B(u)\mathrm{e}^{\mathrm{j}\vartheta(u)}$，其中，$B(u)$ 和 $\vartheta(u)$ 皆可微。则分数阶群延迟的表达式为

$$t_{\mathrm{g}}(u)=\Re\left\{\frac{\mathscr{T}F_{\alpha}(u)}{F_{\alpha}(u)}\right\}=\cos\alpha\cdot u-\sin\alpha\cdot\vartheta'(u) \tag{3.80}$$

式中，$\mathscr{T}$ 的分数域表达式如式(3.70) 所示。

3.3　分数阶卷积及其性质

3.3.1　广义分数阶卷积定义及定理

记 $\mathscr{T}$、$\mathscr{T}_1$ 和 $\mathscr{T}_2$ 表示三个(相同或不同的) 积分变换算子，函数 $f(t)$ 和 $h(t)$ 的经典广义卷积定理可以表述为[143]

$$\mathscr{T}[(f\Xi h)(t)](x)=\varepsilon(x)\mathscr{T}_1[f(t)](x)\mathscr{T}_2[h(t)](x) \tag{3.81}$$

式中，Ξ 表示经典广义卷积算子；$\varepsilon(x)$ 代表变换域加权函数。特别地，当 $\mathscr{T}=\mathscr{T}_1=\mathscr{T}_2=\mathfrak{F}$ 时，式(3.81) 即为经典卷积定理；而当 $\mathscr{T}=\mathscr{T}_1=\mathscr{S}$ 及 $\mathscr{T}_2=\mathscr{C}$ 时，式(3.81) 变为[143]

$$\mathscr{S}[(f\Xi h)(t)](\omega)=\mathscr{S}[f(t)](\omega)\mathscr{C}[h(t)](\omega) \tag{3.82}$$

式中，$\mathscr{C}$ 和 $\mathscr{S}$ 分别代表余弦和正弦变换算子。同时，由式(3.81) 还可得其他积分变换的卷积定理，例如，Hankel(汉克尔) 变换、Hilbert 变换、Mellin(梅林) 变换等[143-146]。

在傅里叶分析中，经典卷积可以通过时移算子来定义，即

$$(x*h)(t)=\int_{-\infty}^{+\infty}h(\tau)\boldsymbol{T}_{\tau}x(t)\mathrm{d}\tau=\int_{-\infty}^{+\infty}h(\tau)x(t-\tau)\mathrm{d}\tau \tag{3.83}$$

注意到分数阶傅里叶变换是广义的傅里叶变换以及分数阶时移算子 $\boldsymbol{T}_{\tau}^{\alpha}$ 是常规时移算子 $\boldsymbol{T}_{\tau}$ 的广义形式，那么，利用分数阶时移算子可以定义分数阶卷积，即

$$(x\Theta_{\alpha}h)(t)=\int_{-\infty}^{+\infty}h(\tau)\boldsymbol{T}_{\tau}^{\alpha}x(t)\mathrm{d}\tau=\int_{-\infty}^{+\infty}h(\tau)x(t-\tau)\mathrm{e}^{-\mathrm{j}\tau\left(t-\frac{\tau}{2}\right)\cot\alpha}\mathrm{d}\tau \tag{3.84}$$

式中，Θ_{α} 表示分数阶卷积算子。可以看出，式(3.84) 定义的分数阶卷积与文献[52] 中给出的形式相同。为了得到一般化结果，利用经典广义卷积的思想将两个时域函数 $x(t)$ 和 $h(t)$ 的广义分数阶卷积定义为

$$(x\Theta_{\alpha,\beta,\gamma}h)(t)=\int_{-\infty}^{+\infty}h(\tau)\phi_{\alpha,\beta,\gamma}(t,\tau)\boldsymbol{T}_{\tau}^{\beta}x(t)\mathrm{d}\tau \tag{3.85}$$

式中，$\Theta_{\alpha,\beta,\gamma}$ 表示时域广义分数阶卷积算子；$\phi_{\alpha,\beta,\gamma}(\cdot,\cdot)$ 为加权函数，即

$$\phi_{\alpha,\beta,\gamma}(\cdot,\diamondsuit)\xlongequal{\Delta}\mathrm{e}^{\mathrm{j}\frac{(\diamondsuit)^2}{2}\cot\gamma+\mathrm{j}\frac{(\cdot)^2}{2}(\cot\beta-\cot\alpha)} \tag{3.86}$$

图 3.1 给出了时域广义分数阶卷积的分解结构。于是，可以得到下述广义分数阶卷积定理。

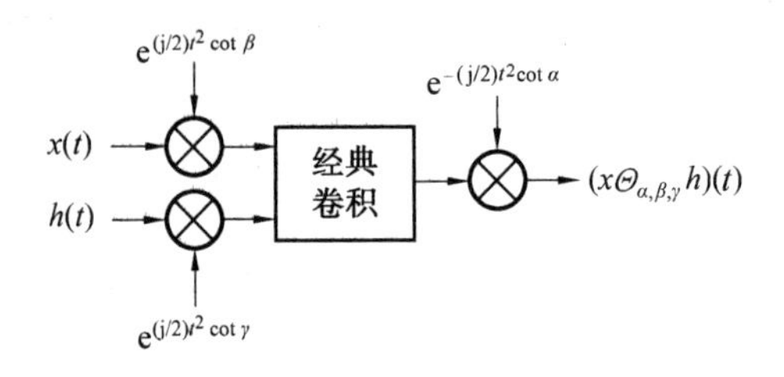

图 3.1　时域广义分数阶卷积的分解结构

定理 3.2　对于两个时域函数 $x(t)$ 和 $h(t)$，记 $X_\beta(u)$ 为 $x(t)$ 的 β 角度分数阶傅里叶变换，$H_\gamma(u)$ 为 $h(t)$ 的 γ 角度分数阶傅里叶变换，则广义分数阶卷积定理可以表述为

$$(x\Theta_{\alpha,\beta,\gamma}h)(t)\xrightarrow{\mathscr{F}^\alpha}\varepsilon_{\alpha,\beta,\gamma}(u)X_\beta\left(\frac{u\csc\alpha}{\csc\beta}\right)H_\gamma\left(\frac{u\csc\alpha}{\csc\gamma}\right)\tag{3.87}$$

式中，$\varepsilon_{\alpha,\beta,\gamma}(\cdot)$ 为加权函数，满足

$$\varepsilon_{\alpha,\beta,\gamma}(\cdot)=\frac{A_\alpha}{A_\beta A_\gamma}e^{j\frac{(\cdot)^2}{2}\left(\cot\alpha-\left(\frac{\csc\alpha}{\csc\beta}\right)^2\cot\beta-\left(\frac{\csc\alpha}{\csc\gamma}\right)^2\cot\gamma\right)}\tag{3.88}$$

证明　根据式(3.65)、(3.85) 和(3.86)，并利用分数阶傅里叶变换定义，可得

$$\mathscr{F}^\alpha[(x\Theta_{\alpha,\beta,\gamma}h)(t)](u)=\iint_{-\infty}^{+\infty}h(\tau)c^{-j\frac{\tau^2}{2}\cot\gamma}x(t-\tau)e^{j\frac{(t-\tau)^2}{2}\cot\beta}d\tau e^{-j\frac{t^2}{2}\cot\alpha}K_\alpha(u,t)dt\tag{3.89}$$

然后，利用经典卷积和傅里叶变换的定义，将式(3.89) 简化为

$$\mathscr{F}^\alpha[(x\Theta_{\alpha,\beta,\gamma}h)(t)](u)=\sqrt{2\pi}A_\alpha e^{j\frac{u^2}{2}\cot\alpha}\mathfrak{F}[(x(t)e^{j\frac{t^2}{2}\cot\beta})*(h(t)e^{j\frac{t^2}{2}\cot\gamma})](u\csc\alpha)\tag{3.90}$$

于是，根据傅里叶变换下的经典卷积定理，得到

$$\mathscr{F}^\alpha[(x\Theta_{\alpha,\beta,\gamma}h)(t)](u)=2\pi A_\alpha e^{j\frac{u^2}{2}\cot\alpha}\mathfrak{F}[x(t)e^{j\frac{t^2}{2}\cot\beta}](u\csc\alpha)\times\mathfrak{F}[h(t)e^{j\frac{t^2}{2}\cot\gamma}](u\csc\alpha)\tag{3.91}$$

同时，由分数阶傅里叶变换的定义注意到

$$\begin{aligned}\mathfrak{F}[x(t)e^{j\frac{t^2}{2}\cot\beta}](u\csc\alpha)&=\frac{1}{\sqrt{2\pi}}\int_{-\infty}^{+\infty}x(t)e^{j\frac{t^2}{2}\cot\beta}e^{-jtu\csc\alpha}dt\\&=\frac{1}{\sqrt{2\pi}A_\beta}e^{-j\frac{\left(\frac{u\csc\alpha}{\csc\beta}\right)^2}{2}\cot\beta}\mathscr{F}^\beta[x(t)]\left(\frac{u\csc\alpha}{\cos\beta}\right)\\&=\frac{1}{\sqrt{2\pi}A_\beta}e^{-j\frac{\left(\frac{u\csc\alpha}{\csc\beta}\right)^2}{2}\cot\beta}X_\beta\left(\frac{u\csc\alpha}{\csc\beta}\right)\end{aligned}\tag{3.92}$$

同理，可得

$$\mathfrak{F}[h(t)e^{j\frac{t^2}{2}\cot\gamma}](u\csc\alpha)=\frac{1}{\sqrt{2\pi}A_\gamma}e^{-j\left(\frac{\left(\frac{u\csc\alpha}{\csc\gamma}\right)^2}{2}\right)\cot\beta}H_\gamma\left(\frac{u\csc\alpha}{\csc\gamma}\right)\tag{3.93}$$

将式(3.93) 和(3.92) 代入式(3.91)，并结合式(3.88)，即可导出式(3.87)。至此，定理 3.2 得证。

类似地，利用分数阶频移算子 $\boldsymbol{W}_v^\beta$ 可以得到分数域函数 $X_\beta(u)$ 和 $H_\gamma(u)$ 的广义分数阶卷积，即

$$(X_\beta\hat{\Theta}_{\alpha,\beta,\gamma}H_\gamma)(u)=\int_{-\infty}^{+\infty}H_\gamma(u)\phi^*_{\alpha,\beta,\gamma}(u,v)\boldsymbol{W}_v^\beta X_\beta(u)dv\tag{3.94}$$

式中，$\hat{\Theta}_{\alpha,\beta,\gamma}$ 表示分数域广义分数阶卷积算子；$\phi_{\alpha,\beta,\gamma}(\cdot,\cdot)$ 的表达式如式(3.86) 所示。图 3.2

给出了分数域广义分数阶卷积的分解结构。于是，可得下述分数域广义分数阶卷积定理。

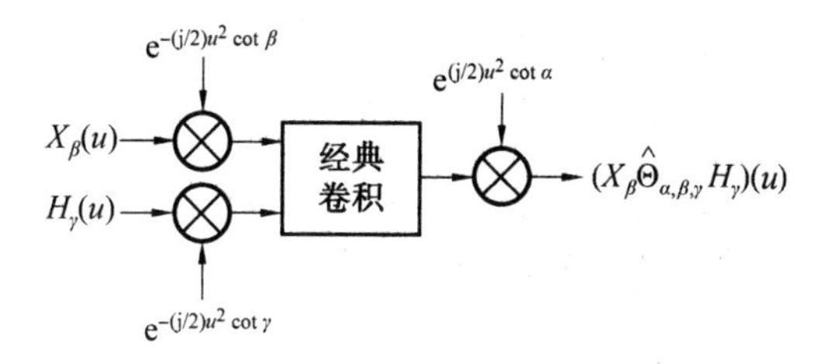

图 3.2　分数域广义分数阶卷积的分解结构

定理 3.3　对于两个时域函数 $x(t)$ 和 $h(t)$，记 $X_\beta(u)$ 为 $x(t)$ 的 β 角度分数阶傅里叶变换，$H_\gamma(u)$ 为 $h(t)$ 的 γ 角度分数阶傅里叶变换，则分数域广义分数阶卷积定理可表述为

$$(X_\beta\hat{\Theta}_{\alpha,\beta,\gamma}H_\gamma)(u)\xrightarrow{\mathscr{F}^{-\alpha}}\varepsilon^*_{\alpha,\beta,\gamma}(t)x\left(\frac{t\csc\alpha}{\csc\beta}\right)h\left(\frac{t\csc\alpha}{\csc\gamma}\right) \tag{3.95}$$

式中，加权函数的 $\varepsilon_{\alpha,\beta,\gamma}(\cdot)$ 的表达式如式(3.88) 所示。

证明　与定理 3.2 类似。

3.3.2　广义分数阶卷积的平移不变性

我们知道，傅里叶分析中的经典卷积具有时移不变性，即

$$(\boldsymbol{T}_\tau x*h)(t)=\boldsymbol{T}_\tau(x*h)(t)=(x*\boldsymbol{T}_\tau h)(t) \tag{3.96}$$

容易验证，时域广义分数阶卷积具有类似的特性，即

$$(\boldsymbol{T}_\tau^\beta x\Theta_{\alpha,\beta,\gamma}h)(t)=\boldsymbol{T}_\tau^\beta(x\Theta_{\alpha,\beta,\gamma}h)(t) \tag{3.97}$$

$$(x\Theta_{\alpha,\beta,\gamma}\boldsymbol{T}_\tau^\gamma h)(t)=\boldsymbol{T}_\tau^\gamma(x\Theta_{\alpha,\beta,\gamma}h)(t) \tag{3.98}$$

而分数域广义分数阶卷积则满足

$$(\boldsymbol{W}_v^\beta X_\beta\hat{\Theta}_{\alpha,\beta,\gamma}H_\gamma)(u)=\boldsymbol{W}_v^\beta(X_\beta\hat{\Theta}_{\alpha,\beta,\gamma}H_\gamma)(u) \tag{3.99}$$

$$(X_\beta\hat{\Theta}_{\alpha,\beta,\gamma}\boldsymbol{W}_v^\gamma H_\gamma)(u)=\boldsymbol{W}_v^\gamma(X_\beta\hat{\Theta}_{\alpha,\beta,\gamma}H_\gamma)(u) \tag{3.100}$$

特别地，当 $\alpha=\beta=\gamma$ 时，则有

$$(\boldsymbol{T}_\tau^\alpha x\Theta_{\alpha,\alpha,\alpha}h)(t)=\boldsymbol{T}_\tau^\alpha(x\Theta_{\alpha,\alpha,\alpha}h)(t)=(x\Theta_{\alpha,\alpha,\alpha}\boldsymbol{T}_\tau^\alpha h)(t) \tag{3.101}$$

$$(\boldsymbol{W}_v^\alpha X_\alpha\hat{\Theta}_{\alpha,\alpha,\alpha}H_\alpha)(u)=\boldsymbol{W}_v^\alpha(X_\alpha\hat{\Theta}_{\alpha,\alpha,\alpha}H_\alpha)(u)=(X_\alpha\hat{\Theta}_{\alpha,\alpha,\alpha}\boldsymbol{W}_v^\alpha H_\alpha)(u) \tag{3.102}$$

3.3.3　现有各种分数阶卷积的比较

记 $X_\alpha(u)$ 和 $H_\alpha(u)$ 分别表示函数 $x(t)$ 和 $h(t)$ 的分数阶傅里叶变换，文献[17] 将 $x(t)$ 和 $h(t)$ 的分数阶卷积定义为

$$\mathrm{CONV}^\alpha(x,h)=\mathscr{F}^{-\alpha}[X_\alpha(u)H_\alpha(u)](t) \tag{3.103}$$

进一步地，由文献[20] 可将式(3.103) 改写为

$$\mathrm{CONV}^\alpha(x,h)=\frac{|\csc\alpha|}{2\pi}\iiint_{-\infty}^{+\infty}x(t')h(\tau)e^{j\frac{t'^2+u^2+\tau^2-t^2}{2}\cot\alpha}\times e^{ju(t-\tau-t')\csc\alpha}dt'dud\tau \tag{3.104}$$

在文献[21] 中，函数 $x(t)$ 和 $h(t)$ 的分数阶卷积被定义为

$$\mathrm{CONV}^\alpha(x,h)=\mathscr{F}^{-\alpha}[X_\alpha(u)*H_\alpha(u)](t) \tag{3.105}$$

根据文献[22] 的结果，式(3.105) 可改写为

$$\mathrm{CONV}^\alpha(x,h)=e^{j\pi u^2\cos\alpha\sin\alpha}\int_{-\infty}^{+\infty}x(\tau)h(u\cos\alpha-\tau)e^{-j2\pi\tau u\sin\alpha}d\tau \tag{3.106}$$

此外，文献[24-27]将函数 $x(t)$ 和 $h(t)$ 的分数阶卷积定义为

$$(x *_{\alpha} h)(t) = A_{\alpha} \mathrm{e}^{-\frac{t^2}{2}\cot\alpha}\left[\left(x(t)\mathrm{e}^{\mathrm{j}\frac{t^2}{2}\cot\alpha}\right) * \left(h(t)\mathrm{e}^{\mathrm{j}\frac{t^2}{2}\cot\alpha}\right)\right] \tag{3.107}$$

容易验证

$$\mathscr{F}^{\alpha}\left[(x *_{\alpha} h)(t)\right](u) = X_{\alpha}(u) H_{\alpha}(u) \mathrm{e}^{-\frac{u^2}{2}\cot\alpha} \tag{3.108}$$

另根据文献[52]的定义，函数 $x(t)$ 和 $h(t)$ 的分数阶卷积为

$$(x\Theta_{\alpha} h)(t) = \int_{-\infty}^{+\infty} h(\tau) x(t-\tau) \mathrm{e}^{-\mathrm{j}\tau\left(t-\frac{\tau}{2}\right)\cot\alpha} \mathrm{d}\tau \tag{3.109}$$

且该分数阶卷积满足

$$\mathscr{F}^{\alpha}\left[(x\Theta_{\alpha} h)(t)\right](u) = \sqrt{2\pi} X_{\alpha}(u) H(u\csc\alpha) \tag{3.110}$$

式中，$H(u\csc\alpha)$ 为 $h(t)$ 的傅里叶变换(变换元做了尺度 $\csc\alpha$ 伸缩)。

可以发现，广义分数阶卷积具有 α、β 和 γ 三个自由参数。通过自由参数的选择，可以得到形式不同的分数阶卷积。

① 当 $\alpha=\beta=\gamma=\pi/2$ 时，广义分数阶卷积及其定理便分别退化为经典卷积及其定理。

② 当 $\alpha=\beta=\gamma$ 时，时域广义分数阶卷积及其定理便退化为

$$(x\Theta_{\alpha,\alpha,\alpha} h)(t) = \mathrm{e}^{-\mathrm{j}\frac{t^2}{2}\cot\alpha}\left[\left(x(t)\mathrm{e}^{\mathrm{j}\frac{t^2}{2}\cot\alpha}\right) * \left(h(t)\mathrm{e}^{\mathrm{j}\frac{t^2}{2}\cot\alpha}\right)\right] \tag{3.111}$$

$$(x\Theta_{\alpha,\alpha,\alpha} h)(t) \overset{\mathscr{F}^{\alpha}}{\longleftrightarrow} A_{\alpha}^{-1} \mathrm{e}^{-\mathrm{j}\frac{u^2}{2}\cot\alpha} X_{\alpha}(u) H_{\alpha}(u) \tag{3.112}$$

在此情况下，时域广义分数阶卷积与文献[24-27]中的时域分数阶卷积一致，只差一个幅度因子 A_{α}，如式(3.107)所示。相应地，分数域广义分数阶卷积及其定理则退化为式(3.111)和(3.112)的对偶形式，即

$$(X_{\alpha}\hat{\Theta}_{\alpha,\alpha,\alpha} H_{\alpha})(u) = \mathrm{e}^{\mathrm{j}\frac{u^2}{2}\cot\alpha}\left[\left(X_{\alpha}(u)\mathrm{e}^{-\mathrm{j}\frac{u^2}{2}\cot\alpha}\right) * \left(H_{\alpha}(u)\mathrm{e}^{-\mathrm{j}\frac{u^2}{2}\cot\alpha}\right)\right] \tag{3.113}$$

$$A_{-\alpha}^{-1} \mathrm{e}^{\mathrm{j}\frac{t^2}{2}\cot\alpha} x(t) h(t) \overset{\mathscr{F}^{\alpha}}{\longleftrightarrow} (X_{\alpha}\hat{\Theta}_{\alpha,\alpha,\alpha} H_{\alpha})(u) \tag{3.114}$$

(3) 当 $\alpha=\beta$、$\gamma=\pi/2$ 时，时域广义分数阶卷积及其定理退化为文献[52]中的时域分数阶卷积及其定理，即

$$(x\Theta_{\alpha,\alpha,\pi/2} h)(t) = \mathrm{e}^{-\mathrm{j}\frac{t^2}{2}\cot\alpha}\left[\left(x(t)\mathrm{e}^{\mathrm{j}\frac{t^2}{2}\cot\alpha}\right) * h(t)\right] \tag{3.115}$$

$$(x\Theta_{\alpha,\alpha,\pi/2} h)(t) \overset{\mathscr{F}^{\alpha}}{\longleftrightarrow} \sqrt{2\pi} X_{\alpha}(u) H(u\csc\alpha) \tag{3.116}$$

相应地，分数域广义分数阶卷积及其定理退化为

$$(X_{\alpha}\hat{\Theta}_{\alpha,\alpha,\pi/2} H)(u) = \mathrm{e}^{\mathrm{j}\frac{u^2}{2}\cot\alpha}\left[\left(X_{\alpha}(u)\mathrm{e}^{-\mathrm{j}\frac{u^2}{2}\cot\alpha}\right) * H(u)\right] \tag{3.117}$$

$$\sqrt{2\pi} x(t) h(t\csc\alpha) \overset{\mathscr{F}^{\alpha}}{\longleftrightarrow} (X_{\alpha}\hat{\Theta}_{\alpha,\alpha,\pi/2} H)(u) \tag{3.118}$$

实际上，式(3.115)所定义的分数阶卷积结构蕴含在分数域带限信号的采样定理中。具体地说，对于Ω－分数域带限信号 $f(t)$，当时间采样间隔 T_{s} 满足 $0<T_{\mathrm{s}}\leqslant\pi\sin\alpha/\Omega$ 时，它可由采样信号 $\tilde{x}(t)=x(t)\sum\limits_{n\in\mathbf{Z}}\delta(t-nT_{\mathrm{s}})$ 与插值函数 $\mathrm{sinc}(t\Omega\csc\alpha)$ 通过式(3.115)中分数阶卷积运算完全恢复。尽管利用其他参数下的广义分数阶卷积也可以导出这一结果，但是相比式(3.115)中的广义分数阶卷积，运算比较烦琐。因此，参数 $\alpha=\beta$、$\gamma=\pi/2$ 下广义分数阶卷积在分数阶采样分析中可以使推导过程直观明了，起到简化运算的作用。此外，在采样分析中往往需要处理离散信号的卷积。为此，给出参数 $\alpha=\beta$、$\gamma=\pi/2$ 下离散信号 $x[n]$，

$h[n] \in \ell^2(\mathbf{Z})$ 的广义分数阶卷积，即

$$x[n]\overset{\mathrm{d}}{\Theta}_{\alpha,\alpha,\pi/2}h[n] \overset{\Delta}{=} \mathrm{e}^{-\mathrm{j}\frac{n^2}{2}\cot\alpha}\left[\left(x[n]\mathrm{e}^{\mathrm{j}\frac{n^2}{2}\cot\alpha}\right) * h[n]\right]$$
$$= \sum_{m\in\mathbf{Z}} x[m]h[m-n]\mathrm{e}^{-\mathrm{j}\frac{n^2-m^2}{2}\cot\alpha} \tag{3.119}$$

式中，$\overset{\mathrm{d}}{\Theta}_{\alpha,\alpha,\pi/2}$ 表示参数 $\alpha=\beta$、$\gamma=\pi/2$ 下离散广义分数阶卷积算子。容易验证该离散广义分数阶卷积满足

$$x[n]\overset{\mathrm{d}}{\Theta}_{\alpha,\alpha,\pi/2}h[n] \xrightarrow{\widetilde{\mathscr{F}}^{\alpha}} \sqrt{2\pi}\,\widetilde{X}_{\alpha}(u)\widetilde{H}(u\csc\alpha) \tag{3.120}$$

式中，$\widetilde{X}_{\alpha}(u)$ 和 $\widetilde{H}(u\csc\alpha)$ 分别表示 $x[n]$ 的离散时间分数阶傅里叶变换[33] 和 $h[n]$ 的离散时间傅里叶变换(变换元做了尺度 $\csc\alpha$ 伸缩)。进一步地，可以得到离散信号 $x[n]\in\ell^2(\mathbf{Z})$ 和连续信号 $h(t)\in L^2(\mathbf{R})$ 在参数 $\alpha=\beta$、$\gamma=\pi/2$ 下的混合广义分数阶卷积，即

$$x[n]\overset{\mathrm{m}}{\Theta}_{\alpha,\alpha,\pi/2}h(t) \overset{\Delta}{=} \mathrm{e}^{-\mathrm{j}\frac{t^2}{2}\cot\alpha}\left[\left(x[n]\mathrm{e}^{\mathrm{j}\frac{n^2}{2}\cot\alpha}\right) * h(t)\right]$$
$$= \sum_{n\in\mathbf{Z}} x[n]h(t-n)\mathrm{e}^{-\mathrm{j}\frac{t^2-n^2}{2}\cot\alpha} \tag{3.121}$$

式中，$\overset{\mathrm{m}}{\Theta}_{\alpha,\alpha,\pi/2}$ 表示参数 $\alpha=\beta$、$\gamma=\pi/2$ 下混合广义分数阶卷积算子。不难验证该混合广义分数阶卷积满足

$$x[n]\overset{\mathrm{m}}{\Theta}_{\alpha,\alpha,\pi/2}h(t) \overset{\mathscr{F}^{\alpha}}{\longleftrightarrow} \sqrt{2\pi}\,\widetilde{X}_{\alpha}(u)H(u\csc\alpha) \tag{3.122}$$

在本书第 6 章中，将进一步讨论式(3.119) 和(3.121) 所定义的离散广义分数阶卷积和混合广义分数阶卷积在构建函数空间分数阶采样定理中的应用。

广义分数阶卷积可以看成是经典卷积在分数阶傅里叶变换下的扩展，一个好的分数阶卷积至少应该继承经典卷积的基本特性，即时域为一重积分，而分数域则体现为乘积运算。基于此，表 3.1 给出了广义分数阶卷积与现有分数阶卷积的比较。

表 3.1　广义分数阶卷积与现有分数阶卷积的比较

比较对象	时域形式	分数域形式	与其他定义关系
文献[17,20]	三重积分	乘积	无
文献[21,22]	一重积分	一重积分	无
文献[24-27]	一重积分	乘积	无
文献[52]	一重积分	乘积	无
本书	一重积分	乘积	包含文献[24-27,52]

综上分析，广义分数阶卷积不但揭示了分数阶傅里叶变换下函数间卷积运算的一般规律，而且统一了现有各种不同形式的分数阶卷积，具有普适性。此外，广义分数阶卷积运算为一个单积分运算，可以利用经典卷积的结构实现。更为重要的是，广义分数阶卷积继承了经典卷积的基本特性，即一个域(时域或分数域) 的广义分数阶卷积对应于另一个域(分数域或时域) 的乘积，从而为分数域滤波理论的建立奠定了理论基础。

3.4 分数阶相关及其性质

3.4.1 广义分数阶相关定义及定理

类似于广义分数阶卷积，利用分数阶时移算子将两个时域函数 $x(t)$ 和 $y(t)$ 的广义分数阶相关函数定义为

$$(x\star_{\alpha,\beta,\gamma}y)(\tau)=\int_{-\infty}^{+\infty}y(t)\varphi_{\alpha,\beta,\gamma}(t,\tau)[\boldsymbol{T}_{\tau}^{\beta}x(t)]^{*}\,\mathrm{d}t \tag{3.123}$$

式中，$\star_{\alpha,\beta,\gamma}$ 表示时域广义分数阶相关算子；$\varphi_{\alpha,\beta,\gamma}(\cdot,\cdot)$ 为加权函数，满足

$$\varphi_{\alpha,\beta,\gamma}(\cdot,\diamond)\stackrel{\Delta}{=}\mathrm{e}^{-\mathrm{j}\frac{(\diamond)^2}{2}\cot\alpha+\mathrm{j}\frac{(\cdot)^2}{2}(\cot\gamma-\cot\beta)} \tag{3.124}$$

时域广义分数阶相关的分解结构如图 3.3 所示。

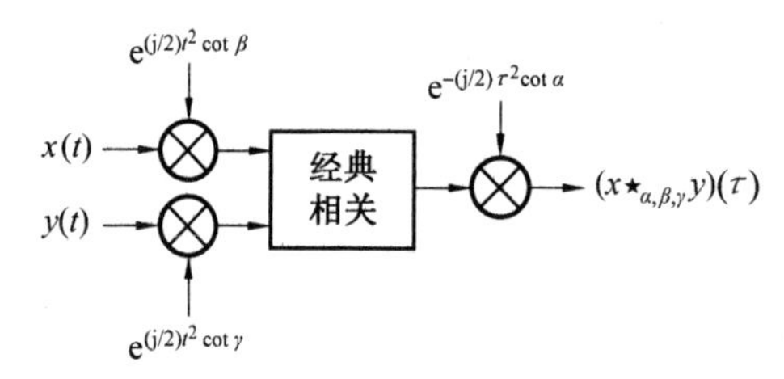

图 3.3 时域广义分数阶相关的分解结构

相应地，可以得到下述广义分数阶相关定理。

定理 3.4 对于两个时域函数 $x(t)$ 和 $y(t)$，记 $X_{\beta}(u)$ 为 $x(t)$ 的 β 角度分数阶傅里叶变换，$Y_{\gamma}(u)$ 为 $y(t)$ 的 γ 角度分数阶傅里叶变换，则广义分数阶相关定理可以表述为

$$(x\star_{\alpha,\beta,\gamma}y)(\tau)\xleftrightarrow{\mathscr{F}^{\alpha}}\varepsilon_{\alpha,\beta,\gamma}(u)X_{\beta}\left(\frac{u\csc\alpha}{\csc\beta}\right)Y_{\gamma}^{*}\left(\frac{u\csc\alpha}{\csc\gamma}\right) \tag{3.125}$$

式中，$\varepsilon_{\alpha,\beta,\gamma}(\cdot)$ 为加权函数，满足

$$\varepsilon_{\alpha,\beta,\gamma}(\cdot)=\frac{A_{\alpha}}{A_{\beta}A_{-\gamma}}\mathrm{e}^{\mathrm{j}\frac{(\cdot)^2}{2}\left(\cot\alpha-\left(\frac{\csc\alpha}{\csc\beta}\right)^2\cot\beta+\left(\frac{\csc\alpha}{\csc\gamma}\right)^2\cot\gamma\right)} \tag{3.126}$$

证明 根据式(3.65)、(3.123) 和(3.124)，并利用分数阶傅里叶变换定义，得到

$$\mathscr{F}^{\alpha}[(x\star_{\alpha,\beta,\gamma}y)(\tau)](u)=\iint_{-\infty}^{+\infty}y(t)\mathrm{e}^{\mathrm{j}\frac{t^2}{2}\cot\gamma}\left[x(t-\tau)\mathrm{e}^{\mathrm{j}\frac{(t-\tau)^2}{2}\cot\beta}\right]^{*}\mathrm{d}t\,\mathrm{e}^{-\mathrm{j}\frac{\tau^2}{2}\cot\alpha}K_{\alpha}(u,\tau)\mathrm{d}\tau \tag{3.127}$$

利用经典相关和傅里叶变换的定义，式(3.127) 可进一步化简为

$$\mathscr{F}^{\alpha}[(x\star_{\alpha,\beta,\gamma}y)(\tau)](u)=\sqrt{2\pi}A_{\alpha}\mathrm{e}^{\mathrm{j}\frac{u^2}{2}\cot\alpha}\mathfrak{F}\left[\left(x(t)\mathrm{e}^{\mathrm{j}\frac{t^2}{2}\cot\beta}\right)\star\left(y(t)\mathrm{e}^{\mathrm{j}\frac{t^2}{2}\cot\gamma}\right)\right](u\csc\alpha) \tag{3.128}$$

然后，根据经典相关定理，可得

$$\mathscr{F}^{\alpha}[(x\star_{\alpha,\beta,\gamma}y)(\tau)](u)=2\pi A_{\alpha}\mathrm{e}^{\mathrm{j}\frac{u^2}{2}\cot\alpha}\mathfrak{F}\left[x(t)\mathrm{e}^{\mathrm{j}\frac{t^2}{2}\cot\beta}\right](u\csc\alpha)\times\left\{\mathfrak{F}\left[y(t)\mathrm{e}^{\mathrm{j}\frac{t^2}{2}\cot\gamma}\right](u\csc\alpha)\right\}^{*} \tag{3.129}$$

将式(3.93) 和(3.92) 代入式(3.129)，并利用式(3.126)，即可导出式(3.125)。至此，定理 3.4 得证。

类似地，利用分数阶频移算子将两个分数域函数 $X_\beta(u)$ 和 $Y_\gamma(u)$ 的广义分数阶相关函数定义为

$$(X_\beta \hat{\star}_{\alpha,\beta,\gamma} Y_\gamma)(v) = \int_{-\infty}^{+\infty} Y_\gamma(u)\varphi^*_{\alpha,\beta,\gamma}(u,v)[\boldsymbol{W}_v^\beta X_\beta(u)]^* \mathrm{d}u \tag{3.130}$$

式中，$\hat{\star}_{\alpha,\beta,\gamma}$ 表示分数域广义分数阶卷积算子；$\varphi_{\alpha,\beta,\gamma}(\cdot,\cdot)$ 的定义见式(3.124)。于是，可得下述分数域广义分数阶相关定理。

定理 3.5　对于两个时域函数 $x(t)$ 和 $y(t)$，记 $X_\beta(u)$ 为 $x(t)$ 的 β 角度分数阶傅里叶变换，$Y_\gamma(u)$ 为 $y(t)$ 的 γ 角度分数阶傅里叶变换，则有

$$(X_\beta \hat{\star}_{\alpha,\beta,\gamma} Y_\gamma)(v) \xleftrightarrow{\mathscr{F}^{-\alpha}} \varepsilon^*_{\alpha,\beta,\gamma}(t)x\left(\frac{t\csc\alpha}{\csc\beta}\right)y^*\left(\frac{t\csc\alpha}{\csc\gamma}\right) \tag{3.131}$$

式中，$\varepsilon_{\alpha,\beta,\gamma}(\cdot)$ 的定义见式(3.126)。

证明　与定理 3.4 类似。

图 3.4 给出了分数域广义分数阶相关的分解结构。

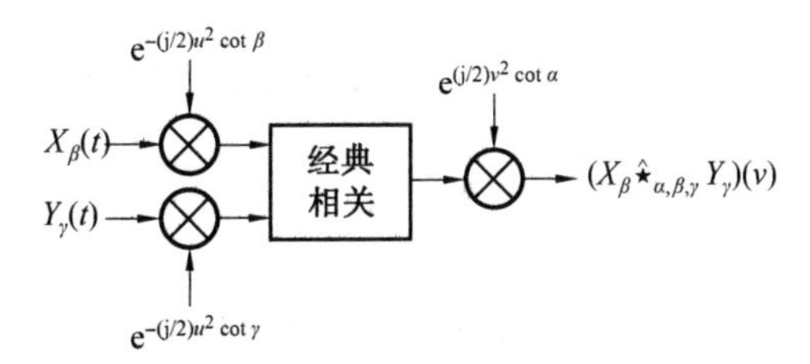

图 3.4　分数域广义分数阶相关的分解结构

我们知道，经典相关与经典卷积存在着密切的联系，即

$$(x \star y)(t) = \int_{-\infty}^{+\infty} x(\tau)y^*(\tau - t)\mathrm{d}\tau = x(t) * y^*(-t) \tag{3.132}$$

式中，$\star$表示经典相关算子。同样，广义分数阶相关与广义分数阶卷积也存在着类似的关系。对于时域广义分数阶相关，则有

$$\begin{aligned}(x \star_{\alpha,\beta,\gamma} y)(t) &= \mathrm{e}^{-\mathrm{j}\frac{t^2}{2}\cot\alpha}\int_{-\infty}^{+\infty} x(\tau)\mathrm{e}^{\mathrm{j}\frac{\tau^2}{2}\cot\beta}[y(\tau - t)\mathrm{e}^{\mathrm{j}\frac{(\tau-t)^2}{2}\cot\gamma}]^*\mathrm{d}\tau \\ &= \mathrm{e}^{-\mathrm{j}\frac{t^2}{2}\cot\alpha}[(x(t)\mathrm{e}^{\mathrm{j}\frac{t^2}{2}\cot\beta}) * (y^*(-t)\mathrm{e}^{-\mathrm{j}\frac{t^2}{2}\cot\gamma})] \\ &= \mathrm{e}^{-\mathrm{j}\frac{t^2}{2}\cot\alpha}[(x(t)\mathrm{e}^{\mathrm{j}\frac{t^2}{2}\cot\beta}) * ((y^*(-t)\mathrm{e}^{-\mathrm{j}t^2\cot\gamma})\mathrm{e}^{\mathrm{j}\frac{t^2}{2}\cot\gamma})] \\ &= x(t)\Theta_{\alpha,\beta,\gamma}(y^*(-t)\mathrm{e}^{-\mathrm{j}t^2\cot\gamma})\end{aligned} \tag{3.133}$$

特别地，当 $\alpha=\beta=\gamma=\pi/2$ 时，式(3.133)退化为时域经典相关与时域经典卷积之间的关系。此外，对于分数域广义分数阶相关，其与分数域广义分数阶卷积的关系可以表述为

$$(X_\beta \hat{\star}_{\alpha,\beta,\gamma} Y_\gamma)(u) = X_\beta(u)\hat{\Theta}_{\alpha,\beta,\gamma}(Y^*_\gamma(-u)\mathrm{e}^{\mathrm{j}u^2\cot\gamma}) \tag{3.134}$$

3.4.2　现有各种分数阶相关的比较

记 $X_\alpha(u)$ 和 $Y_\alpha(u)$ 分别表示函数 $x(t)$ 和 $y(t)$ 的分数阶傅里叶变换，文献[17]将 $x(t)$ 和 $y(t)$ 的分数阶相关定义为

$$\mathrm{CORR}^\alpha(x,h) \stackrel{\Delta}{=} \mathrm{CONV}^\alpha(x(t),h^*(-t)) \tag{3.135}$$

根据式(3.104)可知，式(3.135)为复杂的三重积分。在文献[28-30]中，函数 $x(t)$ 和 $y(t)$

的分数阶相关被定义为两种等价形式

$$C_{\alpha,\beta}(\tau) \stackrel{\Delta}{=} \mathscr{F}^{\beta}[\mathscr{F}^{\alpha}[x(t)](u)(\mathscr{F}^{\alpha}[y(t)](u))^{*}](\tau) \tag{3.136}$$

和

$$C_{\alpha,\beta}(\tau) \stackrel{\Delta}{=} \mathscr{F}^{\beta}[\mathscr{F}^{\alpha}[x(t)](u)F^{\pi-\alpha}[y^{*}(-t)](u)](\tau) \tag{3.137}$$

文献[31] 又将式(3.136) 和(3.137) 进一步扩展为

$$C_{\alpha,\beta,\gamma}(\tau) \stackrel{\Delta}{=} \mathscr{F}^{\gamma}[\mathscr{F}^{\alpha}[x(t)](u)(\mathscr{F}^{\beta}[h(t)](u))^{*}](\tau) \tag{3.138}$$

不难验证,式(3.136)、(3.137) 和(3.138) 均为复杂的三重积分。此外,文献[22] 提出了一种不同于前述定义的分数阶相关,即

$$(x \star_{\alpha} h)(\rho) \stackrel{\Delta}{=} \mathrm{e}^{\mathrm{j}\pi\rho^{2}\cos\alpha\sin\alpha}\int_{-\infty}^{+\infty} x(t)h^{*}(t-\rho\cos\alpha)\mathrm{e}^{-\mathrm{j}2\pi t\rho\sin\alpha}\,\mathrm{d}t \tag{3.139}$$

容易得到

$$(x \star_{\alpha} h)(\rho) = \int_{-\infty}^{+\infty} X_{\alpha}(u)H_{\alpha}^{*}(u-\rho)\,\mathrm{d}u \tag{3.140}$$

另根据文献[26,32] 的定义,函数 $x(t)$ 和 $y(t)$ 的分数阶相关为

$$(x \overset{\alpha}{\circledast} h)(\tau) \stackrel{\Delta}{=} A_{\alpha}\mathrm{e}^{-\frac{\tau^{2}}{2}\cot\alpha}[(x(t)\mathrm{e}^{\mathrm{j}\frac{t^{2}}{2}\cot\alpha}) \star (h(t)\mathrm{e}^{\mathrm{j}\frac{t^{2}}{2}\cot\alpha})] \tag{3.141}$$

且该分数阶相关满足

$$\mathscr{F}^{\alpha}[(x \overset{\alpha}{\circledast} h)(\tau)](u) = X_{\alpha}(u)H_{\alpha}^{*}(u)\mathrm{e}^{-\frac{u^{2}}{2}\cot\alpha} \tag{3.142}$$

在广义分数阶相关中,通过选择自由参数 α、β 和 γ,可以得到以下结果:

(1) 当 $\alpha=\beta=\gamma=\pi/2$ 时,广义分数阶相关及其定理便退化为经典相关及其定理。

(2) 当 $\alpha=\beta=\gamma$ 时,时域广义分数阶相关及其定理退化为

$$(x \star_{\alpha,\alpha,\alpha} y)(\tau) = \mathrm{e}^{-\mathrm{j}\frac{\tau^{2}}{2}\cot\alpha}[(x(t)\mathrm{e}^{\mathrm{j}\frac{t^{2}}{2}\cot\alpha}) \star (y(t)\mathrm{e}^{\mathrm{j}\frac{t^{2}}{2}\cot\alpha})] \tag{3.143}$$

$$(x \star_{\alpha,\alpha,\alpha} y)(\tau) \xleftrightarrow{\mathscr{F}^{\alpha}} A_{\alpha}^{-1}\mathrm{e}^{-\mathrm{j}\frac{u^{2}}{2}\cot\alpha}X_{\alpha}(u)Y_{\alpha}^{*}(u) \tag{3.144}$$

相应地,分数域广义分数阶相关及其定理则变为

$$(X_{\alpha}\,\hat{\star}_{\alpha,\alpha,\alpha}Y_{\alpha})(v) = \mathrm{e}^{\mathrm{j}\frac{v^{2}}{2}\cot\alpha}[(X_{\alpha}(u)\mathrm{e}^{-\mathrm{j}\frac{u^{2}}{2}\cot\alpha}) \star (Y_{\alpha}(u)\mathrm{e}^{-\mathrm{j}\frac{u^{2}}{2}\cot\alpha})] \tag{3.145}$$

$$(X_{\alpha}\,\hat{\star}_{\alpha,\alpha,\alpha}Y_{\alpha})(v) \xleftrightarrow{\mathscr{F}^{-\alpha}} A_{-\alpha}^{-1}\mathrm{e}^{\mathrm{j}\frac{t^{2}}{2}\cot\alpha}x(t)y^{*}(t) \tag{3.146}$$

(3) 当 $\alpha=\beta$、$\gamma=\pi/2$ 时,时域广义分数阶相关退化为

$$(x \star_{\alpha,\alpha,\pi/2} y)(\tau) = \mathrm{e}^{-\mathrm{j}\frac{\tau^{2}}{2}\cot\alpha}[(x(t)\mathrm{e}^{\mathrm{j}\frac{t^{2}}{2}\cot\alpha}) \star y(t)] \tag{3.147}$$

相应地,该时域分数阶相关定理可以表述为

$$(x \star_{\alpha,\alpha,\pi/2} y)(\tau) \xleftrightarrow{\mathscr{F}^{\alpha}} \sqrt{2\pi}\,X_{\alpha}(u)Y^{*}(u\csc\alpha) \tag{3.148}$$

同时,分数域广义分数阶相关及其定理退化为

$$(X_{\alpha}\,\hat{\star}_{\alpha,\alpha,\pi/2}Y)(v) = \mathrm{e}^{\mathrm{j}\frac{v^{2}}{2}\cot\alpha}[(X_{\alpha}(u)\mathrm{e}^{-\mathrm{j}\frac{u^{2}}{2}\cot\alpha}) \star Y(u)] \tag{3.149}$$

$$(X_{\alpha}\,\hat{\star}_{\alpha,\alpha,\pi/2}Y)(v) \xleftrightarrow{\mathscr{F}^{-\alpha}} \sqrt{2\pi}\,x(t)y^{*}(t\csc\alpha) \tag{3.150}$$

基于以上分析,表 3.2 给出了广义分数阶相关与现有分数阶相关的比较。

表 3.2　广义分数阶相关与现有分数阶相关的比较

比较对象	时域形式	分数域形式	与其他定义关系
文献[17]	三重积分	乘积	无
文献[28-30]	三重积分	乘积	包含文献[17]
文献[31]	三重积分	乘积	包含文献[17,28-30]
文献[22]	一重积分	一重积分	无
文献[26,32]	一重积分	乘积	无
本书	一重积分	乘积	包含文献[26,32]

可以看出，与现有分数阶相关相比，广义分数阶相关更具有普适性。同时，广义分数阶相关继承了经典相关的基本特性，即一个域（时域或分数域）的广义分数阶相关运算（即一重积分）对应于另一个域（分数域或时域）的乘积运算。

3.4.3　分数阶能谱 / 功率谱分析

1. 分数阶能谱 / 功率谱的概念

在信号分析中，信号 $x(t)$ 的能量定义为

$$E_x=\int_{-\infty}^{+\infty}|x(t)|^2\mathrm{d}t \tag{3.151}$$

通常把能量有限值的信号称为能量有限信号或简称为能量信号。然而在实际应用中，对于像周期信号、阶跃函数、符号函数这类信号，式(3.151)的积分是无穷大的。在这种情况下，一般不再研究信号的能量而研究信号的平均功率。设 $x(t)$ 在时间间隔 $[T_1,T_2](T_1<T_2)$ 上的平均功率定义为

$$P_x=\frac{1}{T_2-T_1}\int_{T_1}^{T_2}|x(t)|^2\mathrm{d}t \tag{3.152}$$

进一步地，整个时间轴 $(-\infty,+\infty)$ 上的平均功率为

$$P_x=\lim_{T\to+\infty}\frac{1}{T}\int_{-T/2}^{+T/2}|x(t)|^2\mathrm{d}t \tag{3.153}$$

式中，$T>0$。通常，所谓 $x(t)$ 的平均功率即是指式(3.153)中的 P_x。

对于能量信号 $x(t)$，记 $X_\alpha(u)$ 表示它的分数阶傅里叶变换。根据分数阶傅里叶变换的能量守恒定理，则有

$$E_x=\int_{-\infty}^{+\infty}|x(t)|^2\mathrm{d}t=\int_{-\infty}^{+\infty}|X_\alpha(u)|^2\mathrm{d}u \tag{3.154}$$

因此 $|X_\alpha(u)|^2$ 反映了信号能量在分数域的分布情况，把 $|X_\alpha(u)|^2$ 称为分数阶能量谱密度（简称分数阶能谱），记为 $\mathscr{E}_x^\alpha(u)=|X_\alpha(u)|^2$。

对于功率信号 $x(t)$，若其功率是有限的，从 $x(t)$ 中截取 $[-T/2,+T/2]$ 的一段，得到截断信号 $x_T(t)$，即

$$x_T(t)=\begin{cases}x(t), & |t|\leqslant\dfrac{T}{2}\\ 0, & \text{其他}\end{cases} \tag{3.155}$$

若 T 是有限值，则 $x_T(t)$ 的能量也是有限的。记 $X_{T,\alpha}(u)$ 表示 $x_T(t)$ 的分数阶傅里叶变换，

则 $x_T(t)$ 的能量 E_{x_T} 可表示为

$$E_{x_T}=\int_{-\infty}^{+\infty}|x_T(t)|^2\mathrm{d}t=\int_{-\infty}^{+\infty}|X_{T,\alpha}(u)|^2\mathrm{d}u \tag{3.156}$$

于是，可得 $x(t)$ 的平均功率为

$$\begin{aligned}P_x&=\lim_{T\to\infty}\frac{1}{T}\int_{-T/2}^{+T/2}|x(t)|^2\mathrm{d}t=\lim_{T\to\infty}\frac{1}{T}\int_{-\infty}^{+\infty}|X_{T,\alpha}(u)|^2\mathrm{d}u\\&=\int_{-\infty}^{+\infty}\lim_{T\to\infty}\frac{|X_{T,\alpha}(u)|^2}{T}\mathrm{d}u\end{aligned} \tag{3.157}$$

当 T 增大时，$x_T(t)$ 的能量增大，$|X_{T,\alpha}(u)|^2$ 也增大。当 $T\to\infty$ 时 $x_T(t)\to x(t)$，此时 $\frac{|x_{T,\alpha}(u)|^2}{T}$ 可能趋近于一极限。若此极限存在，定义该极限是 $x(t)$ 的分数阶功率密度函数（简称分数阶功率谱），记作 $\mathscr{P}_x^\alpha(u)=\lim\limits_{T\to\infty}\frac{|X_{T,\alpha}(u)|^2}{T}$。

式(3.151)是单一信号的能量表示，而两个信号 $x(t)$、$y(t)$ 之和的能量为

$$\begin{aligned}E_{\sum}&=\int_{-\infty}^{+\infty}|x(t)+y(t)|^2\mathrm{d}t\\&=\int_{-\infty}^{+\infty}|x(t)|^2\mathrm{d}t+\int_{-\infty}^{+\infty}x(t)y^*(t)\mathrm{d}t+\\&\quad\int_{-\infty}^{+\infty}x^*(t)y(t)\mathrm{d}t+\int_{-\infty}^{+\infty}|y(t)|^2\mathrm{d}t\\&=E_x+E_{xy}+E_{yx}+E_y\end{aligned} \tag{3.158}$$

可见，两信号之和的能量，除了包括两信号各自的能量外，还有两项

$$E_{xy}=\int_{-\infty}^{+\infty}x(t)y^*(t)\mathrm{d}t \tag{3.159}$$

$$E_{yx}=\int_{-\infty}^{+\infty}y(t)x^*(t)\mathrm{d}t \tag{3.160}$$

称为信号的互能量。以 E_{xy} 为例，根据分数阶傅里叶变换的内积定理，则有

$$\begin{aligned}E_{xy}&=\int_{-\infty}^{+\infty}x(t)y^*(t)\mathrm{d}t=\int_{-\infty}^{+\infty}\left[\int_{-\infty}^{+\infty}X_\alpha(u)K_{-\alpha}(u,t)\mathrm{d}u\right]y^*(t)\mathrm{d}t\\&=\int_{-\infty}^{+\infty}X_\alpha(u)\left[\int_{-\infty}^{+\infty}y(t)K_\alpha(u,t)\mathrm{d}t\right]^*\mathrm{d}u\\&=\int_{-\infty}^{+\infty}X_\alpha(u)Y_\alpha^*(u)\mathrm{d}u\end{aligned} \tag{3.161}$$

式中，$X_\alpha(u)Y_\alpha^*(u)$ 表明了信号 $x(t)$ 和 $y(t)$ 互能量在分数域的分布情况，称其为分数阶互能量谱密度（简称分数阶互能谱），记为 $\mathscr{E}_{xy}^\alpha(u)=X_\alpha(u)Y_\alpha^*(u)$。特别地，当 $x(t)=y(t)$ 时，可以得到单个信号 $x(t)$ 的分数阶能谱与其对应的信号能量。类似地，对于两个功率信号 $x(t)$ 和 $y(t)$，可以得到分数阶互功率谱，记为

$$\mathscr{P}_{xy}^\alpha(u)=\lim_{T\to\infty}\frac{X_{T,\alpha}(u)Y_{T,\alpha}^*(u)}{T} \tag{3.162}$$

式中，$Y_{T,\alpha}(u)$ 表示从信号 $y(t)$ 中截取[$-T/2$，$+T/2$]一段得到的截断信号 $y_T(t)$ 的分数阶傅里叶变换。

2. 分数阶相关与分数阶能谱／功率谱的关系

为简化分析，这里仅考虑在同一 α 角度分数域的情形，将两时域能量信号 $x(t)$ 和 $y(t)$

的分数阶相关函数记为 $R_{xy}^{\alpha}(\tau)$，即

$$R_{xy}^{\alpha}(\tau) \stackrel{\Delta}{=} (x \star_{\alpha,\alpha,\alpha} y)(\tau) = \mathrm{e}^{-\mathrm{j}\frac{\tau^2}{2}\cot\alpha}\left[(x(t)\mathrm{e}^{\mathrm{j}\frac{t^2}{2}\cot\alpha}) \star (y(t)\mathrm{e}^{\mathrm{j}\frac{t^2}{2}\cot\alpha})\right] \tag{3.163}$$

式中，τ 为两信号的时差。根据广义分数阶相关定理，则有

$$\mathscr{F}^{\alpha}[R_{xy}^{\alpha}(\tau)](u) = A_{-\alpha}^{-1}\mathrm{e}^{\mathrm{j}\frac{u^2}{2}\cot\alpha}X_{\alpha}(u)Y_{\alpha}^{*}(u) \tag{3.164}$$

特别地，当 $\tau=0$ 时，得到

$$R_{xy}^{\alpha}(0) = \int_{-\infty}^{+\infty} x(t)y^{*}(t)\mathrm{d}t = E_{xy} \tag{3.165}$$

可见 $R_{xy}^{\alpha}(0)$ 等于信号 $x(t)$ 和 $y(t)$ 的互能量。同时，由式(3.161) 和(3.164)，可得

$$\mathscr{E}_{xy}^{\alpha}(u) = A_{-\alpha}\mathrm{e}^{-\mathrm{j}\frac{u^2}{2}\cot\alpha}\mathscr{F}^{\alpha}[R_{xy}^{\alpha}(\tau)](u) \tag{3.166}$$

该结果揭示了分数阶相关函数与分数阶互能谱之间的关系。当 $\alpha=\pi/2$ 时，式(3.166) 即为经典相关和能谱之间的关系。特别地，当 $x(t)=y(t)$ 时，可得分数阶自相关函数与分数阶能谱的关系为

$$\mathscr{E}_{x}^{\alpha}(u) = A_{-\alpha}\mathrm{e}^{-\mathrm{j}\frac{u^2}{2}\cot\alpha}\mathscr{F}^{\alpha}[R_{x}^{\alpha}(\tau)](u) \tag{3.167}$$

类似地，可以得到两时域功率信号 $x(t)$ 和 $y(t)$ 的分数阶相关函数，即

$$R_{xy}^{\alpha}(\tau) \stackrel{\Delta}{=} \mathrm{e}^{-\mathrm{j}\frac{\tau^2}{2}\cot\alpha}\lim_{T\to\infty}\left[\frac{1}{T}\int_{-T/2}^{T/2} x(t)\mathrm{e}^{\mathrm{j}\frac{t^2}{2}\cot\alpha}(y(t-\tau)\mathrm{e}^{\mathrm{j}\frac{(t-\tau)^2}{2}\cot\alpha})^{*}\mathrm{d}t\right] \tag{3.168}$$

那么，分数阶互功率谱与分数阶相关函数的关系为

$$\mathscr{P}_{xy}^{\alpha}(u) = A_{-\alpha}\mathrm{e}^{-\mathrm{j}\frac{u^2}{2}\cot\alpha}\mathscr{F}^{\alpha}[R_{xy}^{\alpha}(\tau)](u) \tag{3.169}$$

特别地，当 $x(t)=y(t)$ 时，可得

$$\mathscr{P}_{x}^{\alpha}(u) = A_{-\alpha}\mathrm{e}^{-\mathrm{j}\frac{u^2}{2}\cot\alpha}\mathscr{F}^{\alpha}[R_{x}^{\alpha}(\tau)](u) \tag{3.170}$$

3. 信号通过线性系统的分数阶能谱 / 功率谱分析

在傅里叶分析中，通常使用经典卷积来表征系统特性，也就是说，响应 $y(t)$ 可表征为激励 $x(t)$ 和冲激响应 $h(t)$ 的经典卷积，即

$$y(t) = x(t) * h(t) \tag{3.171}$$

在分数阶傅里叶分析中，往往用分数阶卷积描述系统特性。记 $X_{\alpha}(u)$ 和 $Y_{\alpha}(u)$ 分别为激励 $x(t)$ 和响应 $y(t)$ 的分数阶傅里叶变换。现在来考查它们通过冲激响应 $h(t)$ 作用后的分数阶能谱 / 功率谱。首先考虑能量信号的情况，为了得到一般化结果，根据时域广义分数阶卷积有

$$y(t) = (x\Theta_{\alpha,\alpha,\beta}h)(t) = \mathrm{e}^{-\mathrm{j}\frac{t^2}{2}\cot\alpha}\left[(x(t)\mathrm{e}^{\mathrm{j}\frac{t^2}{2}\cot\alpha}) * (h(t)\mathrm{e}^{\mathrm{j}\frac{t^2}{2}\cot\beta})\right] \tag{3.172}$$

为简化分析，这里考虑了系统输入输出的分数阶傅里叶变换对应于同一 α 角度分数域的情形。特别地，当 $\alpha=\beta=\pi/2$ 时，式(3.172) 便退化为式(3.171)。进一步地，利用时域广义分数阶卷积定理，可得

$$Y_{\alpha}(u) = A_{\beta}^{-1}\mathrm{e}^{-\mathrm{j}\frac{\left(\frac{u\csc\alpha}{\csc\beta}\right)^2}{2}\cot\beta}X_{\alpha}(u)H_{\beta}\left(\frac{u\csc\alpha}{\csc\beta}\right) \tag{3.173}$$

于是，很容易得到

$$|Y_{\alpha}(u)|^2 = 2\pi|\sin\beta||X_{\alpha}(u)|^2\left|H_{\beta}\left(\frac{u\csc\alpha}{\csc\beta}\right)\right|^2 \tag{3.174}$$

$$Y_\alpha(u)X_\alpha^*(u)=A_\beta^{-1}\mathrm{e}^{-\mathrm{j}\frac{\left(\frac{u\csc\alpha}{\csc\beta}\right)^2}{2}\cot\beta}H_\beta\left(\frac{u\csc\alpha}{\csc\beta}\right)\ |X_\alpha(u)|^2 \tag{3.175}$$

$$X_\alpha(u)Y_\alpha^*(u)=A_{-\beta}^{-1}\mathrm{e}^{\mathrm{j}\frac{\left(\frac{u\csc\alpha}{\csc\beta}\right)^2}{2}\cot\beta}H_\beta^*\left(\frac{u\csc\alpha}{\csc\beta}\right)|X_\alpha(u)|^2 \tag{3.176}$$

由分数阶(互) 能谱的定义,则有

$$\mathscr{E}_y^\alpha(u)=2\pi\ |\sin\beta|\ \left|H_\beta\left(\frac{u\csc\alpha}{\csc\beta}\right)\right|^2\mathscr{E}_x^\alpha(u) \tag{3.177}$$

$$\mathscr{E}_{yx}^\alpha(u)=A_\beta^{-1}\mathrm{e}^{-\mathrm{j}\frac{\left(\frac{u\csc\alpha}{\csc\beta}\right)^2}{2}\cot\beta}H_\beta\left(\frac{u\csc\alpha}{\csc\beta}\right)\mathscr{E}_x^\alpha(u) \tag{3.178}$$

$$\mathscr{E}_{xy}^\alpha(u)=A_{-\beta}^{-1}\mathrm{e}^{\mathrm{j}\frac{\left(\frac{u\csc\alpha}{\csc\beta}\right)^2}{2}\cot\beta}H_\beta^*\left(\frac{u\csc\alpha}{\csc\beta}\right)\ \mathscr{E}_x^\alpha(u) \tag{3.179}$$

至此,给出了线性系统中激励和响应的分数阶(互) 能谱与系统函数的关系。同理,对于功率信号,可以得到

$$\mathscr{P}_y^\alpha(u)=2\pi\ |\sin\beta|\ \left|H_\beta\left(\frac{u\csc\alpha}{\csc\beta}\right)\right|^2\mathscr{P}_x^\alpha(u) \tag{3.180}$$

$$\mathscr{P}_{yx}^\alpha(u)=A_\beta^{-1}\mathrm{e}^{-\mathrm{j}\frac{\left(\frac{u\csc\alpha}{\csc\beta}\right)^2}{2}\cot\beta}H_\beta\left(\frac{u\csc\alpha}{\csc\beta}\right)\mathscr{P}_x^\alpha(u) \tag{3.181}$$

$$\mathscr{P}_{xy}^\alpha(u)=A_{-\beta}^{-1}\mathrm{e}^{\mathrm{j}\frac{\left(\frac{u\csc\alpha}{\csc\beta}\right)^2}{2}\cot\beta}H_\beta^*\left(\frac{u\csc\alpha}{\csc\beta}\right)\mathscr{P}_x^\alpha(u) \tag{3.182}$$

特别地,当 $\alpha=\beta=\pi/2$ 时,式(3.177) ～ (3.182) 便退化为傅里叶分析中线性系统中响应和激励的(互) 能谱或(互) 功率谱与冲激响应之间的关系。

3.5 分数阶不确定性原理

3.5.1 信号时宽带宽积的分数阶不确定性原理

经典不确定性原理在信号分析与处理中发挥着重要的作用,它揭示了既有任意小的时宽,又有任意小的频域带宽的信号是不存在的。具体地说,对于单位能量信号 $f(t)$,记 $F(\omega)$ 表示其傅里叶变换,它的时宽 Δ_t 和频域带宽 Δ_ω 可以分别表示为

$$\Delta_t^2=\int_{-\infty}^{+\infty}(t-\langle t\rangle)^2\ |f(t)|^2\mathrm{d}t \tag{3.183}$$

$$\Delta_\omega^2=\int_{-\infty}^{+\infty}(\omega-\langle\omega\rangle)^2\ |F(\omega)|^2\mathrm{d}\omega \tag{3.184}$$

式中,$\langle t\rangle$ 和 $\langle\omega\rangle$ 分别为平均时间和平均频率,即

$$\langle t\rangle\stackrel{\Delta}{=}\int_{-\infty}^{+\infty}t\ |f(t)|^2\mathrm{d}t,\quad \langle\omega\rangle\stackrel{\Delta}{=}\int_{-\infty}^{+\infty}\omega\ |F(\omega)|^2\mathrm{d}\omega \tag{3.185}$$

于是,经典不确定性原理可以表述为[153]

$$\Delta_t^2\Delta_\omega^2\geqslant\frac{1}{4} \tag{3.186}$$

分数域作为一种介于时域和频域之间的变换域,一个自然的问题是:信号的时宽与分数域带宽是否存在相互约束的关系。下面将利用提出的分数阶频率算子给出分数阶傅里叶变换下的不确定性原理的算子表述。

1. 原理的内容及证明

定理 3.6　记 u 和 v 分别表示 α 和 β 角度分数阶频率变量，它们对应的分数阶频率算子分别为 $\mathscr{U}^\alpha$ 和 $\mathscr{U}^\beta$。对任意单位能量信号 $f(t)$，信号时宽带宽积的分数阶不确定性原理可以统一表述为

$$\Delta_{u_\alpha}^2\Delta_{v_\beta}^2 \geqslant \frac{1}{4}\sin^2(\beta-\alpha)+\mathrm{Cov}_{\mathscr{U}^\alpha\mathscr{U}^\beta}^2 \tag{3.187}$$

式中，$\mathrm{Cov}_{\mathscr{U}^\alpha\mathscr{U}^\beta}$ 表示分数阶频率变量 u 和 v 的协方差，见式(3.76)。当且仅当

$$f(t)=\left(\Re\left\{\frac{\mathrm{j}(\lambda\cos\alpha-\cos\beta)}{\pi(\lambda\sin\alpha-\sin\beta)}\right\}\right)^{\frac{1}{4}}\mathrm{e}^{\mathrm{j}\left(\frac{\cos\beta-\lambda\cos\alpha}{\lambda\sin\alpha-\sin\beta}\right)\frac{(t-\langle\tau\rangle)^2}{2}+\mathrm{j}\langle\mathscr{W}\rangle t+\mathrm{j}\theta} \tag{3.188}$$

时，式(3.187)取等号，其中 λ 和 θ 为任意常数。

证明　为了简化分析，记

$$\mathscr{O}_1 \stackrel{\Delta}{=} \mathscr{U}^\alpha-\langle\mathscr{U}^\alpha\rangle,\quad \mathscr{O}_2 \stackrel{\Delta}{=} \mathscr{U}^\beta-\langle\mathscr{U}^\beta\rangle \tag{3.189}$$

并注意到，算子 $\mathscr{O}_1$ 和 $\mathscr{O}_2$ 是 Hermite 的且它们的平均值为零。于是，利用式(3.74)、(3.189)和 Cauchy－Schwarz 不等式，则有

$$\begin{aligned}\Delta_{u_\alpha}^2\Delta_{v_\beta}^2 &= \int_{-\infty}^{+\infty}|\mathscr{O}_1 f(t)|^2\mathrm{d}t\times\int_{-\infty}^{+\infty}|\mathscr{O}_2 f(t)|^2\mathrm{d}t\\ &\geqslant\left|\int_{-\infty}^{+\infty}(\mathscr{O}_1 f(t))^*(\mathscr{O}_2 f(t))\mathrm{d}t\right|^2\\ &=\left|\int_{-\infty}^{+\infty}f^*(t)\mathscr{O}_1\mathscr{O}_2 f(t)\mathrm{d}t\right|^2\\ &=|\langle\mathscr{O}_1\mathscr{O}_2\rangle|^2\end{aligned} \tag{3.190}$$

利用式(3.12)所示 Hermite 算子的乘积，可得

$$\langle\mathscr{O}_1\mathscr{O}_2\rangle=\frac{1}{2}\langle[\mathscr{O}_1,\mathscr{O}_2]_+\rangle+\frac{\mathrm{j}}{2}\langle[\mathscr{O}_1,\mathscr{O}_2]/\mathrm{j}\rangle \tag{3.191}$$

此外，利用式(3.189)、(3.7)和(3.8)，则有

$$[\mathscr{O}_1,\mathscr{O}_2]=[\mathscr{U}^\alpha,\mathscr{U}^\beta] \tag{3.192}$$

$$[\mathscr{O}_1,\mathscr{O}_2]_+=[\mathscr{U}^\alpha,\mathscr{U}^\beta]_+-2\mathscr{U}^\alpha\langle\mathscr{U}^\beta\rangle-2\mathscr{U}^\beta\langle\mathscr{U}^\alpha\rangle+2\langle\mathscr{U}^\alpha\rangle\langle\mathscr{U}^\beta\rangle \tag{3.193}$$

进一步地，由式(3.59)和(3.73)，得到

$$[\mathscr{O}_1,\mathscr{O}_2]=[\mathscr{U}^\alpha,\mathscr{U}^\beta]=\mathrm{j}\sin(\beta-\alpha) \tag{3.194}$$

$$\frac{1}{2}\langle[\mathscr{O}_1,\mathscr{O}_2]_+\rangle=\mathrm{Cov}_{\mathscr{U}^\alpha\mathscr{U}^\beta} \tag{3.195}$$

式中，$\mathrm{Cov}_{\mathscr{U}^\alpha\mathscr{U}^\beta}$ 满足

$$\begin{aligned}\mathrm{Cov}_{\mathscr{U}^\alpha\mathscr{U}^\beta}&=\frac{1}{2}\langle[\mathscr{U}^\alpha,\mathscr{U}^\beta]_+\rangle-\langle\mathscr{U}^\alpha\rangle\langle\mathscr{U}^\beta\rangle\\&=\Delta_t^2\cos\alpha\cos\beta+\Delta_\omega^2\sin\alpha\sin\beta+\mathrm{Cov}_{\mathscr{T}\mathscr{W}}\sin(\alpha+\beta)\end{aligned} \tag{3.196}$$

这里，$\mathrm{Cov}_{\mathscr{T}\mathscr{W}}=\frac{1}{2}\langle[\mathscr{T},\mathscr{W}]_+\rangle-\langle\mathscr{T}\rangle\langle\mathscr{W}\rangle$ 表示时间和频率的协方差[139]，Δ_t^2 和 Δ_ω^2 分别为信号的时宽和频域带宽，如式(3.30)和(3.32)所示。于是，将式(3.192)和(3.195)代入式(3.191)，则有

$$\langle \mathscr{O}_1\mathscr{O}_2\rangle = \mathrm{Cov}_{\mathscr{U}^\alpha\mathscr{U}^\beta} + \frac{\mathrm{j}}{2}\langle[\mathscr{U}^\alpha,\mathscr{U}^\beta]/\mathrm{j}\rangle \tag{3.197}$$

根据式(3.195)可知,$\mathrm{Cov}_{\mathscr{U}^\alpha\mathscr{U}^\beta}$ 可看成是 Hermite 算子 $\frac{1}{2}[\mathscr{O}_1,\mathscr{O}_2]_+$ 的平均值,因此它是实数。同时,由于$[\mathscr{U}^\alpha,\mathscr{U}^\beta]/\mathrm{j}$ 是 Hermite 算子,因此$\langle[\mathscr{U}^\alpha,\mathscr{U}^\beta]/\mathrm{j}\rangle$ 也是实数。于是,式(3.190)可以写为

$$\Delta_{u_\alpha}^2\Delta_{v_\beta}^2 \geqslant \left|\mathrm{Cov}_{\mathscr{U}^\alpha\mathscr{U}^\beta} + \frac{\mathrm{j}}{2}\langle[\mathscr{U}^\alpha,\mathscr{U}^\beta]/\mathrm{j}\rangle\right|^2 = \mathrm{Cov}^2_{\mathscr{U}^\alpha\mathscr{U}^\beta} + \frac{1}{4}\left|\langle[\mathscr{U}^\alpha,\mathscr{U}^\beta]\rangle\right|^2 \tag{3.198}$$

然后,利用式(3.194)和(3.198)即可得式(3.187)。

此外,当且仅当 $\mathscr{O}_1 f(t)$ 和 $\mathscr{O}_2 f(t)$ 满足

$$\lambda(\mathscr{U}^\alpha - \langle\mathscr{U}^\alpha\rangle)f(t) = (\mathscr{U}^\beta - \langle\mathscr{U}^\beta\rangle)f(t) \tag{3.199}$$

时,式(3.187)取等号,其中 λ 是任意常数。于是,利用式(3.59),可得

$$\mathscr{W}f(t) = \left(\frac{\cos\beta - \lambda\cos\alpha}{\lambda\sin\alpha - \sin\beta}(\mathscr{T} - \langle\mathscr{T}\rangle) + \langle\mathscr{W}\rangle\right)f(t) \tag{3.200}$$

再根据式(3.33)和(3.43),得到

$$f'(t) = \mathrm{j}\left(\frac{\cos\beta - \lambda\cos\alpha}{\lambda\sin\alpha - \sin\beta}(t - \langle\mathscr{T}\rangle) + \langle\mathscr{W}\rangle\right)f(t) \tag{3.201}$$

求解式(3.201)中微分方程即可得到式(3.188)。至此,定理 3.6 证毕。根据定理 3.6 可以得到下述推论。

推论 3.1 对于单位能量复信号 $f(t)$,有

$$\Delta_{u_\alpha}^2\Delta_{v_\beta}^2 \geqslant \frac{1}{4}\sin^2(\beta - \alpha) \tag{3.202}$$

当且仅当 $f(t)$ 满足

$$f(t) = \left(\frac{\xi}{\pi}\right)^{\frac{1}{4}} \mathrm{e}^{-\xi\frac{(t-\langle\mathscr{T}\rangle)^2}{2} + \mathrm{j}\kappa\frac{(t-\langle\mathscr{T}\rangle)^2}{2} + \mathrm{j}\langle\mathscr{W}\rangle t + \mathrm{j}\theta} \tag{3.203}$$

时,式(3.202)取等号,其中 θ 是任意常数,而 ξ 和 κ 则满足

$$\xi = \frac{\mathrm{j}\lambda\sin(\beta - \alpha)}{\sin^2\beta - \lambda^2\sin^2\alpha},\quad \kappa = \frac{\lambda^2\cos\alpha\sin\alpha - \cos\beta\sin\beta}{\sin^2\beta - \lambda^2\sin^2\alpha} \tag{3.204}$$

此外,若 $f(t)$ 为单位能量实信号,则有

$$\Delta_{u_\alpha}^2\Delta_{v_\beta}^2 \geqslant \frac{1}{4}\sin^2(\beta - \alpha) + \left(\Delta_t^2\cos\alpha\cos\beta + \frac{\sin\alpha\sin\beta}{4\Delta_t^2}\right)^2 \tag{3.205}$$

当且仅当 $f(t)$ 满足

$$f(t) = \left(\frac{\rho}{\pi}\right)^{\frac{1}{4}} \mathrm{e}^{-\rho\frac{(t-\langle\mathscr{T}\rangle)^2}{2}} \tag{3.206}$$

时,式(3.205)取等号,其中 ρ 为任意常数。

证明 在式(3.187)中,$\mathrm{Cov}^2_{\mathscr{U}^\alpha\mathscr{U}^\beta}$ 总是非负的,若选择适当的参数令其为零,可以使不确定性乘积 $\Delta_{u_\alpha}^2\Delta_{v_\beta}^2$ 达到最小,同时可以导出相应的信号形式。由式(3.190)可知,当且仅当 $\mathscr{O}_1 f(t)$ 与 $\mathscr{O}_2 f(t)$ 成比例时,式(3.187)等号成立。这是得到最小不确定性乘积的必要条件而非充分条件。为了使不确定性乘积达到最小,还需要使 α 角度分数阶频率变量 u 与 β 角度分数阶频率变量 v 之间的协方差 $\mathrm{Cov}_{\mathscr{U}^\alpha\mathscr{U}^\beta}$ 为零,即

$$\mathrm{Cov}_{\mathscr{U}^\alpha\mathscr{U}^\beta} = 0 \tag{3.207}$$

利用式(3.195)、(3.189) 和(3.199)，则有

$$\langle [\mathcal{O}_1,\mathcal{O}_2]_+ \rangle = \langle \mathcal{O}_1\mathcal{O}_2 \rangle + \langle \mathcal{O}_2\mathcal{O}_1 \rangle = 0 \tag{3.208}$$

$$\lambda \mathcal{O}_1 f(t) = \mathcal{O}_2 f(t) \tag{3.209}$$

将算子 $\mathcal{O}_1$ 作用于式(3.209) 两边并取平均值，然后再将 $\mathcal{O}_2$ 作用于式(3.209) 两边并取平均值，得到

$$\lambda \langle \mathcal{O}_1^2 \rangle = \langle \mathcal{O}_1\mathcal{O}_2 \rangle,\quad \lambda \langle \mathcal{O}_2\mathcal{O}_1 \rangle = \langle \mathcal{O}_2^2 \rangle \tag{3.210}$$

进一步地，根据式(3.189) 和(3.74)，得到

$$\langle \mathcal{O}_1^2 \rangle = \Delta_{u_\alpha}^2,\quad \langle \mathcal{O}_2^2 \rangle = \Delta_{v_\beta}^2 \tag{3.211}$$

结合式(3.210)，则有

$$\lambda \Delta_{u_\alpha}^2 = \langle \mathcal{O}_1\mathcal{O}_2 \rangle,\quad \frac{\Delta_{v_\beta}^2}{\lambda} = \langle \mathcal{O}_1\mathcal{O}_2 \rangle \tag{3.212}$$

加、减式(3.212) 中两个方程，得到

$$\lambda \Delta_{u_\alpha}^2 + \frac{\Delta_{v_\beta}^2}{\lambda} = \langle \mathcal{O}_1\mathcal{O}_2 \rangle + \langle \mathcal{O}_2\mathcal{O}_1 \rangle = 0 \tag{3.213}$$

$$\lambda \Delta_{u_\alpha}^2 - \frac{\Delta_{v_\beta}^2}{\lambda} = \langle [\mathcal{O}_1,\mathcal{O}_2] \rangle = \mathrm{j}\sin(\beta-\alpha) \tag{3.214}$$

求解 λ，则有

$$\lambda = \frac{\mathrm{j}\sin(\beta-\alpha)}{2\Delta_{u_\alpha}^2},\quad \lambda^2 = -\frac{\Delta_{v_\beta}^2}{\Delta_{u_\alpha}^2} \tag{3.215}$$

可以看出，λ 是一个纯虚数。于是，利用式(3.215) 和(3.188) 即可导出式(3.203)。因为 λ 是纯虚数，那么 ξ 和 κ 都是实数。也就是说，式(3.203) 中信号 $f(t)$ 是一个复信号。因此，式(3.203) 定义的复信号具有最小的不确定性乘积 $\frac{1}{4}\sin^2(\beta-\alpha)$。此外，对于任意角度 α 和 β，由式(3.203)、(3.204) 和(3.215) 可知，$\mathrm{Cov}_{\mathscr{U}^\alpha\mathscr{U}^\beta}=0$ 仅对复信号成立。若 $f(t)$ 是一个实信号，则有 $\mathrm{Cov}_{\mathscr{F}\mathscr{W}}=0$。根据式(3.196) 和(3.186)，可得

$$\begin{aligned}\mathrm{Cov}_{\mathscr{U}^\alpha\mathscr{U}^\beta}^2 &= (\Delta_t^2\cos\alpha\cos\beta + \Delta_\omega^2\sin\alpha\sin\beta)^2 \\ &\geqslant \left(\Delta_t^2\cos\alpha\cos\beta + \frac{\sin\alpha\sin\beta}{4\Delta_t^2}\right)^2\end{aligned} \tag{3.216}$$

于是，由式(3.187) 和(3.188) 即可得式(3.205) 和(3.206)。推论 3.1 证毕。

可以发现，文献[63-67]中得到的分数阶不确定性原理都可以看成定理 3.6 的特例。此外，定理 3.6 表明，复信号和实信号之所以具有不同的最小不确定乘积，是因为复信号的协方差 $\mathrm{Cov}_{\mathscr{U}^\alpha\mathscr{U}^\beta}$ 可以取零，而实信号则不具备这一特性，这里$(\alpha,\beta)\neq(0,\pi/2)$ 和$(\pi/2,0)$。

特别地，当 $\beta=0$ 时，根据推论 3.1 可知，单位能量复信号 $f(t)$ 的时宽和分数域带宽的不确定性乘积满足

$$\Delta_t^2\Delta_{u_\alpha}^2 \geqslant \frac{1}{4}\sin^2\alpha \tag{3.217}$$

图 3.5 给出了单位能量复信号的时宽和分数域带宽不确定性乘积的关系。其中阴影部分表示式(3.217) 中大于号成立时 Δ_t^2 和 $\Delta_{u_\alpha}^2$ 的取值范围。

可以看出，复信号的时宽和分数域带宽不可能同时达到任意小，也就是说，既有任意窄的时宽、又有任意小的分数域带宽的复信号不存在。

相应地，当 $\beta=0$ 时，单位能量实信号 $f(t)$ 的时宽和分数域带宽的不确定性乘积关系可以表述为

$$\Delta_t^2\Delta_{u_\alpha}^2 \geqslant \frac{1}{4}\sin^2\alpha+\Delta_t^4\cos^2\alpha \tag{3.218}$$

可以看出，式(3.218) 无法直观地给出实信号时宽和分数域带宽的最小不确定性乘积。为此，令 $x=\Delta_t^2$，并根据式(3.218) 构造函数

$$g(x)=\frac{\sin^2\alpha}{4x}+x\cos^2\alpha,\quad x>0 \tag{3.219}$$

则 $\Delta_{u_\alpha}^2 \geqslant g(x)$。进一步地，可得函数 $g(x)$ 的一阶导数，即

$$g'(x)=-\frac{\sin^2\alpha}{4x^2}+\cos^2\alpha,\quad x>0 \tag{3.220}$$

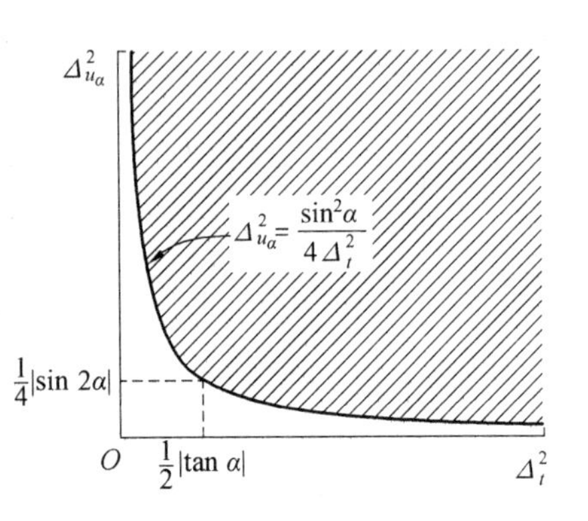

图 3.5　复信号的时宽和分数域带宽的不确定性乘积示意图

容易验证，当 $x\in(0,\frac{1}{2}|\tan\alpha|]$ 时，$g'(x)\leqslant 0$；而当 $x\in[\frac{1}{2}|\tan\alpha|,+\infty)$ 时，$g'(x)\geqslant 0$。也就是说，$g(x)$ 在区间$(0,\frac{1}{2}|\tan\alpha|]$上是 x 的减函数，在$[\frac{1}{2}|\tan\alpha|,+\infty)$上是 x 的增函数，且在 $x=\frac{1}{2}|\tan\alpha|$ 处，取得最小值$\frac{1}{4}(1+3\cos^2\alpha)$。基于此，图 3.6 给出了单位能量实信号的时宽和分数域带宽不确定性乘积的关系。其中阴影部分表示式(3.218) 中大于号成立时 Δ_t^2 和 $\Delta_{u_\alpha}^2$ 的取值范围。

可以看出，对于实信号而言，时宽和分数域带宽不可能同时达到任意小，即既有任意窄的时宽、又有任意小的分数域带宽的实信号是不存在的。然而，与复信号不同的是，实信号的分数域带宽不可能任意小，其最小的值为$\frac{1}{4}(1+3\cos^2\alpha)$。

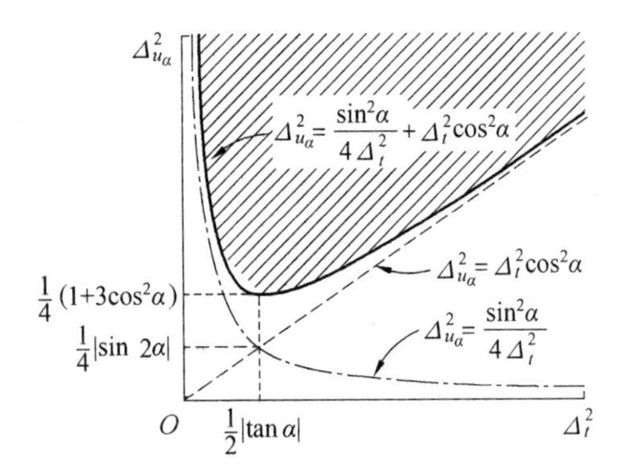

图 3.6　实信号的时宽和分数域带宽的不确定性乘积示意图

此外，在式(3.183) 和(3.184) 中，由于平均时间$\langle t\rangle$ 和平均频率$\langle\omega\rangle$ 的取值并不影响时宽一带宽积的不确定关系，通常取$\langle t\rangle=\langle\omega\rangle=0$，那么式(3.186) 所示的经典不确定性原理可以表述为

$$\int_{-\infty}^{+\infty}t^2|f(t)|^2\mathrm{d}t\int_{-\infty}^{+\infty}\omega^2|F(\omega)|^2\mathrm{d}\omega \geqslant \frac{1}{4} \tag{3.221}$$

考虑到$\int_{-\infty}^{+\infty}|tf(t)|^2\mathrm{d}t=\int_{-\infty}^{+\infty}|F'(\omega)|^2\mathrm{d}\omega$ 和$\int_{-\infty}^{+\infty}|f'(t)|^2\mathrm{d}t=\int_{-\infty}^{+\infty}|\omega F(\omega)|^2\mathrm{d}\omega$，于是，式(3.221) 具有下述两种等价形式

$$\int_{-\infty}^{+\infty}|F'(\omega)|^2\mathrm{d}\omega\int_{-\infty}^{+\infty}|f'(t)|^2\mathrm{d}t \geqslant \frac{1}{4} \tag{3.222}$$

$$\int_{-\infty}^{+\infty}|F'(\omega)|^2\mathrm{d}\omega\int_{-\infty}^{+\infty}\omega^2|F(\omega)|^2\mathrm{d}\omega \geqslant \frac{1}{4} \tag{3.223}$$

对应于经典不确定性原理这两种等价形式，分数阶不确定性原理也有类似的变形公式，即

$$\int_{-\infty}^{+\infty} |F'_{\alpha}(u)|^2 \mathrm{d}u \int_{-\infty}^{+\infty} |F'_{\beta}(v)|^2 \mathrm{d}v \tag{3.224}$$

$$\int_{-\infty}^{+\infty} |uF_{\alpha}(u)|^2 \mathrm{d}u \int_{-\infty}^{+\infty} |F'_{\beta}(v)|^2 \mathrm{d}v \tag{3.225}$$

现在，给出这两种变形公式对应的不确定关系。

首先，根据分数阶傅里叶变换的性质，引入一个线性算子

$$\mathscr{D}^{\alpha} = -\sin\alpha \cdot \mathscr{T} + \cos\alpha \cdot \mathscr{W} \tag{3.226}$$

式中，$\mathscr{T}$ 和 $\mathscr{W}$ 分别如式(3.43) 和(3.33) 所示。容易验证，算子 $\mathscr{D}^{\alpha}$ 满足

$$\mathscr{D}^{\alpha} f(t) \overset{\mathscr{F}^{\alpha}}{\longleftrightarrow} -\mathrm{j}F'_{\alpha}(u) \tag{3.227}$$

因为 $\mathscr{T}$ 和 $\mathscr{W}$ 都是 Hermite 算子[139]，所以 $\mathscr{D}^{\alpha}$ 是一个 Hermite 算子。于是，根据式(3.7)、(3.8) 和(3.226)，则有

$$[\mathscr{D}^{\alpha}, \mathscr{D}^{\beta}] = \mathrm{j}\sin(\beta - \alpha) \tag{3.228}$$

$$\begin{aligned}\frac{1}{2}\langle[\mathscr{D}^{\alpha}, \mathscr{D}^{\beta}]_{+}\rangle &= (\Delta_t^2 + \langle\mathscr{T}\rangle^2)\sin\alpha\sin\beta + (\Delta_{\omega}^2 + \langle\mathscr{W}\rangle^2)\cos\alpha\cos\beta \\ &= -(\mathrm{Cov}_{\mathscr{T}\mathscr{W}} + \langle\mathscr{T}\rangle\langle\mathscr{W}\rangle)\sin(\alpha+\beta)\end{aligned} \tag{3.229}$$

然后，利用分数阶傅里叶变换内积定理和式(3.227)，可得

$$\langle F'_{\alpha}(u), F'_{\alpha}(u)\rangle = \langle\mathscr{D}^{\alpha} f, \mathscr{D}^{\alpha} f\rangle = \langle(\mathscr{D}^{\alpha})^2 f, f\rangle = \langle(\mathscr{D}^{\alpha})^2\rangle \tag{3.230}$$

所以，有

$$\int_{-\infty}^{+\infty} |F'_{\alpha}(u)|^2 \mathrm{d}u \int_{-\infty}^{+\infty} |F'_{\beta}(v)|^2 \mathrm{d}v = \langle(\mathscr{D}^{\alpha})^2 f, f\rangle \times \langle(\mathscr{D}^{\beta})^2 f, f\rangle \geqslant |\langle\mathscr{D}^{\alpha}\mathscr{D}^{\beta}\rangle|^2 \tag{3.231}$$

可以看出，算子 $\mathscr{D}^{\alpha}$ 与分数阶频率算子 $\mathscr{U}^{\alpha}$ 具有相似的结构。于是，根据式(3.231)、(3.228) 和(3.229)，并结合定理 3.6 的证明，可以得到下述定理。

定理 3.7　对于单位能量复信号 $f(t)$，有

$$\int_{-\infty}^{+\infty} |F'_{\alpha}(u)|^2 \mathrm{d}u \int_{-\infty}^{+\infty} |F'_{\beta}(v)|^2 \mathrm{d}v \geqslant \frac{1}{4}\sin^2(\beta - \alpha) \tag{3.232}$$

当且仅当 $f(t)$ 满足

$$f(t) = \left(\frac{\xi}{\pi}\right)^{\frac{1}{4}} \mathrm{e}^{-\xi\frac{t^2}{2} + \mathrm{j}\kappa\frac{t^2}{2} + \mathrm{j}\theta} \tag{3.233}$$

时，式(3.232) 取等号，其中 θ 是任意常数，ξ 和 κ 是任意实常数。此外，若 $f(t)$ 为单位能量实信号，则有

$$\begin{aligned}&\int_{-\infty}^{+\infty} |F'_{\alpha}(u)|^2 \mathrm{d}u \int_{-\infty}^{+\infty} |F'_{\beta}(v)|^2 \mathrm{d}v \geqslant \\ &\frac{1}{4}\sin^2(\beta - \alpha) + \left(\frac{\cos\alpha\cos\beta}{4\Delta_t^2} - (\Delta_t^2 + \langle\mathscr{T}\rangle^2)\sin\alpha\sin\beta\right)^2\end{aligned} \tag{3.234}$$

当且仅当 $f(t)$ 满足

$$f(t) = \left(\frac{\rho}{\pi}\right)^{\frac{1}{4}} \mathrm{e}^{-\rho\frac{(t - \langle\mathscr{T}\rangle)^2}{2}} \tag{3.235}$$

时，式(3.234) 等号成立，其中 ρ 是任意实常数。

同理，根据式(3.226) 和(3.59)，并利用算子运算，可得

$$\int_{-\infty}^{+\infty} |uF_\alpha(u)|^2 \mathrm{d}u \int_{-\infty}^{+\infty} |F'_\beta(v)|^2 \mathrm{d}v = \langle (\mathcal{U}^\alpha)^2 f, f\rangle \times \langle (\mathcal{D}^\beta)^2 f, f\rangle \geqslant |\langle \mathcal{U}^\alpha \mathcal{D}^\beta\rangle|^2 \tag{3.236}$$

以及

$$[\mathcal{U}^\alpha, \mathcal{D}^\beta] = \mathrm{j}\cos(\alpha-\beta) \tag{3.237}$$

$$\frac{1}{2}\langle [\mathcal{U}^\alpha, \mathcal{D}^\beta]_+\rangle = -(\Delta_t^2 + \langle \mathcal{T}\rangle^2)\cos\alpha\sin\beta + (\Delta_\omega^2 + \langle \mathcal{W}\rangle^2)\sin\alpha\cos\beta + (\mathrm{Cov}_{\mathcal{T}\mathcal{W}} + \langle \mathcal{T}\rangle\langle \mathcal{W}\rangle)\cos(\alpha+\beta) \tag{3.238}$$

于是,类似定理 3.6 的证明,可以得到下述结果。

定理 3.8 对于单位能量复信号 $f(t)$,有

$$\int_{-\infty}^{+\infty} |uF_\alpha(u)|^2 \mathrm{d}u \int_{-\infty}^{+\infty} |F'_\beta(v)|^2 \mathrm{d}v \geqslant \frac{1}{4}\cos^2(\alpha-\beta) \tag{3.239}$$

当且仅当 $f(t)$ 满足

$$f(t) = \left(\frac{\xi}{\pi}\right)^{\frac{1}{4}} \mathrm{e}^{-\xi\frac{t^2}{2}+\mathrm{j}\kappa\frac{t^2}{2}+\mathrm{j}\theta} \tag{3.240}$$

时,式(3.239)取等号,其中 θ 是任意常数,ξ 和 κ 为任意实常数。此外,如果 $f(t)$ 是单位能量实信号,则有

$$\int_{-\infty}^{+\infty} |uF_\alpha(u)|^2 \mathrm{d}u \int_{-\infty}^{+\infty} |F'_\beta(v)|^2 \mathrm{d}v \geqslant \frac{1}{4}\cos^2(\alpha-\beta) + \left(\frac{\sin\alpha\cos\beta}{4\Delta_t^2} - (\Delta_t^2 + \langle \mathcal{T}\rangle^2)\cos\alpha\sin\beta\right) \tag{3.241}$$

当且仅当 $f(t)$ 满足

$$f(t) = \left(\frac{\rho}{\pi}\right)^{\frac{1}{4}} \mathrm{e}^{-\rho\frac{(t-\langle \mathcal{T}\rangle)^2}{2}} \tag{3.242}$$

时,式(3.241)取等号,其中 ρ 是任意实常数。

特别地,当 $\langle \mathcal{T}\rangle = 0$ 时,式(3.234)和(3.241)所示的实信号的不确定性原理便分别退化为文献[72]中 3.4 节的结果。

2. 现有各种分数阶不确定性原理的比较

文献[63]在研究分数域特性时提出了分数阶不确定性原理,并得到

$$\Delta_{u_\alpha}^2 \Delta_{v_\beta}^2 \geqslant \frac{1}{4}\sin^2(\beta-\alpha) \tag{3.243}$$

然而,文献[63]没有讨论最小不确定乘积对应的信号形式。之后,文献[64]和[67]也得到了与之相同的结果。此外,文献[65]针对实信号讨论了分数阶不确定性原理,其研究结果表明

$$\Delta_{u_\alpha}^2 \Delta_{v_\beta}^2 \geqslant \frac{1}{4}\sin^2(\beta-\alpha) + \left(\Delta_t^2\cos\alpha\cos\beta + \frac{\sin\alpha\sin\beta}{4\Delta_t^2}\right)^2 \tag{3.244}$$

其后,文献[66,72]也得到了与式(3.244)一致的结果。基于此,表 3.3 给出了本书提出的分数阶不确定性原理与现有分数阶不确定性原理的比较。

表3.3　本书提出的分数阶不确定性原理与现有分数阶不确定性原理的比较

比较对象	适用信号	原理之间的包含关系
文献[63,64,67]	复信号	无
文献[65,66,72]	实信号	无
本书	任意信号	包含文献[63-66,72]

3.5.2　信号能量聚集性的分数阶不确定性原理

在前一节得到的分数阶不确定性原理中，信号的时宽和带宽是借助二阶矩的概念定义在无穷的区间上的。但在实际应用中，人们往往对有限时间间隔和有限带宽感兴趣。特别是在通信系统中，信号往往是带宽受限的。我们知道，带限信号在时域是无限长的，实际观测时需要对其进行截断，只能取有限的一段信号值来分析。对于任意两个角度 α 和 β，为了考察截断操作对信号 $x(t)\in L^2(\mathbf{R})$ 在分数域上能量分布的影响，记 $X_\alpha(u)$ 和 $X_\beta(v)$ 分别表示信号 $x(t)$ 的角度 α 和 β 分数阶傅里叶变换。不失一般性，对 $x(t)$ 做能量归一化处理，即令 $\langle x,x\rangle\equiv 1$。那么截断信号在 α 角度分数域区间 $[-U,U](U>0)$ 和 β 角度分数域区间 $[-\Omega,\Omega](\Omega>0)$ 上的能量占原信号总能量的比例可以分别表示为

$$a_{u_\alpha}^2=\int_{-U}^{+U}|X_\alpha(u)|^2\mathrm{d}u \tag{3.245}$$

$$b_{v_\beta}^2=\int_{-\Omega}^{+\Omega}|X_\beta(v)|^2\mathrm{d}v \tag{3.246}$$

此外，根据分数阶傅里叶变换内积定理，可得 $X_\alpha(u)$ 和 $X_\beta(v)$ 满足

$$\langle X_\alpha,X_\alpha\rangle=\langle X_\beta,X_\beta\rangle=\langle f,f\rangle\equiv 1 \tag{3.247}$$

同时，利用分数阶傅里叶变换的旋转可加性，$X_\alpha(u)$ 和 $X_\beta(v)$ 还满足

$$X_\beta(v)=\mathscr{F}^{\beta-\alpha}[X_\alpha(u)](v)=\sqrt{2\pi}A_{(\beta-\alpha)}\mathrm{e}^{\mathrm{j}\frac{v^2}{2}\cot(\beta-\alpha)}\mathfrak{F}[X_\alpha(u)\mathrm{e}^{\mathrm{j}\frac{u^2}{2}\cot(\beta-\alpha)}](v\csc(\beta-\alpha)) \tag{3.248}$$

为简化分析，记

$$(X_\alpha \circledast h)(u)\stackrel{\Delta}{=}\mathrm{e}^{-\mathrm{j}\frac{u^2}{2}\cot(\beta-\alpha)}\int_{-\infty}^{+\infty}X_\alpha(u')\mathrm{e}^{\mathrm{j}\frac{u'^2}{2}\cot(\beta-\alpha)}h(u-u')\mathrm{d}u' \tag{3.249}$$

式中，$h(u)$ 为 α 角度分数域任意一函数。对式(3.249)两边做角度 $(\beta-\alpha)$ 的分数阶傅里叶变换，则有

$$\mathscr{F}^{\beta-\alpha}[(X_\alpha\Theta h)(u)](v)=\sqrt{2\pi}X_\beta(v)H(v\csc(\beta-\alpha)) \tag{3.250}$$

式中，$H(v\csc(\beta-\alpha))$ 为 $h(u)$ 的傅里叶变换（变换元做了尺度 $\csc(\beta-\alpha)$ 伸缩）。同时，对于常数 $U,\Omega>0$，引入函数集

$$\mathscr{D}=\{X_\alpha(u)\mid X_\alpha(u)=0,\forall\ |u|>U\} \tag{3.251}$$

$$\mathscr{B}=\{X_\beta(v)\mid X_\beta(v)=0,\forall\ |v|>\Omega\} \tag{3.252}$$

于是，可以定义截断算子 $\mathfrak{D}_U:L^2(\mathbf{R})\rightarrow\mathscr{D}$ 和 $\mathfrak{B}_\Omega:L^2(\mathbf{R})\rightarrow\mathscr{B}$，即

$$(\mathfrak{D}_U X_\alpha)(u)=\begin{cases}X_\alpha(u), & |u|\leqslant U\\ 0, & \text{其他}\end{cases} \tag{3.253}$$

$$\begin{aligned}(\mathfrak{B}_\Omega X_\alpha)(u)&=\mathscr{F}^{\alpha-\beta}[(\mathfrak{D}_\Omega X_\beta)(v)](u)=\int_{-\Omega}^{+\Omega}X_\beta(v)K_{\alpha-\beta}(v,u)\mathrm{d}v\\&=X_\alpha(u)\circledast\frac{\sin(\Omega u\csc(\beta-\alpha))}{\pi u}\end{aligned} \tag{3.254}$$

容易验证，$\mathfrak{D}_U$ 和 $\mathfrak{B}_\Omega$ 都是 Hermite 算子且满足

$$\mathfrak{D}_U \mathfrak{D}_U = \mathfrak{D}_U, \quad \mathfrak{B}_\Omega \mathfrak{B}_\Omega = \mathfrak{B}_\Omega \tag{3.255}$$

于是，式(3.245) 和(3.246) 可以分别改写为

$$a_{u_\alpha}^2 = \langle \mathfrak{D}_U X_\alpha, \mathfrak{D}_U X_\alpha \rangle = \| (\mathfrak{D}_U X_\alpha)(u) \|^2 \tag{3.256}$$

$$b_{v_\beta}^2 = \langle \mathfrak{D}_\Omega X_\beta, \mathfrak{D}_\Omega X_\beta \rangle = \| (\mathfrak{D}_U X_\beta)(v) \|^2 \tag{3.257}$$

根据式(3.247) 和(3.254)，式(3.257) 可以进一步改写为

$$b_{v_\beta}^2 = \langle \mathfrak{B}_\Omega X_\alpha, \mathfrak{B}_\Omega X_\alpha \rangle = \| (\mathfrak{B}_\Omega X_\alpha)(u) \|^2 \tag{3.258}$$

若将截断算子 $\mathfrak{D}_U$ 和 $\mathfrak{B}_\Omega$ 先后作用于信号 $x(t)$，可以肯定的是，两次截断处理后得到的信号与原始信号 $x(t)$ 是不同的，因为至少有一次截断处理损失了原信号的能量。两次截断处理对应变换过程

$$X_\alpha(u) \rightarrow (\mathfrak{B}_\Omega \mathfrak{D}_U X_\alpha)(u) = \int_{-\Omega}^{+\Omega} \int_{-U}^{+U} X_\alpha(u') K_{\beta-\alpha}(v,u') \mathrm{d}u' K_{\alpha-\beta}(v,u) \mathrm{d}v \tag{3.259}$$

结合式(3.249)，则有

$$\begin{aligned}(\mathfrak{B}_\Omega \mathfrak{D}_U X_\alpha)(u) &= \mathrm{e}^{-\mathrm{j}\frac{u^2}{2}\cot(\beta-\alpha)} \int_{-U}^{+U} X_\alpha(u') \mathrm{e}^{\mathrm{j}\frac{u'^2}{2}\cot(\beta-\alpha)} \times \frac{\sin(\Omega(u-u')\csc(\beta-\alpha))}{\pi(u-u')} \mathrm{d}u' \\ &= (\mathfrak{D}_U X_\alpha)(u) \circledast \frac{\sin(\Omega u \csc(\beta-\alpha))}{\pi u}\end{aligned} \tag{3.260}$$

记两次截断后得到信号的能量占原信号总能量的比率为 $\mu(\Omega,U)$，即

$$\begin{aligned}\mu(\Omega,U) &\stackrel{\Delta}{=} \frac{1}{\langle X_\alpha, X_\alpha \rangle} \langle \mathfrak{B}_\Omega \mathfrak{D}_U X_\alpha, \mathfrak{B}_\Omega \mathfrak{D}_U X_\alpha \rangle \\ &= \langle \mathfrak{D}_U \mathfrak{B}_\Omega \mathfrak{B}_\Omega \mathfrak{D}_U X_\alpha, X_\alpha \rangle\end{aligned} \tag{3.261}$$

将式(3.260) 代入式(3.261)，可得

$$\mu(\Omega,U) = \int_{-U}^{+U} \left[(\mathfrak{D}_U X_\alpha)(u) \circledast \frac{\sin(\Omega u \csc(\beta-\alpha))}{\pi u} \right] X_\alpha^*(u) \mathrm{d}u \tag{3.262}$$

可以看出，为了使截断处理对信号分析的影响达到最小，就要求截断过程中最大限度地保留原信号能量，等价于最大化比率 $\mu(\Omega,U)$。根据积分方程理论[148] 可知，当函数 $X_\alpha(u)$ 满足

$$(\mathfrak{D}_U X_\alpha)(u) \circledast \frac{\sin(\Omega u \csc(\beta-\alpha))}{\pi u} = \lambda_{\alpha,\beta,U,\Omega} X_\alpha(u) \tag{3.263}$$

时，$\mu(\Omega,U)$ 取到最大值。此时，$X_\alpha(u)$ 称为式(3.263) 中方程的特征函数，$\lambda_{\alpha,\beta,U,\Omega}$ 为对应的特征值。积分方程理论表明，式(3.263) 中方程具有非零特征函数，且特征值 $\lambda_{\alpha,\beta,U,\Omega} \in (0,1)$。为便于分析，记式(3.263) 方程最大的特征值为 $\lambda_{0\alpha,\beta,U,\Omega}$，相应的能量归一化特征函数记为 $\Phi_{\alpha,\beta,U,\Omega}(u)$，则有

$$(\mathfrak{D}_U \Phi_{\alpha,\beta,U,\Omega})(u) \circledast \frac{\sin(\Omega u \csc(\beta-\alpha))}{\pi u} = \lambda_{0\alpha,\beta,U,\Omega} \Phi_{\alpha,\beta,U,\Omega}(u) \tag{3.264}$$

令 $\Upsilon_\beta(v)$ 和 $\hat{\Upsilon}_\beta(v)$ 分别表示 $\Phi_{\alpha,\beta,U,\Omega}(u)$ 和 $(\mathfrak{D}_U \Phi_{\alpha,\beta,U,\Omega})(u)$ 的 $(\beta-\alpha)$ 角度分数阶傅里叶变换，根据式(3.249)、(3.250) 和(3.264)，得到

$$\begin{aligned}\lambda_{0\alpha,\beta,U,\Omega} \Upsilon_\beta(v) &= \sqrt{2\pi}\, \hat{\Upsilon}_\beta(v) \mathfrak{F}\left[\frac{\sin(\Omega u \csc(\beta-\alpha))}{\pi u} \right] (v\csc(\beta-\alpha)) \\ &= (\mathfrak{D}_\Omega \hat{\Upsilon}_\beta)(v)\end{aligned} \tag{3.265}$$

由式(3.253) 可以看出

$$\Upsilon_\beta(v)=0,\quad |v|>\Omega \tag{3.266}$$

然后,根据式(3.247) 和(3.265),可得

$$\begin{aligned}\|(\mathfrak{D}_\Omega\Phi_{\alpha,\beta,U,\Omega})(u)\|^2&=\langle\mathfrak{D}_\Omega\Phi_{\alpha,\beta,U,\Omega},\mathfrak{D}_\Omega\Phi_{\alpha,\beta,U,\Omega}\rangle\\&=\langle\Phi_{\alpha,\beta,U,\Omega},\mathfrak{D}_\Omega\Phi_{\alpha,\beta,U,\Omega}\rangle=\langle\Upsilon_\beta,\hat{\Upsilon}_\beta\rangle\\&=\lambda_{0\alpha,\beta,U,\Omega}\langle\Upsilon_\beta,\Upsilon_\beta\rangle=\lambda_{0\alpha,\beta,U,\Omega}\end{aligned} \tag{3.267}$$

这是因为 $\Phi_{\alpha,\beta,U,\Omega}(u)$ 为能量归一化函数,即

$$\|\Phi_{\alpha,\beta,U,\Omega}(u)\|^2=\|\Upsilon_\beta(v)\|^2=1 \tag{3.268}$$

为了得到信号能量的分数阶不确定性原理,首先给出下述命题。

命题 3.1　对于任意单位能量函数 $x(t)$,记 $X_\alpha(u)$ 表示其 α 角度分数阶傅里叶变换,令 $\hat{X}_\alpha(u)$ 为 $(\mathfrak{D}_U X_\alpha)(u)$ 和 $(\mathfrak{B}_\Omega X_\alpha)(u)$ 的线性组合,即

$$\hat{X}_\alpha(u)=m_0(\mathfrak{D}_U X_\alpha)(u)+n_0(\mathfrak{B}_\Omega X_\alpha)(u) \tag{3.269}$$

式中,m_0 和 n_0 是能够使误差函数 $e(u)=X_\alpha(u)-\hat{X}_\alpha(u)$ 的能量 ε_e 达到最小的任意常数。记 $a_{u_\alpha}^2$ 和 $b_{v_\beta}^2$ 分别为 $x(t)$ 在角度 α 和 β 分数域被截断后所占其总能量的比例,如式(3.256) 和(3.258) 所示,同时记 $\hat{a}_{u_\alpha}^2$ 和 $\hat{b}_{v_\beta}^2$ 分别表示 $\hat{X}_\alpha(u)$ 对应函数在角度 α 和 β 分数域被截断后所占其总能量的比例,则有

$$\hat{a}_{u_\alpha}^2\geqslant a_{u_\alpha}^2,\quad \hat{b}_{v_\beta}^2\geqslant b_{v_\beta}^2 \tag{3.270}$$

当且仅当 $X_\alpha(u)=\hat{X}_\alpha(u)$ 时,式(3.270) 取等号。

证明　由于 m_0 和 n_0 的取值可以使误差函数 $e(u)$ 能量达到最小值,根据正交原理[148],则有

$$\langle\mathfrak{D}_U X_\alpha,e\rangle=0,\quad\langle\mathfrak{B}_\Omega X_\alpha,e\rangle=0 \tag{3.271}$$

因此,可以得到

$$\langle\hat{X}_\alpha,e\rangle=0 \tag{3.272}$$

进一步地,利用式(3.271)、(3.253) 和(3.254),得到

$$\langle\mathfrak{D}_U X_\alpha,\mathfrak{D}_U e\rangle=0,\quad\langle\mathfrak{B}_\Omega X_\alpha,\mathfrak{B}_\Omega e\rangle=0 \tag{3.273}$$

再根据式(3.272) 和(3.247),则有

$$\mathscr{E}_{X_\alpha}=\langle X_\alpha,X_\alpha\rangle=\langle\hat{X}_\alpha+e,\hat{X}_\alpha+e\rangle=\mathscr{E}_{\hat{X}_\alpha}+\mathscr{E}_e=1 \tag{3.274}$$

所以

$$\mathscr{E}_{\hat{X}_\alpha}=1-\mathscr{E}_e\leqslant 1 \tag{3.275}$$

然后,根据式(3.256),得到

$$\hat{a}_{u_\alpha}^2=\frac{\langle\mathfrak{D}_U\hat{X}_\alpha,\mathfrak{D}_U\hat{X}_\alpha\rangle}{\mathscr{E}_{\hat{X}_\alpha}} \tag{3.276}$$

再结合式(3.273) 和(3.275),可得

$$\hat{a}_{u_\alpha}^2=\frac{\langle\mathfrak{D}_U X_\alpha,\mathfrak{D}_U X_\alpha\rangle}{\mathscr{E}_{\hat{X}_\alpha}}+\frac{\langle\mathfrak{D}_U e,\mathfrak{D}_U e\rangle}{\mathscr{E}_{\hat{X}_\alpha}}=\frac{a_{u_\alpha}^2}{\mathscr{E}_{\hat{X}_\alpha}}+\frac{\|\mathfrak{D}_U e\|^2}{\mathscr{E}_{\hat{X}_\alpha}}\geqslant a_{u_\alpha}^2 \tag{3.277}$$

当且仅当 $X_\alpha(u)=\hat{X}_\alpha(u)$ 时,式(3.277) 取等号。同理,可得

$$\hat{b}_{v_\beta}^2\geqslant b_{v_\beta}^2 \tag{3.278}$$

至此,命题 3.1 得证。

若 $a_{u_\alpha}^2\,(a_{u_\alpha}>0)$ 给定,下面将讨论如何得到 $b_{v_\beta}^2\,(b_{v_\beta}>0)$ 的最大值及其对应的函数

$X_\alpha(u)$。命题3.1表明，当且仅当$X_\alpha(u)$为$(\mathfrak{D}_U X_\alpha)(u)$和$(\mathfrak{B}_\Omega X_\alpha)(u)$的线性组合时，$b^2_{v_\beta}$取到最大值，即

$$X_\alpha(u)=m_1(\mathfrak{D}_U X_\alpha)(u)+n_1(\mathfrak{B}_\Omega X_\alpha)(u) \tag{3.279}$$

式中，$m_1,n_1\in\mathbf{C}$。将式(3.279)代入式(3.253)，并利用式(3.255)，则有

$$(\mathfrak{D}_U X_\alpha)(u)=m_1(\mathfrak{D}_U X_\alpha)(u)+n_1(\mathfrak{D}_U\mathfrak{B}_\Omega X_\alpha)(u) \tag{3.280}$$

于是，可得

$$(\mathfrak{D}_U X_\alpha)(u)=\frac{n_1}{1-m_1}(\mathfrak{D}_U\mathfrak{B}_U X_\alpha)(u) \tag{3.281}$$

然后，将式(3.279)代入式(3.254)，再根据式(3.255)，得到

$$(\mathfrak{B}_\Omega X_\alpha)(u)=m_1(\mathfrak{D}_U X_\alpha)(u)\circledast\frac{\sin(\Omega u\csc(\beta-\alpha))}{\pi u}+n_1(\mathfrak{B}_\Omega X_\alpha)(u) \tag{3.282}$$

所以，有

$$\frac{1-n_1}{m_1}(\mathfrak{B}_\Omega X_\alpha)(u)=(\mathfrak{D}_U X_\alpha)(u)\circledast\frac{\sin(\Omega u\csc(\beta-\alpha))}{\pi u} \tag{3.283}$$

再将式(3.281)代入式(3.283)，得到

$$\begin{aligned}\frac{(1-n_1)(1-m_1)}{m_1 n_1}(\mathfrak{B}_\Omega X_\alpha)(u)&=\mathrm{e}^{-\mathrm{j}\frac{u^2}{2}\cot(\beta-\alpha)}\int_{-U}^{+U}(\mathfrak{B}_\Omega X_\alpha)(u')\mathrm{e}^{\mathrm{j}\frac{u'^2}{2}\cot(\beta-\alpha)}\times\\&\qquad\frac{\sin(\Omega(u-u')\csc(\beta-\alpha))}{\pi(u-u')}\mathrm{d}u'\\&=(\mathfrak{D}_U\mathfrak{B}_\Omega X_\alpha)(u)\circledast\frac{\sin(\Omega u\csc(\beta-\alpha))}{\pi u}\end{aligned} \tag{3.284}$$

可以看出，$(\mathfrak{B}_\Omega X_\alpha)(u)$是式(3.264)所示方程的特征函数，其对应的特征值为

$$\lambda_{0\alpha,\beta,U,\Omega}=\frac{(1-n_1)(1-m_1)}{m_1 n_1} \tag{3.285}$$

这表明，函数$(\mathfrak{B}_\Omega X_\alpha)(u)$可以看成是式(3.264)中特征函数$\Phi_{\alpha,\beta,U,\Omega}(u)$的幅度伸缩结果。于是，利用式(3.279)和(3.281)，可得

$$X_\alpha(u)=m_2\Phi_{\alpha,\beta,U,\Omega}(u)+n_2(\mathfrak{D}_U\Phi_{\alpha,\beta,U,\Omega})(u) \tag{3.286}$$

式中，$m_2,n_2\in\mathbf{C}$。因为$X_\alpha(u)$是单位能量函数，于是利用式(3.267)、(3.268)和(3.256)，则有

$$1=m_2^2+\lambda_{0\alpha,\beta,U,\Omega}n_2^2+2m_2n_2\lambda_{0\alpha,\beta,U,\Omega} \tag{3.287}$$

$$\lambda_{0\alpha,\beta,U,\Omega}(m_2+n_2)^2=a^2_{u_\alpha} \tag{3.288}$$

因此，得到

$$m_2=\sqrt{\frac{1-a^2_{u_\alpha}}{1-\lambda_{0\alpha,\beta,U,\Omega}}},\quad n_2=\frac{a_{u_\alpha}}{\sqrt{\lambda_{0\alpha,\beta,U,\Omega}}}=-\sqrt{\frac{1-a^2_{u_\alpha}}{1-\lambda_{0\alpha,\beta,U,\Omega}}} \tag{3.289}$$

此外，对式(3.286)两边做$(\beta-\alpha)$角度分数阶傅里叶变换，并利用式(3.247)、(3.265)和(3.264)，则有

$$X_\beta(v)=m_2\Upsilon_\beta(v)+n_2\hat{\Upsilon}_\beta(v) \tag{3.290}$$

进一步地，结合式(3.253)、(3.266)、(3.267)和(3.268)，得到

$$\|(\mathfrak{D}_\Omega X_\beta)(v)\|^2=\langle\mathfrak{D}_\Omega X_\beta,\mathfrak{D}_\Omega X_\beta\rangle=(m_2+\lambda_{0\alpha,\beta,U,\Omega}n_2)^2=b^2_{v_\beta,\max} \tag{3.291}$$

于是，有

$$b_{v_\beta,\max}=m_2+n_2\lambda_{0\alpha,\beta,U,\Omega} \tag{3.292}$$

为简化分析,引入符号

$$\cos\varphi_0=\sqrt{\lambda_{0\alpha,\beta,U,\Omega}},\quad \cos\varphi_1=a_{u_\alpha},\quad \cos\varphi_2=b_{v_\beta,\max} \tag{3.293}$$

将式(3.289)和(3.293)代入式(3.292),可得

$$\cos\varphi_2=\frac{\sin\varphi_1}{\sin\varphi_0}+\left(\frac{\cos\varphi_1}{\cos\varphi_0}-\frac{\sin\varphi_1}{\sin\varphi_0}\right)\cos^2\varphi_0=\cos(\varphi_0-\varphi_1) \tag{3.294}$$

所以,有

$$\varphi_1+\varphi_2=\varphi_0 \tag{3.295}$$

因为对任意的 $X_\alpha(u)$ 进行 β 角度分数域的截断处理后,截断函数的能量与原函数总能量的比值 b_{v_β} 一定小于最大值 $b_{v_\beta,\max}$,所以由式(3.295)和(3.293)可得

$$\arccos(a_{u_\alpha})+\arccos(b_{v_\beta})\geqslant\arccos(\sqrt{\lambda_{0\alpha,\beta,U,\Omega}}) \tag{3.296}$$

类似地,若 $b_{v_\beta}^2$ 给定,根据命题 3.1 可知 $a_{u_\alpha}^2$ 达到最大时,$X_\alpha(u)$ 满足

$$X_\alpha(u)=m_3\Phi_{\alpha,\beta,U,\Omega}(u)+n_3(\mathfrak{D}_U\Phi_{\alpha,\beta,U,\Omega})(u) \tag{3.297}$$

式中,$m_3,n_3\in\mathbf{C}$。同样,可以得到

$$1=m_3^2+\lambda_{0\alpha,\beta,U,\Omega}n_3^2+2m_3n_3\lambda_{0\alpha,\beta,U,\Omega},\quad (m_3+\lambda_{0\alpha,\beta,U,\Omega}n_3)^2=b_{v_\beta}^2 \tag{3.298}$$

于是,有

$$m_3=\sqrt{\frac{1-b_{v_\beta}^2}{\lambda_{0\alpha,\beta,U,\Omega}(1-\lambda_{0\alpha,\beta,U,\Omega})}} \tag{3.299}$$

$$n_3=b_{v_\beta}-\sqrt{\frac{\lambda_{0\alpha,\beta,U,\Omega}(1-b_{v_\beta}^2)}{1-\lambda_{0\alpha,\beta,U,\Omega}}} \tag{3.300}$$

此外,利用式(3.297)、(3.253)和(3.267),可得

$$\|(\mathfrak{D}_UX_\alpha)(u)\|^2=\langle\mathfrak{D}_UX_\alpha,\mathfrak{D}_UX_\alpha\rangle=\lambda_{0\alpha,\beta,U,\Omega}(m_3+n_3)^2=a_{u_\alpha,\max}^2 \tag{3.301}$$

因此,同样可以得到式(3.296)所示 a_{u_α}、b_{v_β} 和 $\lambda_{0\alpha,\beta,U,\Omega}$ 三者之间的关系式。综上分析,可以得到下述定理。

定理 3.9　对于任意单位能量函数 $x(t)$,记 $X_\alpha(u)$ 和 $X_\beta(v)$ 分别为其 α 和 β 角度的分数阶傅里叶变换。同时,记 $\|(\mathfrak{D}_UX_\alpha)(u)\|^2=a_{u_\alpha}^2$ 和 $\|(\mathfrak{D}_\Omega X_\beta)(v)\|^2=b_{v_\beta}^2$,其中 $0<a_{u_\alpha}$,$b_{v_\beta}<1$,则有

$$\arccos(a_{u_\alpha})+\arccos(b_{v_\beta})\geqslant\arccos(\sqrt{\lambda_{0\alpha,\beta,U,\Omega}}) \tag{3.302}$$

式中,$\lambda_{0\alpha,\beta,U,\Omega}\in(0,1)$ 是式(3.264)中方程的最大特征值。若 $a_{u_\alpha}^2$ 给定,当且仅当 $X_\alpha(u_\alpha)$ 满足式(3.286)时,式(3.302)取等号;而若 $b_{v_\beta}^2$ 给定,当且仅当 $X_\alpha(u_\alpha)$ 满足式(3.297)时,式(3.302)取等号。

特别地,当 $(\alpha,\beta)=(0,\pi/2)$ 或 $(\pi/2,0)$ 时,定理 3.9 便退化为信号能量的经典不确定性原理[154]。定理 3.9 给出了任意两个分数域的有限区间内信号能量分布的不确定关系。可以看出,任意两个分数域的有限区间内信号的能量不可能同时达到最大。也就是说,若信号在某一 α 角度分数域的有限区间内能量是确定的,那么在其他任一 $\beta(\beta\neq\alpha)$ 角度分数域的有限区间内该信号的能量必定小于某个确定的值。

3.6　分数阶 Poisson 求和公式

经典 Poisson 求和公式(Poisson Summation Formula)给出了信号时、频域的内在关

系，这在信号处理中一些结论的推导方面有着重要的作用。如果函数 $f(t)$ 光滑并且快速衰减，利用时移算子可将经典 Poisson 求和公式表示为

$$\sum_{k\in\mathbf{Z}}\boldsymbol{T}_{-kT}f(t)=\sum_{n\in\mathbf{Z}}\frac{\sqrt{2\pi}}{T}F\left(n\frac{2\pi}{T}\right)\mathrm{e}^{\mathrm{j}n\frac{2\pi}{T}t} \tag{3.303}$$

其中，$F(\cdot)$ 表示 $f(\cdot)$ 的傅里叶变换，$\boldsymbol{T}_{-kT}f(t)=f(t+kT)$。我们知道

$$\left\{\frac{1}{\sqrt{T}}\mathrm{e}^{\mathrm{j}n\frac{2\pi}{T}t}\right\}_{n\in\mathbf{Z}} \tag{3.304}$$

是 $L^2[-T/2,+T/2]$ 上的标准正交基。实际上，式(3.303)给出了周期为 T 的函数 $\sum_{k\in\mathbf{Z}}\boldsymbol{T}_{-kT}f(t)$ 的傅里叶级数展开式，相应的傅里叶级数的系数为

$$\left\{\sqrt{\frac{2\pi}{T}}F\left(n\frac{2\pi}{T}\right)\right\}_{n\in\mathbf{Z}} \tag{3.305}$$

鉴于此，我们将利用提出的分数阶时移算子来考察分数阶傅里叶变换下 Poisson 求和公式的表达形式。

3.6.1 分数阶 Poisson 求和公式的推导

对于函数 $f(t)\in L^1(\mathbf{R})$，令

$$\Phi_{f,\alpha}(t)\stackrel{\Delta}{=}\sum_{k\in\mathbf{Z}}\boldsymbol{T}^{\alpha}_{-kT}f(t) \tag{3.306}$$

利用分数阶时移算子，则有

$$\Phi_{f,\alpha}(t)=\sum_{k\in\mathbf{Z}}f(t+kT)\mathrm{e}^{\mathrm{j}kT\left(t+\frac{kT}{2}\right)\cot\alpha} \tag{3.307}$$

于是，可得

$$\begin{aligned}\int_0^T|\Phi_{f,\alpha}(t)|\,\mathrm{d}t&\leqslant\sum_{k\in\mathbf{Z}}\int_0^T|f(t+kT)|\,\mathrm{d}t=\sum_{k\in\mathbf{Z}}\int_{kT}^{(k+1)T}|f(t)|\,\mathrm{d}t\\&=\int_{-\infty}^{+\infty}|f(t)|\,\mathrm{d}t<\infty\end{aligned} \tag{3.308}$$

这表明，式(3.307)定义的级数几乎处处收敛于某个函数 $\Phi_{f,\alpha}(t)$，并且满足

$$\begin{aligned}\Phi_{f,\alpha}(t+T)\mathrm{e}^{\mathrm{j}\frac{(t+T)^2}{2}\cot\alpha}&=\sum_{k\in\mathbf{Z}}f(t+T+kT)\mathrm{e}^{\mathrm{j}kT\left(t+T+\frac{kT}{2}\right)\cot\alpha}\mathrm{e}^{\mathrm{j}\frac{(t+T)^2}{2}\cot\alpha}\\&=\mathrm{e}^{\mathrm{j}\frac{t^2}{2}\cot\alpha}\sum_{k\in\mathbf{Z}}f(t+(k+1)T)\mathrm{e}^{\mathrm{j}(k+1)T\left(t+\frac{(k+1)T}{2}\right)\cot\alpha}\\&=\Phi_{f,\alpha}(t)\mathrm{e}^{\mathrm{j}\frac{t^2}{2}\cot\alpha}\end{aligned} \tag{3.309}$$

因此，$\Phi_{f,\alpha}(t)\mathrm{e}^{\mathrm{j}\frac{t^2}{2}\cot\alpha}$ 是 $L^1[0,T]$ 上 T 周期的函数，通常又称 $\Phi_{f,\alpha}(t)$ 为 Chirp 周期函数。于是，可以考虑它的傅里叶级数，即

$$\Phi_{f,\alpha}(t)\mathrm{e}^{\mathrm{j}\frac{t^2}{2}\cot\alpha}=\sum_{n\in\mathbf{Z}}c[n]\mathrm{e}^{\mathrm{j}n\frac{2\pi}{T}t} \tag{3.310}$$

其中

$$\begin{aligned}c[n]&=\frac{1}{T}\int_0^T\Phi_{f,\alpha}(t)\mathrm{e}^{\mathrm{j}\frac{t^2}{2}\cot\alpha}\mathrm{e}^{-\mathrm{j}n\frac{2\pi}{T}t}\,\mathrm{d}t=\frac{1}{T}\sum_{k\in\mathbf{Z}}\int_0^T f(t+kT)\mathrm{e}^{\mathrm{j}\frac{(t+kT)^2}{2}\cot\alpha}\mathrm{e}^{-\mathrm{j}n\frac{2\pi}{T}t}\,\mathrm{d}t\\&=\frac{1}{T}\sum_{k\in\mathbf{Z}}\int_{2k\pi}^{2(k+1)\pi}f(t)\mathrm{e}^{\mathrm{j}\frac{t^2}{2}\cot\alpha}\mathrm{e}^{-\mathrm{j}n\frac{2\pi}{T}t}\,\mathrm{d}t\end{aligned}$$

$$
\begin{aligned}
&= \frac{1}{T}\int_{-\infty}^{+\infty} f(t)\mathrm{e}^{\mathrm{j}\frac{t^2}{2}\cot\alpha}\mathrm{e}^{-\mathrm{j}n\frac{2\pi}{T}t}\mathrm{d}t \\
&= \frac{1}{T}\sqrt{\frac{2\pi}{1-\mathrm{j}\cot\alpha}}\mathrm{e}^{-\mathrm{j}\frac{\left(n\frac{2\pi\sin\alpha}{T}\right)^2}{2}\cot\alpha}F_\alpha\left(n\frac{2\pi\sin\alpha}{T}\right)
\end{aligned} \tag{3.311}
$$

其中，$F_\alpha(\cdot)$ 是 $f(\cdot)$ 的分数阶傅里叶变换。因此，如果函数 $\Phi_{f,\alpha}(t)\mathrm{e}^{\mathrm{j}\frac{t^2}{2}\cot\alpha}$ 的傅里叶级数收敛于其本身，那么两个量

$$\sum_{k\in\mathbf{Z}}\boldsymbol{T}_{-kT}^{\alpha}f(t) \tag{3.312}$$

与

$$\frac{2\pi\sin\alpha}{T}\sum_{n\in\mathbf{Z}}F_\alpha\left(n\frac{2\pi\sin\alpha}{T}\right)K_{-\alpha}\left(n\frac{2\pi\sin\alpha}{T},t\right) \tag{3.313}$$

是能够相等的。然而，因为 $\Phi_{f,\alpha}(t)\mathrm{e}^{\mathrm{j}\frac{t^2}{2}\cot\alpha}$ 只是属于 $L^1[0,T]$ 的函数，它的傅里叶级数甚至可以处处发散。所以，必须施加一些条件于 $\Phi_{f,\alpha}(t)$ 或 $f(t)$，以便能够保证式(3.312)和(3.313)相等。为此，这里给出一个一般化的结论。令 $f(t)\in L^1(\mathbf{R})$ 满足下述条件：

① 式(3.312)中级数处处收敛于某个连续函数。

② 式(3.313)中级数处处收敛。

那么"分数阶 Poisson 求和公式"

$$\sum_{k\in\mathbf{Z}}\boldsymbol{T}_{-kT}^{\alpha}f(t)=\frac{2\pi\sin\alpha}{T}\sum_{n\in\mathbf{Z}}F_\alpha\left(n\frac{2\pi\sin\alpha}{T}\right)K_{-\alpha}\left(n\frac{2\pi\sin\alpha}{T},t\right) \tag{3.314}$$

成立。文献[94]利用分数阶傅里叶变换与傅里叶变换的关系由经典 Poisson 求和公式也得到了与式(3.314)类似的结果，只差一个幅度因子。

进一步地，式(3.314)可以改写成分数阶傅里叶级数的形式，即

$$\sum_{k\in\mathbf{Z}}\boldsymbol{T}_{-kT}^{\alpha}f(t)=\sum_{n\in\mathbf{Z}}c_\alpha[n]\varepsilon_{\alpha,n}(t) \tag{3.315}$$

其中，分数阶傅里叶级数的系数 $c_\alpha[n]$ 满足

$$\sqrt{\frac{2\pi\sin\alpha}{T}}F_\alpha\left(n\frac{2\pi}{T}\sin\alpha\right) \tag{3.316}$$

相应的标准正交基函数为[14]

$$\left\{\varepsilon_{\alpha,n}(t)=\sqrt{\frac{2\pi\sin\alpha}{T}}K_{-\alpha}\left(n\frac{2\pi\sin\alpha}{T},t\right)\right\}_{n\in\mathbf{Z}} \tag{3.317}$$

因此，分数阶 Poisson 求和公式实质上给出了周期为 T 的 Chirp 周期函数 $\sum\limits_{k\in\mathbf{Z}}\boldsymbol{T}_{-kT}^{\alpha}f(t)$ 的分数阶傅里叶级数展开式。

当 $\alpha=\pi/2$ 时，式(3.314)所定义的分数阶 Poisson 求和公式即为经典 Poisson 求和公式。若 $f(t)$ 为 Dirac 函数，则式(3.314)退化为

$$\sum_{k\in\mathbf{Z}}\delta(t+kT)\mathrm{e}^{-\mathrm{j}\frac{(kT)^2}{2}\cot\alpha}=\mathrm{e}^{-\frac{t^2}{2}\cot\alpha}\frac{1}{T}\sum_{n\in\mathbf{Z}}\mathrm{e}^{\mathrm{j}n\frac{2\pi}{T}t} \tag{3.318}$$

特别地，当 $t=0$ 时，由式(3.314)可得

$$\sum_{k\in\mathbf{Z}}f(kT)\mathrm{e}^{\mathrm{j}\frac{(kT)^2}{2}\cot\alpha}=\frac{2\pi\sin\alpha}{T}\sum_{n\in\mathbf{Z}}F_\alpha\left(n\frac{2\pi\sin\alpha}{T}\right)K_{-\alpha}\left(\frac{n2\pi\sin\alpha}{T},0\right) \tag{3.319}$$

进一步地，当 $T=2\pi$ 时，式(3.319)变为

$$\sum_{k\in\mathbf{Z}}f(k2\pi)\mathrm{e}^{\mathrm{j}\frac{(2k\pi)^2}{2}\cot\alpha}=\sin\alpha\sum_{n\in\mathbf{Z}}F_\alpha(n\sin\alpha)K_{-\alpha}(n\sin\alpha,0) \tag{3.320}$$

而当 $T=1$ 时，则有

$$\sum_{k\in\mathbf{Z}} f(k)\mathrm{e}^{\mathrm{j}\frac{(k)^2}{2}\cot\alpha}=2\pi\sin\alpha\sum_{n\in\mathbf{Z}} F_\alpha(n2\pi\sin\alpha)K_{-\alpha}(n2\pi\sin\alpha,0) \tag{3.321}$$

3.6.2 对偶分数阶 Poisson 求和公式

此外，如果函数 $f(t)$ 光滑并且快速衰减，记其分数阶傅里叶变换为 $F_\alpha(u)$，利用提出的分数阶频移算子，令

$$\hat{\Phi}_{f,\alpha}(u)\overset{\Delta}{=}\sum_{k\in\mathbf{Z}}\boldsymbol{W}_{-kU}^{\alpha}F_\alpha(u) \tag{3.322}$$

即

$$\hat{\Phi}_{f,\alpha}(u)=\sum_{k\in\mathbf{Z}}F_\alpha(u+kU)\mathrm{e}^{-\mathrm{j}kU\left(u+\frac{kU}{2}\right)\cot\alpha} \tag{3.323}$$

那么，容易验证

$$\hat{\Phi}_{f,\alpha}(u)\mathrm{e}^{-\mathrm{j}\frac{u^2}{2}\cot\alpha}=\hat{\Phi}_{f,\alpha}(u+U)\mathrm{e}^{-\mathrm{j}\frac{(u+U)^2}{2}\cot\alpha} \tag{3.324}$$

类似地，可以得到前述分数阶 Poisson 求和公式的对偶形式，即

$$\sum_{k\in\mathbf{Z}}\boldsymbol{W}_{-kU}^{\alpha}F_\alpha(u)=\frac{2\pi\sin\alpha}{U}\sum_{n\in\mathbf{Z}}f\left(n\frac{2\pi\sin\alpha}{U}\right)K_\alpha\left(u,n\frac{2\pi\sin\alpha}{U}\right) \tag{3.325}$$

进一步地，式(3.325)可以改写成下述分数阶傅里叶级数的展开形式

$$\sum_{k\in\mathbf{Z}}\boldsymbol{W}_{-kU}^{\alpha}F_\alpha(u)=\sum_{n\in\mathbf{Z}}\tilde{c}_\alpha[n]\tilde{\varepsilon}_{\alpha,n}(u) \tag{3.326}$$

其中

$$\tilde{\varepsilon}_{\alpha,n}(u)=\left\{\sqrt{\frac{2\pi\sin\alpha}{U}}K_\alpha\left(u,n\frac{2\pi\sin\alpha}{U}\right)\right\}_{n\in\mathbf{Z}} \tag{3.327}$$

为分数阶傅里叶级数的对偶基函数，相应的展开系数满足

$$\tilde{c}_\alpha[n]=\sqrt{\frac{2\pi\sin\alpha}{U}}f\left(n\frac{2\pi\sin\alpha}{U}\right) \tag{3.328}$$

若 $F_\alpha(u)$ 为 Dirac 函数，即 $F_\alpha(u)=\delta(u)$，则根据式(3.325)，可得

$$\sum_{k\in\mathbf{Z}}\delta(u+kU)\mathrm{e}^{\mathrm{j}\frac{(kU)^2}{2}\cot\alpha}=\mathrm{e}^{\frac{u^2}{2}\cot\alpha}\frac{1}{U}\sum_{n\in\mathbf{Z}}\mathrm{e}^{-\mathrm{j}n\frac{2\pi}{U}u} \tag{3.329}$$

此外，只要稍加变量代换，如令 $U=2\pi\sin\alpha$，式(3.325)变为

$$\sum_{n\in\mathbf{Z}}f(n)K_\alpha(u,n)=\mathrm{e}^{\mathrm{j}\frac{u^2}{2}\cot\alpha}\sum_{k\in\mathbf{Z}}F_\alpha(u+2k\pi\sin\alpha)\mathrm{e}^{-\mathrm{j}\frac{(u+2k\pi\sin\alpha)^2}{2}\cot\alpha} \tag{3.330}$$

这正是我们所熟知的结论，即离散信号的分数阶傅里叶变换等于原连续信号分数谱的移位叠加，再与一线性调频函数 $\mathrm{e}^{\mathrm{j}\frac{u^2}{2}\cot\alpha}$ 的乘积。有关分数阶 Poisson 求和公式的其他形式，在以后的章节里遇到后再进行介绍。

3.7 分数阶傅里叶基函数与傅里叶基函数的对偶关系

众所周知，分数阶傅里叶变换的基函数是线性调频(Linear Frequency Modulation，LFM)信号，傅里叶变换的基函数是正弦信号，下面将考察这两类信号在彼此变换域的对偶关系。

3.7.1　分数阶傅里叶基函数与傅里叶基函数的对偶特性分析

LFM 信号 $c(t)$ 和正弦信号 $s(t)$ 的表达式分别建模为

$$c(t)=\begin{cases}V_1\mathrm{e}^{\mathrm{j}k\frac{t^2}{2}+\mathrm{j}\omega_0 t}, & |t|\leqslant\dfrac{T}{2}\\0, & \text{其他}\end{cases}\tag{3.331}$$

$$s(t)=\begin{cases}V_2\mathrm{e}^{\mathrm{j}\omega_0 t}, & |t|\leqslant\dfrac{T}{2}\\0, & \text{其他}\end{cases}\tag{3.332}$$

式中，V_1、k、ω_0 和 T 分别为 LFM 信号 $c(t)$ 的幅度、调频斜率、初始频率和持续时间；V_2 表示正弦信号 $s(t)$ 的幅度，$s(t)$ 的频率与 $c(t)$ 的初始频率相同。

根据分数阶傅里叶变换理论可知，LFM 信号 $c(t)$ 在 $\alpha=-\mathrm{arccot}(k)$ 角度分数域上能量最佳聚集，它的分数谱为

$$C_\alpha(u)=V_1T\sqrt{\frac{1-\mathrm{j}\cot\alpha}{2\pi}}\,\mathrm{sinc}\left(\frac{(u\csc\alpha-\omega_0)T}{2\pi}\right)\mathrm{e}^{\mathrm{j}\frac{u^2}{2}\cot\alpha}\tag{3.333}$$

由此可得

$$|C_\alpha(u)|=V_1T\sqrt{\frac{|\csc\alpha|}{2\pi}}\left|\mathrm{sinc}\left(\frac{(u\csc\alpha-\omega_0)T}{2\pi}\right)\right|\tag{3.334}$$

进一步地，有

$$|C_\alpha(u)|_{\max}=V_1T\sqrt{\frac{|\csc\alpha|}{2\pi}}\tag{3.335}$$

此外，根据式(3.79)，可得线性调频信号 $c(t)$ 的瞬时分数阶频率为

$$u_i(t)=\omega_0\sin\alpha+t(\cos\alpha+k\sin\alpha),\quad -\frac{T}{2}\leqslant t\leqslant\frac{T}{2}\tag{3.336}$$

当角度 $\alpha=-\mathrm{arccot}(k)$ 时，式(3.336) 可以简化为

$$u_i(t)=\omega_0\sin\alpha,\quad -\frac{T}{2}\leqslant t\leqslant\frac{T}{2}\tag{3.337}$$

根据式(3.337) 和(3.333) 可知，LFM 信号 $c(t)$ 在 $\alpha=-\mathrm{arccot}(k)$ 角度分数域上分数谱呈现为冲激特性，谱包络为 sinc 函数，谱中心在 $u=\omega_0\sin\alpha$ 处，其分数谱第 $n(n=1,2,\cdots)$ 倍过零点在分数域占据的区间为

$$\left[\omega_0\sin\alpha-n\frac{2\pi}{T}|\sin\alpha|,\omega_0\sin\alpha+n\frac{2\pi}{T}|\sin\alpha|\right]\tag{3.338}$$

同时，可得 $c(t)$ 在 $\alpha=-\mathrm{arccot}(k)$ 角度分数域上分数谱的第 n 倍过零点带宽为

$$B_u=n\frac{4\pi}{T}|\sin\alpha|\tag{3.339}$$

此外，当角度 $\alpha\neq-\mathrm{arccot}(k)$ 时，LFM 信号 $c(t)$ 的分数谱为

$$C_\alpha(u)=V_1\sqrt{\frac{1-\mathrm{j}\cot\alpha}{2(k+\cot\alpha)}}[C(x_1)+C(x_2)+\mathrm{j}S(x_1)+\mathrm{j}S(x_2)]\times\mathrm{e}^{\mathrm{j}\frac{u^2}{2}\cot\alpha-\mathrm{j}\frac{\csc^2\alpha}{k+\cot\alpha}(u-\omega_0\sin\alpha)^2}\tag{3.340}$$

式中

$$x_1=\frac{\frac{T}{2}(k+\cos\alpha)-(u\csc\alpha-\omega_0)}{\sqrt{\pi(k+\cos\alpha)}},\quad x_2=\frac{\frac{T}{2}(k+\cos\alpha)+(u\csc\alpha-w_0)}{\sqrt{\pi(k+\cos\alpha)}}$$

$C(\cdot)$ 和 $S(\cdot)$ 皆为菲涅尔积分，表达式分别为

$$C(x)=\int_0^x\cos\frac{\pi y^2}{2}\mathrm{d}y,\quad S(x)=\int_0^x\sin\frac{\pi y^2}{2}\mathrm{d}y \tag{3.341}$$

于是，可以得到

$$|C_\alpha(u)|=V_1\sqrt{\frac{|\csc\alpha|}{2|k+\cot\alpha|}}\,|[C(x_1)+C(x_2)+\mathrm{j}S(x_1)+\mathrm{j}S(x_2)]| \tag{3.342}$$

进一步地，由式(3.340)和(3.336)可知，LFM信号 $c(t)$ 在 $\alpha\neq-\mathrm{arccot}(k)$ 角度分数谱主要分布在 $u=\omega_0\sin\alpha$ 附近的分数域区间上，即

$$\left[\omega_0\sin\alpha-\frac{T}{2}|\cos\alpha+k\sin\alpha|,\omega_0\sin\alpha+\frac{T}{2}|\cos\alpha+k\sin\alpha|\right] \tag{3.343}$$

于是，$c(t)$ 的分数谱在 $\alpha\neq-\mathrm{arccot}(k)$ 角度分数域上的带宽为

$$B_u=T|\cos\alpha+k\sin\alpha| \tag{3.344}$$

通常 $TB_u\gg1$，式(3.342)中 $C(x_1)$、$C(x_2)$、$S(x_1)$ 和 $S(x_2)$ 的数值在0.5附近波动，则可得LFM信号 $c(t)$ 在 $\alpha\neq-\mathrm{arccot}(k)$ 角度分数谱的最大幅度为

$$|C_\alpha(u)|_{\max}\approx V_1\sqrt{\frac{|\csc\alpha|}{|k+\cot\alpha|}} \tag{3.345}$$

特别地，当 $\alpha=\pi/2$(对应频域)时，则有

$$|C_\alpha(u)|_{\max}\approx\frac{V_1}{\sqrt{|k|}} \tag{3.346}$$

由于正弦信号 $s(t)$ 可以看成是LFM信号 $c(t)$ 当 $k=0$ 时的特例情况，因此根据式(3.333)和(3.338)可得 $s(t)$ 的频谱(即角度 $\alpha=\pi/2$ 分数谱)为

$$S(\omega)=\frac{V_2T}{\sqrt{2\pi}}\mathrm{sinc}\left(\frac{(\omega-\omega_0)T}{2\pi}\right) \tag{3.347}$$

相应地，$s(t)$ 的频谱最大幅度为

$$|S(\omega)|_{\max}=\frac{V_2T}{\sqrt{2\pi}} \tag{3.348}$$

以及第 $n(n=1,2,\cdots)$ 倍过零点在频域占据的区间分别为

$$\left[\omega_0-n\frac{2\pi}{T},\omega_0+n\frac{2\pi}{T}\right] \tag{3.349}$$

此外，利用式(3.340)，可得 $s(t)$ 的角度 $\alpha\neq\pi/2$ 分数谱为

$$S_\alpha(u)=V_2\sqrt{\frac{1-\mathrm{j}\cot\alpha}{2\cot\alpha}}[C(x_1)+C(x_2)+\mathrm{j}S(x_1)+\mathrm{j}S(x_2)]\times \mathrm{e}^{\mathrm{j}\frac{u^2}{2}\cot\alpha-\mathrm{j}\frac{\csc\alpha}{\cos\alpha}(u-\omega_0\sin\alpha)^2} \tag{3.350}$$

式中

$$x_1=\frac{\frac{T}{2}\cos\alpha-(u\csc\alpha-\omega_0)}{\sqrt{\pi\cos\alpha}},\quad x_2=\frac{\frac{T}{2}\cos\alpha+(u\csc\alpha-\omega_0)}{\sqrt{\pi\cos\alpha}}$$

于是，在 $\alpha \neq \pi/2$ 角度分数域上，$s(t)$ 的分数谱的最大幅度为

$$|S_\alpha(u)|_{\max} = V_2\sqrt{\frac{|\csc\alpha|}{|\cot\alpha|}} \tag{3.351}$$

特别地，当 $\alpha = -\operatorname{arccot}(k)$ 时，可得

$$|S_\alpha(u)|_{\max} = V_2\sqrt{\frac{|\csc\alpha|}{|k|}} \tag{3.352}$$

同时，根据式(3.343) 可得 $s(t)$ 的分数谱在 $\alpha \neq \pi/2$ 角度分数域占据的区间为

$$\left[\omega_0\sin\alpha - \frac{T}{2}|\cos\alpha|, \omega_0\sin\alpha + \frac{T}{2}|\cos\alpha|\right] \tag{3.353}$$

综上分析，在频域（即 $\alpha = \pi/2$ 角度分数域），正弦信号 $s(t)$ 能量相对聚集，频谱呈现出冲激特性，包络为 sinc 函数；而 LFM 信号 $c(t)$ 能量则相对扩散，分布在较大的频域区间，频谱包络近似矩形函数。在 $\alpha = -\operatorname{arccot}(k)$ 角度分数域，LFM 信号 $c(t)$ 能量相对聚集，分数谱呈现出冲激特性，包络为 sinc 函数；而正弦信号 $s(t)$ 能量则相对扩散，分布在较大的分数域区间，分数谱包络近似矩形函数。这表明，正弦信号在频域具有良好的提取特性，而 LFM 信号在分数域具有良好的提取特性。可以看出，正弦信号和 LFM 信号在频域和分数域的特征具有对偶性。具体地说，LFM 信号在频域（或分数域）的频谱（或分数谱）与正弦信号在分数域（或频域）的分数谱（或频谱）具有相似的分布特性。LFM 信号的频谱（或分数谱）带宽参数与正弦信号的分数谱（或频谱）带宽参数仅相差一个与旋转角度 α 有关的因子 $\sin\alpha$；而其频谱（或分数谱）幅度参数与正弦信号的分数谱（或频谱）幅度参数则相差一个因子 $\sqrt{|\csc\alpha|}$，如图 3.7 所示。

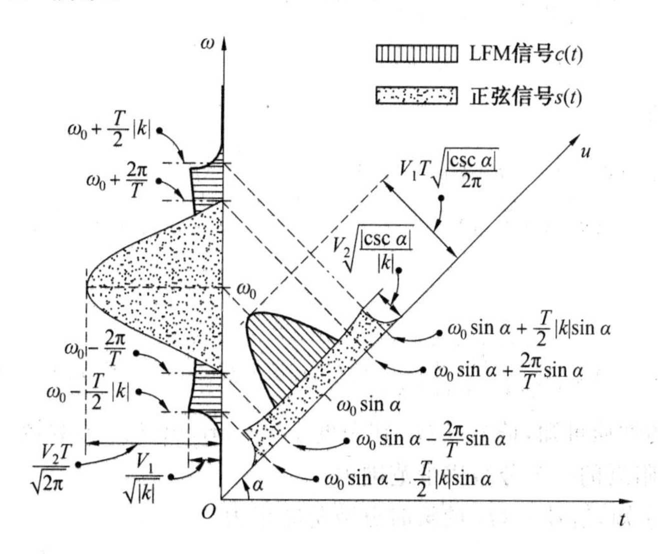

图 3.7　正弦信号与 LFM 信号在变换域的对偶关系示意图

因此，可以利用正弦和 LFM 信号在频域和分数域的差异性来将它们彼此分离，下一节将对这两类信号在分数域的分离条件及性能做进一步分析。

3.7.2　基于分数域的分数阶傅里叶基函数与傅里叶基函数的分离

为了得到一般化结果，将待分离的信号建模为如下形式

$$s_1(t)=\begin{cases}V_1 e^{j\frac{k_1}{2}t^2+j\omega_1 t}, & |t|\leqslant\frac{T_1}{2}\\0, & \text{其他}\end{cases}\tag{3.354}$$

$$s_2(t)=\begin{cases}V_2 e^{j\frac{k_2}{2}t^2+j\omega_2 t}, & |t|\leqslant\frac{T_2}{2}\\0, & \text{其他}\end{cases}\tag{3.355}$$

式中，V_m、k_m、ω_m 和 $T_m(m=1,2)$ 分别表示信号 $s_m(t)$ 的幅度、调频斜率、初始频率和持续时间。可以看出，式(3.354)和(3.355)包含了以下三类信号模型：

① 正弦信号与正弦信号，即 $k_1=k_2=0$。

② 正弦信号与 LFM 信号，即 $k_1=0,k_2\neq 0$ 或 $k_1\neq 0,k_2=0$。

③LFM 信号与 LFM 信号，即 $k_1,k_2\neq 0$。

根据分数阶傅里叶变换的定义可知，信号 $s_m(t)$ 在 $\alpha=-\operatorname{arccot}(k_m)$ 角度分数域上能量最佳聚集，记 $S_{m,\alpha}(u)$ 表示 $s_m(t)$ 的 α 角度分数阶傅里叶变换，则有

$$S_{m,\alpha}(u)=V_m T_m\sqrt{\frac{1-j\cot\alpha}{2\pi}}\operatorname{sinc}\left(\frac{(u\csc\alpha-\omega_m)T_m}{2\pi}\right)e^{j\frac{u^2}{2}\cot\alpha}\tag{3.356}$$

于是，可得

$$|S_{m,\alpha}(u)|=V_m T_m\sqrt{\frac{|\csc\alpha|}{2\pi}}\left|\operatorname{sinc}\left(\frac{(u\csc\alpha-\omega_m)T_m}{2\pi}\right)\right|\tag{3.357}$$

此外，当 $\alpha\neq-\operatorname{arccot}(k_m)$ 时，信号 $s_m(t)$ 的分数阶傅里叶变换为

$$S_{m,\alpha}(u)=V_m\sqrt{\frac{1-j\cot\alpha}{2(k_m+\cot\alpha)}}\left[C(x_1)+C(x_2)+jS(x_1)+jS(x_2)\right]\times e^{j\frac{u^2}{2}\cot\alpha-j\frac{\csc^2\alpha}{k_m+\cot\alpha}(u-\omega_m\sin\alpha)^2}\tag{3.358}$$

式中，x_1 和 x_2 满足

$$x_1=\frac{\frac{T_m}{2}(k_m+\cos\alpha)-(u\csc\alpha-\omega_m)}{\sqrt{\pi(k_m+\cos\alpha)}},\quad x_2=\frac{\frac{T_m}{2}(k_m+\cos\alpha)+(u\csc\alpha-\omega_m)}{\sqrt{\pi(k_m+\cos\alpha)}}\tag{3.359}$$

进一步地，可得

$$|S_{m,\alpha}(u)|=V_m\sqrt{\frac{|\csc\alpha|}{2(k_m+\cot\alpha)}}\left|\left[C(x_1)+C(x_2)+jS(x_1)+jS(x_2)\right]\right|\tag{3.360}$$

根据菲涅尔积分的性质可知，信号 $s_m(t)$ 在角度 $\alpha\neq-\operatorname{arccot}(k_m)$ 分数域上的分数谱主要集中在 $u=\omega_m\sin\alpha$ 附近的一个分数谱带范围内。

另从式(3.79)知，信号 $s_m(t)$ 的瞬时分数阶频率为

$$u_{i,m}(t)=\omega_m\sin\alpha+t(\cos\alpha+k_m\sin\alpha),\quad |t|\leqslant\frac{T_m}{2}\tag{3.361}$$

当旋转角度 $\alpha=-\operatorname{arccot}(k_m)$ 时，式(3.361)可进一步写为

$$u_{i,m}(t)=\omega_m\sin\alpha,\quad |t|\leqslant\frac{T_m}{2}\tag{3.362}$$

根据式(3.362)和(3.356)知，信号 $s_m(t)$ 在角度 $\alpha=-\operatorname{arccot}(k_m)$ 分数域上能量最佳聚集，其分数谱包络为sinc函数，中心在 $u=\omega_m\sin\alpha$ 处，且与时间无关。此外，信号 $s_m(t)$ 分数谱的

第 n 倍($n=1,2,\cdots$)过零点带宽所占据的分数域区间为

$$\left[\omega_m\sin\alpha-n\frac{2\pi}{T_m}\mid\sin\alpha\mid,\omega_m\sin\alpha+n\frac{2\pi}{T_m}\mid\sin\alpha\mid\right] \tag{3.363}$$

然而,当 $\alpha\neq-\operatorname{arccot}(k_m)$ 时,结合式(3.361)和式(3.358)可知,信号 $s_m(t)$ 的分数谱在角度 $\alpha\neq-\operatorname{arccot}(k_m)$ 分数域上主要分布在 $u=\omega_m\sin\alpha$ 附近,且在占据的分数域区间为

$$\left[\omega_m\sin\alpha-\frac{T_m}{2}\mid\cos\alpha+k_m\sin\alpha\mid,\omega_m\sin\alpha+\frac{T_m}{2}\mid\cos\alpha+k_m\sin\alpha\mid\right] \tag{3.364}$$

现在,通过一个具体的例子来做进一步的阐述。

例 3.1　在式(3.354)中取 $T_1=12\sqrt{2}$,$V_1=1$,$\omega_1=2\sqrt{2}$ 和 $k_1=-1$。根据前述理论分析,信号 $s_1(t)$ 在角度 $\alpha=-\operatorname{arccot}(k_1)=\pi/4$ 分数域上能量最佳聚集,分数谱包络为 sinc 函数,且第一倍过零点带宽占据的分数域区间为

$$\left[\omega_1\sin\frac{\pi}{4}-1\times\frac{2\pi}{T_1}\mid\sin\frac{\pi}{4}\mid,\omega_1\sin\frac{\pi}{4}+1\times\frac{2\pi}{T_1}\mid\sin\frac{\pi}{4}\mid\right]=[2-0.26,2+0.26] \tag{3.365}$$

然而,在其他角度 $\alpha\neq-\operatorname{arccot}(k_1)=\pi/4$ 分数域上信号 $s_1(t)$ 的分数谱分布平坦,呈现为矩形状,且分布在一个较大分数域范围内。不妨以 $\alpha=-\pi/4$ 为例,即在角度 $-\pi/4$ 分数域上信号 $s_1(t)$ 的分数谱分布占据的分数域区间为

$$\left[\omega_1\sin\alpha-\frac{T_1}{2}\mid\cos\alpha+k_1\sin\alpha\mid,\omega_1\sin\alpha+\frac{T_1}{2}\mid\cos\alpha+k_1\sin\alpha\mid\right]=[-14,10] \tag{3.366}$$

在上述参数下,图 3.8 给出了信号 $s_1(t)$ 的时域波形及其分数谱,图中实线和虚线分别表示信号的实部和虚部。可以看出,数值结果与理论分析是一致的。

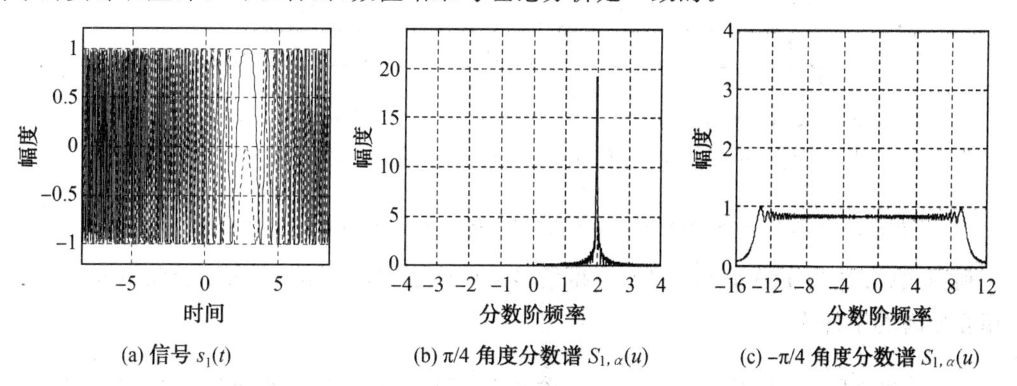

图 3.8　信号 $s_1(t)$ 的时域波形及其分数谱 $S_{1,\alpha}(u)$

1. 信号分数谱无混叠时相互分离的理论条件

(1) 当 $k_1=k_2$ 时,信号 $s_1(t)$ 和 $s_2(t)$ 在分数域上相互分离的条件。

① 当 $\alpha=-\operatorname{arccot}(k_1)$ 时,由式(3.356)可知,信号 $s_1(t)$ 和 $s_2(t)$ 在该 α 角度分数域上能量均最佳聚集,分数谱包络皆为 sinc 函数,如图 3.9 所示。

根据式(3.363)并结合图 3.9 所示,信号 $s_1(t)$ 和 $s_2(t)$ 在 $\alpha\neq-\operatorname{arccot}(k_1)$ 角度分数域上相互分离的条件为

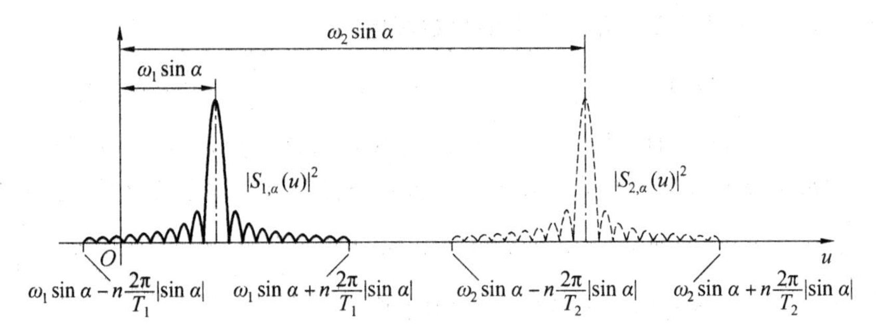

图 3.9　当 $k_1=k_2$ 时信号 $s_1(t)$ 和 $s_2(t)$ 的 $\alpha\neq-\operatorname{arccot}(k_1)$ 角度分数谱示意图

$$|\omega_2\sin\alpha-\omega_1\sin\alpha|\geqslant n\frac{2\pi}{T_1}|\sin\alpha|+n\frac{2\pi}{T_2}|\sin\alpha| \tag{3.367}$$

由此可得

$$|\omega_2-\omega_1|\geqslant 2\pi n\left(\frac{1}{T_1}+\frac{1}{T_2}\right)\geqslant 2\pi n\times 2\sqrt{\frac{1}{T_1}\times\frac{1}{T_2}}=\frac{4\pi n}{\sqrt{T_1T_2}} \tag{3.368}$$

当且仅当 $T_1=T_2$ 时，式(3.368)取等号。可以看出，当 $k_1=k_2$ 时信号 $s_1(t)$ 和 $s_2(t)$ 在它们能量最佳聚集分数域上能否分离取决于它们初始频率的差、时域持续时间以及过零点带宽。特别地，当 $T_1=T_2$ 时，在彼此分离的情况下，它们的初始频率之差能够达到最小值。

② 当 $\alpha\neq-\operatorname{arccot}(k_1)$ 时，根据式(3.358)可知，信号 $s_1(t)$ 和 $s_2(t)$ 在 $\alpha\neq-\operatorname{arccot}(k_1)$ 分数域上能量均扩散，分数谱呈现为矩形状，如图 3.10 所示。

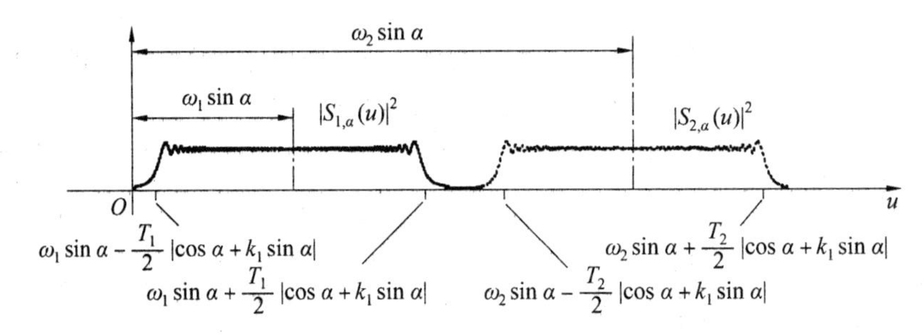

图 3.10　当 $k_1=k_2$ 时信号 $s_1(t)$ 和 $s_2(t)$ 的 $\alpha\neq-\operatorname{arccot}(k_1)$ 角度分数谱示意图

利用式(3.364)并根据图 3.10，可得信号 $s_1(t)$ 和 $s_2(t)$ 在 $\alpha\neq-\operatorname{arccot}(k_1)$ 角度分数域上相互分离的条件为

$$|\omega_2\sin\alpha-\omega_1\sin\alpha|\geqslant\frac{T_1}{2}|\cos\alpha+k_1\sin\alpha|+\frac{T_2}{2}|\cos\alpha+k_1\sin\alpha| \tag{3.369}$$

进一步地，得到

$$|\omega_2-\omega_1|\geqslant\frac{T_1+T_2}{2}|\cot\alpha+k|\geqslant\frac{|\cot\alpha+k|}{2}\times 2\sqrt{T_1\times T_2}=|\cot\alpha+k|\sqrt{T_1T_2} \tag{3.370}$$

当且仅当 $T_1=T_2$ 时，式(3.370)取等号。

(2) 当 $k_1\neq k_2$ 时，信号 $s_1(t)$ 和 $s_2(t)$ 在分数域上相互分离的条件。

① 当 $\alpha=-\operatorname{arccot}(k_1)$ 时，由式(3.356)可知，信号 $s_1(t)$ 在 $\alpha=-\operatorname{arccot}(k_1)$ 角度分数域上能量最佳聚集，分数谱包络为 sinc 函数；而信号 $s_2(t)$ 在 $\alpha=-\operatorname{arccot}(k_1)$ 角度分数域上能

量扩散，分数谱呈现为矩形状，如图 3.11 所示。

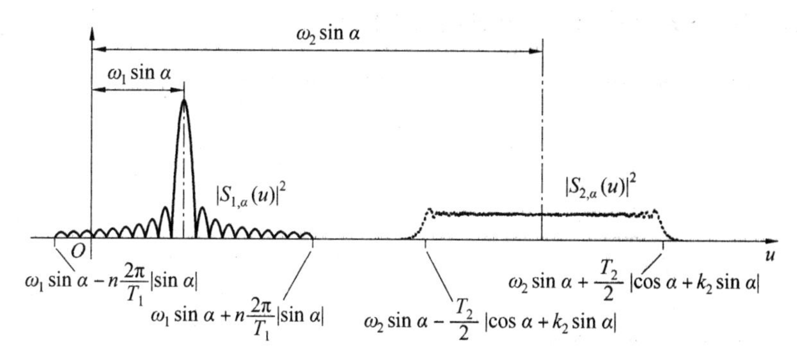

图 3.11　当 $k_1 \neq k_2$ 时信号 $s_1(t)$ 和 $s_2(t)$ 的 $\alpha = -\operatorname{arccot}(k_1)$ 角度分数谱示意图

于是，由式(3.363)和(3.364)可知，信号 $s_1(t)$ 和 $s_2(t)$ 在 $\alpha = -\operatorname{arccot}(k_1)$ 角度分数域上相互分离的条件为

$$|\omega_2 \sin\alpha - \omega_1 \sin\alpha| \geqslant n\frac{2\pi}{T_1}|\sin\alpha| + \frac{T_2}{2}|\cos\alpha + k_2 \sin\alpha| \tag{3.371}$$

即

$$|\omega_2 - \omega_1| \geqslant n\frac{2\pi}{T_1} + \frac{T_2}{2}|\cot\alpha + k_2| \tag{3.372}$$

进一步地，将 $\cot\alpha = -k_1$ 代入式(3.372)，得到

$$|\omega_2 - \omega_1| \geqslant n\frac{2\pi}{T_1} + \frac{T_2}{2}|k_2 - k_1| \geqslant 2\sqrt{n\frac{2\pi}{T_1}\times\frac{T_2}{2}|k_2 - k_1|} = 2\sqrt{\frac{T_2}{T_1}n\pi|k_2 - k_1|} \tag{3.373}$$

当且仅当 $4\pi n = T_1 T_2 |k_2 - k_1|$ 时，式(3.373)取等号。

② 当 $\alpha = -\operatorname{arccot}(k_2)$ 时，信号 $s_1(t)$ 和 $s_2(t)$ 在 $\alpha = -\operatorname{arccot}(k_2)$ 角度分数域上的分数谱特性恰好与图 3.11 所示情况相反，如图 3.12 所示。

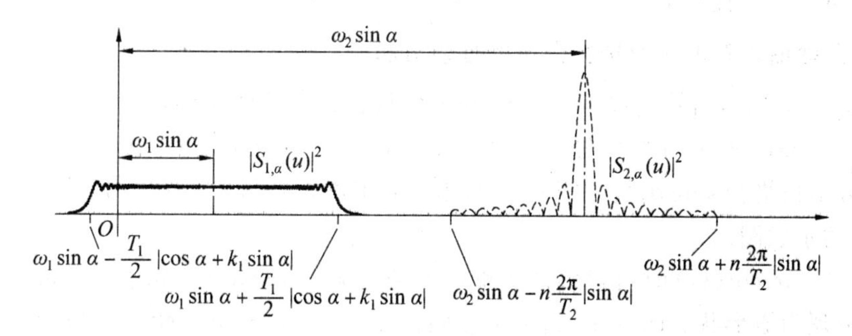

图 3.12　当 $k_1 \neq k_2$ 时信号 $s_1(t)$ 和 $s_2(t)$ 的 $\alpha = -\operatorname{arccot}(k_2)$ 角度分数谱示意图

同理，容易得到信号 $s_1(t)$ 和 $s_2(t)$ 在 $\alpha = -\operatorname{arccot}(k_2)$ 角度分数域上相互分离的条件为

$$|\omega_2 - \omega_1| \geqslant n\frac{2\pi}{T_2} + \frac{T_1}{2}|k_1 - k_2| \geqslant 2\sqrt{n\frac{2\pi}{T_2}\times\frac{T_1}{2}|k_1 - k_2|} = 2\sqrt{\frac{T_1}{T_2}n\pi|k_1 - k_2|} \tag{3.374}$$

当且仅当 $4\pi n = T_1 T_2 |k_1 - k_2|$ 时，式(3.374)取等号。

③ 当 $\alpha \neq -\operatorname{arccot}(k_1)$、$-\operatorname{arccot}(k_2)$ 时，根据式(3.358)可知，信号 $s_1(t)$ 和 $s_2(t)$ 在该 α

角度分数域上能量皆扩散，分数谱呈现为矩形状，如图 3.13 所示。于是，由式(3.364)可知，信号 $s_1(t)$ 和 $s_2(t)$ 在该分数域上相互分离的条件为

$$|\omega_2\sin\alpha-\omega_1\sin\alpha|\geqslant\frac{T_1}{2}|\cos\alpha+k\sin\alpha|+\frac{T_2}{2}|\cos\alpha+k_2\sin\alpha| \tag{3.375}$$

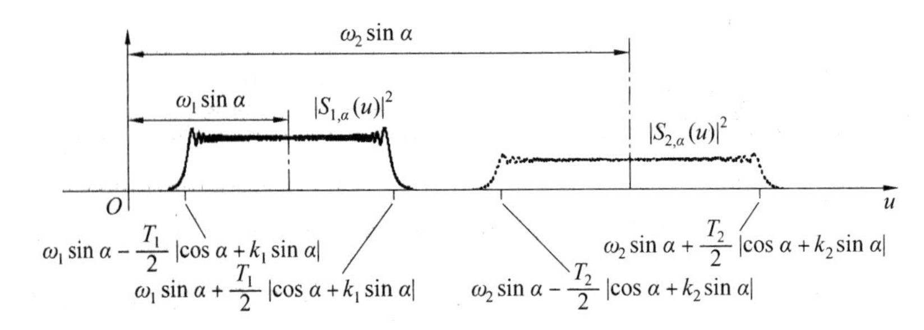

图 3.13　当 $k_1\neq k_2$ 时信号 $s_1(t)$ 和 $s_2(t)$ 的 $\alpha\neq-\mathrm{arccot}(k_1)$、$-\mathrm{arccot}(k_2)$ 角度分数谱示意图

进一步地，则有

$$|\omega_2-\omega_1|\geqslant\frac{T_1}{2}|\cot\alpha+k_1|+\frac{T_2}{2}|\cot\alpha+k_2| \tag{3.376}$$

由此得到

$$|\omega_2-\omega_1|\geqslant\frac{T_1}{2}|\cot\alpha+k_1|+\frac{T_2}{2}|\cot\alpha+k_2|\geqslant 2\sqrt{\frac{T_1}{2}|\cot\alpha+k_1|\times\frac{T_2}{2}|\cot\alpha+k_2|}=\sqrt{T_1T_2|\cot\alpha+k_1||\cot\alpha+k_2|} \tag{3.377}$$

当且仅当 $T_1|\cot\alpha+k_1|=T_2|\cot\alpha+k_2|$ 时，式(3.377)取等号。

至此，在分数谱无混叠情况下，讨论了式(3.354)和(3.355)所定义信号在分数域相互分离的理论条件及参数约束关系。

2. 信号分数谱存在混叠时进行分离的性能分析

(1) 当 $k_1=k_2$ 时，信号 $s_1(t)$ 和 $s_2(t)$ 基于分数域分离的性能分析。

① 当 $\alpha=-\mathrm{arccot}(k_1)$ 时，信号 $s_1(t)$ 和 $s_2(t)$ 在 $\alpha=-\mathrm{arccot}(k_1)$ 角度分数域上能量均最佳聚集，分数谱包络为 sinc 函数。图 3.14 给出了它们在 $\alpha=-\mathrm{arccot}(k_1)$ 角度分数域上分数谱存在混叠的示意图。

② 当 $\alpha\neq-\mathrm{arccot}(k_1)$ 时，信号 $s_1(t)$ 和 $s_2(t)$ 在 $\alpha\neq-\mathrm{arccot}(k_1)$ 角度分数域上能量均扩散，分数谱呈现为矩形状。图 3.15 给出了它们在 $\alpha\neq-\mathrm{arccot}(k_1)$ 角度分数域上分数谱存在混叠的示意图。

由图 3.14 和图 3.15 可以看出，当 $k_1=k_2$ 时，信号 $s_1(t)$ 和 $s_2(t)$ 在同一分数域上分布特性相同，或同时聚集，或同时扩散。从谱分析的角度来看，在 $\alpha=-\mathrm{arccot}(k_1)$ 角度分数域上对信号 $s_1(t)$ 和 $s_2(t)$ 的分离处理类似于在频域分离两个正弦信号；而在 $\alpha\neq-\mathrm{arccot}(k_1)$ 角度分数域上对信号 $s_1(t)$ 和 $s_2(t)$ 的分离处理则类似于在频域分离两个线性调频信号，这里重点讨论信号 $s_1(t)$ 和 $s_2(t)$ 能量分布对偶情况下的分离性能。

(2) 当 $k_1\neq k_2$ 时，信号 $s_1(t)$ 和 $s_2(t)$ 基于分数域分离的性能分析。

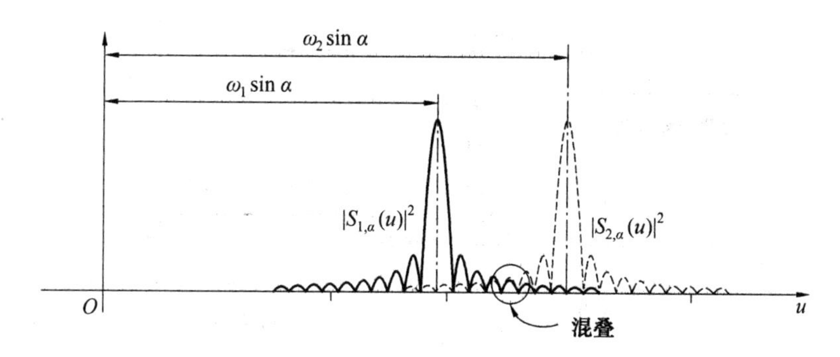

图 3.14　当 $k_1 = k_2$ 时信号 $s_1(t)$ 和 $s_2(t)$ 的 $\alpha = -\mathrm{arccot}(k_1)$ 角度分数谱混叠示意图

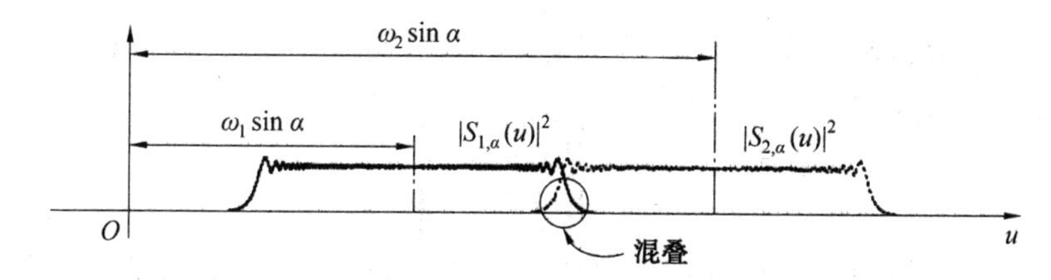

图 3.15　当 $k_1 = k_2$ 时信号 $s_1(t)$ 和 $s_2(t)$ 的 $\alpha \neq -\mathrm{arccot}(k_1)$ 角度分数谱混叠示意图

① 当 $\alpha = -\mathrm{arccot}(k_1)$ 时，信号 $s_1(t)$ 在 $\alpha = -\mathrm{arccot}(k_1)$ 角度分数域上能量最佳聚集，分数谱包络为 sinc 函数；而信号 $s_2(t)$ 在该角度分数域上能量扩散，分数谱呈现为矩形状。由式(3.363)可知，信号 $s_1(t)$ 分数谱第 n 倍过零点带宽占据的分数域区间为

$$\left[\omega_1 \sin\alpha - n\frac{2\pi}{T_1}\,|\sin\alpha|,\omega_1 \sin\alpha + n\frac{2\pi}{T_1}\,|\sin\alpha|\right] \tag{3.378}$$

同时，利用式(3.364)，可得信号 $s_2(t)$ 分数谱在分数域占据的区间为

$$\left[\omega_2 \sin\alpha - \frac{T_2}{2}\,|\cos\alpha + k_2 \sin\alpha|,\omega_2 \sin\alpha + \frac{T_2}{2}\,|\cos\alpha + k_2 \sin\alpha|\right] \tag{3.379}$$

假设欲在信号 $s_1(t)$ 能量最佳聚集的 $\alpha = -\mathrm{arccot}(k_1)$ 角度分数域上实现其与信号 $s_2(t)$ 的有效分离，一个自然的要求是：与 $s_1(t)$ 相比，$s_2(t)$ 的能量应扩散在较大的分数域区间上。因此，有

$$\frac{T_2}{2}\,|\cos\alpha + k_2 \sin\alpha| > n\frac{2\pi}{T_1}\,|\sin\alpha| \tag{3.380}$$

进一步地，式(3.380)可化简为

$$|k_2 - k_1| > \frac{4\pi n}{T_1 T_2} \tag{3.381}$$

这表明，当信号 $s_1(t)$ 和 $s_2(t)$ 的参数满足式(3.381)时，在信号 $s_1(t)$ 能量最佳聚集的分数域上，它的第 n 倍零点带宽小于信号 $s_2(t)$ 的分数域带宽。在此条件下，根据式(3.378)和式(3.379)可得，当信号 $s_1(t)$ 和 $s_2(t)$ 的参数满足

$$\frac{T_1 T_2\,|k_2 - k_1| - 4\pi n}{2T_1} \leqslant |\omega_2 - \omega_1| \leqslant \frac{T_1 T_2\,|k_2 - k_1| + 4\pi n}{2T_1} \tag{3.382}$$

时，它们的分数谱只有部分叠加在一起，如图 3.16 所示。

由式(3.358)可知，信号 $s_2(t)$ 的分数谱在 $\alpha = -\mathrm{arccot}(k_1)$ 角度分数域分布较为平坦，呈现为矩形状，因此在其分数域带宽内可以近似认为它的分数谱密度为常数 U_0，如图 3.16

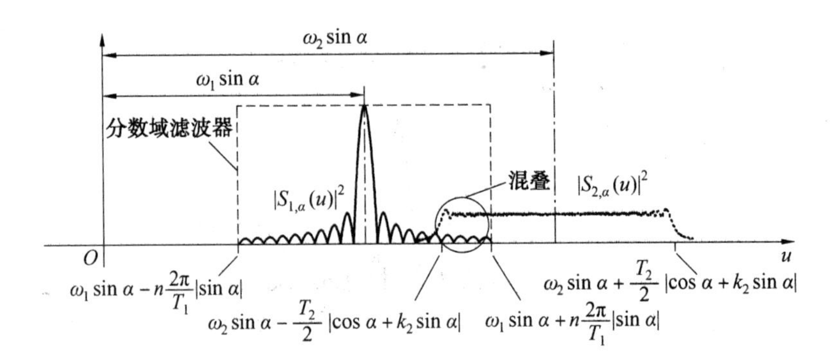

图 3.16　当 $k_1\neq k_2$ 时信号 $s_1(t)$ 和 $s_2(t)$ 的 $\alpha=-\mathrm{arccot}(k_1)$ 角度分数谱混叠示意图

所示。若把 $s_1(t)$ 视为期望信号，而将 $s_2(t)$ 看作干扰，则由式(3.354) 和(3.355) 可得信号 $s_1(t)$ 和干扰 $s_2(t)$ 的功率比为

$$J_{\text{in}}=\frac{P_{s_1}}{P_{s_2}}=\frac{T_1A_1^2}{T_2A_2^2} \tag{3.383}$$

式中，P_{s_1} 和 P_{s_2} 分别表示 $s_1(t)$ 和 $s_2(t)$ 的功率。在角度 $\alpha=-\mathrm{arccot}(k_1)$ 分数域上，信号 $s_1(t)$ 能量最佳聚集，干扰 $s_2(t)$ 能量扩散在较大的区间上。因此，利用适合于 $s_1(t)$ 分数谱特性的分数域滤波器可以将信号完全保留，而对干扰进行有效抑制。如图 3.16 所示，残留在分数域滤波器带内干扰 $s_2(t)$ 的能量为

$$P'_{s_2}=\frac{T_2A_2^2}{T_2\mid\cos\alpha+k_2\sin\alpha\mid}\left|\mid(\omega_1-\omega_2)\sin\alpha\mid-\left(n\frac{2\pi}{T_1}\mid\sin\alpha\mid+\frac{T_2}{2}\mid\cos\alpha+k_2\sin\alpha\mid\right)\right| \tag{3.384}$$

由式(3.384) 和(3.383) 可知，分数域滤波处理后，信号与残留干扰的功率比为

$$J_{\text{out}}=\frac{P_{s_1}}{P'_{s_2}}=\frac{T_1A_1^2}{T_2A_2^2}\frac{T_2\mid\cos\alpha+k_2\sin\alpha\mid}{\left|\mid(\omega_1-\omega_2)\sin\alpha\mid-\left(n\frac{2\pi}{T_1}\mid\sin\alpha\mid+\frac{T_2}{2}\mid\cos\alpha+k_2\sin\alpha\mid\right)\right|} \tag{3.385}$$

进一步地，利用 $\alpha=-\mathrm{arccot}(k_1)$ 可将式(3.385) 化简为

$$\begin{aligned}J_{\text{out}}&=\frac{T_1A_1^2}{T_2A_2^2}=\frac{T_2(k_2-k_1)}{\left|\mid\omega_1-\omega_2\mid-\left(n\frac{2\pi}{T_1}+\frac{T_2}{2}\mid k_2-k_1\mid\right)\right|}\\&=\frac{2A_1^2T_1^2\mid k_2-k_1\mid}{A_2^2\mid\mid\omega_1-\omega_2\mid 2T_1-4\pi n-T_1T_2\mid k_2-k_1\mid\mid}\end{aligned} \tag{3.386}$$

此外，当 $0\leqslant\mid\omega_1-\omega_2\mid\leqslant\frac{T_1T_2\mid k_2-k_1\mid-4\pi n}{2T_1}$ 时，信号 $s_1(t)$ 与 $s_2(t)$ 的分数谱完全混叠在一起，如图 3.17 所示。同样，在 $\alpha=-\mathrm{arccot}(k_1)$ 角度分数域内经过滤波处理后，信号 $s_1(t)$ 的能量将被完全保留；而干扰 $s_2(t)$ 的能量大部分被滤除，仅有部分能量残留在滤波器带内，且残留的能量为

$$P'_{s_2}=\frac{T_2A_2^2}{T_2\mid\cos\alpha+k_2\sin\alpha\mid}\times\frac{4\pi n}{T_1}\mid\sin\alpha\mid \tag{3.387}$$

由式(3.387) 和(3.383) 可知，分数域滤波处理后，信号和残留干扰的功率比为

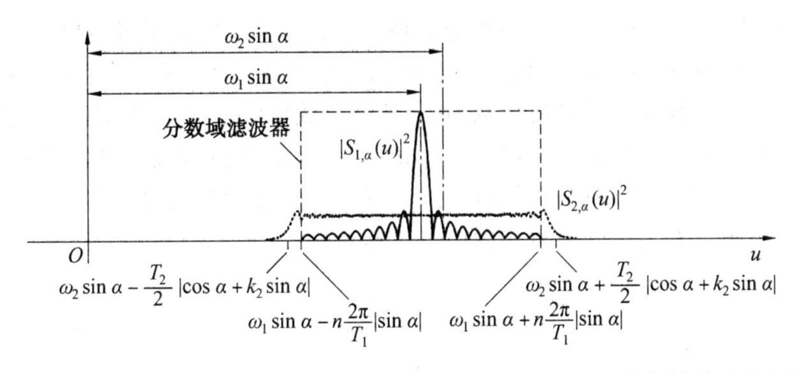

图 3.17　当 $k_1 \neq k_2$ 时信号 $s_1(t)$ 和 $s_2(t)$ 的 $\alpha = -\text{arccot}(k_1)$ 角度分数谱混叠示意图

$$J'_{\text{out}} = \frac{P_{s_1}}{P'_{s_2}} = \frac{T_1 A_1^2}{T_2 A_2^2} \frac{T_2 \mid \cos\alpha + k_2 \sin\alpha \mid}{\frac{4\pi n}{T_1} \mid \sin\alpha \mid} \tag{3.388}$$

于是,可得

$$J'_{\text{out}} = \frac{T_1 A_1^2}{T_2 A_2^2} \frac{T_2 \mid k_2 - k_1 \mid}{4\pi n / T_1} = \frac{A_1^2 T_1^2 \mid k_2 - k_1 \mid}{A_2^2 4\pi n} \leqslant J_{\text{out}} \tag{3.389}$$

② 当 $\alpha = -\text{arccot}(k_2)$ 时,根据前述分析可知,信号 $s_1(t)$ 和 $s_2(t)$ 在 $\alpha = -\text{arccot}(k_2)$ 角度分数域上的分数谱特性与 $\alpha = -\text{arccot}(k_1)$ 角度分数域上的特性相反,即前者在 $\alpha = -\text{arccot}(k_2)$ 角度分数域能量扩散,而后者能量则最佳聚集。在此情况下,把 $s_2(t)$ 视为期望信号,而把 $s_1(t)$ 当作干扰。同理,容易得到当信号 $s_2(t)$ 和干扰 $s_1(t)$ 在 $\alpha = -\text{arccot}(k_2)$ 角度分数域分数谱存在部分混叠时,进行分数域滤波处理后,信号和残留干扰的功率比为

$$\tilde{J}_{\text{out}} = \frac{2A_2^2 T_2^2 \mid k_1 - k_2 \mid}{A_1^2 \mid \mid \omega_2 - \omega_1 \mid 2T_2 - 4\pi n - T_1 T_2 \mid k_1 - k_2 \mid \mid} \tag{3.390}$$

进一步地,当信号 $s_2(t)$ 和干扰 $s_1(t)$ 的分数谱完全混叠时,经过分数域滤波处理后,信号和残留干扰的功率比为

$$\tilde{J}'_{\text{out}} = \frac{P_{s_2}}{P'_{s_1}} = \frac{A_2^2 T_2^2 \mid k_1 - k_2 \mid}{A_1^2 4\pi n} \leqslant \tilde{J}_{\text{out}} \tag{3.391}$$

③ 当 $\alpha \neq -\text{arccot}(k_1)$、$-\text{arccot}(k_2)$ 时,信号 $s_1(t)$ 和 $s_2(t)$ 在该 α 角度分数域上能量皆扩散且分布在一个较大的范围内,它们的分数谱呈现为矩形状,如图 3.18 所示。

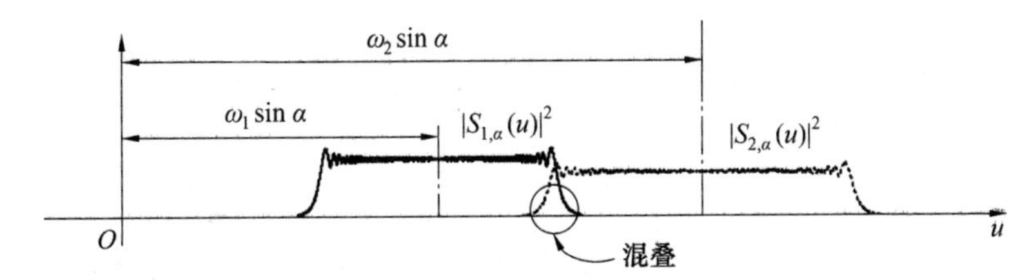

图 3.18　当 $k_1 \neq k_2$ 时信号 $s_1(t)$ 和 $s_2(t)$ 的 $\alpha \neq -\text{arccot}(k_1)$、$-\text{arccot}(k_2)$ 角度分数谱混叠示意图

在此情况下,在分数域对信号 $s_1(t)$ 和 $s_2(t)$ 的分离处理与在频域对两个线性调频信号的分离处理类似,在此不做赘述。

综上分析，在 $\alpha=-\text{arccot}(k_1)$ 角度分数域上，信号 $s_1(t)$ 能量呈最佳聚集，而信号 $s_2(t)$ 能量则呈现为扩散状态；分数域滤波处理后得到的信干比越大，则信号 $s_2(t)$ 分数谱在 $\alpha=-\text{arccot}(k_1)$ 角度分数域上被扩展越宽，其在该分数域单位带宽上的能量分布就越少，分数域滤波后残留的干扰能量就越少。在 $\alpha=-\text{arccot}(k_2)$ 角度分数域上，情况则相反。因此，在实际应用中，为了达到有效抑制干扰信号的目的，在信号设计的过程中，信号参数选择应尽可能使上述分数域滤波处理后得到的信干比达到最大。

第4章 随机信号的分数阶傅里叶分析

在前述章节的分数阶傅里叶分析中，研究对象是确知信号，随机信号是否可以应用分数阶傅里叶分析方法？分数阶傅里叶变换是否可以研究随机信号？随机信号在分数域有哪些特质？本章将详细讨论这些问题。

4.1 随机信号的分数阶功率谱分析

4.1.1 分数阶功率谱密度的定义

随机信号 $f(t)$ 持续时间无限长，对于非零的样本函数，它的能量一般是无限的，因此，其分数阶傅里叶变换不存在。但是注意到它的平均功率是有限的，在特定条件下，仍然可以利用分数阶傅里叶变换这一工具。为了将分数阶傅里叶变换方法应用于随机过程，必须对过程的样本函数做某些限制，最简单的一种方法是应用截取函数，如图4.1所示。

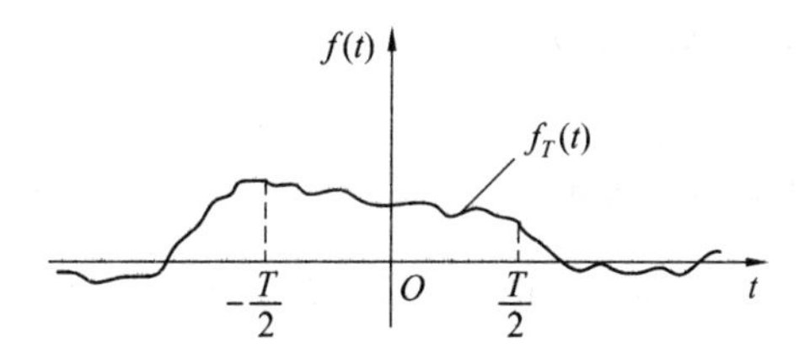

图4.1 $f(t)$ 及其截取函数

截取函数 $f_T(t)$ 可以表示为

$$f_T(t)=\begin{cases} f(t), & |t|\leqslant \dfrac{T}{2}<+\infty \\ 0, & \text{其他} \end{cases} \tag{4.1}$$

当 $f(t)$ 为有限值时，截取函数 $f_T(t)$ 满足绝对可积条件。因此，$f_T(t)$ 的分数阶傅里叶变换存在，有

$$F_{T,\alpha}(u)=\mathscr{F}^{\alpha}\{f_T(t)\}(u)=\int_{-\frac{T}{2}}^{\frac{T}{2}} f(t)K_{\alpha}(u,t)\mathrm{d}t \tag{4.2}$$

根据分数阶傅里叶变换的能量守恒定理，可得

$$\int_{-\frac{T}{2}}^{\frac{T}{2}} |f(t)|^2\mathrm{d}t=\int_{-\infty}^{+\infty} |F_{T,\alpha}(u)|^2\mathrm{d}u \tag{4.3}$$

由此得到，随机过程的平均功率可以表示为

$$\lim_{T\to\infty}\frac{1}{T}\int_{-\frac{T}{2}}^{\frac{T}{2}}E\{|f(t)|^2\}\mathrm{d}t=\int_{-\infty}^{+\infty}\lim_{T\to\infty}\frac{1}{T}E\{|F_{T,\alpha}(u)|^2\}\mathrm{d}u \tag{4.4}$$

式中，$E\{\cdot\}$ 表示求数学期望。进一步地，可以得到随机过程的分数阶频率功率谱密度的定义，即

$$\mathscr{P}_f^\alpha(u)=\lim_{T\to\infty}\frac{1}{T}E\{|F_{T,\alpha}(u)|^2\} \tag{4.5}$$

由于对 $|F_{T,\alpha}(u)|^2$ 求了数学期望，因此 $\mathscr{P}_f^\alpha(u)$ 不再具有随机性，是 u 的确定性的函数，它描述了随机信号 $f(t)$ 的功率在各个不同分数阶频率上的分布，称 $\mathscr{P}_f^\alpha(u)$ 为随机信号 $f(t)$ 的分数阶功率密度。

可以看出，随机信号的平均功率可以通过对信号的均方值求时间平均得到，即对于一般的随机信号（例如，非平稳随机信号）求平均功率，需要既求时间平均，又求统计平均。

若随机信号为平稳的，则

$$\lim_{T\to\infty}\frac{1}{T}\int_{-\frac{T}{2}}^{\frac{T}{2}}E\{|f(t)|^2\}\mathrm{d}t=E\{|f(t)|^2\}=\int_{-\infty}^{+\infty}\mathscr{P}_f^\alpha(u)\mathrm{d}u \tag{4.6}$$

这是因为均方值与时间 t 无关，其时间平均为它自身。

物理意义：信号的平均功率等于各个分数阶频率分量单独贡献出的功率的连续总和。分数阶功率谱密度 $\mathscr{P}_f^\alpha(u)$ 反映了信号能量在分数阶频率轴上的分布情况。需要说明的是，分数阶功率谱密度只与信号的幅度有关，与分数阶谱的相位无关，也就是说从分数阶功率谱中只能获得信号的幅度信息，得不到相位信息。

4.1.2 平稳随机信号分数阶功率谱密度的性质

1. 分数阶功率谱密度为非负的，即

$$\mathscr{P}_f^\alpha(u)\geqslant 0 \tag{4.7}$$

证明 根据分数阶功率谱密度的定义，有

$$\mathscr{P}_f^\alpha(u)=\lim_{T\to\infty}\frac{1}{T}E\{|F_{T,\alpha}(u)|^2\} \tag{4.8}$$

因为

$$|F_{T,\alpha}(u)|^2\geqslant 0 \tag{4.9}$$

所以

$$\mathscr{P}_f^\alpha(u)\geqslant 0 \tag{4.10}$$

2. 分数阶功率谱密度是 u 的实函数

证明 根据分数阶功率谱密度的定义，可得

$$\mathscr{P}_f^\alpha(u)=\lim_{T\to\infty}\frac{1}{T}E\{|F_{T,\alpha}(u)|^2\} \tag{4.11}$$

因为 $|F_{T,\alpha}(u)|^2$ 进行了取模运算，这是 u 的实函数，所以 $\mathscr{P}_f^\alpha(u)$ 也是 u 的实函数，且为确定性函数。

3. 分数阶功率谱密度可积，即

$$\int_{-\infty}^{+\infty}\mathscr{P}_f^\alpha(u)\mathrm{d}u<+\infty \tag{4.12}$$

证明　对于平稳随机过程，有

$$E\{|f(t)|^2\}=\int_{-\infty}^{+\infty}\mathscr{P}_f^\alpha(u)\mathrm{d}u \tag{4.13}$$

这表明，分数阶功率谱密度函数曲线与 u 轴围成的面积（即随机信号的全部功率）等于信号的均方值。由于平稳随机过程均方值是有限的，故 $\mathscr{P}_f^\alpha(u)$ 可积。

4. 实平稳随机信号 $f(t)\mathrm{e}^{\mathrm{j}\frac{t^2}{2}\cot\alpha}$ 的分数阶功率谱密度是 u 的偶函数，即

$$\mathscr{P}_f^\alpha(u)=\mathscr{P}_f^\alpha(-u) \tag{4.14}$$

证明　根据分数阶傅里叶变换的性质，当 $f(t)\mathrm{e}^{\mathrm{j}\frac{t^2}{2}\cot\alpha}$ 为 t 的实函数时，其分数阶频率谱满足

$$F_{T,\alpha}(u)\frac{\mathrm{e}^{-\mathrm{j}\frac{u^2}{2}\cot\alpha}}{\sqrt{1-\mathrm{j}\cot\alpha}}=\frac{1}{\sqrt{2\pi}}\int_{-\frac{T}{2}}^{\frac{T}{2}}f(t)\mathrm{e}^{\mathrm{j}\frac{t^2}{2}\cot\alpha}\mathrm{e}^{-\mathrm{j}tu\csc\alpha}\mathrm{d}t \tag{4.15}$$

因此

$$\left\{F_{T,\alpha}(u)\frac{\mathrm{e}^{-\mathrm{j}\frac{u^2}{2}\cot\alpha}}{\sqrt{1-\mathrm{j}\cot\alpha}}\right\}^*=F_{T,\alpha}(-u)\frac{\mathrm{e}^{-\mathrm{j}\frac{u^2}{2}\cot\alpha}}{\sqrt{1-\mathrm{j}\cot\alpha}} \tag{4.16}$$

式中，符号 * 表示复共轭。于是，有

$$\begin{aligned}\left|F_{T,\alpha}(u)\frac{\mathrm{e}^{-\mathrm{j}\frac{u^2}{2}\cot\alpha}}{\sqrt{1-\mathrm{j}\cot\alpha}}\right|^2&=F_{T,\alpha}(u)\frac{\mathrm{e}^{-\mathrm{j}\frac{u^2}{2}\cot\alpha}}{\sqrt{1-\mathrm{j}\cot\alpha}}\left\{F_{T,\alpha}(u)\frac{\mathrm{e}^{-\mathrm{j}\frac{u^2}{2}\cot\alpha}}{\sqrt{1-\mathrm{j}\cot\alpha}}\right\}^*\\&=\left\{F_{T,\alpha}(-u)\frac{\mathrm{e}^{-\mathrm{j}\frac{u^2}{2}\cot\alpha}}{\sqrt{1-\mathrm{j}\cot\alpha}}\right\}^*F_{T,\alpha}(-u)\frac{\mathrm{e}^{-\mathrm{j}\frac{u^2}{2}\cot\alpha}}{\sqrt{1-\mathrm{j}\cot\alpha}}\end{aligned} \tag{4.17}$$

由此，得到

$$|F_{T,\alpha}(u)|^2=|F_{T,\alpha}(-u)|^2 \tag{4.18}$$

又因为

$$\mathscr{P}_f^\alpha(u)=\lim_{T\to\infty}\frac{1}{T}E\{|F_{T,\alpha}(u)|^2\} \tag{4.19}$$

故 $\mathscr{P}_f^\alpha(u)=\mathscr{P}_f^\alpha(-u)$。

4.2　分数阶功率谱密度与分数阶自相关函数之间的关系

4.2.1　分数阶自相关函数的定义

随机信号 $f(t)$ 的分数阶自相关函数定义为

$$R_f^\alpha(t,t+\tau)=\mathrm{e}^{-\mathrm{j}\frac{\tau^2}{2}\cot\alpha}E\{f(t)\mathrm{e}^{\mathrm{j}\frac{t^2}{2}\cot\alpha}f^*(t+\tau)\mathrm{e}^{-\mathrm{j}\frac{(t+\tau)^2}{2}\cot\alpha}\} \tag{4.20}$$

可以看出，若 $f(t)\mathrm{e}^{\mathrm{j}\frac{t^2}{2}\cot\alpha}$ 是经典平稳的，则有 $R_f^\alpha(t,t+\tau)=R_f^\alpha(\tau)$，即随机信号 $f(t)$ 的分数阶自相关函数与时间 t 无关，而只与时间间隔 τ 有关，这里称随机信号 $f(t)$ 是分数阶平稳的。

若随机信号 $f(t)$ 是分数阶平稳的，分数阶自相关函数绝对可积，则分数阶自相关函数与分数阶功率谱密度构成一对分数阶傅里叶变换对，即

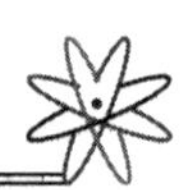

$$\mathscr{P}_f^\alpha(u) = A_{-\alpha} e^{-j\frac{u^2}{2}\cot\alpha} \int_{-\infty}^{+\infty} R_f^\alpha(\tau) K_\alpha(u,\tau) d\tau \tag{4.21}$$

称这一关系为分数阶维纳－辛钦定理。

4.2.2 分数阶维纳－辛钦定理

分数阶自相关函数和分数阶功率谱密度有着密切的关系，它们分别从时域和分数域两个方面描述随机信号的统计特性。下面将给出分数阶维纳－辛钦定理的证明过程，说明二者的关系。

根据式(4.5)所示分数阶功率密度的定义，则有

$$\begin{aligned}
\mathscr{P}_f^\alpha(u) &= \lim_{T\to\infty} \frac{1}{T} E\{\mid F_{T,\alpha}(u)\mid^2\} \\
&= \lim_{T\to\infty} \frac{1}{T} E\left\{\int_{-\frac{T}{2}}^{\frac{T}{2}} f(t_1) K_\alpha(u,t_1) dt_1 \int_{-\frac{T}{2}}^{\frac{T}{2}} f^*(t_2) K_\alpha^*(u,t_2) dt_2\right\} \\
&= A_\alpha A_{-\alpha} \lim_{T\to\infty} \frac{1}{T} E\left\{\int_{-\frac{T}{2}}^{\frac{T}{2}} \int_{-\frac{T}{2}}^{\frac{T}{2}} f(t_1) e^{j\frac{t_1^2}{2}\cot\alpha} \cdot \right. \\
&\qquad \left. f^*(t_2) e^{-j\frac{t_1^2}{2}\cot\alpha} \times e^{-j(t_1-t_2)u\csc\alpha} dt_1 dt_2\right\}
\end{aligned} \tag{4.22}$$

为简化分析，令 $\tilde{f}(t) = f(t) e^{j\frac{t^2}{2}\cot\alpha}$，则式(4.22)可以改写为

$$\begin{aligned}
\mathscr{P}_f^\alpha(u) &= A_\alpha A_{-\alpha} \lim_{T\to\infty} \frac{1}{T} E\left\{\int_{-\frac{T}{2}}^{\frac{T}{2}} \int_{-\frac{T}{2}}^{\frac{T}{2}} \tilde{f}(t_1) \tilde{f}^*(t_2) e^{-j(t_1-t_2)u\csc\alpha} dt_1 dt_2\right\} \\
&= A_\alpha A_{-\alpha} \lim_{T\to\infty} \frac{1}{T} \int_{-\frac{T}{2}}^{\frac{T}{2}} \int_{-\frac{T}{2}}^{\frac{T}{2}} E\{\tilde{f}(t_1) \tilde{f}^*(t_2)\} e^{-j(t_1-t_2)u\csc\alpha} dt_1 dt_2 \\
&= A_\alpha A_{-\alpha} \lim_{T\to\infty} \frac{1}{T} \int_{-\frac{T}{2}}^{\frac{T}{2}} \int_{-\frac{T}{2}}^{\frac{T}{2}} R_{\tilde{f}}(t_1 - t_2) e^{-j(t_1-t_2)u\csc\alpha} dt_1 dt_2
\end{aligned} \tag{4.23}$$

式中，$R_{\tilde{f}}(t_1 - t_2) = E\{\tilde{f}(t_1)\tilde{f}^*(t_2)\}$，表示随机信号 $\tilde{f}(t)$ 的经典自相关函数。若 $f(t)$ 是分数阶平稳的，令 $\tau = t_1 - t_2$，$\xi = t_1 + t_2$，如图 4.2 所示，则 $t_1 = \frac{\tau+\xi}{2}$，$t_2 = \frac{\xi-\tau}{2}$，所以

$$J = \frac{\partial(t_1 t_2)}{\partial(\tau,\xi)} = \begin{vmatrix} \frac{1}{2} & \frac{1}{2} \\ -\frac{1}{2} & \frac{1}{2} \end{vmatrix} = \frac{1}{2} \tag{4.24}$$

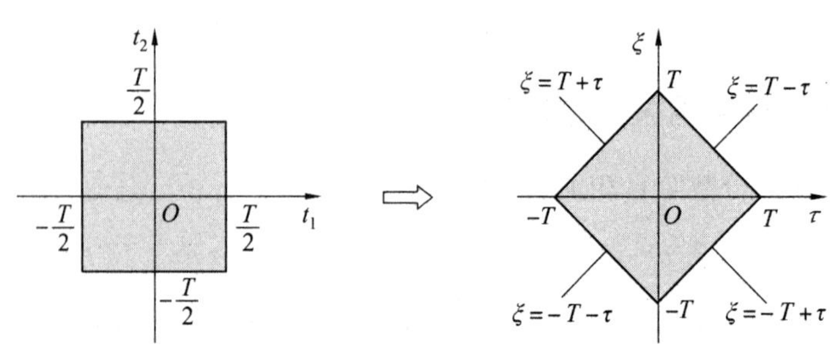

图 4.2 变量替换前后映射关系

于是，由式(4.23)可得

$$\mathscr{P}_f^{\alpha}(u)=A_{\alpha}A_{-\alpha}\lim_{T\to\infty}\left\{\int_{-T}^{0}\mathrm{d}\tau\int_{-T-\tau}^{T+\tau}\frac{1}{2}R_{\tilde{f}}(\tau)\mathrm{e}^{-\mathrm{j}\tau u\csc\alpha}\mathrm{d}\xi+\int_{0}^{T}\mathrm{d}\tau\int_{-T+\tau}^{T-\tau}\frac{1}{2}R_{\tilde{f}}(\tau)\mathrm{e}^{-\mathrm{j}\tau u\csc\alpha}\mathrm{d}\xi\right\}$$

$$=A_{\alpha}A_{-\alpha}\lim_{T\to\infty}\frac{1}{T}\left\{\int_{-T}^{T}\mathrm{d}\tau\int_{-T+|\tau|}^{T-|\tau|}\frac{1}{2}R_{\tilde{f}}(\tau)\mathrm{e}^{-\mathrm{j}\tau u\csc\alpha}\mathrm{d}\xi\right\}\tag{4.25}$$

进一步地，则有

$$\begin{aligned}\mathscr{P}_f^{\alpha}(u)&=A_{\alpha}A_{-\alpha}\lim_{T\to\infty}\int_{-T}^{T}(T-|\tau|)R_{\tilde{f}}(\tau)\mathrm{e}^{-\mathrm{j}\tau u\csc\alpha}\mathrm{d}\tau\\&=A_{\alpha}A_{-\alpha}\lim_{T\to\infty}\int_{-T}^{T}\left(1-\frac{|\tau|}{T}\right)R_{\tilde{f}}(\tau)\mathrm{e}^{-\mathrm{j}\tau u\csc\alpha}\mathrm{d}\tau\\&=A_{\alpha}A_{-\alpha}\int_{-\infty}^{+\infty}R_{\tilde{f}}(\tau)\mathrm{e}^{-\mathrm{j}\tau u\csc\alpha}\mathrm{d}\tau\end{aligned}\tag{4.26}$$

由此并结合分数阶傅里叶变换的定义，可得分数阶功率谱密度与分数阶自相关函数的关系，即

$$\begin{aligned}\mathscr{P}_f^{\alpha}(u)&=A_{-\alpha}\mathrm{e}^{-\mathrm{j}\frac{u^2}{2}\cot\alpha}\int_{-\infty}^{+\infty}(R_{\tilde{f}}(\tau)\mathrm{e}^{-\mathrm{j}\frac{\tau^2}{2}\cot\alpha})K_{\alpha}(u,\tau)\mathrm{d}\tau\\&=A_{-\alpha}\mathrm{e}^{-\mathrm{j}\frac{u^2}{2}\cot\alpha}\int_{-\infty}^{+\infty}R_f^{\alpha}(\tau)K_{\alpha}(u,\tau)\mathrm{d}\tau\end{aligned}\tag{4.27}$$

此即为分数阶维纳－辛钦定理的数学表述。

4.3　白噪声的分数阶傅里叶分析

4.3.1　理想白噪声

假设 $n(t)$ 是一个频率功率谱密度为$\frac{N_0}{2}$的高斯白噪声，那么根据上述分数阶自相关函数的定义，可得 $n(t)$ 的分数阶自相关函数为

$$\begin{aligned}R_n^{\alpha}(\tau)&=\mathrm{e}^{-\mathrm{j}\frac{\tau^2}{2}\cot\alpha}E\{n(t)\mathrm{e}^{\mathrm{j}\frac{t^2}{2}\cot\alpha}n^*(t+\tau)\mathrm{e}^{-\mathrm{j}\frac{(t+\tau)^2}{2}\cot\alpha}\}\\&=\mathrm{e}^{-\mathrm{j}\frac{\tau^2}{2}\cot\alpha}E\{n(t)n^*(t+\tau)\}\mathrm{e}^{-\mathrm{j}\tau\frac{2t+\tau}{2}\cot\alpha}\\&=2\pi\frac{N_0}{2}\delta(\tau)\end{aligned}\tag{4.28}$$

由此并结合分数阶频率功率谱与分数阶自相关函数的关系，可得

$$\begin{aligned}\mathscr{P}_n^{\alpha}(u)&=A_{-\alpha}\mathrm{e}^{-\mathrm{j}\frac{u^2}{2}\cot\alpha}\int_{-\infty}^{+\infty}R_n^{\alpha}(\tau)K_{\alpha}(u,\tau)\mathrm{d}\tau\\&=A_{-\alpha}\mathrm{e}^{-\mathrm{j}\frac{u^2}{2}\cot\alpha}\int_{-\infty}^{+\infty}2\pi\frac{N_0}{2}\delta(\tau)K_{\alpha}(u,\tau)\mathrm{d}\tau\\&=2\pi A_{\alpha}A_{-\alpha}\frac{N_0}{2}=|\csc\alpha|\frac{N_0}{2}\end{aligned}\tag{4.29}$$

该结果表明，频率功率谱密度为$\frac{N_0}{2}$的高斯(频域)白噪声 $n(t)$ 在分数域仍然是一个白噪声，即其分数阶频率功率谱密度为一恒定的值 $|\csc\alpha|\frac{N_0}{2}$。

4.3.2 分数域限带白噪声

1. 低通型

若白噪声的分数阶功率谱密度在 $|u| \leqslant \Delta u$ 内不为零，而在其外为零，且分布均匀，其表达式为

$$\mathscr{P}_n^{\alpha}(u)=\begin{cases}|\csc\alpha|\dfrac{P}{\Delta u}, & |u|\leqslant\Delta u\\ 0, & \text{其他}\end{cases} \tag{4.30}$$

称这类白噪声为低通白噪声。

根据分数阶自相关函数与分数阶功率谱密度之间的关系，可得

$$R_n^{\alpha}(\tau)=P\frac{\sin(\tau\Delta u\csc\alpha)}{\tau\Delta u\csc\alpha}\mathrm{e}^{-\mathrm{j}\frac{\tau^2}{2}\cot\alpha} \tag{4.31}$$

由此可得低通白噪声的平均功率为

$$R_n^{\alpha}(0)=P \tag{4.32}$$

事实上，将理想白噪声通过分数域一个理想低通滤波器，便可产生出低通型限带白噪声。

2. 带通型

如果白噪声 $n(t)$ 的分数阶功率谱密度集中 $\pm u_0$ 为中心的分数阶频带内，则称 $n(t)$ 是带通型限带白噪声，其分数阶功率密度的表达式为

$$\mathscr{P}_n^{\alpha}(u)=\begin{cases}|\csc\alpha|\dfrac{P}{\Delta u}, & u_0-\dfrac{\Delta u}{2}\leqslant|u|\leqslant u_0+\dfrac{\Delta u}{2}\\ 0, & \text{其他}\end{cases} \tag{4.33}$$

它的分数阶自相关函数为

$$R_n^{\alpha}(\tau)=P\frac{\sin(\tau\Delta u\csc\alpha)}{\tau\Delta u\csc\alpha}\cos(\tau u_0\csc\alpha)\mathrm{e}^{-\mathrm{j}\frac{\tau^2}{2}\cot\alpha} \tag{4.34}$$

带通型白噪声的平均功率为

$$R_n^{\alpha}(0)=P \tag{4.35}$$

4.3.3 分数域色噪声

按照分数阶功率密度函数形式来区别随机信号，把除了分数域白噪声以外的所有噪声都称为分数域有色噪声，简称分数域色噪声。

4.4 联合随机信号的分数阶互功率谱密度

4.4.1 分数阶互功率谱密度的定义

可由单个随机信号分数阶功率谱密度的概念及相应的分析方法推广而来。

考虑两个平稳实随机信号，它们的样本函数分别为 $f(t)$ 和 $g(t)$，定义两个截取函数 $f_T(t)$ 和 $g_T(t)$ 为

$$f_T(t)=\begin{cases} f(t), & |t|\leqslant \dfrac{T}{2}<+\infty \\ 0, & \text{其他} \end{cases} \tag{4.36}$$

$$g_T(t)=\begin{cases} g(t), & |t|\leqslant \dfrac{T}{2}<+\infty \\ 0, & \text{其他} \end{cases} \tag{4.37}$$

因为 $f_T(t)$ 和 $g_T(t)$ 都满足绝对可积的条件，故它们的分数阶傅里叶变换存在。于是，根据分数阶傅里叶变换的内积定理，可得

$$\int_{-\infty}^{+\infty} f_T(t)g_T^*(t)\mathrm{d}t=\int_{-\infty}^{+\infty} F_{T,\alpha}(u)G_{T,\alpha}^*(u)\mathrm{d}u \tag{4.38}$$

即

$$\int_{-\frac{T}{2}}^{\frac{T}{2}} f(t)g^*(t)\mathrm{d}t=\int_{-\infty}^{+\infty} F_{T,\alpha}(u)G_{T,\alpha}^*(u)\mathrm{d}t \tag{4.39}$$

注意到上式中，$f(t)$ 和 $g(t)$ 是任一样本函数，因此具有随机性，取数学期望，并令 $T\to\infty$，得到平均互功率为

$$\lim_{T\to\infty}E\left\{\frac{1}{T}\int_{-\frac{T}{2}}^{\frac{T}{2}} f(t)g^*(t)\mathrm{d}t\right\}=\lim_{T\to\infty}E\left\{\frac{1}{T}\int_{-\infty}^{+\infty} F_{T,\alpha}(u)G_{T,\alpha}^*(u)\mathrm{d}u\right\} \tag{4.40}$$

进一步地，则有

$$\lim_{T\to\infty}\frac{1}{T}\int_{-\frac{T}{2}}^{\frac{T}{2}} E\{f(t)g^*(t)\}\mathrm{d}t=\int_{-\infty}^{+\infty}\lim_{T\to\infty}\frac{E\{F_{T,\alpha}(u)G_{T,\alpha}^*(u)\}}{T}\mathrm{d}u \tag{4.41}$$

由此，可以得到分数阶互功率谱密度的定义为

$$\mathscr{P}_{fg}^{\alpha}(u)=\lim_{T\to\infty}\frac{E\{F_{T,\alpha}(u)G_{T,\alpha}^*(u)\}}{T} \tag{4.42}$$

同理，有

$$\mathscr{P}_{gf}^{\alpha}(u)=\lim_{T\to\infty}\frac{E\{G_{T,\alpha}(u)F_{T,\alpha}^*(u)\}}{T} \tag{4.43}$$

以上定义了互功率和分数阶互功率谱密度，并导出了它们之间的关系。

4.4.2　分数阶互功率谱密度与分数阶互相关函数之间的关系

前述分析表明，平稳随机信号的分数阶自相关函数与其分数阶功率谱密度之间互为分数阶傅里叶变换对，分数阶互相关函数与分数阶互功率谱密度之间也存在着类似的关系。

两个随机信号 $f(t)$ 和 $g(t)$ 的分数阶互相关函数定义为

$$R_{fg}^{\alpha}(t,t+\tau)=\mathrm{e}^{-\mathrm{j}\frac{\tau^2}{2}\cot\alpha}E\left\{f(t)\mathrm{e}^{\mathrm{j}\frac{t^2}{2}\cot\alpha}g^*(t+\tau)\mathrm{e}^{-\mathrm{j}\frac{(t+\tau)^2}{2}\cot\alpha}\right\} \tag{4.44}$$

若 $f(t)$ 和 $g(t)$ 各自是分数阶平稳的，且是联合分数阶平稳的，则有 $R_{fg}^{\alpha}(t,t+\tau)=R_{fg}^{\alpha}(\tau)$。于是，可以得到下述结论。

对于两个联合分数阶平稳的分数阶平稳信号 $f(t)$ 和 $g(t)$，其分数阶互功率谱密度 $\mathscr{P}_{fg}^{\alpha}(u)$ 和分数阶互相关函数 $R_{fg}^{\alpha}(\tau)$ 之间的关系为

$$\mathscr{P}_{fg}^{\alpha}(u)=A_{-\alpha}\mathrm{e}^{-\mathrm{j}\frac{u^2}{2}\cot\alpha}\int_{-\infty}^{+\infty}R_{fg}^{\alpha}(\tau)K_{\alpha}(u,\tau)\mathrm{d}\tau \tag{4.45}$$

这一结论的证明与分数阶平稳信号的分数阶功率谱密度和分数阶自相关之间关系的证明过程类似，在此不做赘述。

4.4.3 分数阶互功率谱密度的性质

性质 4.1 对于实平移信号 $f(t)\mathrm{e}^{\mathrm{j}\frac{t^2}{2}\cot\alpha}$ 和 $g(t)\mathrm{e}^{\mathrm{j}\frac{t^2}{2}\cot\alpha}$，则有

$$\mathscr{P}_{fg}^{\alpha}(u)=\mathscr{P}_{gf}^{\alpha}(-u) \tag{4.46}$$

证明 根据分数阶互功率密度的定义，则有

$$\mathscr{P}_{fg}^{\alpha}(u)=A_{\alpha}A_{-\alpha}\int_{-\infty}^{+\infty}R_{fg}^{\alpha}(\tau)\mathrm{e}^{\mathrm{j}\frac{\tau^2}{2}\cot\alpha}\mathrm{e}^{-\mathrm{j}\tau u\csc\alpha}\mathrm{d}\tau \tag{4.47}$$

由于 $f(t)\mathrm{e}^{\mathrm{j}\frac{t^2}{2}\cot\alpha}$ 和 $g(t)\mathrm{e}^{\mathrm{j}\frac{t^2}{2}\cot\alpha}$ 是实平稳的，可得

$$\mathscr{P}_{fg}^{\alpha}(u)=A_{\alpha}A_{-\alpha}\int_{-\infty}^{+\infty}R_{gf}^{\alpha}(-\tau)\mathrm{e}^{\mathrm{j}\frac{\tau^2}{2}\cot\alpha}\mathrm{e}^{-\mathrm{j}\tau u\csc\alpha}\mathrm{d}\tau \tag{4.48}$$

令 $\hat{\tau}=-\tau$，则有

$$\mathscr{P}_{fg}^{\alpha}(u)=A_{\alpha}A_{-\alpha}\int_{-\infty}^{+\infty}R_{gf}^{\alpha}(\hat{\tau})\mathrm{e}^{\mathrm{j}\frac{\hat{\tau}^2}{2}\cot\alpha}\mathrm{e}^{\mathrm{j}\hat{\tau}u\csc\alpha}\mathrm{d}\hat{\tau}=\mathscr{P}_{gf}^{\alpha}(-u) \tag{4.49}$$

性质 4.2 若随机信号 $f(t)$ 和 $g(t)$ 正交，则有

$$\mathscr{P}_{fg}^{\alpha}(u)=\mathscr{P}_{gf}^{\alpha}(u)=0 \tag{4.50}$$

证明 若 $f(t)$ 和 $g(t)$ 正交，则

$$R_{fg}^{\alpha}(\tau)=R_{gf}^{\alpha}(\tau)=0 \tag{4.51}$$

所以，根据分数阶互相关与分数阶互功率谱密度的关系，可得

$$\mathscr{P}_{fg}^{\alpha}(u)=\mathscr{P}_{gf}^{\alpha}(u)=0 \tag{4.52}$$

性质 4.3 若随机信号 $f(t)$ 和 $g(t)$ 不相关，并且 $f(t)\mathrm{e}^{\mathrm{j}\frac{t^2}{2}\cot\alpha}$ 和 $g(t)\mathrm{e}^{\mathrm{j}\frac{t^2}{2}\cot\alpha}$ 分别具有常数均值 m_f 和 m_g，则

$$\mathscr{P}_{fg}^{\alpha}(u)=m_f m_g\delta(u) \tag{4.53}$$

证明 因为 $f(t)$ 和 $g(t)$ 不相关，所以

$$R_{fg}^{\alpha}(\tau)=\mathrm{e}^{-\mathrm{j}\frac{\tau^2}{2}\cot\alpha}m_f m_g \tag{4.54}$$

于是，则有

$$\begin{aligned}\mathscr{P}_{fg}^{\alpha}(u)&=A_{\alpha}A_{-\alpha}\int_{-\infty}^{+\infty}m_f m_g\mathrm{e}^{-\mathrm{j}\tau u\csc\alpha}\mathrm{d}\tau=\frac{|\csc\alpha|}{2\pi}m_f m_g\int_{-\infty}^{+\infty}\mathrm{e}^{-\mathrm{j}\tau u\csc\alpha}\mathrm{d}\tau\\&=\frac{|\csc\alpha|}{2\pi}m_f m_g\frac{2\pi}{|\csc\alpha|}\delta(u)=m_f m_g\delta(u)\end{aligned} \tag{4.55}$$

性质 4.4 分数阶互功率谱密度与分数阶谱密度满足不等式关系，即

$$|\mathscr{P}_{fg}^{\alpha}(u)|\leqslant\sqrt{\mathscr{P}_{f}^{\alpha}(u)}\sqrt{\mathscr{P}_{g}^{\alpha}(u)} \tag{4.56}$$

证明 根据分数阶互功率谱密度的定义，有

$$\mathscr{P}_{fg}^{\alpha}(u)=\lim_{T\to\infty}\frac{E\{F_{T,\alpha}(u)G_{T,\alpha}^{*}(u)\}}{T} \tag{4.57}$$

因而

$$|\mathscr{P}_{fg}^{\alpha}(u)|=\left|\lim_{T\to\infty}\frac{E\{F_{T,\alpha}(u)G_{T,\alpha}^{*}(u)\}}{T}\right| \tag{4.58}$$

利用许瓦兹不等式，可得

$$|\mathscr{P}_{fg}^{\alpha}(u)|\leqslant\sqrt{\lim_{T\to\infty}\frac{E\{|F_{T,\alpha}(u)|^2\}}{T}}\sqrt{\lim_{T\to\infty}\frac{E\{|G_{T,\alpha}^{*}(u)|^2\}}{T}}=\sqrt{\mathscr{P}_f^{\alpha}(u)}\sqrt{\mathscr{P}_g^{\alpha}(u)}\tag{4.59}$$

4.5　随机信号通过线性系统的分数阶傅里叶分析

在已知系统的条件下，根据输入随机信号的特性，能确定输出信号的统计特性。本节采用时域和分数域两种分析方法，研究随机信号通过由广义分数阶卷积表征的线性系统的统计特性。

4.5.1　随机信号通过线性系统的时域分析

如图 4.3 所示，若冲激响应为 $h(t)$ 的线性系统的输入 $x(t)(-\infty<t<+\infty)$ 满足 $x(t)e^{j\frac{t^2}{2}\cot\alpha}(-\infty<t<+\infty)$ 为一平稳信号，那么在时域广义分数阶卷积的表征下，该线性系统的输出，即

$$y(t)=x(t)\Theta_{\alpha,\alpha,\alpha}h(t)=e^{-j\frac{t^2}{2}\cot\alpha}\left[(x(t)e^{j\frac{t^2}{2}\cot\alpha})*(h(t)e^{j\frac{t^2}{2}\cot\alpha})\right]\tag{4.60}$$

也满足 $y(t)e^{j\frac{t^2}{2}\cot\alpha}(-\infty<t<+\infty)$ 为一平稳信号。这里为简化分析，所选取的广义分数阶卷积的角度参数为 $\gamma=\beta=\alpha$。下面给出这一结论的证明过程。

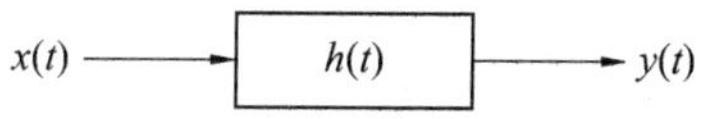

$x(t)$ → $h(t)$ → $y(t)$

图 4.3　随机信号通过线性系统

记 $\tilde{f}(t)=f(t)e^{j\frac{t^2}{2}\cot\alpha}$，根据已知条件，$\tilde{x}(t)(-\infty<t<+\infty)$ 是一个平稳信号，设其数学期望为 $m_{\tilde{x}}$（常数），其相关函数为 $R_{\tilde{x}}^{\alpha}(\tau)$。根据式(4.60)，可得

$$\tilde{y}(t)=\int_{-\infty}^{+\infty}\tilde{h}(\tau)\tilde{x}(t-\tau)d\tau\tag{4.61}$$

进一步地，则有

$$\begin{aligned}E\{\tilde{y}(t)\}&=E\left\{\int_{-\infty}^{+\infty}\tilde{h}(\tau)\tilde{x}(t-\tau)d\tau\right\}\\&=\int_{-\infty}^{+\infty}\tilde{h}(\tau)E\{\tilde{x}(t-\tau)\}d\tau=m_x\int_{-\infty}^{+\infty}\tilde{h}(\tau)d\tau\end{aligned}\tag{4.62}$$

这表明，$E\{\tilde{y}(t)\}$ 为常数。

此外，根据式(4.61) 和经典相关函数的定义，可得

$$\begin{aligned}R_{\tilde{y}}(\tau)&=E\{\tilde{y}(t)\tilde{y}^*(t+\tau)\}\\&=E\left\{\int_{-\infty}^{+\infty}\tilde{h}(\tau_1)\tilde{x}(t-\tau_1)d\tau_1\int_{-\infty}^{+\infty}\tilde{h}^*(\tau_2)\tilde{x}^*(t+\tau-\tau_2)d\tau_2\right\}\\&=\int_{-\infty}^{+\infty}\int_{-\infty}^{+\infty}\tilde{h}(\tau_1)\tilde{h}^*(\tau_2)E\{\tilde{x}(t-\tau_1)\tilde{x}^*(t+\tau-\tau_2)\}d\tau_1d\tau_2\\&=\int_{-\infty}^{+\infty}\int_{-\infty}^{+\infty}R_{\tilde{x}}(\tau-\tau_2+\tau_1)\tilde{h}(\tau_1)\tilde{h}^*(\tau_2)d\tau_1d\tau_2\end{aligned}\tag{4.63}$$

由此可知，$R_{\tilde{y}}(\tau)$ 与时间 t 无关，而仅与时间间隔 τ 有关，又因为 $E\{\tilde{y}(t)\}$ 为常数，故 $\tilde{y}(t)$

$(-\infty<t<+\infty)$ 为一平稳信号。

4.5.2 随机信号通过线性系统的分数域分析

对于图 4.3 所示的线性系统，利用随机信号分数阶自相关函数的定义，可得系统输出 $y(t)$ 的分数阶自相关函数为

$$R_y^\alpha(\tau)=\mathrm{e}^{-\mathrm{j}\frac{\tau^2}{2}\cot\alpha}E\{\tilde{y}(t)\tilde{y}^*(t+\tau)\} \tag{4.64}$$

同时，利用分数阶维纳－辛钦定理，可得 $y(t)$ 的分数阶功率谱密度为

$$\mathcal{P}_y^\alpha(u)=A_{-\alpha}\mathrm{e}^{-\mathrm{j}\frac{u^2}{2}\cot\alpha}\int_{-\infty}^{+\infty}R_y^\alpha(\tau)K_\alpha(u,\tau)\mathrm{d}\tau \tag{4.65}$$

进一步地，则有

$$\begin{aligned}\mathcal{P}_y^\alpha(u)&=A_{-\alpha}\mathrm{e}^{-\mathrm{j}\frac{u^2}{2}\cot\alpha}\int_{-\infty}^{+\infty}\mathrm{e}^{-\mathrm{j}\frac{\tau^2}{2}\cot\alpha}E\{\tilde{y}(t)\tilde{y}^*(t+\tau)\}K_\alpha(u,\tau)\mathrm{d}\tau\\&=A_{-\alpha}A_\alpha\int_{-\infty}^{+\infty}E\{\tilde{y}(t)\tilde{y}^*(t+\tau)\}\mathrm{e}^{-\mathrm{j}\tau u\csc\alpha}\mathrm{d}\tau\end{aligned} \tag{4.66}$$

将式(4.63) 代入式(4.66)，得到

$$\begin{aligned}\mathcal{P}_y^\alpha(u)&=A_{-\alpha}A_\alpha\int_{-\infty}^{+\infty}\left[\int_{-\infty}^{+\infty}\int_{-\infty}^{+\infty}R_{\tilde{x}}(\tau-\tau_2+\tau_1)\tilde{h}(\tau_1)\tilde{h}^*(\tau_2)\mathrm{d}\tau_1\mathrm{d}\tau_2\right]\mathrm{e}^{-\mathrm{j}\tau u\csc\alpha}\mathrm{d}\tau\\&=A_{-\alpha}A_\alpha\int_{-\infty}^{+\infty}\int_{-\infty}^{+\infty}\left[\int_{-\infty}^{+\infty}R_{\tilde{x}}(\tau-\tau_2+\tau_1)\mathrm{e}^{-\mathrm{j}\tau u\csc\alpha}\mathrm{d}\tau\right]\tilde{h}(\tau_1)\tilde{h}^*(\tau_2)\mathrm{d}\tau_1\mathrm{d}\tau_2\end{aligned} \tag{4.67}$$

同时，注意到

$$\begin{aligned}\int_{-\infty}^{+\infty}R_{\tilde{x}}(\tau-\tau_2+\tau_1)\mathrm{e}^{-\mathrm{j}\tau u\csc\alpha}\mathrm{d}\tau&=\int_{-\infty}^{+\infty}R_{\tilde{x}}(\varepsilon)\mathrm{e}^{-\mathrm{j}(\varepsilon+\tau_2-\tau_1)u\csc\alpha}\mathrm{d}\varepsilon\\&=\mathrm{e}^{-\mathrm{j}(\tau_2-\tau_1)u\csc\alpha}\int_{-\infty}^{+\infty}R_{\tilde{x}}(\varepsilon)\mathrm{e}^{-\mathrm{j}\varepsilon u\csc\alpha}\mathrm{d}\varepsilon\\&=\frac{\mathrm{e}^{-\mathrm{j}\frac{u^2}{2}\cot\alpha}}{A_\alpha}\mathrm{e}^{-\mathrm{j}(\tau_2-\tau_1)u\csc\alpha}\int_{-\infty}^{+\infty}\mathrm{e}^{-\mathrm{j}\frac{\varepsilon^2}{2}\cot\alpha}R_{\tilde{x}}(\varepsilon)K_\alpha(u,\varepsilon)\mathrm{d}\varepsilon\\&=\frac{\mathrm{e}^{-\mathrm{j}\frac{u^2}{2}\cot\alpha}}{A_\alpha}\mathrm{e}^{-\mathrm{j}(\tau_2-\tau_1)u\csc\alpha}\int_{-\infty}^{+\infty}R_x^\alpha(\varepsilon)K_\alpha(u,\varepsilon)\mathrm{d}\varepsilon\\&=\frac{\mathrm{e}^{-\mathrm{j}\frac{u^2}{2}\cot\alpha}}{A_\alpha}\mathrm{e}^{-\mathrm{j}(\tau_2-\tau_1)u\csc\alpha}\frac{\mathcal{P}_x^\alpha(u)}{A_{-\alpha}\mathrm{e}^{-\mathrm{j}\frac{u^2}{2}\cot\alpha}}\\&=\frac{1}{A_\alpha A_{-\alpha}}\mathcal{P}_x^\alpha(u)\mathrm{e}^{-\mathrm{j}(\tau_2-\tau_1)u\csc\alpha}\end{aligned} \tag{4.68}$$

基于此，式(4.68) 可以进一步改写为

$$\begin{aligned}\mathcal{P}_y^\alpha(u)&=\int_{-\infty}^{+\infty}\int_{-\infty}^{+\infty}\mathcal{P}_x^\alpha(u)\mathrm{e}^{-\mathrm{j}(\tau_2-\tau_1)u\csc\alpha}\tilde{h}(\tau_1)\tilde{h}^*(\tau_2)\mathrm{d}\tau_1\mathrm{d}\tau_2\\&=\mathcal{P}_x^\alpha(u)\int_{-\infty}^{+\infty}\tilde{h}(\tau_1)\mathrm{e}^{\mathrm{j}\tau_1u\csc\alpha}\mathrm{d}\tau_1\int_{-\infty}^{+\infty}\tilde{h}^*(\tau_2)\mathrm{e}^{-\mathrm{j}\tau_2u\csc\alpha}\mathrm{d}\tau_2\\&=\mathcal{P}_x^\alpha(u)\int_{-\infty}^{+\infty}\mathrm{e}^{\mathrm{j}\frac{\tau_1^2}{2}\cot\alpha}h(\tau_1)\mathrm{e}^{\mathrm{j}\tau_1u\csc\alpha}\mathrm{d}\tau_1\times\int_{-\infty}^{+\infty}\mathrm{e}^{-\mathrm{j}\frac{\tau_2^2}{2}\cot\alpha}h^*(\tau_2)\mathrm{e}^{-\mathrm{j}\tau_2u\csc\alpha}\mathrm{d}\tau_2\\&=\frac{\mathcal{P}_x^\alpha(u)}{A_\alpha A_{-\alpha}}\int_{-\infty}^{+\infty}h(\tau_1)K_\alpha(-u,\tau_1)\mathrm{d}\tau_1\times\left[\int_{-\infty}^{+\infty}h(\tau_2)K_\alpha(-u,\tau_2)\mathrm{d}\tau_2\right]^*\\&=2\pi\mid\sin\alpha\mid\mathcal{P}_x^\alpha(u)\mid H_\alpha(-u)\mid^2\end{aligned} \tag{4.69}$$

式中，$H_\alpha(u)$ 是图 4.3 所示的线性系统的分数域传输函数，$|H_\alpha(u)|^2$ 为系统的功率传输函数。式(4.69)的意义为：线性系统输出的分数阶功率谱密度等于输入的分数阶功率谱密度乘以系统的功率传输函数。

第 5 章 分数阶滤波理论

分数阶傅里叶变换滤波是分数阶傅里叶分析在信号处理技术应用中的一个重要领域，与传统滤波方法相比，具有独特的优势。众所周知，传统滤波方法只限于时域或频域进行，若信号或干扰具有很强的时频耦合，即其能量分布在时间轴或频率轴上的投影均有重叠，就难于在时域或频域得到好的滤波处理结果。分数阶傅里叶变换具有解除时频耦合的特性，它可将函数 $f(t)$ 映射成旋转角度的自由参数 α 和分数阶频率 u 的函数 $F_\alpha(u)$。当 α 从 0 连续增加到 $\pi/2$，分数阶傅里叶变换能够刻画出 $f(t)$ 从时域逐渐变化到频域的所有特征，选择最优旋转角度①，使之与处理对象相匹配，于是在分数域可以利用一个恰当的模板函数 $\Pi_\alpha(u)$，选择出"期望的"信号分量，而滤除不需要的部分，即 $F'_\alpha(u)=F_\alpha(u)\Pi_\alpha(u)$，从而在分数域获得好的滤波效果。可以看出，前述操作类似于传统傅里叶分析中的滤波器，在频域中输入信号的频谱 $F(\omega)$ 与滤波器传递函数 $H(\omega)$ 相乘。我们知道，经典卷积是频域滤波处理技术的理论基础。相应地，分数域滤波则建立在分数阶卷积基础之上，然而现有分数阶卷积形式各异，缺乏统一定义，导致分数域滤波的一些基本概念尚不明确，例如分数域无失真传输条件和分数域滤波系统的物理可实现性等。鉴于此，本章将运用提出的广义分数阶卷积对分数阶傅里叶变换滤波理论展开分析与研究。同时，考虑到 Wiener 滤波器和匹配滤波器是两种最基本的也是最典型的滤波器，为此将重点讨论这两种滤波器在分数域的设计与实现。

5.1 分数阶滤波的基本概念

5.1.1 分数域无失真传输条件

在通信系统中，为了保证通信质量，必须减小通信过程中的各类失真。因此，正确理解和掌握信号传输的分数域无失真条件以及信号通过线性系统的特性，对于分数阶傅里叶变换在通信中的应用具有重要的实际意义。

一个线性时不变系统通常是通过经典卷积来表征的，利用经典卷积定理可以刻画出系统的频域特性。而对于线性时变系统，也往往通过某种转换等效或近似为线性时不变系统的处理。相应地，若要了解系统的分数域特性，需要利用分数阶卷积定理来分析。一个给定的线性系统如图 5.1 所示，在激励 $x(t)$ 的作用下，将会产生响应 $y(t)$。利用广义分数阶卷

---

① 所谓最优角度是指，期望信号在该角度分数域（包括时、频域）上能量最佳聚焦，或其与干扰之间的耦合度最小

积，激励 $x(t)$、响应 $y(t)$ 和冲激响应 $h(t)$ 的关系可以表示为

$$y(t)=(x\Theta_{\alpha,\alpha,\beta}h)(t) \tag{5.1}$$

根据广义分数阶卷积定理，可以得到图 5.1 所示系统的分数域关系为

$$Y_{\alpha}(u)=\frac{1}{A_{\beta}}\mathrm{e}^{-\mathrm{j}\frac{u^2}{2}\left(\frac{\csc\alpha}{\csc\beta}\right)^2\cot\beta}H_{\beta}\left(\frac{\csc\alpha}{\csc\beta}\right)X_{\alpha}(u) \tag{5.2}$$

式中，$X_{\alpha}(u)$ 和 $Y_{\alpha}(u)$ 分别为 $x(t)$ 和 $y(t)$ 的 α 角度分数阶傅里叶变换；$H_{\beta}(u)$ 为 $h(t)$ 的 β 角度分数阶傅里叶变换。

$x(t)$ ⟶ [$h(t)$] ⟶ $y(t)$

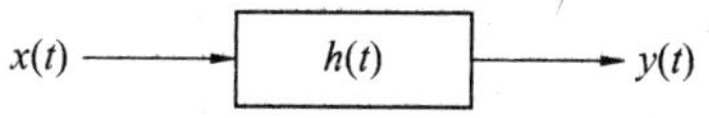

图 5.1　信号在线性系统中传输示意图

式(5.2) 表明，信号经过系统后，将会改变原来的形状，成为新的波形；若从分数域的角度来看，系统改变了原有信号的分数谱结构，而组成了新的分数谱。显然，这种波形的改变或分数谱的改变，将直接取决于系统本身的传输函数 $H_{\beta}(u)$。线性系统的这种功能就像一个滤波器。信号通过系统后，某些分数阶频率分量的幅度保持不变，而另外一些分数阶频率分量的幅度衰减了。信号的每一分数阶频率分量在传输以后，受到了不同程度的衰减和相移，即信号在通过系统传输过程中产生了失真。我们知道，幅度失真和相位失真都不产生新的分数阶频率分量，称为线性失真。而非线性失真则会在所传输的信号中产生出新的分数阶频率分量。这里，只研究系统的线性失真问题。在实际应用中，除在某些特殊应用或特定场合中需要用电路进行特定的波形变换外，总是希望在信号传输过程中造成的失真越小越好。

注意到分数阶傅里叶变换对分数阶时移算子 $\boldsymbol{T}_{\tau}^{\alpha}$ 的作用具有不变性，即

$$\mathscr{F}^{\alpha}[\boldsymbol{T}_{\tau}^{\alpha}x(t)](u)=\mathscr{F}^{\alpha}\left[x(t-\tau)\mathrm{e}^{-\mathrm{j}\tau\left(t-\frac{\tau}{2}\right)\cot\alpha}\right](u)=\mathrm{e}^{-\mathrm{j}\tau u\csc\alpha}X_{\alpha}(u) \tag{5.3}$$

根据式(5.3) 和(5.1) 并结合图 5.1 所示，分数域无失真传输的条件是

$$y(t)=Kx(t-t_0)\mathrm{e}^{-\mathrm{j}t_0\left(t-\frac{t_0}{2}\right)\cot\alpha} \tag{5.4}$$

式中，K 是一个非零常数；t_0 是一滞后时间。对式(5.4) 两端做分数阶傅里叶变换，则有

$$Y_{\alpha}(u)=K\mathrm{e}^{-\mathrm{j}t_0 u\csc\alpha}X_{\alpha}(u) \tag{5.5}$$

比较式(5.5) 和(5.2)，可得

$$H_{\beta}\left(\frac{u\csc\alpha}{\csc\beta}\right)=KA_{\beta}\mathrm{e}^{\mathrm{j}\frac{u^2}{2}\left(\frac{\csc\alpha}{\csc\beta}\right)^2\cot\beta-\mathrm{j}t_0 u\csc\alpha} \tag{5.6}$$

这是对于系统的分数阶频率响应提出的无失真传输条件。相应地，在分数域无失真传输条件下，根据(5.6) 可得系统的时域冲激响应 $h(t)$ 满足

$$h(t)=K\mathrm{e}^{\mathrm{j}\frac{t_0^2}{2}\cot\beta}\delta(t-t_0) \tag{5.7}$$

此外，还可以从物理概念上直观地解释分数域无失真传输条件。由于系统传输函数的幅度 $\left|H_{\beta}\left(\frac{u\csc\alpha}{\csc\beta}\right)\right|$ 为常数，响应信号中各分数阶频率分量幅度的相对大小将与激励信号一样，因而没有幅度失真。要保证没有相位失真，必须使响应信号的各分数阶频率分量与激励中对应分量滞后同样的分数阶时延，这一要求反映到分数域的相位特性就是一条通过原点的直线。

5.1.2 分数阶理想滤波器

如图5.1所示，若激励信号$x(t)$的分数谱$X_\alpha(u)$在分数域区间$[-\Omega,+\Omega](\Omega>0)$是有限的，为了实现对该信号的提取，往往需要设计与其分数谱特性相对应的分数域滤波器。式(5.2)表明，可以利用提出的广义分数阶卷积在任意β角度分数域上设计所需的分数域滤波器，具体设计步骤如下：

① 确定信号$x(t)$的α角度分数谱参数，由于$x(t)$的分数域带限区间为$[-\Omega,+\Omega]$，因此该带限区间端点为$x(t)$截止分数阶频点。

② 根据步骤①中确定的参数，并结合式(5.2)和(5.6)，可得待设计的分数域滤波器传输函数满足

$$H_\beta\left(\frac{u\csc\alpha}{\csc\beta}\right)=\begin{cases}A_\beta \mathrm{e}^{\mathrm{j}\frac{u^2}{2}\left(\frac{u\csc\alpha}{\csc\beta}\right)^2\cot\beta-\mathrm{j}t_0 u\csc\alpha}, & |u|\leqslant+\Omega\\ 0, & \text{其他}\end{cases}\tag{5.8}$$

于是，对式(5.8)做变量代换$u'=\dfrac{u\csc\alpha}{\csc\beta}$后，则有

$$H_\beta(u')=\begin{cases}A_\beta \mathrm{e}^{\mathrm{j}\frac{u'^2}{2}\cot\beta-\mathrm{j}t_0 u'\csc\beta}, & |u'|\leqslant\left|\dfrac{\csc\alpha}{\csc\beta}\right|\Omega\\ 0, & \text{其他}\end{cases}\tag{5.9}$$

③ 对式(5.9)两端做β角度分数傅里叶逆变换，则有

$$h(t)=\frac{\Omega\csc\alpha}{\pi}\mathrm{sinc}\left(\frac{(t-t_0)\Omega\csc\alpha}{\pi}\right)\mathrm{e}^{-\mathrm{j}\frac{t^2}{2}\cot\beta}\tag{5.10}$$

④ 利用步骤③得到分数域低通滤波器冲激响应$h(t)$，根据时域广义分数阶卷积，可得系统滤波输出为

$$\begin{aligned}y(t)&=(x\Theta_{\alpha,\alpha,\beta}h)(t)=\mathrm{e}^{-\mathrm{j}\frac{t^2}{2}\cot\alpha}\left[(x(t)\mathrm{e}^{\mathrm{j}\frac{t^2}{2}\cot\alpha})*(h(t)\mathrm{e}^{\mathrm{j}\frac{t^2}{2}\cot\beta})\right]\\&=\mathrm{e}^{-\mathrm{j}\frac{t^2}{2}\cot\alpha}\left[(x(t)\mathrm{e}^{\mathrm{j}\frac{t^2}{2}\cot\alpha})*\frac{\Omega\csc\alpha}{\pi}\mathrm{sinc}\left(\frac{(t-t_0)\Omega\csc\alpha}{\pi}\right)\right]\end{aligned}\tag{5.11}$$

结合式(5.11)和(5.10)可知，利用广义分数阶卷积可以在任意的β角度分数域上进行滤波器设计，且滤波输出结果仅与输入信号的α角度分数谱参数有关，而与设计滤波器所在分数域对应的角度β无关。在具体应用中，可以根据实际需求来选择设计滤波器所在的分数域。

式(5.10)表明，分数域理想低通滤波器的冲激响应具有sinc函数特性，显然是物理不可实现的。不难验证分数域理想滤波器(包括带通、高通、带阻等)都是物理不可实现的。然而，有关分数域理想滤波器的研究并不因其无法实现而失去价值，实际滤波器的分析和设计往往需要理想滤波器的理论作为指导。

5.1.3 分数阶滤波系统的物理可实现性

就时间而言，一个物理可实现滤波系统的冲激响应$h(t)$在$t<0$时，必须为零，即应满足因果条件。从频域特性来看，如果$h(t)$的频谱幅度$|H(\omega)|$满足平方可积条件，即

$$\int_{-\infty}^{+\infty}|H(\omega)|^2\mathrm{d}\omega<+\infty\tag{5.12}$$

佩利－维纳(Paley－Wiener) 准则给出了对于幅度函数 $|H(\omega)|$ 物理可实现的必要条件,即

$$\int_{-\infty}^{+\infty}\frac{|\ln|H(\omega)||}{1+\omega^2}\mathrm{d}\omega<+\infty \tag{5.13}$$

根据分数傅里叶逆变换,可得

$$h(t)=\mathscr{F}^{-\beta}[H_\beta(u)](t)=\frac{\sqrt{1+\mathrm{j}\cot\beta}}{\csc\beta}\mathrm{e}^{-\mathrm{j}\frac{t^2}{2}\cot\beta}\frac{1}{\sqrt{2\pi}}\int_{-\infty}^{+\infty}[H_\beta(u)\mathrm{e}^{-\mathrm{j}\frac{u^2}{2}\cot\beta}]\mathrm{e}^{-\mathrm{j}tu\csc\beta}\mathrm{d}u\csc\beta \tag{5.14}$$

进一步地,则有

$$h(t)=\frac{\csc\beta}{\sqrt{1+\mathrm{j}\cot\beta}}\mathrm{e}^{\mathrm{j}\frac{t^2}{2}\cot\beta}=\frac{1}{\sqrt{2\pi}}\int_{-\infty}^{+\infty}[H_\beta(u)\mathrm{e}^{-\mathrm{j}\frac{u^2}{2}\cot\beta}]\mathrm{e}^{-\mathrm{j}tu\csc\beta}\mathrm{d}u\csc\beta \tag{5.15}$$

这表明,$h(t)\dfrac{\csc\beta}{\sqrt{1+\mathrm{j}\cot\beta}}\mathrm{e}^{\mathrm{j}\frac{t^2}{2}\cot\beta}$ 和 $H_\beta(u)\mathrm{e}^{-\mathrm{j}\frac{u^2}{2}\cot\beta}$ 互为傅里叶变换对。显然,若 $h(t)$ 是因果的,那么它与 $\dfrac{\csc\beta}{\sqrt{1+\mathrm{j}\cot\beta}}\mathrm{e}^{\mathrm{j}\frac{t^2}{2}\cot\beta}$ 的乘积仍然是因果的。因此,若 $h(t)$ 是物理可实现的,那么必要条件是 $H_\beta(u)\mathrm{e}^{-\mathrm{j}\frac{u^2}{2}\cot\beta}$ 应满足佩利－维纳准则,即

$$\int_{-\infty}^{+\infty}\frac{|\ln|H_\beta(u)\mathrm{e}^{-\mathrm{j}\frac{u^2}{2}\cot\beta}||}{1+u^2\csc^2\alpha}\mathrm{d}u\csc\alpha=\int_{-\infty}^{+\infty}\frac{|\ln|H_\beta(u)||}{\sin\alpha+u^2\csc\alpha}\mathrm{d}u<+\infty \tag{5.16}$$

称式(5.16) 给出的条件为分数阶佩利－维纳准则。

式(5.16) 只是对 $h(t)$ 分数谱的幅度特性提出了要求,而相位特性没有约束。假定,某一 $H_\beta(u)$ 相应于一个因果系统,即 $|H_\beta(u)|$ 满足式(5.16),冲激响应 $h(t)$ 在 $t>0$ 才可出现。然而,若将此冲激响应 $h(t)$ 波形沿着时间轴向左做分数阶时移,使其进入 $t<0$ 的时间范围,就构成了一个非因果系统。显然,这两个系统的幅度特性是相同的,都满足式(5.16) 的要求。因此,式(5.16) 是系统物理可实现的必要条件,而不是充分条件。如果 $|H_\beta(u)|$ 已经满足式(5.16),于是,就可以找到适当的相位函数 $\varphi(u)$ 与 $|H_\beta(u)|$ 一起构成一个物理可实现的系统函数。可以看出,系统可实现性的实质是具有因果性。下面将证明,由于因果性的限制,系统分数域传输函数的实部和虚部或模与辐角之间具备某种相互制约的特性,这种特性以分数阶希尔伯特变换(Fractional Hilbert Transform)[81] 的形式表现出来。

对于一因果系统,它的时域响应 $h(t)$ 在 $t<0$ 时等于0,仅在 $t>0$ 时存在,因此可以得到

$$h(t)=h(t)u(t) \tag{5.17}$$

记 $H_\beta(u)$ 为 $h(t)$ 的分数阶傅里叶变换,且 $H_\beta(u)$ 可写成实部 $R_\beta(u)$ 和虚部 $I_\beta(u)$ 之和,即

$$H_\beta(u)=R_\beta(u)+\mathrm{j}I_\beta(u) \tag{5.18}$$

根据分数域广义分数阶卷积定理,则有

$$\mathscr{F}^\beta[h(t)](u)=\frac{\mathrm{e}^{\mathrm{j}\frac{u^2}{2}\cot\beta}}{\sin\alpha}[(\mathscr{F}^\beta[h(t)](u)\mathrm{e}^{-\mathrm{j}\frac{u^2}{2}\cot\beta})*\mathscr{F}^{\pi/2}[u(t)](u\csc\alpha)] \tag{5.19}$$

将式(5.18) 代入式(5.19),则有

$$R_\beta(u)+\mathrm{j}I_\beta(u)=\mathrm{e}^{\mathrm{j}\frac{u^2}{2}\csc\beta}\left[([R_\beta(u)+\mathrm{j}I_\beta(u)]\mathrm{e}^{-\mathrm{j}\frac{u^2}{2}\cot\beta})*\left(\pi\delta(u)+\frac{1}{\mathrm{j}u}\right)\right] \tag{5.20}$$

进一步化简,得到

$$R_{\beta}(u)=\frac{1}{\pi}e^{j\frac{u^2}{2}\cot\beta}\int_{-\infty}^{+\infty}\frac{I_{\beta}(v)}{u-v}e^{-j\frac{v^2}{2}\cot\beta}dv \tag{5.21}$$

$$I_{\beta}(u)=-\frac{1}{\pi}e^{j\frac{u^2}{2}\cot\beta}\int_{-\infty}^{+\infty}\frac{R_{\beta}(v)}{u-v}e^{-j\frac{v^2}{2}\cot\beta}dv \tag{5.22}$$

式(5.21)与(5.22)称为分数阶希尔伯特变换对，其表明具有因果性的系统函数 $H_{\beta}(u)$ 的一个重要特性：实部 $R_{\beta}(u)$ 被已知的虚部 $I_{\beta}(u)$ 唯一确定，反之亦然。

从以上推导可以看出，一个函数分数阶傅里叶变换的实部与虚部构成分数阶希尔伯特变换对的特性，不只限于具有因果性的系统函数，对于任意因果函数，其分数阶傅里叶变换的这种特性都成立。

类似地，可以得到系统函数的模与相位函数之间的约束关系。若 $H_{\beta}(u)$ 的模为 $|H_{\beta}(u)|$，相位以 $\varphi(u)$ 表示，则

$$H_{\beta}(u)=|H_{\beta}(u)|e^{j\varphi(u)} \tag{5.23}$$

$$\ln H_{\beta}(u)=\ln|H_{\beta}(u)|+j\varphi(u) \tag{5.24}$$

容易证明，对于最小相移函数，$\ln|H_{\beta}(u)|$ 与 $\varphi(u)$ 之间也存在一定的约束关系，这种约束关系表明，对于可实现系统的系统函数，若给定 $|H_{\beta}(u)|$，则相位函数 $\varphi(u)$ 将被唯一确定，它们构成了一个最小相移函数。

5.1.4 级联分数阶滤波器

滤波是常用的信号处理技术，在信号处理中发挥着重要的作用。通过对信号的滤波可以滤除或衰减信号谱成分中不希望的分量、噪声或干扰。在实际应用中，通常需要多次级联滤波处理才能实现对多分量信号的提取或多个干扰的抑制，为此有必要研究分数域滤波器的级联滤波问题。

1. 单角度级联分数阶滤波器

假设待处理信号 $x(t)$ 是期望信号与干扰的叠加，并且经过一次 α 角度分数阶傅里叶变换变换后，期望信号和干扰在 α 角度分数域不存在耦合，图 5.2(a) 给出了干扰的时频分布示意图。可以看出，干扰在 α 角度分数域有彼此分离的三个分数谱分量。现针对干扰的每个分数谱分量设计三个分数域滤波器以达到有效抑制干扰的目的，记滤波器的时域冲激响应分别为 $h_1(t)$、$h_2(t)$ 和 $h_3(t)$。于是，利用这三个分数域滤波器对信号 $x(t)$ 进行级联滤波处理便可实现对干扰的有效抑制，如图 5.2(b) 所示。

在图 5.2(b) 中，由时域广义分数阶卷积，可得

$$x_1(t)=x(t)\Theta_{\alpha,\alpha,\beta}h_1(t) \tag{5.25}$$

$$x_2(t)=x_1(t)\Theta_{\alpha,\alpha,\beta}h_2(t) \tag{5.26}$$

$$x_{out}(t)=x_2(t)\Theta_{\alpha,\alpha,\beta}h_3(t) \tag{5.27}$$

进一步地，根据时域广义分数阶卷积定理，则有

$$X_{1,\alpha}(u)=\frac{1}{A_{\beta}}e^{-j\frac{u^2}{2}\left(\frac{\csc\alpha}{\csc\beta}\right)^2\cot\beta}H_{1,\beta}\left(\frac{u\csc\alpha}{\csc\beta}\right)X_{\alpha}(u) \tag{5.28}$$

$$X_{2,\alpha}(u)=\frac{1}{A_{\beta}}e^{-j\frac{u^2}{2}\left(\frac{\csc\alpha}{\csc\beta}\right)^2\cot\beta}H_{2,\beta}\left(\frac{u\csc\alpha}{\csc\beta}\right)X_{1,\alpha}(u) \tag{5.29}$$

$$X_{out,\alpha}(u)=\frac{1}{A_{\beta}}e^{-j\frac{u^2}{2}\left(\frac{\csc\alpha}{\csc\beta}\right)^2\cot\beta}H_{3,\beta}\left(\frac{u\csc\alpha}{\csc\beta}\right)X_{2,\alpha}(u) \tag{5.30}$$

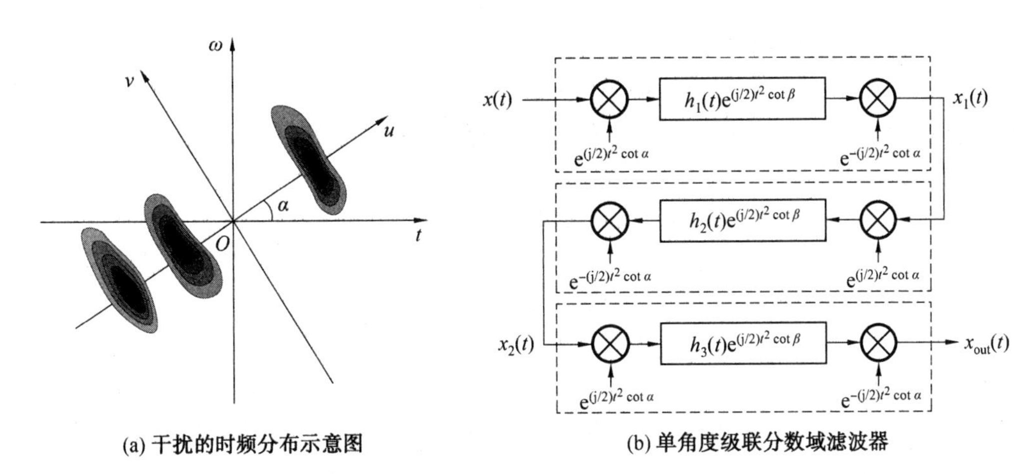

(a) 干扰的时频分布示意图　(b) 单角度级联分数域滤波器

图 5.2　单角度级联分数域滤波器原理

其中，$X_\alpha(u)$、$X_{1,\alpha}(u)$、$X_{2,\alpha}(u)$ 和 $X_{\text{out},\alpha}(u)$ 分别表示 $x(t)$、$x_1(t)$、$x_2(t)$ 和 $x_{\text{out}}(t)$ 的 α 角度分数阶傅里叶变换；$H_{1,\beta}(u)$、$H_{2,\beta}(u)$ 和 $H_{3,\beta}(u)$ 分别为 $h_1(t)$、$h_2(t)$ 和 $h_3(t)$ 的 β 角度分数阶傅里叶变换。将式(5.28) 和(5.29) 代入式(5.30)，可得

$$X_{\text{out},\alpha}(u)=\left(\frac{1}{A_\beta}e^{-j\frac{u^2}{2}\left(\frac{\csc\alpha}{\csc\beta}\right)^2\cot\beta}\right)^3 H_{3,\beta}\left(\frac{u\csc\alpha}{\csc\beta}\right)H_{2,\beta}\left(\frac{u\csc\alpha}{\csc\beta}\right)H_{1,\beta}\left(\frac{u\csc\alpha}{\csc\beta}\right)X_\alpha(u) \tag{5.31}$$

若存在一个时域冲激响应为 $h(t)$ 的分数域滤波器，并且其对信号 $x(t)$ 的滤波结果与式(5.27) 相同，即

$$x_{\text{out}}(t)=x(t)\Theta_{\alpha,\alpha,\beta}h(t) \tag{5.32}$$

根据时域广义分数阶卷积定理，则有

$$X_{\text{out},\alpha}(u)=\frac{1}{A_\beta}e^{-j\frac{u^2}{2}\left(\frac{\csc\alpha}{\csc\beta}\right)^2\cot\beta}H_\beta\left(\frac{u\csc\alpha}{\csc\beta}\right)X_\alpha(u) \tag{5.33}$$

比较式(5.33) 与式(5.31)，得到

$$H_\beta\left(\frac{u\csc\alpha}{\csc\beta}\right)=\left(\frac{1}{A_\beta}e^{-j\frac{u^2}{2}\left(\frac{\csc\alpha}{\csc\beta}\right)^2\cot\beta}\right)^2 H_{3,\beta}\left(\frac{u\csc\alpha}{\csc\beta}\right)H_{2,\beta}\left(\frac{u\csc\alpha}{\csc\beta}\right)H_{1,\beta}\left(\frac{u\csc\alpha}{\csc\beta}\right) \tag{5.34}$$

在式(5.34) 中做变量代换 $u'=\dfrac{u\csc\alpha}{\csc\beta}$，可得

$$H_\beta(u')=\frac{1}{A_\beta}e^{-j\frac{u'^2}{2}\cot\beta}H_{3,\beta}(u')\left(\frac{1}{A_\beta}e^{-j\frac{u'^2}{2}\cot\beta}H_{2,\beta}(u')H_{1,\beta}(u')\right) \tag{5.35}$$

由时域广义分数阶卷积定理，可得式(5.35) 对应的时域形式为

$$h(t)=h_3(t)\Theta_{\beta,\beta,\beta}(h_2(t)\Theta_{\beta,\beta,\beta}h_1(t)) \tag{5.36}$$

其中，$h(t)$ 为待设计的单角度分数域滤波器级联滤波系统的时域冲激响应。

一般地，若信号 $x(t)$ 中存在 M 个干扰分量，并且经过一次 α 角度分数阶傅里叶变换后，它们与期望信号在 α 角度分数域不存在耦合，令 $h_i(t)(i=1,2,\cdots,M)$ 为与第 i 个干扰分量相对应的分数域滤波器的时域冲激响应，那么用于抑制信号 $x(t)$ 中干扰的级联分数域滤波系统的时域冲激响应可以表述为

$$h(t)=h_M(t)\Theta_{\beta,\beta,\beta}\{h_{M-1}(t)\Theta_{\beta,\beta,\beta}[\cdots\Theta_{\beta,\beta,\beta}(h_2(t)\Theta_{\beta,\beta,\beta}h_1(t))]\} \tag{5.37}$$

2. 多角度级联分数阶滤波器

如图 5.3(a) 所示,当期望信号和干扰无法通过单一角度的分数阶傅里叶变换解除耦合时,根据分数阶傅里叶变换的旋转可加性,可以通过多次分数阶傅里叶变换在多个角度分数域上对干扰进行滤波处理。

一般地,假设信号和干扰之间的耦合需要依次变换 M 个角度 $\alpha_1,\alpha_2,\cdots,\alpha_M$ 所对应分数域上的滤波处理才能完全解除,记 $h_i(t)(i=1,2,\cdots,M)$ 为 α_i 角度分数域滤波器的时域冲激响应。在图 5.3(b) 中,根据时域广义分数阶卷积,得到

$$x_{\text{out}}(t)=\{[(x(t)\Theta_{\alpha_1,\alpha_1,\beta}h_1(t))\Theta_{\alpha_2,\alpha_2,\beta}h_2(t)]\Theta_{\alpha_3,\alpha_3,\beta}\cdots\}\Theta_{\alpha_M,\alpha_M,\beta}h_M(t) \tag{5.38}$$

记 $X_{\alpha_1}(u)$ 和 $X_{\text{out},\alpha_M}(u)$ 分别表示 $x(t)$ 和 $x_{\text{out}}(t)$ 的 α_1 和 α_M 角度分数阶傅里叶变换,$H_{i,\beta}(u)(i=1,2,\cdots,M)$ 表示第 i 个级联分数域滤波器时域冲激响应 $h_i(t)$ 的 β 角度分数阶傅里叶变换,$X_{i,\alpha_i}(u)(i=1,2,\cdots,M)$ 为第 i 个级联分数域滤波器输出信号 $x_i(t)$ 的 α_i 角度分数阶傅里叶变换。根据时域广义分数阶卷积定理,并结合图 5.3,则有

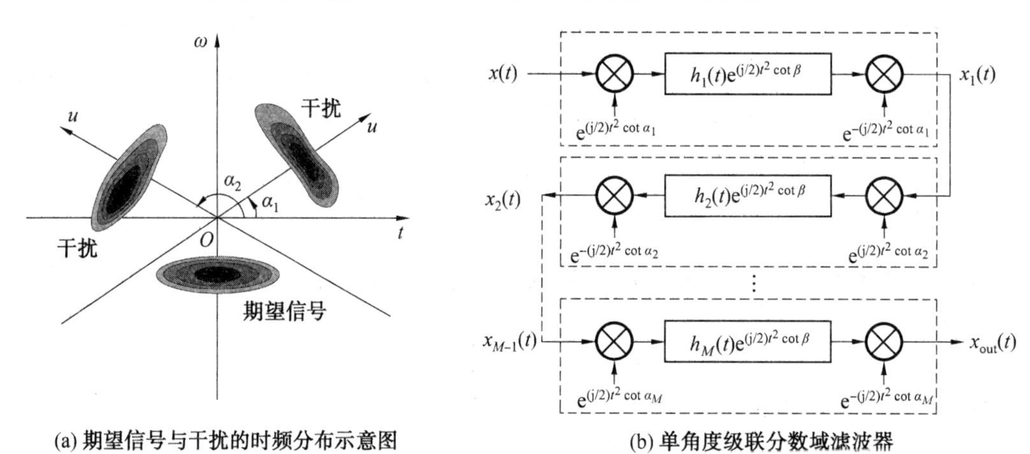

(a) 期望信号与干扰的时频分布示意图　　(b) 单角度级联分数域滤波器

图 5.3　多角度级联分数域滤波器原理

$$\begin{cases} X_{1,\alpha_1}(u)=\dfrac{1}{A_\beta}\mathrm{e}^{-\mathrm{j}\frac{u^2}{2}\left(\frac{\csc\alpha_1}{\csc\beta}\right)^2\cot\beta}H_{1,\beta}\left(\dfrac{u\csc\alpha_1}{\csc\beta}\right)X_{\alpha_1}(u) \\ X_{2,\alpha_2}(u)=\dfrac{1}{A_\beta}\mathrm{e}^{-\mathrm{j}\frac{u^2}{2}\left(\frac{\csc\alpha_2}{\csc\beta}\right)^2\cot\beta}H_{2,\beta}\left(\dfrac{u\csc\alpha_2}{\csc\beta}\right)X_{1,\alpha_2}(u) \\ \vdots \\ X_{M-1,\alpha_{M-1}}(u)=\dfrac{1}{A_\beta}\mathrm{e}^{-\mathrm{j}\frac{u^2}{2}\left(\frac{\csc\alpha_{M-1}}{\csc\beta}\right)^2\cot\beta}H_{M-1,\beta}\left(\dfrac{u\csc\alpha_{M-1}}{\csc\beta}\right)X_{M-2,\alpha_{M-1}}(u) \\ X_{\text{out},\alpha_M}(u)=\dfrac{1}{A_\beta}\mathrm{e}^{-\mathrm{j}\frac{u^2}{2}\left(\frac{\csc\alpha_M}{\csc\beta}\right)^2\cot\beta}H_{M,\beta}\left(\dfrac{u\csc\alpha_M}{\csc\beta}\right)X_{M-1,\alpha_M}(u) \end{cases} \tag{5.39}$$

此外,考虑到分数阶傅里叶变换的旋转可加性,则有

$$X_{i-1,\alpha_i}(u)=\mathscr{F}^{\alpha_i-\alpha_{i-1}}[X_{i-1,\alpha_{i-1}}(u)],\quad i=2,3,\cdots,M \tag{5.40}$$

进一步地,根据式(5.39) 和(5.40),可得

$$\begin{aligned} X_{\text{out},\alpha_M}(u)=&\Pi_{\beta,\alpha_M}(u)\mathscr{F}^{\alpha_M-\alpha_{M-1}}[\Pi_{\beta,\alpha_{M-1}}(u)\mathscr{F}^{\alpha_{M-1}-\alpha_{M-2}}[\cdots\Pi_{\beta,\alpha_2}(u)\times \\ &\mathscr{F}^{\alpha_2-\alpha_1}[\Pi_{\beta,\alpha_1}(u)\mathscr{F}^{\alpha_1}[x(t)](u)]]] \end{aligned} \tag{5.41}$$

其中,$\Pi_{\beta,\alpha_i}(u)$ 的表达式为

$$\Pi_{\beta,\alpha_i}(u)=\frac{1}{A_\beta}\mathrm{e}^{-\mathrm{j}\frac{u^2}{2}\left(\frac{\csc\alpha_i}{\csc\beta}\right)^2\cot\beta}H_{i,\beta}\left(\frac{u\csc\alpha_i}{\csc\beta}\right) \tag{5.42}$$

于是，根据分数傅里叶逆变换，可得

$$x_{\text{out}}(t)=\mathscr{F}^{-\alpha_M}[X_{\text{out},\alpha_M}(u)](t) \tag{5.43}$$

基于前述分析，图 5.4 给出了多角度级联分数域滤波器的分数域结构示意图。

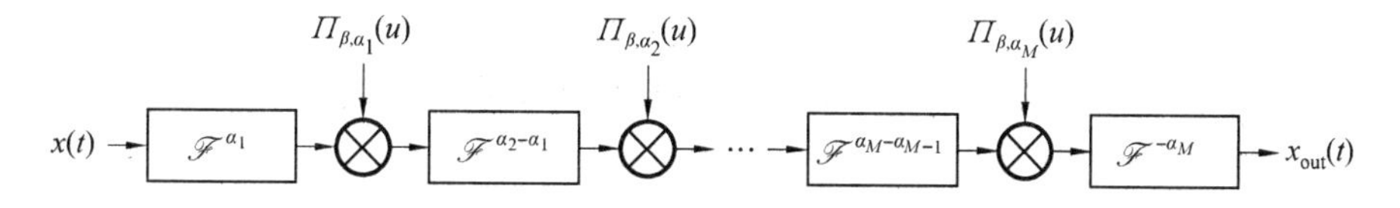

图 5.4　多角度级联分数域滤波器的分数域结构示意图

5.2　分数阶 Wiener 滤波器

从信号处理的角度，滤波器可归为两大类。一类是前述讨论的常规滤波器，其特点是待滤波信号中期望的分数谱成分和希望滤除的分数谱成分占据不同的分数域区间，利用一个合适的选频滤波器便可实现对信号的滤波处理。但若期望的分数谱成分和希望滤除的分数谱成分所在的分数域区间互相重叠，常规滤波器则不能完成对干扰的有效滤除，这时需要采用另一类所谓的现代滤波器，例如，Wiener 滤波器、自适应滤波器等最优滤波器。现代滤波器从统计的概念出发，在满足某种优化规则的意义下，对有用信号进行估计，用最优估计值去逼近有用信号，干扰也在优化规则的意义下得以减弱或消除。其中，常用的一种优化规则是使滤波器输出的均方误差最小，这就是 Wiener 滤波器。为此，下面将讨论基于分数域的 Wiener 滤波器的设计问题。

5.2.1　分数阶 Wiener－Hopf 方程

若 $s(t)$ 是某非平稳随机过程的一个取样，该非平稳随机过程的分数阶自相关函数是已知的或能够由 $s(t)$ 估计得到，设观测信号模型为

$$y(t)=s(t)+v(t) \tag{5.44}$$

式中，$s(t)$ 和 $v(t)$ 分别表示期望信号与加性噪声。为了从 $y(t)$ 中提取或恢复信号 $s(t)$，需要设计一个分数域滤波器对 $y(t)$ 进行滤波处理，使滤波器的输出尽可能逼近 $s(t)$，成为 $s(t)$ 的最佳估计 $\hat{s}(t)$。

若 $s(t)$ 和 $v(t)$ 的分数谱在分数域是相互分离的，显然利用分数域常规滤波器就能有效抑制噪声。然而，噪声 $v(t)$ 的分数谱一般很宽，与信号 $s(t)$ 的分数谱互相重叠，往往需要在满足某种优化规则下寻找 $s(t)$ 的最佳估计 $\hat{s}(t)$。下面将在最小均方误差准则下，根据含噪的观测信号 $y(t)$，通过设计分数域的 Wiener 滤波器来获取信号 $s(t)$ 的最佳估计 $\hat{s}(t)$，图5.5 给出了基于广义分数阶卷积的滤波器模型。

在图 5.5 中，滤波器的输入 $y(t)$ 是混有噪声的观测信号，若输出是对信号 $s(t)$ 的最佳估计，那么估计误差 $\varepsilon(t)$ 可以表示为

$$\varepsilon(t)=s(t)-\hat{s}(t) \tag{5.45}$$

于是，设计分数阶 Wiener 滤波器的过程就是寻求使

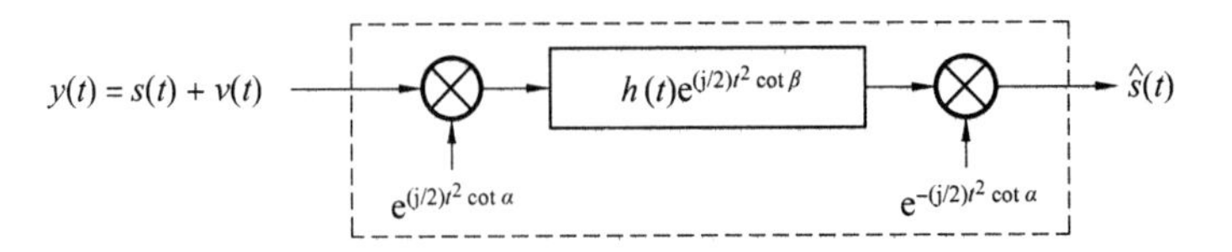

图 5.5　基于广义分数阶卷积的分数域滤波器

$$E\{|\varepsilon(t)|^2\}=E\{|s(t)-\hat{s}(t)|^2\} \tag{5.46}$$

最小的分数域滤波器的冲激响应 $h(t)$ 或其分数域传输函数的表达式。

如图 5.5 所示，利用时域广义分数阶卷积，可得

$$\begin{aligned}\hat{s}(t)&=(y\Theta_{\alpha,\alpha,\beta}h)(t)=\mathrm{e}^{-\mathrm{j}\frac{t^2}{2}\cot\alpha}\left[\left(y(t)\mathrm{e}^{\mathrm{j}\frac{t^2}{2}\cot\alpha}\right)*\left(h(t)\mathrm{e}^{\mathrm{j}\frac{t^2}{2}\cot\beta}\right)\right]\\&=\mathrm{e}^{-\mathrm{j}\frac{t^2}{2}\cot\alpha}\int_{-\infty}^{+\infty}\bar{y}(\lambda)\bar{h}(t-\lambda)\mathrm{d}\lambda\end{aligned} \tag{5.47}$$

式中，$\bar{y}(t)$ 与 $\bar{h}(t)$ 的表达式分别为

$$\bar{y}(t)\triangleq y(t)\mathrm{e}^{\mathrm{j}\frac{t^2}{2}\cot\alpha} \tag{5.48}$$

$$\bar{h}(t)\triangleq h(t)\mathrm{e}^{\mathrm{j}\frac{t^2}{2}\cot\beta} \tag{5.49}$$

同时，式(5.46) 中估计误差可以等价地表示为

$$E\{|\varepsilon(t)|^2\}=E\{\varepsilon(t)\mathrm{e}^{\mathrm{j}\frac{t^2}{2}\cot\alpha}\varepsilon^*(t)\mathrm{e}^{-\mathrm{j}\frac{t^2}{2}\cot\alpha}\}=E\{|\bar{s}(t)-\bar{\hat{s}}(t)|^2\} \tag{5.50}$$

式中，$\bar{s}(t)$ 和 $\bar{\hat{s}}(t)$ 的表达式分别为

$$\bar{s}(t)\triangleq s(t)\mathrm{e}^{\mathrm{j}\frac{t^2}{2}\cot\alpha} \tag{5.51}$$

$$\bar{\hat{s}}(t)\triangleq \hat{s}(t)\mathrm{e}^{\mathrm{j}\frac{t^2}{2}\cot\alpha} \tag{5.52}$$

如图 5.6 所示，由正交性原理[148] 知，在最优估计下，有 $(s(t)-\hat{s}(t))\perp y(t)$，即

$$E\{[s(t)-\hat{s}(t)]y^*(t')\}=0,\quad \forall t'\in\mathbf{R} \tag{5.53}$$

在式(5.53) 两边同时乘以 $\mathrm{e}^{\mathrm{j}\frac{t^2-t'^2}{2}\cot\alpha}$，则有

$$E\{[\bar{s}(t)-\bar{\hat{s}}(t)]\bar{y}^*(t')\}=0,\quad \forall t'\in\mathbf{R} \tag{5.54}$$

式中，$\bar{y}(t')$ 的表达式为

$$\bar{y}(t')\triangleq y(t')\mathrm{e}^{\mathrm{j}\frac{t'^2}{2}\cot\alpha} \tag{5.55}$$

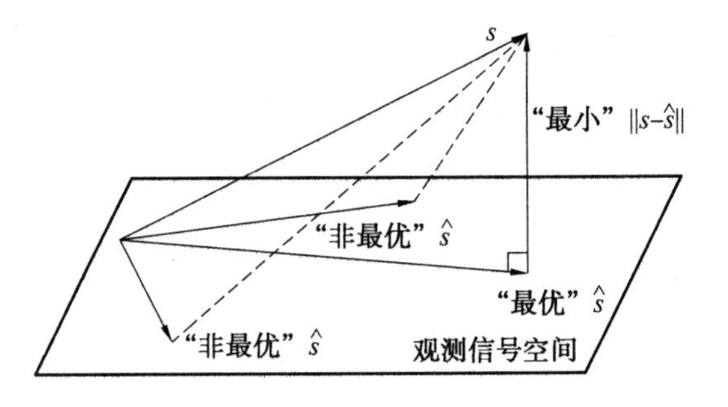

图 5.6　正交性原理的几何表示

将式(5.47) 代入式(5.54)，可得

$$E\left\{\bar{s}(t)\bar{y}(t')-\int_{-\infty}^{+\infty}\bar{h}(t-\lambda)\bar{y}(\lambda)\bar{y}(t')\mathrm{d}\lambda\right\}=0,\quad \forall t'\in\mathbf{R} \tag{5.56}$$

根据经典相关函数的定义，式(5.56) 可改写为

$$R_{\bar{s}\bar{y}}(t,t')=\int_{-\infty}^{+\infty}\bar{h}(t-\lambda)R_{\bar{y}}(\lambda,t')\mathrm{d}\lambda \tag{5.57}$$

式中，$R_{\bar{s}\bar{y}}(\cdot,\cdot)$ 代表信号 $\bar{s}(t)$ 和 $\bar{y}(t)$ 的互相关函数；$R_{\bar{y}}(\cdot,\cdot)$ 为信号 $\bar{y}(t)$ 的自相关函数。$R_{\bar{s}\bar{y}}(\cdot,\cdot)$ 和 $R_{\bar{y}}(\cdot,\cdot)$ 与分数阶傅里叶变换旋转角度 α 有关，这里把式(5.57) 称为分数阶 Wiener－Hopf(霍夫) 分方程。

特别地，若 $s(t)$ 和 $v(t)$ 的分数阶自相关函数与时间无关，那么 $\bar{s}(t)$ 和 $\bar{v}(t)$ 都为经典平稳过程，则 $\bar{y}(t)$ 与 $\bar{s}(t)$ 联合平稳，式(5.57) 可进一步写为

$$R_{\bar{s}\bar{y}}(t-t')=\int_{-\infty}^{+\infty}\bar{h}(t-\lambda)R_{\bar{y}}(\lambda-t')\mathrm{d}\lambda \tag{5.58}$$

令 $\tau=t-t'$，$\eta=t-\lambda$，代入式(5.58)，得到

$$R_{\bar{s}\bar{y}}(\tau)=\int_{-\infty}^{+\infty}\bar{h}(\eta)R_{\bar{y}}(\tau-\eta)\mathrm{d}\eta \tag{5.59}$$

于是，求解式(5.59) 即可得到分数域最优滤波器冲激响应 $h(t)$，但若直接求解此式，涉及矩阵求逆，运算量很大。下面将利用分数阶傅里叶变换与傅里叶变换的关系将求式(5.59) 的时域解转化为求其分数域解，从而降低运算量。

5.2.2 分数阶 Wiener－Hopf 方程的解

在式(5.59) 两端关于变量 τ 做傅里叶变换(变换元做了尺度 $\csc\alpha$ 伸缩)，即

$$\mathfrak{F}[R_{\bar{s}\bar{y}}(\tau)](u\csc\alpha)=\mathfrak{F}[R_{\bar{y}}(\tau)*\bar{h}(\tau)](u\csc\alpha) \tag{5.60}$$

再利用经典卷积定理，则有

$$\bar{S}(u\csc\alpha)\bar{Y}^{*}(u\csc\alpha)=\sqrt{2\pi}\,\bar{H}(u\csc\alpha)\,|\,\bar{Y}(u\csc\alpha)\,|^{2} \tag{5.61}$$

式中，$\bar{S}(u\csc\alpha)$、$\bar{Y}(u\csc\alpha)$ 和 $\bar{H}(u\csc\alpha)$ 分别表示 $\bar{s}(t)$、$\bar{y}(t)$ 和 $\bar{h}(t)$ 的傅里叶变换(变换元做了尺度 $\csc\alpha$ 伸缩)。此外，根据分数阶傅里叶变换与傅里叶变换的关系[39]，得到

$$\begin{aligned}S_{\alpha}(u)&=\sqrt{2\pi}A_{\alpha}\mathrm{e}^{\mathrm{j}\frac{u^{2}}{2}\cot\alpha}\mathfrak{F}[s(t)\mathrm{e}^{\mathrm{j}\frac{t^{2}}{2}\cot\alpha}](u\csc\alpha)\\&=\sqrt{2\pi}A_{\alpha}\mathrm{e}^{\mathrm{j}\frac{u^{2}}{2}\cot\alpha}\mathfrak{F}[\bar{s}(t)](u\csc\alpha)\\&=\sqrt{2\pi}A_{\alpha}\mathrm{e}^{\mathrm{j}\frac{u^{2}}{2}\cot\alpha}\bar{S}(u\csc\alpha)\end{aligned} \tag{5.62}$$

因此，有

$$\bar{S}(u\csc\alpha)=\frac{1}{\sqrt{2\pi}A_{\alpha}}\mathrm{e}^{-\mathrm{j}\frac{u^{2}}{2}\cot\alpha}S_{\alpha}(u) \tag{5.63}$$

同理，可得

$$\bar{Y}(u\csc\alpha)=\frac{1}{\sqrt{2\pi}A_{\alpha}}\mathrm{e}^{-\mathrm{j}\frac{u^{2}}{2}\cot\alpha}Y_{\alpha}(u) \tag{5.64}$$

$$\bar{H}(u\csc\alpha)=\frac{1}{\sqrt{2\pi}A_{\beta}}\mathrm{e}^{-\mathrm{j}\frac{u^{2}}{2}\left(\frac{\csc\alpha}{\csc\beta}\right)^{2}\cot\beta}H_{\beta}\left(\frac{u\csc\alpha}{\csc\beta}\right) \tag{5.65}$$

将式(5.63)、(5.64) 和(5.65) 代入式(5.61)，并整理得

$$S_{\alpha}(u)Y_{\alpha}^{*}(u)=\frac{1}{A_{\beta}}\mathrm{e}^{-\mathrm{j}\frac{u^{2}}{2}\left(\frac{\csc\alpha}{\csc\beta}\right)^{2}\cot\beta}H_{\beta}\left(\frac{u\csc\alpha}{\csc\beta}\right)|\,Y_{\alpha}(u)\,|^{2} \tag{5.66}$$

由分数阶能谱的定义和式(5.66)，得到

$$H_{\beta}\left(\frac{u\csc\alpha}{\csc\beta}\right)=A_{\beta}\mathrm{e}^{\mathrm{j}\frac{u^{2}}{2}\left(\frac{\csc\alpha}{\csc\beta}\right)^{2}\cot\beta}\frac{\mathscr{E}_{sy}^{\alpha}(u)}{\mathscr{E}_{y}^{\alpha}(u)} \tag{5.67}$$

式中，$\mathscr{E}_{sy}^{\alpha}(u)$ 为 $s(t)$ 和 $y(t)$ 的分数阶互能谱；$\mathscr{E}_{y}^{\alpha}(u)$ 为 $y(t)$ 的分数阶能谱；$H_{\beta}(u)$ 为 $h(t)$ 的 β 角度分数阶傅里叶变换，即所求分数阶 Wiener 滤波器的传输函数。

此外，由式(5.50)，可得分数阶 Wiener 滤波器的输出信号与期望信号的最小均方误差为

$$\begin{aligned}E\{|\varepsilon(t)|^2\}&=E\{|\bar{s}(t)-\bar{\hat{s}}(t)|^2\}=E\{[\bar{s}(t)-\bar{\hat{s}}(t)]\bar{s}^*(t)\}\\&=E\{\bar{s}(t)\bar{s}^*(t)\}-E\{\bar{\hat{s}}(t)\bar{s}^*(t)\}\\&=R_{\bar{s}}(0)-E\left\{\int_{-\infty}^{+\infty}\bar{h}(\lambda)\bar{y}(t-\lambda)\bar{s}^*(t)\mathrm{d}\lambda\right\}\\&=R_{\bar{s}}(0)-\int_{-\infty}^{+\infty}\bar{h}(\lambda)R_{\bar{ys}}(-\lambda)\mathrm{d}\lambda\end{aligned}\tag{5.68}$$

式中，$R_{\bar{s}}(\cdot)$ 表示 $\bar{s}(t)$ 的自相关函数。根据经典相关函数的性质，则有

$$R_{\bar{s}}(0)=\int_{-\infty}^{+\infty}|\bar{s}(t)|^2\mathrm{d}t=\int_{-\infty}^{+\infty}|\bar{S}(u\csc\alpha)|^2\mathrm{d}u\csc\alpha\tag{5.69}$$

$$\begin{aligned}\int_{-\infty}^{+\infty}\bar{h}(\lambda)R_{\bar{ys}}(-\lambda)\mathrm{d}\lambda&=\bar{h}(\tau)*R_{\bar{ys}}(-\tau)\mid_{\tau=0}\\&=\int_{-\infty}^{+\infty}\sqrt{2\pi}\ \bar{H}(u\csc\alpha)\bar{Y}(-u\csc\alpha)\bar{S}^*(-u\csc\alpha)\mathrm{d}u\csc\alpha\end{aligned}\tag{5.70}$$

将式(5.63)、(5.64) 和(5.65) 代入式(5.69) 和(5.72)，并令 $\mathscr{E}_s^\alpha(u)$ 与 $\mathscr{E}_{ys}^\alpha(u)$ 分别表示 $s(t)$ 的分数阶能谱及其与 $y(t)$ 的分数阶互能谱，则有

$$R_{\bar{s}}(0)=\int_{-\infty}^{+\infty}|S_\alpha(u)|^2\mathrm{d}u=\int_{-\infty}^{+\infty}\mathscr{E}_s^\alpha(u)\mathrm{d}u\tag{5.71}$$

$$\begin{aligned}\int_{-\infty}^{+\infty}\bar{h}(\lambda)R_{\bar{ys}}(-\lambda)\mathrm{d}\lambda&=\int_{-\infty}^{+\infty}\frac{1}{A_\beta}\mathrm{e}^{-\mathrm{j}\frac{u^2}{2}\left(\frac{\csc\alpha}{\csc\beta}\right)^2\cot\beta}H_\beta\left(\frac{u\csc\alpha}{\csc\beta}\right)Y_\alpha(-u)S_\alpha^*(-u)\mathrm{d}u\\&=\int_{-\infty}^{+\infty}\frac{1}{A_\beta}\mathrm{e}^{-\mathrm{j}\frac{u^2}{2}\left(\frac{\csc\alpha}{\csc\beta}\right)^2\cot\beta}H_\beta\left(\frac{u\csc\alpha}{\csc\beta}\right)\mathscr{E}_{ys}^\alpha(-u)\mathrm{d}u\end{aligned}\tag{5.72}$$

将式(5.71) 和(5.72) 代入式(5.68)，得到

$$E\{|\varepsilon(t)|^2\}=\int_{-\infty}^{+\infty}\left[\mathscr{E}_s^\alpha(u)-\frac{1}{A_\beta}\mathrm{e}^{-\mathrm{j}\frac{u^2}{2}\left(\frac{\csc\alpha}{\csc\beta}\right)^2\cot\beta}H_\beta\left(\frac{u\csc\alpha}{\csc\beta}\right)\mathscr{E}_{ys}^\alpha(-u)\right]\mathrm{d}u\tag{5.73}$$

再将式(5.67) 代入式(5.73)，可得

$$E\{|\varepsilon(t)|^2\}=\int_{-\infty}^{+\infty}\left[\mathscr{E}_s^\alpha(u)-\frac{\mathscr{E}_{sy}^\alpha(u)}{\mathscr{E}_y^\alpha(u)}\mathscr{E}_{ys}^\alpha(-u)\right]\mathrm{d}u\tag{5.74}$$

若 $s(t)$ 和 $v(t)$ 是零均值且互不相关，此时 $E\{s(t)v^*(t)\}=E\{v(t)s^*(t)\}=0$，根据分数阶相关函数和分数阶互能谱的定义，很容易得到

$$\mathscr{E}_y^\alpha(u)=\mathscr{E}_s^\alpha(u)+\mathscr{E}_v^\alpha(u)\tag{5.75}$$

$$\mathscr{E}_{sy}^\alpha(u)=\mathscr{E}_s^\alpha(u)\tag{5.76}$$

$$\mathscr{E}_{ys}^\alpha(-u)=\mathscr{E}_s^\alpha(-u)\tag{5.77}$$

那么，分数阶 Wiener 滤波器分数域传输函数和最小均方误差分别为

$$H_\beta\left(\frac{u\csc\alpha}{\csc\beta}\right)=A_\beta\mathrm{e}^{\mathrm{j}\frac{u^2}{2}\left(\frac{\csc\alpha}{\csc\beta}\right)^2\cot\beta}\frac{\mathscr{E}_s^\alpha(u)}{\mathscr{E}_s^\alpha(u)+\mathscr{E}_v^\alpha(u)}\tag{5.78}$$

$$E\{|\varepsilon(t)|^2\}=\int_{-\infty}^{+\infty}\left[\mathscr{E}_s^\alpha(u)-\frac{\mathscr{E}_s^\alpha(u)+\mathscr{E}_s^\alpha(-u)}{\mathscr{E}_y^\alpha(u)+\mathscr{E}_v^\alpha(u)}\right]\mathrm{d}u\tag{5.79}$$

至此，综上分析可以得到以下结论：

① 若期望信号 $s(t)$ 的分数阶能谱 $\mathscr{E}_s^\alpha(u)$ 为偶函数，即 $\mathscr{E}_s^\alpha(u)=\mathscr{E}_s^\alpha(-u)$，且 $\mathscr{E}_s^\alpha(u)$ 和干扰 $v(t)$ 的分数阶能谱 $\mathscr{E}_v^\alpha(u)$ 互不重叠，则如图 5.7(a) 所示在 $\mathscr{E}_s^\alpha(u)$ 的分数域非零区间上有

$$H_\beta\left(\frac{u\csc\alpha}{\csc\beta}\right)=A_\beta\mathrm{e}^{\mathrm{j}\frac{u^2}{2}\left(\frac{\csc\alpha}{\csc\beta}\right)^2\cot\beta}\tag{5.80}$$

而在其他分数域区间上有 $H_\beta\left(\frac{u\csc\alpha}{\csc\beta}\right)=0$。此时，最小均方误差为 $E\{|\varepsilon(t)|^2\}=0$。

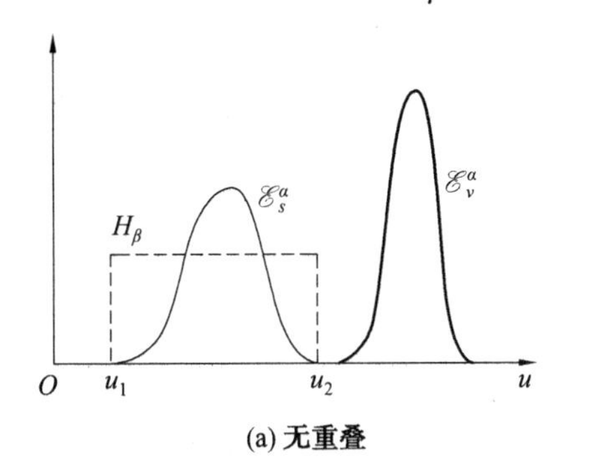

(a) 无重叠

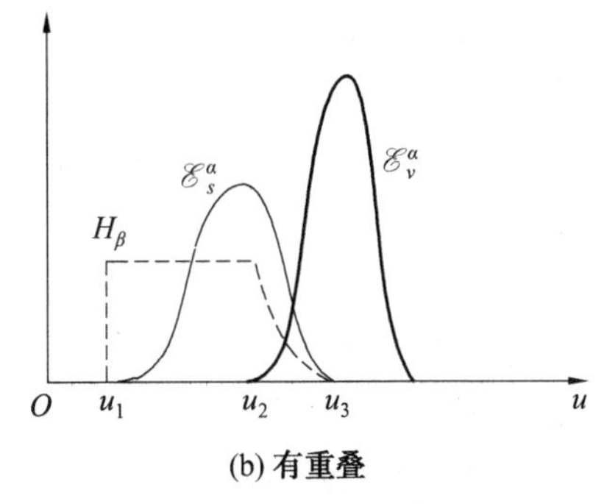

(b) 有重叠

图 5.7　信号与干扰的分数阶能谱无重叠和有重叠下分数阶 Wiener 滤波器设计示意图

② 若 $\mathscr{E}_s^\alpha(u)$ 和 $\mathscr{E}_v^\alpha(u)$ 有重叠部分，如图 5.7(b) 所示，则当 $u_1\leqslant u\leqslant u_2$ 时，分数阶 Wiener 滤波器的传输函数 $H_\beta\left(\frac{\csc\alpha}{\csc\beta}\right)$ 为式(5.78)；当 $u_2\leqslant u\leqslant u_3$ 时，$H_\beta\left(\frac{\csc\alpha}{\csc\beta}\right)$ 逐渐变为零；在 u 的其他区间上 $H_\beta\left(\frac{\csc\alpha}{\csc\beta}\right)$ 则为零。

至此，给出了分数阶 Wiener 滤波器的设计原理，不难发现，当 $\alpha=\beta=\pi/2$ 时，分数阶 Wiener 滤波器便简化为传统 Wiener 滤波器。

5.2.3　现有各种分数阶 Wiener 滤波器的比较

在式(5.44) 所示的观测信号模型下，利用文献[37] 直接在分数域做乘法滤波的方法，期望信号的最佳估计可以表示为

$$\hat{s}(t)=\mathscr{F}^{-\alpha}[g(u)\times\mathscr{F}^\alpha[y(t)](u)](t) \tag{5.81}$$

式中，$g(u)$ 为待设计的分数域滤波器。基于此，在最小均方误差准则下，文献[37] 将分数域滤波器的最优化问题描述为

$$g_{\mathrm{opt}}(u)=\arg\min_{g(u)}\{E\{|s(t)-\hat{s}(t)|^2\}\} \tag{5.82}$$

并利用变分法得到了分数域最优滤波器的表达形式，即

$$g_{\mathrm{opt}}(u)=\frac{R_{S_\alpha Y_\alpha}(u,u)}{R_{Y_\alpha Y_\alpha}(u,u)} \tag{5.83}$$

式中，$R_{S_\alpha Y_\alpha}(\cdot,\cdot)$ 表示期望信号 $s(t)$ 的分数阶傅里叶变换 $S_\alpha(u)$ 与观测信号 $y(t)$ 的分数阶傅里叶变换 $Y_\alpha(u)$ 的经典互相关函数，而 $R_{Y_\alpha Y_\alpha}(\cdot,\cdot)$ 则表示 $Y_\alpha(u)$ 的经典自相关函数。众所周知，频域是分数域的一个特例，那么当角度 $\alpha=\pi/2$ 时，最小均方误差准则下的分数域滤波器应该简化为相应准则下的频域滤波器(即经典 Wiener 滤波器)。然而，由式(5.83) 可以看出，文献[37] 给出的最小均方误差准则下的分数域滤波器并不具备这一特性。这表明，文献[37] 得到的结果并不是基于分数阶傅里叶变换滤波问题的 Wiener 解。同时，式(5.81) 给出的基于分数阶傅里叶变换－加窗－分数傅里叶逆变换的分数域乘法滤波器模型，若在时域实现，该滤波操作为复杂的三重积分运算，不利于实际应用。若在分数域实现，需要首先将待滤波信号进行分数阶傅里叶变换数值计算，然后在分数域利用满足需求的分数域窗函数与待滤波信号的分数阶傅里叶变换相乘，最后对乘积做相应的分数傅里叶逆变

换从而得到滤波后的信号时域波形。由于每次分数阶傅里叶变换数值计算需要对信号进行截断，会导致分数谱泄漏，从而造成滤波输出信号在截断边界出现跳变而失真。当数据量很大时，通常需要大容量的存储单元，实时性很差。之后，文献[76]在白噪声模型下研究了线性调频信号的分数域最优滤波问题，得到了分数域上等效 Wiener 滤波算子的求解方法。显然，文献[76]的结果只适用于白噪声背景下的线性调频信号，不具有一般性。

为了进一步验证算法性能，设式(5.44)中期望信号 $s(t)$ 的表达式为

$$s(t)=2\mathrm{e}^{-\frac{1}{8}(t+1)^2}\mathrm{e}^{-\mathrm{j}\frac{1}{2}t^2} \tag{5.84}$$

而 $n(t)$ 为加性高斯白噪声，且信噪比为 −5 dB。现对观测信号 $y(t)$ 进行分数阶 Wiener 滤波，从而恢复出噪声背景下的期望信号 $s(t)$，处理结果如图 5.8 所示。

图 5.8(a) 给出了期望信号 $s(t)$ 的时域波形，其 Wigner−Ville 分布(WVD) 如图 5.8(b) 所示。含噪观测信号 $y(t)$ 的时域波形及其 Wigner−Ville 分布分别如图 5.8(c) 和 5.8(d) 所示。由图 5.8(d) 可以看出期望信号 $s(t)$ 在整个时频面上完全淹没在噪声中，利用分数域常规滤波器不能将其与噪声进行有效分离。图 5.9 给出了利用分数阶 Wiener 滤波的处理结果。

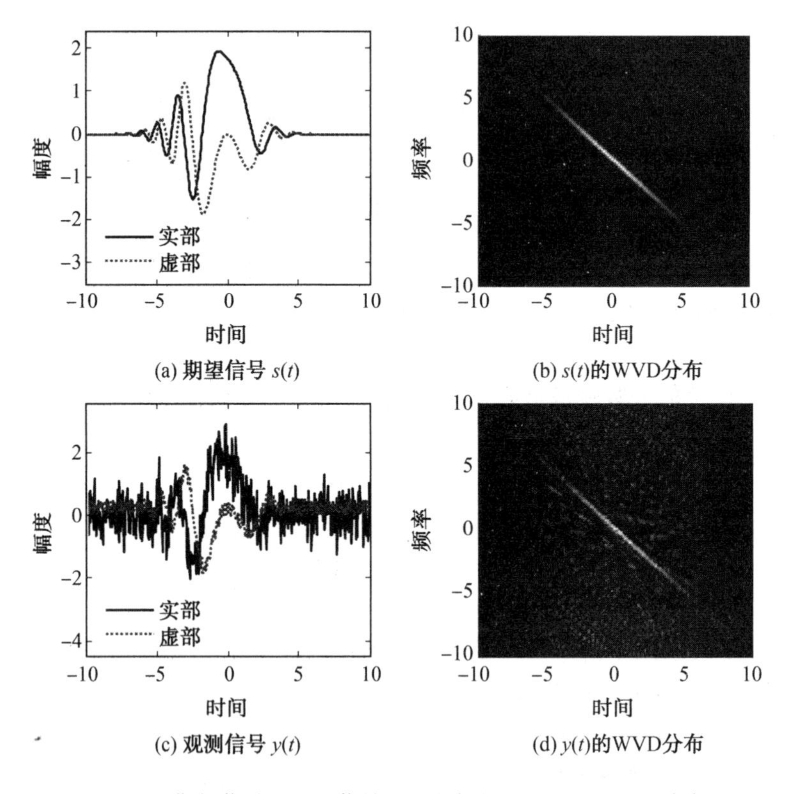

图 5.8　期望信号和观测信号以及它们的 Wigner−Ville 分布

图 5.9(a) 给出了不同旋转角度下分数阶 Wiener 滤波的最小均方误差(MMSE)。从图 5.9(a) 可以看出，在 $\alpha=\pi/4$ 角度分数域上滤波处理的 MMSE 最小，且最小值为 6.357×10^{-3}，而在包括 $\alpha=\pi/2$(对应频域) 的其他角度分数域上，滤波处理的 MMSE 都要大于 6.357×10^{-3}，这是因为期望信号在 $\pi/4$ 角度分数域上能量是最佳聚集的，而在其他角度分数域(包括频域) 上能量都是扩散的。因此，分数阶 Wiener 滤波处理的最佳旋转角度为

$\pi/4$，如图 5.9(b) 所示。图 5.9(c) 和 5.9(d) 给出了 $\pi/4$ 角度分数阶 Wiener 滤波恢复出的期望信号 $s(t)$ 的波形。可以看出，与现有 Kutay 等在文献[37]提出的方法相比，本节方法得到结果与期望信号的理论值基本一致。如图 5.9(a) 所示，本节方法的 MMSE 为 6.357×10^{-3}。经过计算，文献[37] 方法的 MMSE 为 7.48×10^{-2}。

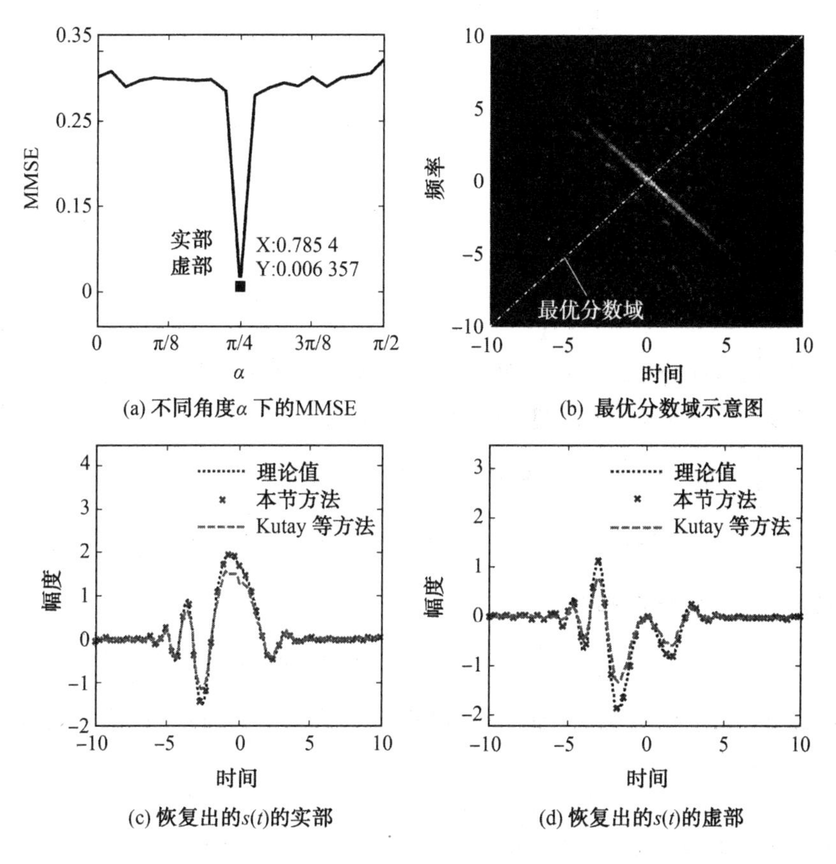

图 5.9　分数阶 Wiener 滤波处理结果

5.3　分数阶匹配滤波器

在通信、雷达等电子信息系统中，许多常用的接收机，其模型均可由一个线性滤波器和一个判决电路两部分组成。为了增大信号相对噪声的强度，以使判决电路获得最好的检测性能，往往要求线性滤波器是最佳的。若线性滤波器输入的信号是确知信号，噪声是加性平稳噪声，则在输入信噪比一定的条件下，使输出信噪比为最大的滤波器就是一个与输入信号相匹配的最佳滤波器，称为匹配滤波器(Match Filter，MF)。

5.3.1　分数阶匹配滤波器的设计

如图 5.10 所示，分数域滤波器的输入 $r(t)=s(t)+n(t)$，其中 $s(t)$ 为期望信号，$n(t)$ 为零均值、频率功率谱密度为 $N_0/2$ 的白噪声。假定 $s(t)$ 和 $n(t)$ 是独立的，记分数域滤波器的输出信号 $y(t)=s_o(t)+n_o(t)$，其中 $s_o(t)$ 和 $n_o(t)$ 分别表示分数域滤波器对应于期望信号和

噪声的输出。下面将讨论分数阶匹配滤波器的设计原理。

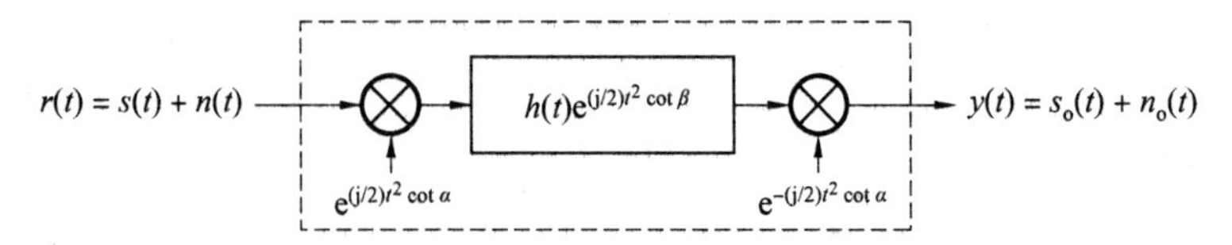

图 5.10　分数域线性滤波器

在图 5.10 中，利用时域广义分数阶卷积，可得分数域滤波器对应于期望信号 $s(t)$ 的输出为

$$s_o(t)=s(t)\Theta_{\alpha,\alpha,\beta}h(t)=e^{-j\frac{t^2}{2}\cot\alpha}\left[(s(t)e^{j\frac{t^2}{2}\cot\alpha})*(h(t)e^{j\frac{t^2}{2}\cot\beta})\right] \tag{5.85}$$

然后，根据时域广义分数阶卷积定理，可得

$$S_{o,\alpha}(u)=\frac{1}{A_\beta}e^{-j\frac{u^2}{2}\left(\frac{\csc\alpha}{\csc\beta}\right)^2\cos\beta}S_\alpha(u)H_\beta\left(\frac{u\csc\alpha}{\csc\beta}\right) \tag{5.86}$$

式中，$S_\alpha(u)$ 和 $S_{o,\alpha}(u)$ 分别表示 $s(t)$ 和 $s_o(t)$ 的 α 角度分数阶傅里叶变换；$H_\beta(u)$ 为分数域滤波器时域冲激响应 $h(t)$ 的 β 角度分数阶傅里叶变换。于是，根据分数傅里叶逆变换，则有

$$\begin{aligned}s_o(t)&=\int_{-\infty}^{+\infty}S_{o,\alpha}(u)K_{-\alpha}(u,t)\mathrm{d}u\\&=\int_{-\infty}^{+\infty}\frac{A_{-\alpha}}{A_\beta}e^{-j\frac{u^2}{2}\left[\left(\frac{\csc\alpha}{\csc\beta}\right)^2\cot\beta+\cot\alpha\right]-j\frac{t^2}{2}\cot\alpha+jtu\csc\alpha}S_\alpha(u)H_\beta\left(\frac{u\csc\alpha}{\csc\beta}\right)\mathrm{d}u\end{aligned} \tag{5.87}$$

那么，输出信号 $s_o(t)$ 的瞬时功率为

$$|s_o(t)|^2=\left|\int_{-\infty}^{+\infty}\frac{A_{-\alpha}}{A_\beta}e^{-j\frac{u^2}{2}\left[\left(\frac{\csc\alpha}{\csc\beta}\right)^2\cot\beta+\cot\alpha\right]+jtu\csc\alpha}S_\alpha(u)H_\beta\left(\frac{u\csc\alpha}{\csc\beta}\right)\mathrm{d}u\right|^2 \tag{5.88}$$

此外，由于白噪声 $n(t)$ 是零均值、频率功率谱密度为 $N_0/2$ 的平稳随机过程，可得其自相关函数为

$$E\{n(t)n^*(t+\tau)\}=\pi N_0\delta(\tau) \tag{5.89}$$

根据分数阶自相关函数的定义，可得 $n(t)$ 的分数阶自相关函数为

$$\begin{aligned}R_n^\alpha(\tau)&=e^{-j\frac{\tau^2}{2}\cot\alpha}E\{n(t)e^{j\frac{t^2}{2}\cot\alpha}n^*(t+\tau)e^{-j\frac{(t+\tau)^2}{2}\cot\alpha}\}\\&=e^{-j\frac{\tau^2}{2}\cot\alpha}E\{n(t)n^*(t+\tau)\}e^{-j\tau\frac{2t+\tau}{2}\cot\alpha}\\&=\pi N_0\delta(\tau)\end{aligned} \tag{5.90}$$

由此并结合分数阶自相关函数与分数阶功率密度之间的关系，可得白噪声 $n(t)$ 的 α 角度分数阶功率谱 $\mathscr{P}_n^\alpha(u)$ 为

$$\mathscr{P}_n^\alpha(u)=|\csc\alpha|\frac{N_0}{2} \tag{5.91}$$

于是，利用式(3.177)，可得输出噪声的分数阶功率谱 $\mathscr{P}_{n_o}^\alpha(u)$ 为

$$\mathscr{P}_{n_o}^\alpha(u)=2\pi|\sin\beta|\cdot\left|H_\beta\left(\frac{u\csc\alpha}{\csc\beta}\right)\right|^2\cdot|\csc\alpha|\frac{N_0}{2} \tag{5.92}$$

那么，输出噪声 $n_o(t)$ 的平均功率为

$$E\{n_o^2(t)\}=\int_{-\infty}^{+\infty}\mathscr{P}_{n_o}^\alpha(u)\mathrm{d}u=2\pi|\sin\beta|\cdot|\csc\alpha|\frac{N_0}{2}\cdot\int_{-\infty}^{+\infty}\left|H_\beta\left(\frac{u\csc\alpha}{\csc\beta}\right)\right|^2\mathrm{d}u \tag{5.93}$$

因此，图 5.10 中的分数域滤波器在 $t=t_0$ 时刻的输出信噪比为

$$\rho=\frac{|s_o(t_0)|^2}{E\{n_o^2(t)\}}=\frac{\left|\int_{-\infty}^{+\infty}\frac{A_{-\alpha}}{A_\beta}e^{-j\frac{u^2}{2}\left[\left(\frac{\csc\alpha}{\csc\beta}\right)^2\cot\beta+\cot\alpha\right]+jt_0u\csc\alpha}S_\alpha(u)H_\beta\left(\frac{u\csc\alpha}{\csc\beta}\right)du\right|^2}{2\pi|\sin\beta|\cdot|\csc\alpha|\frac{N_0}{2}\cdot\int_{-\infty}^{+\infty}H_\beta\left|\frac{u\csc\alpha}{\csc\beta}\right|^2du}\tag{5.94}$$

此外，根据 Canchy－Schwartz 不等式，若 $F(u)$ 和 $G(u)$ 是复函数，则

$$\left|\int_{-\infty}^{+\infty}F(u)G(u)du\right|^2\leqslant\int_{-\infty}^{+\infty}|F(u)|^2du\cdot\int_{-\infty}^{+\infty}|G(u)|^2du\tag{5.95}$$

当且仅当 $F(u)=cG^*(u)$（c 为任意常数）时，式(5.95)取等号。那么，对式(5.94)的分子部分，令

$$F(u)=H_\beta\left(\frac{u\csc\alpha}{\csc\beta}\right)\tag{5.96}$$

$$G(u)=S_\alpha(u)\frac{A_{-\alpha}}{A_\beta}e^{-j\frac{u^2}{2}\left[\left(\frac{\csc\alpha}{\csc\beta}\right)^2\cot\beta+\cot\alpha\right]+jt_0u\csc\alpha}\tag{5.97}$$

同时，注意到

$$\left|\frac{A_{-\alpha}}{A_\beta}e^{-j\frac{u^2}{2}\left[\left(\frac{\csc\alpha}{\csc\beta}\right)^2\cot\beta+\cot\alpha\right]+jt_0u\csc\alpha}\right|^2=\left|\frac{\csc\alpha}{\csc\beta}\right|\tag{5.98}$$

于是，利用 Canchy－Schwartz 不等式，可得

$$\begin{aligned}&\left|\int_{-\infty}^{+\infty}\frac{A_{-\alpha}}{A_\beta}e^{-j\frac{u^2}{2}\left[\left(\frac{\csc\alpha}{\csc\beta}\right)^2\cot\beta+\cot\alpha\right]+jt_0u\csc\alpha}S_\alpha(u)H_\beta\left(\frac{u\csc\alpha}{\csc\beta}\right)du\right|^2\\&\leqslant\left|\frac{\csc\alpha}{\csc\beta}\right|\cdot\int_{-\infty}^{+\infty}\left|H_\beta\left(\frac{u\csc\alpha}{\csc\beta}\right)\right|^2du\cdot\int_{-\infty}^{+\infty}|S_\alpha(u)|^2du\end{aligned}\tag{5.99}$$

将式(5.99)代入式(5.94)，则有

$$\rho=\frac{|s_o(t_0)|^2}{E\{n_o^2(t)\}}\leqslant\frac{\left|\frac{\csc\alpha}{\csc\beta}\right|\int_{-\infty}^{+\infty}\left|H_\beta\left(\frac{u\csc\alpha}{\csc\beta}\right)\right|^2du\cdot\int_{-\infty}^{+\infty}|S_\alpha(u)|^2du}{2\pi|\sin\beta|\cdot|\csc\alpha|\frac{N_0}{2}\cdot\int_{-\infty}^{+\infty}\left|H_\beta\left(\frac{u\csc\alpha}{\csc\beta}\right)\right|^2du}=\frac{1}{2\pi}\cdot\frac{E_s}{\frac{N_0}{2}}\tag{5.100}$$

式中，E_s 表示信号 $s(t)$ 的能量，即

$$E_s=\int_{-\infty}^{+\infty}|s(t)|^2dt=\int_{-\infty}^{+\infty}|S_\alpha(u)|^2du\tag{5.101}$$

同时，式(5.100)取等号的条件是

$$H_\beta\left(\frac{u\csc\alpha}{\csc\beta}\right)=cS_\alpha^*(u)\frac{A_\alpha}{A_{-\beta}}e^{j\frac{u^2}{2}\left[\left(\frac{\csc\alpha}{\csc\beta}\right)^2\cot\beta+\cot\alpha\right]-jt_0u\csc\alpha}\tag{5.102}$$

此时，输出的最大信噪比为

$$\rho_{\max}=\frac{1}{2\pi}\cdot\frac{E_s}{\frac{N_0}{2}}\tag{5.103}$$

式(5.102)就是输出信噪比达到最大时的分数域滤波器的传输函数，式中 c 是任一常数，反映了分数域滤波器的放大量，若取 $c=\frac{A_{-\beta}}{A_\alpha}$，则 $=\left|H_\beta\left(\frac{u\csc\alpha}{\csc\beta}\right)\right|=|S_\alpha(u)|$，即分数域滤波器传输函数的幅度特性等于信号 $s(t)$ 的分数谱的幅度特性，或者说，二者相“匹配”，称该分数域滤波器为分数阶匹配滤波器。

在式(5.102)中,做变量代换 $u'=\dfrac{u\csc\alpha}{\csc\beta}$ 后,可得

$$H_\beta(u')=cS_\alpha^*\left(\frac{u'\csc\beta}{\csc\alpha}\right)\frac{A_\alpha}{A_{-\beta}}\mathrm{e}^{\mathrm{j}\frac{u'^2}{2}\left[\cot\beta+\left(\frac{\csc\beta}{\csc\alpha}\right)^2\cot\alpha\right]-\mathrm{j}t_0u'\csc\beta} \tag{5.104}$$

再根据分数傅里叶逆变换,则分数阶匹配滤波器的时域冲激响应可以表示为

$$\begin{aligned}h(t)&=\mathscr{F}^{-\beta}[H_\beta(u')](t)=c\frac{\csc\alpha}{\csc\beta}\mathrm{e}^{-\mathrm{j}\frac{t^2}{2}(\cot\alpha+\cot\beta)}\mathrm{e}^{-\mathrm{j}t_0\left(\frac{t_0}{2}-t\right)\cot\alpha}s^*(t_0-t)\\&=c\frac{\csc\alpha}{\csc\beta}\mathrm{e}^{-\mathrm{j}\frac{t^2}{2}(\cot\alpha+\cot\beta)}[\boldsymbol{T}_{t_0}^{\alpha}s(-t)]^*\end{aligned} \tag{5.105}$$

该结果表明,分数阶匹配滤波器的时域冲激响应 $h(t)$ 是原信号 $s(t)$ 镜像的分数阶时移的共轭与一线性调频因子的乘积。

5.3.2 分数阶匹配滤波器的基本性质

性质 5.1 在所有的分数域滤波器中,分数阶匹配滤波器输出的信噪比最大,且最大信噪比为

$$\rho_{\max}=\frac{1}{2\pi}\cdot\frac{E_s}{\frac{N_0}{2}} \tag{5.106}$$

显然,$\rho_{\max}$ 与输入信号的形状以及噪声分布特性无关。

性质 5.2 分数阶匹配滤波器的传输函数幅度特性与输入信号的分数谱幅度特性一致,而其传输函数的相位特性与输入信号的分数谱相位特性相反,并附有一附加的相位项,即

$$\frac{u^2}{2}\left[\left(\frac{\csc\alpha}{\csc\beta}\right)^2\cot\beta+\cot\alpha\right]-ut_0\csc\alpha \tag{5.107}$$

证明 将输入信号 $s(t)$ 的分数谱 $S_\alpha(u)$ 以幅度和相位的形式表示为

$$S_\alpha(u)=|S_\alpha(u)|\mathrm{e}^{\mathrm{j}\phi_s(u)} \tag{5.108}$$

同样,分数阶匹配滤波器传输函数表示为

$$H_\beta\left(\frac{u\csc\alpha}{\csc\beta}\right)=\left|H_\beta\left(\frac{u\csc\alpha}{\csc\beta}\right)\right|\mathrm{e}^{\mathrm{j}\phi_h(u)} \tag{5.109}$$

于是,由式(5.102)可得

$$H_\beta\left(\frac{u\csc\alpha}{\csc\beta}\right)=c|S_\alpha(u)|\frac{A_\alpha}{A_{-\beta}}\mathrm{e}^{\mathrm{j}\frac{u^2}{2}\left[\left(\frac{\csc\alpha}{\csc\beta}\right)^2\cot\beta+\cot\alpha\right]-\mathrm{j}t_0u\csc\alpha-\mathrm{j}\phi_s(u)} \tag{5.110}$$

由此可得

$$\phi_h(u)=-\phi_s(u)+\frac{u^2}{2}\left[\left(\frac{\csc\alpha}{\csc\beta}\right)^2\cot\beta+\cot\alpha\right]-ut_0\csc\alpha \tag{5.111}$$

即

$$\phi_s(u)=-\phi_h(u)+\frac{u^2}{2}\left[\left(\frac{\csc\alpha}{\csc\beta}\right)^2\cot\beta+\cot\alpha\right]-ut_0\csc\alpha \tag{5.112}$$

性质 5.3 分数阶匹配滤波器输出信号在 $t=t_0$ 时刻的瞬时功率达到最大。

证明 根据式(5.87),可得

$$s_o(t)=\mathscr{F}^{-\alpha}[S_{o,\alpha}(u)](t)=\mathrm{e}^{-\mathrm{j}\frac{t^2}{2}\cot\alpha}\frac{A_\alpha A_{-\alpha}}{A_\beta A_{-\beta}}\int_{-\infty}^{+\infty}|S_\alpha(u)|^2\mathrm{e}^{-\mathrm{j}(t_0-t)u\csc\alpha}\mathrm{d}u$$

$$= c\left|\frac{\csc\alpha}{\csc\beta}\right| \mathrm{e}^{-\mathrm{j}\frac{t^2}{2}\cot\alpha} \lim_{\Delta u\to 0}\sum_{k=-\infty}^{+\infty} |S_\alpha(u_k)|^2 \mathrm{e}^{-\mathrm{j}(t_0-t)u_k\csc\alpha}\Delta u$$

$$= c\left|\frac{\csc\alpha}{\csc\beta}\right| \mathrm{e}^{-\mathrm{j}\frac{t^2}{2}\cot\alpha} \lim_{\Delta u\to 0}\sum_{k=-\infty}^{+\infty} a_k \mathrm{e}^{-\mathrm{j}(t_0-t)u_k\cos\alpha} \tag{5.113}$$

式中，$u_k = k\Delta u$，且 $a_k = |S_\alpha(u_k)|^2\Delta u$。于是，当 $t = t_0$ 时，

$$s_o(t_0) = c\left|\frac{\csc\alpha}{\csc\beta}\right| \lim_{\Delta u\to 0}\sum_{k=-\infty}^{+\infty} a_k \tag{5.114}$$

式(5.114)表明，分数阶匹配滤波器输出信号的所有不同分数阶频率分量 a_k 全部相同，从而使输出信号瞬时功率 $|s_o(t)|^2$ 达到最大。

性质 5.4　分数阶匹配滤波器输出信噪比达到最大的时刻 t_0 应选取等于原信号 $s(t)$ 的持续时间 T。

证明　设分数阶匹配滤波器是物理可实现的，则其冲激响应满足

$$h(t) = \begin{cases} c\dfrac{\csc\alpha}{\csc\beta}\mathrm{e}^{-\mathrm{j}\frac{t^2}{2}(\cot\alpha+\cot\beta)}\mathrm{e}^{-\mathrm{j}t_0\left(\frac{t_0}{2}-t\right)\cot\alpha}s^*(t_0-t), & t \geqslant 0 \\ 0, & t < 0 \end{cases} \tag{5.115}$$

令信号 $s(t)$ 的持续时间为 T，即

$$s(t) = 0, \quad t > T \tag{5.116}$$

比较式(5.116)和(5.115)，可知 $t_0 \geqslant T$。通常希望观测时间越短越好，因此选取 $t_0 = T$ 作为最大输出信噪比的时刻。若选取 $t_0 < T$，则给出的分数阶匹配滤波器将不是物理可实现的。此时，如果用物理可实现的分数域滤波器去逼近分数阶匹配滤波器，则因 $t_0 = T$ 时刻输出信噪比不会最大而认为分数域滤波器不是最佳的。

性质 5.5　分数阶匹配滤波器的本质是输入信号的时域广义分数阶自相关运算。

证明　根据时域广义分数阶卷积的定义，可得分数阶匹配滤波器的输出为

$$s_o(t) = \mathrm{e}^{-\mathrm{j}\frac{t^2}{2}\cot\alpha}\left[\left(s(t)\mathrm{e}^{\mathrm{j}\frac{t^2}{2}\cot\alpha}\right) * \left(h(t)\mathrm{e}^{\mathrm{j}\frac{t^2}{2}\cot\beta}\right)\right] \tag{5.117}$$

在式(5.105)中取 $c = \dfrac{\csc\beta}{\csc\alpha}$ 并结合性质 4，可得

$$s_o(t) = \mathrm{e}^{-\mathrm{j}\frac{t^2}{2}\cot\alpha}\left[\left(s(t)\mathrm{e}^{\mathrm{j}\frac{t^2}{2}\cot\alpha}\right) * \left(\mathrm{e}^{-\mathrm{j}\frac{t^2}{2}(\cot\alpha+\cot\beta)}\left[\boldsymbol{T}_T^\alpha s(-t)\right]^* \mathrm{e}^{\mathrm{j}\frac{t^2}{2}\cot\beta}\right)\right]$$

$$= \mathrm{e}^{-\mathrm{j}\frac{t^2}{2}\cot\alpha}\int_{-\infty}^{+\infty} s(\tau)\mathrm{e}^{\mathrm{j}\frac{\tau^2}{2}\cot\alpha}s^*(T+\tau-t)\mathrm{e}^{-\mathrm{j}\frac{(\tau+T-t)^2}{2}\cot\alpha}\mathrm{d}\tau$$

$$= (s \bigstar_{\alpha,\alpha,\alpha} s)(\tau')\big|_{\tau'=t-T} \tag{5.118}$$

式中，符号 $\bigstar_{\alpha,\alpha,\alpha}$ 表示时域广义分数阶自相关算子。可见，分数阶匹配滤波器的功能相当于对 $s(t)$ 进行时域广义分数阶自相关运算，在 $t = T$ 时刻取得分数阶自相关函数的峰值，而噪声通过分数阶匹配滤波器所完成的互相关运算相对于期望信号受到明显的抑制。此外，利用式(5.118)可得在 $t = T$ 时刻分数阶匹配滤波器输出信号的峰值为

$$|s_o(T)| = \int_{-\infty}^{+\infty} |s(t)|^2\mathrm{d}t = E_s \tag{5.119}$$

这表明，分数阶匹配滤波器输出信号的最大峰值出现在 $t = T$ 时刻，其大小等于信号 $s(t)$ 的能量，而与 $s(t)$ 的波形无关。

性质 5.6　分数阶匹配滤波器的输出信号的模值等于其输入信号的模糊函数沿径向切片的模值。

证明 函数 $f(t)$ 的模糊函数定义为

$$\mathrm{AF}_f(\tau,v)=\int_{-\infty}^{+\infty} f\left(t+\frac{\tau}{2}\right)f^*\left(t-\frac{\tau}{2}\right)\mathrm{e}^{\mathrm{j}vt}\,\mathrm{d}t \tag{5.120}$$

同时，由式(5.118)可知，分数阶匹配滤波器的输出信号可以表示为

$$s_o(t)=\mathrm{e}^{-\mathrm{j}\frac{t^2}{2}\cot\alpha}\left[\left(s(t)\mathrm{e}^{\mathrm{j}\frac{t^2}{2}\cot\alpha}\right)*\left(\mathrm{e}^{-\mathrm{j}\frac{t^2}{2}(\cot\alpha+\cot\beta)}\left[\boldsymbol{T}_T^\alpha s(-t)\right]^*\mathrm{e}^{\mathrm{j}\frac{t^2}{2}\cot\beta}\right)\right] \tag{5.121}$$

这里取 $c=\dfrac{\csc\beta}{\csc\alpha}$。进一步地，将式(5.121)进行化简，得到

$$s_o(t)=\mathrm{e}^{-\mathrm{j}\frac{t^2}{2}\cot\alpha}\int_{-\infty}^{+\infty} s\left(\tau+\frac{t-T}{2}\right)s^*\left(\tau-\frac{t-T}{2}\right)\mathrm{e}^{\mathrm{j}\tau(t-T)\cot\alpha}\,\mathrm{d}\tau \tag{5.122}$$

由此并结合式(5.120)，则有

$$s_o(t)=\mathrm{e}^{-\mathrm{j}\frac{t^2}{2}\cot\alpha}\mathrm{AF}_s(\tau,v)\Big|_{\substack{\tau=t-T\\ v=(t-T)\cot\alpha}}$$

因此，可得

$$|s_o(t)|=|\mathrm{AF}_s(\tau,v)|\Big|_{\substack{\tau=t-T\\ v=(t-T)\cot\alpha}} \tag{5.123}$$

这表明，一个信号 $s(t)$ 在 α 角度分数域上的匹配滤波输出的模值等于它的模糊函数沿相应角度径向切片的模值，如图5.11所示。

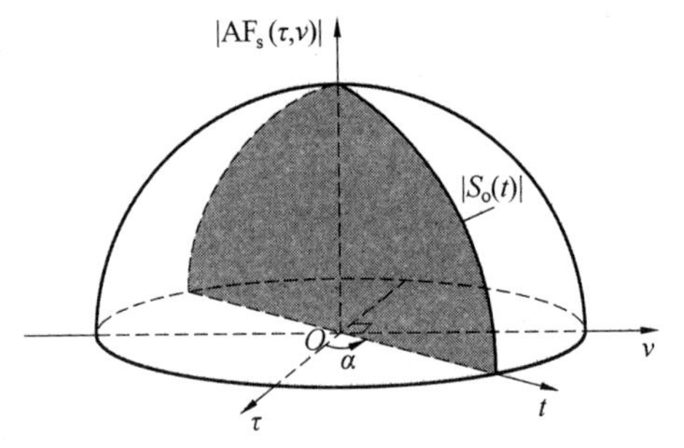

图 5.11 分数阶匹配滤波与模糊函数的关系示意图

5.3.3 广义分数阶匹配滤波器

前一节建立了白噪声条件下分数阶匹配滤波器的设计原理。现在，进一步讨论有色噪声背景下分数阶匹配滤波器的设计问题。

如图5.12所示，可以把待设计的冲激响应为 $h(t)$ 的分数域滤波器分解为两个级联的分数域滤波器，它们的冲激响应分别为 $h_1(t)$ 和 $h_2(t)$。假定分数域滤波器 $h_1(t)$ 输出信号为 $s_1(t)+n_1(t)$。为了应用前已建立的白噪声背景下的分数阶匹配滤波器，一种自然的想法是：使分数域滤波器 $h_1(t)$ 具有将有色噪声 $n(t)$ 变成白噪声 $n_1(t)$ 的功能，称之为分数域白化滤波器。这样一来，$h_2(t)$ 就可以直接按照前述分数阶匹配滤波器来设计。为了简化分数域滤波器 $h_2(t)$ 的设计，令 $n(t)$ 经过分数域白化滤波器 $h_1(t)$ 而产生的输出 $n_1(t)$ 是个分数阶功率谱等于1(即 $\mathscr{P}_{n_1}^\alpha(u)\equiv 1$)的白噪声。

如图5.12所示，根据时域广义分数阶卷积定理，可得

$$H_{2,\beta}\left(\frac{u\csc\alpha}{\csc\beta}\right)=c\frac{A_\alpha}{A_{-\beta}}S_{1,\alpha}^*(u)\mathrm{e}^{\mathrm{j}\frac{u^2}{2}\left[\left(\frac{\csc\alpha}{\csc\beta}\right)^2\cot\beta+\cot\alpha\right]-\mathrm{j}ut_0\csc\alpha} \tag{5.124}$$

式中，$S_{1,\alpha}(u)$ 和 $H_{2,\beta}(u)$ 分别表示 $s_1(t)$ 的 α 角度分数阶傅里叶变换和 $h_2(t)$ 的 β 角度分数阶傅里叶变换；t_0 是分数阶匹配滤波器 $h_2(t)$ 输出信噪比达到最大的时刻。同样，由时域广义分数阶卷积定理，得到

$$S_{1,\alpha}(u)=\frac{1}{A_\beta}\mathrm{e}^{-\mathrm{j}\frac{u^2}{2}\left(\frac{\csc\alpha}{\csc\beta}\right)^2\cot\beta}S_\alpha(u)H_{1,\beta}\left(\frac{u\csc\alpha}{\csc\beta}\right) \tag{5.125}$$

式中，$H_{1,\beta}(u)$ 是 $h_1(t)$ 的 β 角度分数阶傅里叶变换；$S_\alpha(u)$ 是 $s(t)$ 的 α 角度分数阶傅里叶变换。将式(5.125)代入式(5.126)，则有

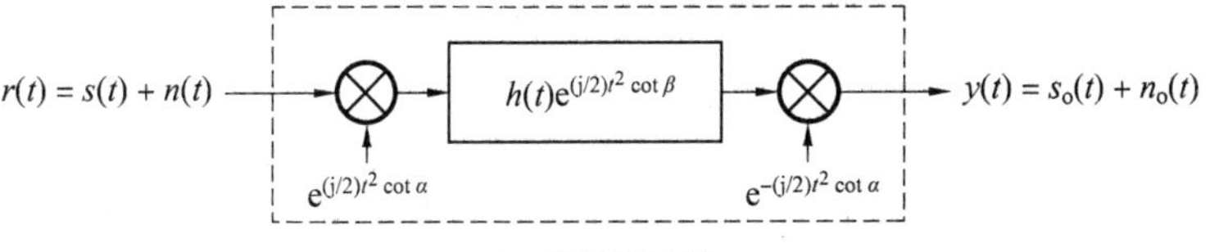

(a) 线性滤波器

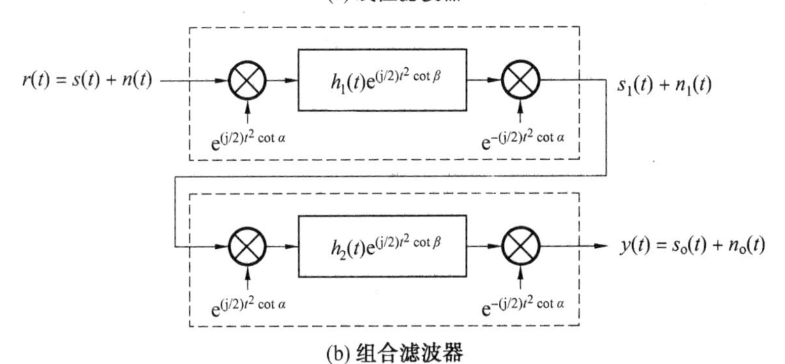

(b) 组合滤波器

图 5.12　分数域广义匹配滤波器

$$H_{2,\beta}\left(\frac{u\csc\alpha}{\csc\beta}\right)=c\,\frac{A_\alpha}{A_{-\beta}^{2}}S_\alpha^*(u)H_{1,\beta}^*\left(\frac{u\csc\alpha}{\csc\beta}\right)\mathrm{e}^{\mathrm{j}\frac{u^2}{2}\left[2\left(\frac{\csc\alpha}{\csc\beta}\right)^2\cot\beta+\cot\alpha\right]-\mathrm{j}ut_0\csc\alpha} \tag{5.126}$$

同时，为了使 $n(t)$ 变成分数阶功率谱等于 1 的白噪声，分数域白化滤波器 $h_1(t)$ 的传递函数应满足

$$\mathscr{P}_{n_1}^\alpha(u)=2\pi\,|\sin\beta|\cdot\left|H_{1,\beta}\left(\frac{u\csc\alpha}{\csc\beta}\right)\right|^2\cdot\mathscr{P}_n^\alpha(u)=1 \tag{5.127}$$

由此可得

$$\left|H_{1,\beta}\left(\frac{u\csc\alpha}{\csc\beta}\right)\right|^2=\frac{|\csc\beta|}{2\pi\mathscr{P}_n^\alpha(u)} \tag{5.128}$$

结合图 5.12，根据式(5.128)和(5.126)以及时域广义分数阶卷积定理，可得组合滤波器的分数域传输函数为

$$\begin{aligned}H_\beta\left(\frac{u\csc\alpha}{\csc\beta}\right)&=\frac{1}{A_\beta}\mathrm{e}^{-\mathrm{j}\frac{u^2}{2}\left(\frac{\csc\alpha}{\csc\beta}\right)^2\cot\beta}H_{1,\beta}\left(\frac{u\csc\alpha}{\csc\beta}\right)H_{2,\beta}\left(\frac{u\csc\alpha}{\csc\beta}\right)\\&=c\,\frac{A_\alpha}{A_{-\beta}\,|A_\beta|^2}S_\alpha^*(u)\left|H_{1,\beta}\left(\frac{u\csc\alpha}{\csc\beta}\right)\right|^2\mathrm{e}^{\mathrm{j}\frac{u^2}{2}\left[\left(\frac{\csc\alpha}{\csc\beta}\right)^2\cot\beta+\cot\alpha\right]-\mathrm{j}ut_0\csc\alpha}\\&=c\,\frac{S_\alpha^*(u)}{\mathscr{P}_n^\alpha(u)}\sqrt{\frac{1-\mathrm{j}\cot\alpha}{1+\mathrm{j}\cot\beta}}\,\mathrm{e}^{\mathrm{j}\frac{u^2}{2}\left[\left(\frac{\csc\alpha}{\csc\beta}\right)^2\cot\beta+\cot\alpha\right]-\mathrm{j}ut_0\csc\alpha}\end{aligned} \tag{5.129}$$

式中，$H_\beta(u)$ 表示图 5.12(a) 中分数域滤波器冲激响应 $h(t)$ 的 β 角度分数阶傅里叶变换；$S_\alpha(u)$ 为期望信号的 α 角度分数阶傅里叶变换；$\mathscr{P}_n^\alpha(u)$ 为输入噪声 $n(t)$ 的 α 角度分数阶功率谱密度。至此，以有色噪声为背景讨论了分数阶匹配滤波器的设计问题，这里把上述分数域白化滤波器级联分数阶匹配滤波器而组成的线性滤波器称为分数域广义匹配滤波器。

5.3.4　现有各种分数阶匹配滤波器的比较

文献[78]给出了线性调频信号的分数阶匹配滤波器的设计，其基本思想是，用待滤波线性调频信号的反转共轭形式的分数阶傅里叶变换作为滤波器的传输函数，将待滤波线性

调频信号的分数阶傅里叶变换与该滤波器的传输函数在分数域做乘积运算，此即为线性调频信号的分数阶匹配滤波。

针对一般信号 $s(t)$，文献[79]将分数域滤波器的传输函数 $H_\alpha(u)$ 选取为 $s(t)$ 的分数阶傅里叶变换 $S_\alpha(u)$ 的反转共轭形式 $S_\alpha^*(-u)$，并将分数阶匹配滤波器表述为 $F_\alpha(u)$ 与 $H_\alpha(u)$ 的经典卷积运算，即

$$Y_\alpha(u)=S_\alpha(u)*H_\alpha(u) \tag{5.130}$$

基于此，针对待滤波信号 $s(t)$，表 5.1 给出了本书提出的分数阶匹配滤波器与现有分数阶匹配滤波器的比较。

表 5.1　本书提出的分数阶匹配滤波器与现有分数阶匹配滤波器的比较

比较对象	分数阶匹配滤波器 传输函数 $H_\alpha(u)$	分数阶匹配滤波器 时域形式	分数阶匹配滤波器 分数域形式
文献[78]	$S_{-\alpha}^*(u)$	三重积分	乘积
文献[79]	$S_\alpha^*(u)$	一重积分	一重积分(经典卷积)
本书	$S_\alpha^*(u)\mathrm{e}^{\mathrm{j}u^2\cot\alpha-\mathrm{j}t_0u\csc\alpha}$	一重积分(即分数阶自相关)	乘积

从物理概念上来看，所谓分数阶匹配滤波器就是在输入功率信噪比一定的条件下，使输出功率信噪比为最大的分数阶滤波器。然而，现有分数阶匹配滤波器[78,79]并不是以最大输出功率信噪比为准则直接进行设计，而是通过类比经典匹配滤波器的结构间接得到的，因此无法保证滤波输出的功率信噪比最大。此外，从数学角度来看，分数阶匹配滤波器的本质体现为信号的分数阶自相关运算。特别地，当 $\alpha=\pi/2$ 时，分数阶匹配滤波器便简化为传统匹配滤波器。我们知道，传统分数阶匹配滤波器具有一个最重要也是最基本的性质，即时域为一重积分(经典自相关运算)，而频域体现为乘积运算。因此，分数阶匹配滤波器应该具有类似的特性，即时域体现为一重积分(分数阶自相关运算)，分数域则表现为乘积运算。从表 5.1 可以看出，与本书的结果相比，现有分数阶匹配滤波器并不具备这一特性。

5.3.5　数值算例

设线性调频矩形脉冲信号为

$$s(t)=V_0\,\mathrm{rect}\left(\frac{t}{T}\right)\mathrm{e}^{\mathrm{j}\frac{k}{2}t^2+\mathrm{j}\omega_0t} \tag{5.131}$$

其中，V_0、k、ω_0 和 T 分别为线性调频信号的幅度、调频斜率、初始频率和持续时间；$\mathrm{rect}\left(\frac{t}{T}\right)$ 为矩形函数，即

$$\mathrm{rect}\left(\frac{t}{T}\right)=\begin{cases}1, & -\dfrac{T}{2}\leqslant t\leqslant\dfrac{T}{2}\\ 0, & \text{其他}\end{cases} \tag{5.132}$$

现考虑 $s(t)$ 的分数阶匹配滤波问题。假定分数域线性滤波器的输入信号为

$$r(t)=s(t)+n(t) \tag{5.133}$$

其中，$n(t)$ 是均值为零、频率功率谱密度为 $N_0/2$ 的白噪声。

首先，根据分数阶傅里叶变换的定义，当 $\alpha=-\mathrm{arccot}(k)$ 时，可得

$$S_\alpha(u)=V_0A_\alpha T\,\mathrm{sinc}\left(\frac{(\omega_0-u\csc\alpha)T}{2\pi}\right)\mathrm{e}^{\mathrm{j}\frac{u^2}{2}\cot\alpha} \tag{5.134}$$

而当 $\alpha=-\operatorname{arccot}(k)$ 时，则有

$$S_\alpha(u)=V_0\sqrt{\frac{1-\mathrm{j}\cot\alpha}{2(k+\cot\alpha)}}\left[C(x_1)+C(x_2)+\mathrm{j}S(x_1)+\mathrm{j}S(x_2)\right]\times \mathrm{e}^{\mathrm{j}\frac{u^2}{2}\cot\alpha-\mathrm{j}\frac{\csc^2\alpha}{(k+\cot\alpha)}(u-\omega_0\sin\alpha)^2} \tag{5.135}$$

其中

$$x_1=\frac{\frac{T}{2}(k+\cos\alpha)-(u\csc\alpha-\omega_0)}{\sqrt{\pi(k+\cos\alpha)}},\quad x_2=\frac{\frac{T}{2}(k+\cos\alpha)+(u\csc\alpha-\omega_0)}{\sqrt{\pi(k+\cos\alpha)}} \tag{5.136}$$

这里 $C(\cdot)$ 和 $S(\cdot)$ 皆为菲涅尔积分，即

$$C(x)=\int_0^x\cos\left(\frac{\pi y^2}{2}\right)\mathrm{d}y,\quad S(x)=\int_0^x\sin\left(\frac{\pi y^2}{2}\right)\mathrm{d}y \tag{5.137}$$

其次，根据式(5.104)可得，分数阶匹配滤波器系统 $H_\beta(u)$ 为

$$H_\beta(u)=cS_\alpha^*\left(\frac{u\csc\beta}{\csc\alpha}\right)\frac{A_\alpha}{A_{-\beta}}\mathrm{e}^{\mathrm{j}\frac{u^2}{2}\left[\cot\beta+\left(\frac{\csc\beta}{\csc\alpha}\right)^2\cot\alpha\right]-\mathrm{j}t_0u\csc\beta} \tag{5.138}$$

相应地，分数阶匹配滤波器的时域冲激响应 $h_\mathrm{m}(t)$ 为

$$h_\mathrm{m}(t)=c\frac{\csc\alpha}{\csc\beta}V_0\operatorname{rect}\left(\frac{t_0-t}{T}\right)\mathrm{e}^{-\mathrm{j}\frac{t^2}{2}\cot\beta-\mathrm{j}\frac{(t_0-t)^2}{2}(k+\cot\alpha)-\mathrm{j}\omega_0(t_0-t)} \tag{5.139}$$

最后，由式(5.85)可知，分数阶匹配滤波器的输出信号 $s_\mathrm{o}(t)$ 是输入信号 $s(t)$ 与冲激响应 $h_\mathrm{m}(t)$ 的时域广义分数阶卷积，即

$$\begin{aligned}s_\mathrm{o}(t)&=s(t)\Theta_{\alpha,\alpha,\beta}h_\mathrm{m}(t)=\mathrm{e}^{-\mathrm{j}\frac{t^2}{2}\cot\alpha}\left[(s(t)\mathrm{e}^{\mathrm{j}\frac{t^2}{2}\cot\alpha})*(h_\mathrm{m}(t)\mathrm{e}^{\mathrm{j}\frac{t^2}{2}\cot\beta})\right]\\&=c\frac{\csc\alpha}{\csc\beta}V_0^2\mathrm{e}^{-\mathrm{j}\frac{t^2}{2}\cot\alpha+\mathrm{j}\omega_0(t-t_0)}(T-|t-t_0|)\operatorname{sinc}\left(\frac{(k+\cot\alpha)(t-t_0)(T-|t-t_0|)}{2\pi}\right)\end{aligned} \tag{5.140}$$

式中，$|t-t_0|\leqslant T$。比较式(5.140)和(5.139)可知，分数阶匹配滤波器冲激响应 $h_\mathrm{m}(t)$ 的参数 β 为一自由变量，与滤波输出波形的幅度有关，为简化分析这里不妨取 $\beta=\alpha$。此外，取 $V_0=1, T=10, \omega_0=5, k=-1, c=1, t_0=T/2$。分数阶匹配滤波器输入信号 $s(t)$ 的时域波形如图 5.13(a) 所示，图中实线和虚线分别表示信号的实部和虚部。图 5.13(b) 给出了 $s(t)$ 能量最佳聚集的 $\alpha=-\operatorname{arccot}(k)=0.785\,4$ 角度分数域上的分数谱。作为对比，图 5.13(c) 和 5.13(d) 分别给出了 $s(t)$ 能量非最佳聚集的 $\alpha=1.288\,1$ 角度分数域的分数谱和频域(对应于 $\alpha=1.570\,8$ 角度分数域)的频谱。

经过计算，输入信号 $s(t)$ 能量最佳聚集的 $\alpha=0.785\,4$ 角度分数域对应的 $h_\mathrm{m}(t)=\operatorname{rect}\left(\frac{5-t}{10}\right)\mathrm{e}^{-\mathrm{j}5(5-t)}$。而其能量非最佳聚集的 $\alpha=1.288\,1$ 角度分数域和 $\alpha=1.570\,8$ 角度分数域(即频域)对应的 $h_\mathrm{m}(t)$ 分别为 $\operatorname{rect}\left(\frac{5-t}{10}\right)\mathrm{e}^{\mathrm{j}0.354\,8(5-t)^2-\mathrm{j}5(5-t)}$ 和 $\operatorname{rect}\left(\frac{5-t}{10}\right)\mathrm{e}^{\mathrm{j}0.5(5-t)^2-\mathrm{j}5(5-t)}$。$h_\mathrm{m}(t)$ 的波形如图 5.14 所示，图中实线和虚线分别表示信号的实部和虚部。

由式(5.140)知，输入信号 $s(t)$ 能量最佳聚集的 $\alpha=0.785\,4$ 角度分数域对应的分数阶匹配滤波输出信号为 $s_\mathrm{o}(t)=(10-|t-5|)\mathrm{e}^{-\mathrm{j}0.5t^2+\mathrm{j}5(t-5)}$，$-5\leqslant t\leqslant 15$，而其能量非最佳聚集的频域(即 $\alpha=1.570\,8$ 角度分数域)对应的 $s_\mathrm{o}(t)=(10-|t-5|)\mathrm{e}^{\mathrm{j}5(t-5)}\operatorname{sinc}\left(\frac{(5-t)(10-|t-5|)}{2\pi}\right)$，$-5\leqslant t\leqslant$

15。图 5.15 给出了不同角度 α 下 $s_o(t)$ 的波形。

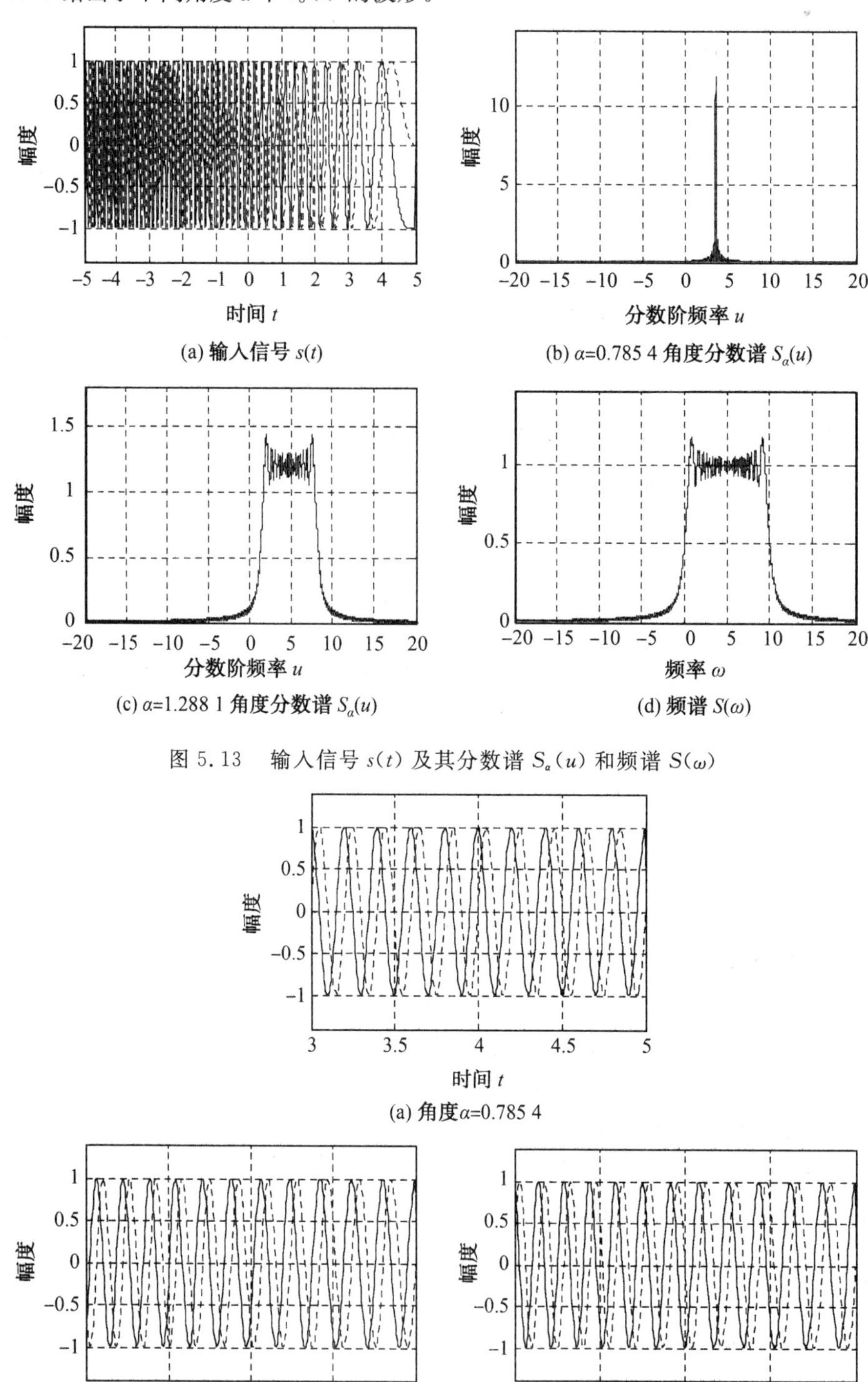

图 5.13　输入信号 $s(t)$ 及其分数谱 $S_\alpha(u)$ 和频谱 $S(\omega)$

图 5.14　不同角度 α 下分数阶匹配滤波器冲激响应 $h_m(t)$

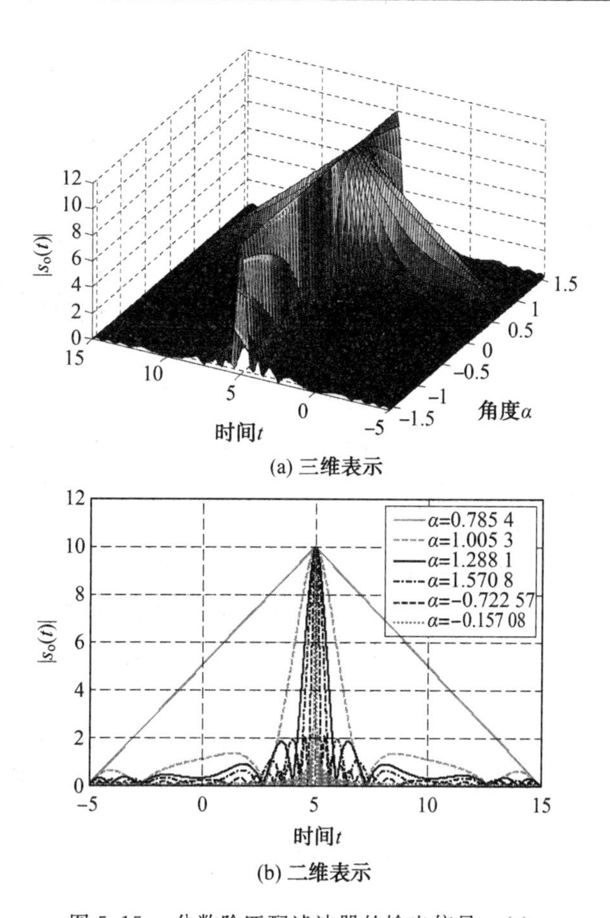

图 5.15　分数阶匹配滤波器的输出信号 $s_o(t)$

第6章 分数阶采样与信号重构理论

采样与重构是信号处理领域的一个基础命题，也是分数阶傅里叶变换理论研究的热点问题之一。本章首先研究时间有限信号的分数阶采样问题，现有时间有限信号的分数阶采样重构需要信号分数谱的信息，考虑到实际应用中往往无法直接或准确获取信号的分数谱，提出一种利用信号时域采样值进行重构的时间有限信号的分数阶采样定理；然后，针对现有分数域带限信号的多通道采样定理存在因谱泄漏而造成重构信号失真的问题，提出一种基于广义分数阶卷积的分数域带限信号的多通道采样定理，同时分析采样边界对信号重构的影响；此外，考虑到实际应用中并不存在严格的带限信号，利用函数空间理论分别在Riesz基和框架下构建适合一般信号的分数阶采样定理，进一步丰富现有分数阶采样定理的内涵和外延；最后，注意到实际应用中，尤其是在通信系统中，往往需要对信号进行截断处理，提出一种基于部分时域信息的分数域带限信号的重构算法，即分数域带限信号的外推。

6.1 预备知识

为便于分析，将空间 $L^2(\mathbf{R})$ 中任意两个函数 $x(t)$ 和 $y(t)$ 的内积记为

$$\langle x,y\rangle_{L^2}=\int_{-\infty}^{+\infty}x(t)y^*(t)\mathrm{d}t \tag{6.1}$$

相应的范数记为 $\|x\|_{L^2}=\langle x,x\rangle_{L^2}^{1/2}$。同样，把空间 $\ell^2(\mathbf{Z})$ 中任意两个函数 $c[n]$ 和 $d[n]$ 的内积记为

$$\langle c,d\rangle_{\ell^2}=\sum_{n\in\mathbf{Z}}c[n]d^*[n] \tag{6.2}$$

相应的范数记为 $\|c\|_{\ell^2}=\langle c,c\rangle_{\ell^2}^{1/2}$。

定义 6.1（由函数张成的空间） 设 $\{\varphi_n(t)\}_{n\in\mathbf{Z}}$ 是一个函数序列，$\mathscr{S}$ 表示由函数序列 $\{\varphi_n(t)\}_{n\in\mathbf{Z}}$ 所有可能的线性组合构成的函数的集合，即

$$\mathscr{S}=\left\{\sum_{n\in\mathbf{Z}}c_n\varphi_n(t)\mid c_n\in\mathbf{R}\right\} \tag{6.3}$$

称 $\mathscr{S}$ 为由函数序列 $\{\varphi_n(t)\}_{n\in\mathbf{Z}}$ 张成的线性空间，记作 $\mathscr{S}=\overline{\mathrm{span}}\{\varphi_n(t)\}_{n\in\mathbf{Z}}$。

定义 6.2（Riesz基） 假设 $\{\varphi_n(t)\}_{n\in\mathbf{Z}}$ 是 Hilbert 空间 $\mathscr{H}$ 中一函数序列，如果存在常数 $0<A\leqslant B$，使得对任意序列 $\{c[n]\}_{n\in\mathbf{Z}}\in\ell^2(\mathbf{Z})$，都有

$$A\|c[n]\|_{\ell^2}^2\leqslant\left\|\sum_{n\in\mathbf{Z}}c[n]\varphi_n(t)\right\|_{L^2}^2\leqslant B\|c[n]\|_{\ell^2}^2 \tag{6.4}$$

成立，则称函数序列 $\{\varphi_n(t)\}_{n\in\mathbf{Z}}$ 是 $\mathscr{H}$ 的 Riesz 基[140]，常数 A 和 B 分别称为 Riesz 基的上界和下界。特别地，若 $A=B=1$，则函数序列 $\{\varphi_n(t)\}_{n\in\mathbf{Z}}$ 为 $\mathscr{H}$ 的一个标准正交基。

定义 6.3(框架)　假设$\{\varphi_n(t)\}_{n\in\mathbf{Z}}$是 Hilbert 空间$\mathscr{H}$中一函数序列，若存在常数$0<A\leqslant B$,使得对任意的$f(t)\in\mathscr{H}$,都有

$$A\|f\|_{L^2}^2\leqslant\sum_{n\in\mathbf{Z}}|\langle f,\varphi_n\rangle_{L^2}|^2\leqslant B\|f\|_{L^2}^2 \tag{6.5}$$

则称函数序列$\{\varphi_n(t)\}_{n\in\mathbf{Z}}$是$\mathscr{H}$的一个框架[140]。常数$A$和$B$分别称为框架的上界和下界。特别地，当$A=B$时，该框架称为紧框架。若$A=B=1$，且$\|\varphi_n(t)\|_{L^2}=1$，那么函数序列$\{\varphi_n(t)\}_{n\in\mathbf{Z}}$是$\mathscr{H}$的一个标准正交基。此外，若该函数序列$\{\varphi_n(t)\}_{n\in\mathbf{Z}}$满足式(6.5)中右端的不等式，即

$$\sum_{n\in\mathbf{Z}}|\langle f,\varphi_n\rangle_{L^2}|^2\leqslant B\|f\|_{L^2}^2,\quad\forall f(t)\in\mathscr{H} \tag{6.6}$$

则称$\{\varphi_n(t)\}_{n\in\mathbf{Z}}$是$\mathscr{H}$的一个 Bessel(贝塞尔)序列[140]。

对于一个 Hilbert 空间$\mathscr{H}$及其中的函数序列$\{\varphi_n(t)\}_{n\in\mathbf{Z}}$，引入映射$M:\ell^2(\mathbf{Z})\to\mathscr{H}$，即$M\{c[n]\}\triangleq\sum_{n\in\mathbf{Z}}c[n]\varphi_n(t)$，其中$\{c[n]\}_{n\in\mathbf{Z}}\in\ell^2(\mathbf{Z})$。那么，可以得到下述结论[140]：

① 若存在常数$B>0$使得对任意的$\{c[n]\}_{n\in\mathbf{Z}}\in\ell^2(\mathbf{Z})$均有

$$\|\boldsymbol{M}\{c[n]\}\|_{L^2}^2\leqslant B\|c[n]\|_{\ell^2}^2 \tag{6.7}$$

则称函数序列$\{\varphi_n(t)\}_{n\in\mathbf{Z}}$是$\mathscr{H}$的一个 Bessel 序列；

② 记映射M的零空间为$\mathscr{N}_M=\{c[n]\in\ell^2(\mathbf{Z})\mid\boldsymbol{M}\{c[n]\}=0\}$，若存在常数$0<B\leqslant A$使得对任意的$\{c[n]\}_{n\in\mathbf{Z}}\in\mathscr{N}_{\boldsymbol{M}}^{\perp}$均有

$$A\|c[n]\|_{\ell^2}^2\leqslant\|\boldsymbol{M}\{c[n]\}\|_{L^2}^2\leqslant B\|c[n]\|_{\ell^2}^2 \tag{6.8}$$

则称函数序列$\{\varphi_n(t)\}_{n\in\mathbf{Z}}$是$\mathscr{H}$的一个框架；

③ 若存在常数$0<B\leqslant A$使得对任意的$\{c[n]\}_{n\in\mathbf{Z}}\in\ell^2(\mathbf{Z})$均有

$$A\|c[n]\|_{\ell^2}^2\leqslant\|\boldsymbol{M}\{c[n]\}\|_{L^2}^2\leqslant B\|c[n]\|_{\ell^2}^2 \tag{6.9}$$

则称函数序列$\{\varphi_n(t)\}_{n\in\mathbf{Z}}$是$\mathscr{H}$的一个 Riesz 基。

对于$\mathbf{R}$上一可测函数$f(t)$，将

$$\|f(t)\|_\infty=\text{ess sup}\,|f(t)|\quad\text{和}\quad\|f(t)\|_0=\text{ess inf}\,|f(t)| \tag{6.10}$$

分别称为$f(t)$的本性上确界(essential supremum)和本性下确界(essential infimum)[140]，即$\|f(t)\|_0$表示与函数$f(t)$几乎处处相等的各个有界函数的绝对值下界的最小值，而$\|f(t)\|_\infty$表示与函数$f(t)$几乎处处相等的各个有界函数的绝对值上界的最大值。

可测子集$E\subset\mathbf{R}$的特征函数表示为

$$\chi_E(t)=\begin{cases}1, & t\in E\\0, & \text{其他}\end{cases} \tag{6.11}$$

6.2　时间有限信号的分数阶采样定理

现有分数阶傅里叶变换采样理论表明[42]，欲实现对时间有限信号的完全重构必须已知信号分数谱的信息。然而，在实际中通常无法直接或准确获取信号的分数谱。为此，本小节将提出一种仅利用时域采样值实现信号完全重构的有限时间信号的采样定理。下面首先基于提出的分数阶时移算子和广义分数阶卷积从工程实现的角度来阐述时间有限信号分数阶采样。

定义 6.4（T－时间有限信号） 对于能量有限信号 $x(t)$，若存在常数 $T>0$，使得当 $|t|>T/2$ 时，有 $x(t)=0$，称 $x(t)$ 为 T－时间有限信号。

定理 6.1 若信号 $x(t)$ 是 T－时间有限的信号，则分数域采样间隔 U_s 满足 $0<U_s\leqslant 2\pi\sin\alpha/T$ 时，信号 $x(t)$ 的分数谱 $X_\alpha(u)$ 可由其采样值 $X_\alpha(nU_s)$ 完全恢复，即

$$X_\alpha(u)=\mathrm{e}^{\mathrm{j}\frac{u^2}{2}\cot\alpha}\sum_{n\in\mathbf{Z}}\mathrm{e}^{-\mathrm{j}\frac{(nU_s)^2}{2}\cot\alpha}X_\alpha(nU_s)\mathrm{sinc}\left(\frac{(u-nU_s)T}{\pi\sin\alpha}\right)\tag{6.12}$$

证明 设信号 $x(t)$ 的分数谱 $X_\alpha(u)$ 被一脉冲串以周期 U_s 均匀采样后，得到

$$\hat{X}_\alpha(u)=X_\alpha(u)\sum_{n\in\mathbf{Z}}\delta(u-nU_s)\tag{6.13}$$

将式(6.13)中采样脉冲串展开成傅里叶级数，则有

$$\sum_{n\in\mathbf{Z}}\delta(u-nU_s)=\frac{1}{U_s}\sum_{n\in\mathbf{Z}}\mathrm{e}^{-\mathrm{j}n\frac{2\pi}{U_s}u}\tag{6.14}$$

于是，式(6.13)可以改写成

$$\hat{X}_\alpha(u)=\frac{1}{U_s}\sum_{n\in\mathbf{Z}}X_\alpha(u)\mathrm{e}^{-\mathrm{j}n\frac{2\pi}{U_s}u}\tag{6.15}$$

注意到提出的分数阶时移算子具有如下特性：

$$\boldsymbol{T}_\tau^\alpha x(t)=x(t-\tau)\mathrm{e}^{-\mathrm{j}\tau\left(t-\frac{\tau}{2}\right)\cot\alpha}\xrightarrow{\mathscr{F}^\alpha}\mathrm{e}^{-\mathrm{j}\tau u\csc\alpha}X_\alpha(u)\tag{6.16}$$

比较式(6.16)和(6.15)，可得 $\hat{X}_\alpha(u)$ 对应的时域信号 $\hat{x}(t)$ 为

$$\begin{aligned}\hat{x}(t)&=\frac{1}{U_s}\sum_{n\in\mathbf{Z}}\boldsymbol{T}_{nT_s}^\alpha x(t)=\frac{1}{U_s}\sum_{n\in\mathbf{Z}}x(t-nT_s)\mathrm{e}^{-\mathrm{j}nT_s\left(t-\frac{nT_s}{2}\right)\cot\alpha}\\&=\mathrm{e}^{-\mathrm{j}\frac{t^2}{2}\cot\alpha}\frac{1}{U_s}\sum_{n\in\mathbf{Z}}x(t-nT_s)\mathrm{e}^{\mathrm{j}\frac{(t-nT_s)^2}{2}\cot\alpha}\end{aligned}\tag{6.17}$$

式中，$T_s=2\pi\sin\alpha/U_s$。

式(6.17)表明，$\hat{X}_\alpha(u)$ 的时域形式 $\hat{x}(t)$ 是原信号 $x(t)$ 与线性调频信号 $\mathrm{e}^{(\mathrm{j}/2)t^2\cot\alpha}$ 的乘积在时域以周期 $T_s=2\pi\sin\alpha/U_s$ 的延拓。当 $n=0$ 时，$\hat{x}(t)$ 与 $x(t)$ 仅相差一个幅度因子 $1/U_s$，而当 $n\neq 0$ 时，$x(t)$ 经过了时移和线性调频信号的调制。若 $x(t)$ 是 T－时间有限的，则当 $U_s\leqslant 2\pi\sin\alpha/T$ 时，$\hat{x}(t)$ 不会发生混叠。这样在时域就可以用幅度为 U_s、截止时间为 T_m 的时域理想矩形窗函数从 $\hat{x}(t)$ 中恢复出 $x(t)$，且 $T_m\in[T,T_s-T)$，不妨取 $T_m=T$。根据分数域广义分数阶卷积定理，待构造的时域重构窗函数为

$$h\left(\frac{t\csc\alpha}{\csc\beta}\right)=\begin{cases}U_sA_\beta\mathrm{e}^{-\mathrm{j}\frac{\left(\frac{t\csc\alpha}{\csc\beta}\right)^2}{2}\cot\beta}, & |t|\leqslant T/2\\0, & \text{其他}\end{cases}\tag{6.18}$$

对式(6.18)做变量代换 $t'=t\csc\alpha\sin\beta$ 后，可得

$$h(t')=\begin{cases}U_sA_\beta\mathrm{e}^{-\mathrm{j}\frac{t'^2}{2}\cot\beta}, & |t'|\leqslant T|\csc\alpha\sin\beta|/2\\0, & \text{其他}\end{cases}\tag{6.19}$$

对式(6.19)两边进行分数阶傅里叶变换，则有

$$H_\beta(u)=\mathscr{F}^\beta[h(t')](u)=\mathrm{sinc}\left(\frac{uT}{\pi\sin\alpha}\right)\mathrm{e}^{\mathrm{j}\frac{u^2}{2}\cot\beta}\tag{6.20}$$

然后，利用分数域广义分数阶卷积，得到

$$
\begin{aligned}
X_\alpha(u) &= (\hat{X}_\alpha \hat{\Theta}_{\alpha,\alpha,\beta} H_\beta)(u) = \mathrm{e}^{\mathrm{j}\frac{u^2}{2}\cot\alpha}\left[(\hat{X}_\alpha(u)\mathrm{e}^{-\mathrm{j}\frac{u^2}{2}\cot\alpha}) * (H_\beta(u)\mathrm{e}^{-\mathrm{j}\frac{u^2}{2}\cot\beta})\right] \\
&= \mathrm{e}^{\mathrm{j}\frac{u^2}{2}\csc\alpha}\left[(X_\alpha(u)\sum_{n\in\mathbf{Z}}\delta(u+nU_s)\mathrm{e}^{-\mathrm{j}\frac{u^2}{2}\cot\alpha}) * (H_\beta(u)\mathrm{e}^{-\mathrm{j}\frac{u^2}{2}\cot\beta})\right] \\
&= \mathrm{e}^{\mathrm{j}\frac{u^2}{2}\cot\alpha}\sum_{n\in\mathbf{Z}}\mathrm{e}^{-\mathrm{j}\frac{(nU_s)^2}{2}\cot\alpha}X_\alpha(nU_s)\operatorname{sinc}\left(\frac{(u-nU_s)T}{\pi\sin\alpha}\right)
\end{aligned}
\tag{6.21}
$$

于是，定理 6.1 得证。

我们知道，在实际应用中，通常无法直接或准确获取信号的分数谱，一般只能得到信号有限的离散值。为此，下面给出一种基于信号时域离散值的有限时间信号的分数阶采样定理。

对式(6.12)两边变量 u 做分数阶傅里叶逆变换，得到

$$
x(t) = \sum_{n\in\mathbf{Z}} c_{n,\alpha}\sqrt{\frac{\sin\alpha + \mathrm{j}\cos\alpha}{T}}\,\mathrm{e}^{-\mathrm{j}\frac{t^2+\left(\frac{n2\pi\sin\alpha}{T}\right)^2}{2}\cot\alpha+\mathrm{j}n\frac{2\pi t}{T}}
\tag{6.22}
$$

式中，$c_{n,\alpha}$ 的表达式为

$$
\begin{aligned}
c_{n,\alpha} &= \frac{1}{T}\int_{-T/2}^{+T/2} x(t)\sqrt{\frac{\sin\alpha - \mathrm{j}\cos\alpha}{T}}\,\mathrm{e}^{\mathrm{j}\frac{t^2+\left(\frac{n2\pi\sin\alpha}{T}\right)^2}{2}\cot\alpha-\mathrm{j}n\frac{2\pi t}{T}}\mathrm{d}t \\
&= \sqrt{\frac{2\pi\sin\alpha}{T}}\int_{-T/2}^{+T/2} x(t)K_\alpha\left(n\frac{2\pi\sin\alpha}{T}, t\right)\mathrm{d}t \\
&= \sqrt{\frac{2\pi\sin\alpha}{T}}X_\alpha\left(n\frac{2\pi\sin\alpha}{T}\right)
\end{aligned}
\tag{6.23}
$$

式中，$X_\alpha(u)$ 是 $x(t)$ 的分数阶傅里叶变换。在式(6.22)中，记

$$
\zeta_{n,\alpha}(t) = \sqrt{\frac{\sin\alpha + \mathrm{j}\cos\alpha}{T}}\,\mathrm{e}^{-\mathrm{j}\frac{t^2+\left(\frac{n2\pi\sin\alpha}{T}\right)^2}{2}\cot\alpha+\mathrm{j}n\frac{2\pi t}{T}}
\tag{6.24}
$$

很容易验证

$$
\langle \zeta_{n,\alpha}(t), \zeta_{k,\alpha}(t)\rangle_{L^2} = \delta(n-k)
\tag{6.25}
$$

$$
\mathscr{F}^\alpha[\zeta_{n,\alpha}(t)](u) = \delta\left(u - \frac{2\pi\sin\alpha}{T}\right)
\tag{6.26}
$$

可以看出，$\{\zeta_{n,\alpha}(t)\}_{n\in\mathbf{Z}}$ 是空间 $L^2[-T/2, +T/2]$ 上的一组标准正交基。实际上，式(6.22)即为时间有限信号 $x(t)$ 的分数阶傅里叶级数展开式[147]。因此，定理 6.1 与式(6.22)所示时间有限信号的分数阶傅里叶级数展开是等价的。特别地，当 $\alpha=\pi/2$ 时，式(6.22)便退化为傅里叶级数展开式。综上分析，可得下述定理。

定理 6.2　对 T—时间有限信号 $x(t)$，若存在常数 $N>0$，使得当 $|n|>N$ 时，其分数阶傅里叶级数展开系数 $c_{n,\alpha}=0$，则 $x(t)$ 可由其 $2N-1$ 个采样值完全恢复，即

$$
x(t) = \mathrm{e}^{-\mathrm{j}\frac{t^2}{2}\cot\alpha}\sum_{m=-N+1}^{N}\mathrm{e}^{\mathrm{j}\frac{\left(\frac{mT}{2N-1}\right)^2}{2}\cot\alpha}x\left(\frac{mT}{2N-1}\right)\frac{\sin\left[(2N-1)\pi\left(\frac{t}{T}-\frac{m}{2N-1}\right)\right]}{(2N-1)\sin\left[\pi\left(\frac{t}{T}-\frac{m}{2N-1}\right)\right]}
\tag{6.27}
$$

证明　在式(6.23)中，令 $t=mT/(2N-1)$，可得

$$
\begin{aligned}
c_{n,\alpha} &= \frac{T}{2N-1}\sqrt{\frac{2\pi\sin\alpha}{T}}\sum_{m=-N+1}^{N}x\left(\frac{mT}{2N-1}\right)K_\alpha\left(\frac{n2\pi\sin\alpha}{T}, \frac{mT}{2N-1}\right) \\
&= \frac{T}{2N-1}\sum_{m=-N+1}^{N}x\left(\frac{mT}{2N-1}\right)\sqrt{\frac{\sin\alpha - \mathrm{j}\cos\alpha}{T}}\,\mathrm{e}^{\mathrm{j}\frac{1}{2}\left[\left(\frac{n2\pi\sin\alpha}{T}\right)^2+\left(\frac{mT}{2N-1}\right)^2\right]\cot\alpha-\mathrm{j}\frac{nm2\pi}{2N-1}}
\end{aligned}
\tag{6.28}
$$

然后，将 $x(t)$ 展开成级数的形式，则有

$$x(t)=\sum_{n=-N+1}^{N}c_{n,\alpha}\zeta_{n,\alpha}(t)=\mathrm{e}^{-\mathrm{j}\frac{t^2}{2}\cot\alpha}\sum_{m=-N+1}^{N}\mathrm{e}^{\mathrm{j}\frac{\left(\frac{mT}{2N-1}\right)^2}{2}\cot\alpha}x\left(\frac{mT}{2N-1}\right)\sum_{n=-N+1}^{N}\frac{\mathrm{e}^{\mathrm{j}n2\pi\left(\frac{t}{T}-\frac{m}{2N-1}\right)}}{2N-1}\tag{6.29}$$

令

$$a=\mathrm{e}^{\mathrm{j}\sigma},\quad \sigma=2\pi\left(\frac{t}{T}-\frac{m}{2N-1}\right)\tag{6.30}$$

同时注意到

$$\begin{aligned}\sum_{n=-N+1}^{N}a^n&=a^{-N+1}\sum_{n=-N+1}^{N}a^{n-(-N+1)}=a^{-N+1}\sum_{k=0}^{2N-2}a^k=a^{-N+1}\frac{1-a^{2N-1}}{1-a}\\&=\frac{a^N-a^{-N+1}}{a-1}=\frac{a^{1/2(a^{N-(1/2)}-a^{-N+(1/2)})}}{a^{1/2}(a^{1/2}-a^{-1/2})}\\&=\frac{\mathrm{e}^{\mathrm{j}\left(N-\frac{1}{2}\right)\sigma}-\mathrm{e}^{-\mathrm{j}\left(N-\frac{1}{2}\right)\sigma}}{\mathrm{e}^{\mathrm{j}\frac{\sigma}{2}}-\mathrm{e}^{-\mathrm{j}\frac{\sigma}{2}}}\\&=\frac{\sin\left[\left(N-\frac{1}{2}\right)\sigma\right]}{\sin\left(\frac{\sigma}{2}\right)}\end{aligned}\tag{6.31}$$

于是，将 $\sigma=2\pi\left(\frac{t}{T}-\frac{m}{2N-1}\right)$ 代入式(6.31)，得到

$$\sum_{n=-N+1}^{N}\mathrm{e}^{\mathrm{j}n2\pi\left(\frac{t}{T}-\frac{m}{2N-1}\right)}=\frac{\sin\left[(2N-1)\pi\left(\frac{t}{T}-\frac{m}{(2N-1)}\right)\right]}{(2N-1)\sin\left[\pi\left(\frac{t}{T}-\frac{m}{2N-1}\right)\right]}\tag{6.32}$$

将式(6.32)代入式(6.29)，即可得式(6.27)。至此，定理 6.2 证毕。

6.3　分数域带限信号的多通道分数阶采样定理

针对不同特征的信号，如时间有限信号、分数域带限信号、分数域稀疏信号等，人们提出了各种各样的分数阶采样定理。对于分数域带限信号的采样定理，在实际应用中，为了克服信号重构时容易出现的分数谱混叠现象，采样率一般均高于信号截止分数阶频率的两倍。众所周知，未来通信系统越来越侧重在软件平台上实现对数字信号的处理；同时，多速率数字信号处理技术的应用也越来越广泛；此外，尽可能降低采样率仍然是减少系统开销、提高算法速度和信道利用率的有效手段。因此在信号处理中采样边界是不可忽略的问题，对其加以研究具有实际意义。为此，下面将首先介绍分数域带限信号的概念，然后从采样边界的角度简要阐述分数域带限信号的分数阶采样与重构原理，最后给出分数域带限信号的多通道分数阶采样定理，以进一步降低采样率。

定义 6.5($\Omega-$分数域带限信号)　对于能量有限信号 $x(t)$，记 $X_\alpha(u)$ 表示其分数阶傅里叶变换。若存在常数 $\Omega>0$，使得当 $|u|>\Omega$ 时，有 $X_\alpha(u)=0$，则称 $x(t)$ 为 $\Omega-$分数域带限信号。

从采样边界条件的角度来看，分数域带限信号的分数阶采样可以分为以下两种情况：

① 分数谱无混叠采样。记 $\hat{X}_\alpha(u)$ 为采样信号 $\hat{x}(t)$ 的分数谱，若在任一分数阶频率分量处 $\hat{X}_\alpha(u)$ 均未因采样发生混叠，称之为分数谱无混叠采样；

② 分数阶可完全重构采样。若连续信号 $x(t)$ 是 Ω－分数域带限信号，则当时间采样间隔 T_s 满足 $0 < T_s \leqslant \pi\sin\alpha/\Omega$ 时，$x(t)$ 可由样值 $x(nT_s)$ 完全确定，称该采样为分数阶可完全重构采样。

6.3.1　分数阶采样边界条件

记 $X_\alpha(u)$ 为 $x(t)$ 的分数阶傅里叶变换，$\Omega < +\infty$ 为 $x(t)$ 的截止分数阶频率，T_s 为时域采样间隔，U_s 为分数阶采样频率。

边界条件 1　当 $X_\alpha(u)$ 和 U_s 满足

(a) 当 $|u| > \Omega$，$X_\alpha(u) = 0$；

(b) $U_s > 2\Omega$

时，信号 $x(t)$ 可以由采样值 $x(nT_s)$ 完全确定，称之为分数谱无混叠采样。

边界条件 1 表明，当 $X_\alpha(|\Omega|) \neq 0$ 时，分数阶采样频率必须大于(不含等于)信号截止分数阶频率的两倍，否则采样后信号的分数谱会发生混叠。

边界条件 2　当 $X_\alpha(u)$ 和 U_s 满足

(a) 当 $|u| > \Omega$，$X_\alpha(u) = 0$；

(b) $X_\alpha(|\Omega|) \neq 0$，但 $|X_\alpha(|\Omega|)| < +\infty$；

(c) $U_s = 2\Omega$

时，采样信号的分数谱 $\hat{X}_\alpha(u)$ 在离散谱点 $u = n\Omega$(n 为非零整数) 处有混叠，但原始连续信号仍可通过采样值完全重构，把该采样称为信号完全可重构采样。

边界条件 2 表明，当 $U_s = 2\Omega$ 时，信号 $x(t)$ 在分数阶频率分量 Ω 处的分数谱幅值必须为有限值，否则不可能实现信号的完全重构。也就是说，若信号 $x(t)$ 在 Ω 处的分数谱含有实际幅值不为无穷小的谱分量，那么，此时在该分数阶频率分量处的谱幅值将为无穷大，当 $U_s = 2\Omega$ 时，不可能实现信号完全可重构采样。可见，满足边界条件 1 的采样一定属于信号分数阶可完全重构采样，反之，则不一定成立。

6.3.2　分数域带限信号采样与重构的基本原理

下面从边界条件的角度，利用提出的分数阶频移算子和广义分数阶卷积给出分数域带限信号分数阶采样定理的阐述。

设原始连续信号 $x(t)$ 被一理想脉冲串以采样周期为 T_s 均匀采样后，得到的采样信号为

$$\hat{x}(t) = x(t)\sum_{n\in\mathbf{Z}}\delta(t - nT_s) \tag{6.33}$$

将式(6.33) 中脉冲串展开成傅里叶级数，得到

$$\sum_{n\in\mathbf{Z}}\delta(t - nT_s) = \frac{1}{T_s}\sum_{n\in\mathbf{Z}}\mathrm{e}^{\mathrm{j}n\frac{2\pi}{T_s}t} \tag{6.34}$$

于是，采样信号可以表示为

$$\hat{x}(t) = \frac{1}{T_s}\sum_{n\in\mathbf{Z}}x(t)\mathrm{e}^{\mathrm{j}n\frac{2\pi}{T_s}t} \tag{6.35}$$

同时，注意到提出的分数阶频移算子具有如下性质：

$$x(t)\mathrm{e}^{\mathrm{j}tv\csc\alpha}\xrightarrow{\mathscr{F}^{\alpha}}\boldsymbol{W}_{v}^{\alpha}X_{\alpha}(u)=X_{\alpha}(u-v)\mathrm{e}^{\mathrm{j}v\left(u-\frac{v}{2}\right)\cot\alpha} \tag{6.36}$$

比较式(6.35)和(6.36)，可得采样信号 $\hat{x}(t)$ 的分数阶傅里叶变换 $\hat{X}_{\alpha}(u)$ 为

$$\begin{aligned}\hat{X}_{\alpha}(u)&=\frac{1}{T_{\mathrm{s}}}\sum_{n\in\mathbf{Z}}\boldsymbol{W}_{nU_{\mathrm{s}}}^{\alpha}X_{\alpha}(u)=\frac{1}{T_{\mathrm{s}}}\sum_{n\in\mathbf{Z}}X_{\alpha}(u-nU_{\mathrm{s}})\mathrm{e}^{\mathrm{j}nU_{\mathrm{s}}\left(u-\frac{nU_{\mathrm{s}}}{2}\right)\cot\alpha}\\&=\mathrm{e}^{\mathrm{j}\frac{u^{2}}{2}\cot\alpha}\frac{1}{T_{\mathrm{s}}}\sum_{n\in\mathbf{Z}}X_{\alpha}(u-nU_{\mathrm{s}})\mathrm{e}^{-\mathrm{j}\frac{(u-nU_{\mathrm{s}})^{2}}{2}\cot\alpha}\end{aligned} \tag{6.37}$$

式中，$U_{\mathrm{s}}=2\pi\sin\alpha/T_{\mathrm{s}}$ 称为分数阶采样频率。

式(6.37)表明，采样信号 $\hat{x}(t)$ 的分数谱 $\hat{X}_{\alpha}(u)$ 是原始信号 $x(t)$ 分数谱 $X_{\alpha}(u)$ 与线性调频因子 $\mathrm{e}^{-(\mathrm{j}/2)u^{2}\cot\alpha}$ 的乘积在分数域以周期 U_{s} 的延拓。当 $n=0$ 时，$\hat{X}_{\alpha}(u)$ 与 $X_{\alpha}(u)$ 仅相差一个幅度因子 $1/T_{\mathrm{s}}$，而当 $n\neq0$ 时，$X_{\alpha}(u)$ 经过了频移和线性调频信号的调制。当 $X_{\alpha}(u)$ 和 U_{s} 满足边界条件 1 时，即若原信号分数谱 $X_{\alpha}(u)$ 是 $\Omega-$ 分数域带限的，则当 $U_{\mathrm{s}}>2\Omega$ 时，$\hat{X}_{\alpha}(u)$ 就不会发生混叠。由式(6.37)可知，$\hat{X}_{\alpha}(u)$ 幅度是原始信号分数谱 $X_{\alpha}(u)$ 的幅度乘以 $1/T_{\mathrm{s}}$ 后以 U_{s} 为周期的延拓。这样在分数域就可以用幅度为 T_{s}、截止分数阶频率为 U_{m} 的分数域低通滤波器从 $\hat{X}_{\alpha}(u)$ 中恢复出 $X_{\alpha}(u)$，且 $U_{\mathrm{m}}\in[\Omega,U_{\mathrm{s}}-\Omega)$，不妨取 $U_{\mathrm{m}}=\Omega$。根据时域广义分数阶卷积定理，可得分数域采样重构滤波器的传输函数为

$$H_{\beta}\left(\frac{u\csc\alpha}{\csc\beta}\right)=\begin{cases}T_{\mathrm{s}}A_{\beta}\mathrm{e}^{\mathrm{j}\frac{\left(\frac{u\csc\alpha}{\csc\beta}\right)^{2}}{2}\cot\beta}, & |u|\leqslant\Omega\\0, & \text{其他}\end{cases} \tag{6.38}$$

对式(6.38)做变量代换 $u'=u\csc\alpha\sin\beta$ 后，得到

$$H_{\beta}(u')=\begin{cases}T_{\mathrm{s}}A_{\beta}\mathrm{e}^{\mathrm{j}\frac{(u')^{2}}{2}\cot\beta}, & |u'|\leqslant\Omega|\csc\alpha\sin\beta|\\0, & \text{其他}\end{cases} \tag{6.39}$$

然后，利用分数阶傅里叶逆变换，可得采样重构滤波器的冲激响应 $h(t)$ 为

$$h(t)=\mathscr{F}^{-\beta}[H_{\beta}(u')](t)=\mathrm{sinc}\left(\frac{t\Omega}{\pi\sin\alpha}\right)\mathrm{e}^{-\mathrm{j}\frac{t^{2}}{2}\cot\beta} \tag{6.40}$$

于是，根据时域广义分数阶卷积的定义，由采样信号 $\hat{x}(t)$ 得到的重构信号为

$$\begin{aligned}x(t)&=(\hat{x}\Theta_{\alpha,\alpha,\beta}h)(t)=\mathrm{e}^{-\mathrm{j}\frac{t^{2}}{2}\cot\alpha}\left[(\hat{x}(t)\mathrm{e}^{\mathrm{j}\frac{t^{2}}{2}\cot\alpha})*(h(t)\mathrm{e}^{\mathrm{j}\frac{t^{2}}{2}\cot\beta})\right]\\&=\mathrm{e}^{-\mathrm{j}\frac{t^{2}}{2}\cot\alpha}\left[\left(x(t)\sum_{n=-\infty}^{+\infty}\delta(t-nT_{\mathrm{s}})\mathrm{e}^{\mathrm{j}\frac{t^{2}}{2}\cot\alpha}\right)*\mathrm{sinc}\left(\frac{t\Omega}{\pi\sin\alpha}\right)\right]\\&=\mathrm{e}^{-\mathrm{j}\frac{t^{2}}{2}\cot\alpha}\sum_{n=-\infty}^{+\infty}x(nT_{\mathrm{s}})\mathrm{e}^{\mathrm{j}\frac{(nT_{\mathrm{s}})^{2}}{2}\cot\alpha}\mathrm{sinc}\left(\frac{(t-nT_{\mathrm{s}})\Omega}{\pi\sin\alpha}\right)\end{aligned} \tag{6.41}$$

基于上述分析，图 6.1 给出了分数域带限信号采样与重构的原理框图。

当 $X_{\alpha}(u)$ 和 U_{s} 满足边界条件 2 时，式(6.37)表明 $\hat{X}_{\alpha}(u)$ 在离散分数阶频率点 $u=n\Omega$（n 为非零整数）处有混叠，即

$$\begin{cases}X_{\alpha}(u)=\hat{X}_{\alpha}(u), & |u|<U_{\mathrm{s}}/2\\X_{\alpha}(u)=0, & |u|>U_{\mathrm{s}}/2\\\widetilde{X}_{\alpha}(u)=X_{\alpha}(u)+X_{\alpha}(-u), & u=\pm U_{\mathrm{s}}/2\end{cases} \tag{6.42}$$

该结果表明，在 $u=\pm U_{\mathrm{s}}/2$ 处，$X_{\alpha}(u)\neq\hat{X}_{\alpha}(u)$。但在 $X_{\alpha}(|\Omega|)<+\infty$ 的情况下，由于定积

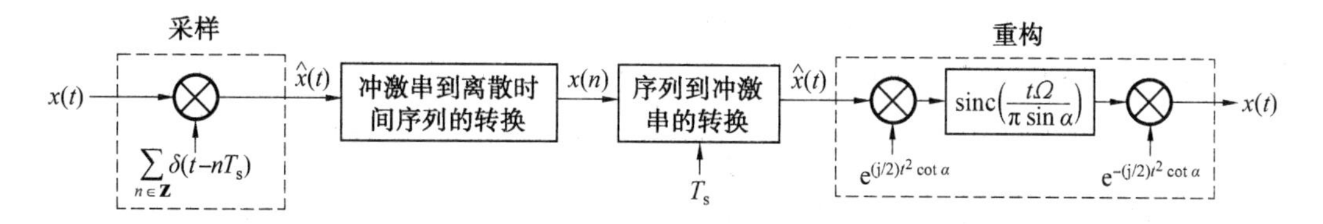

图 6.1　分数域带限信号采样与重构的原理框图

分的值不受积分区间端点上的有限函数值的影响，上述证明仍成立。也就是说，由采样值 $x(nT_s)$ 可以完全重构原始信号 $x(t)$，至此也证明了完全可重构采样的正确性。

6.3.3　采样边界对信号恢复的影响

前述分析表明，采样边界对信号恢复的影响取决于被采样信号在截止分数阶频率点是否存在冲激。考虑到线性调频信号在分数域具有冲激函数特性，将被采样信号建模为

$$c(t)=\cos(\omega_0 t+\varphi_0)\mathrm{e}^{\mathrm{j}k\frac{t^2}{2}} \tag{6.43}$$

根据分数阶傅里叶变换的定义可知，当 $\alpha=-\operatorname{arccot}(k)$ 时，$c(t)$ 的分数阶傅里叶变换 $C_\alpha(u)$ 为

$$C_\alpha(u)=\frac{\mathrm{e}^{(\mathrm{j}/4)\omega_0^2\sin 2\alpha}}{2\sqrt{1-\mathrm{j}k}}\left[\delta(u-\omega_0\sin\alpha)\mathrm{e}^{\mathrm{j}\varphi_0}+\delta(u+\omega_0\sin\alpha)\mathrm{e}^{-\mathrm{j}\varphi_0}\right] \tag{6.44}$$

而当 $\alpha\neq-\operatorname{arccot}(k)$ 时，则有

$$C_\alpha(u)=\sqrt{\frac{1+\mathrm{j}\tan\alpha}{1+k\tan\alpha}}\cos(-u\omega_0 k'\sin\alpha+u\omega_0\cos\alpha+\varphi_0)\times \\ \mathrm{e}^{(\mathrm{j}/2)[u^2k'+\omega_0^2\sin\alpha(k'\sin\alpha-\cos\alpha)]} \tag{6.45}$$

式中，$k'=\dfrac{k-\tan\alpha}{1+k\tan\alpha}$。

可以看出，信号 $c(t)$ 只在 $\alpha=-\operatorname{arccot}(k)$ 角度分数域上带宽有限，其截止分数阶频率为 $\Omega=\omega_0\sin\alpha$。若取 $U_s=2\Omega$，令 $\hat{C}_\alpha(u)$ 表示采样信号 $\hat{c}(t)$ 的分数阶傅里叶变换，则在 $u=\pm\Omega$ 处有 $C_\alpha(u)\neq\hat{C}_\alpha(u)$，且 $C_\alpha(|\pm\Omega|)<+\infty$ 的条件不满足。由于 $C_\alpha(u)$ 在 $u=\pm\Omega$ 处存在冲激，此时不满足分数谱无混叠采样条件。基于此，可以得到下述命题。

命题 6.1　对线性调频信号 $\cos(\omega_0 t+\varphi_0)\mathrm{e}^{(\mathrm{j}/2)kt^2}$ 只能进行分数阶可完全重构采样，即分数阶采样频率 U_s 必须满足 $U_s>2\Omega$。若以 $U_s=2\Omega$ 进行采样，将导致信号相位信息丢失，且重构信号为 $c'(t)=\cos\varphi_0\cos(\omega_0 t)\mathrm{e}^{(\mathrm{j}/2)kt^2}$。

证明　根据式(6.37)和(6.44)，可得采样信号 $\hat{c}(t)$ 的分数谱为

$$\begin{aligned}\hat{C}_\alpha(u)&=\frac{1}{T_s}\sum_{n\in\mathbf{Z}}C_\alpha(u-nU_s)\mathrm{e}^{\mathrm{j}unU_s\cot\alpha-\mathrm{j}\frac{(nU_s)^2}{2}\cot\alpha}\\&=\frac{1}{2\sqrt{1-\mathrm{j}k}}\sum_{n\in\mathbf{Z}}\mathrm{e}^{\mathrm{j}\frac{(nU_s)^2}{2}\cot\alpha+\mathrm{j}\frac{\omega_0^2}{4}\sin 2\alpha}\left[\delta(u-\omega_0\sin\alpha-nU_s)\times\right.\\&\quad\left.\mathrm{e}^{\mathrm{j}nU_s\omega_0\cos\alpha+\mathrm{j}\varphi_0}+\delta(u+\omega_0\sin\alpha-nU_s)\mathrm{e}^{-\mathrm{j}nU_s\omega_0\cos\alpha-\mathrm{j}\varphi_0}\right]\end{aligned} \tag{6.46}$$

当分数阶采样频率 $U_s=2\omega_0\sin\alpha$ 时，则有

$$\hat{C}_\alpha(u)=\frac{\mathrm{e}^{(\mathrm{j}/4)\omega_0^2\sin 2\alpha}}{2\sqrt{1-\mathrm{j}k}}\sum_{n\in\mathbf{Z}}\left[\delta(u-(2n+1)\omega_0\sin\alpha)\mathrm{e}^{\mathrm{j}(n^2+n)\omega_0^2\sin 2\alpha+\mathrm{j}\varphi_0}+\right.$$

$$\delta(u-(2n-1)\omega_0\sin\alpha)\mathrm{e}^{\mathrm{j}(n^2-n)\omega_0^2\sin 2\alpha-\mathrm{j}\varphi_0}\Big] \tag{6.47}$$

将式(6.47)展开,并经过化简得到

$$\hat{C}_\alpha(u)=\frac{\mathrm{e}^{(\mathrm{j}/4)\omega_0^2\sin 2\alpha}}{\sqrt{1-\mathrm{j}k}}\cos\varphi_0\sum_{n\in\mathbf{Z}}\delta(u-(2n+1)\omega_0\sin\alpha)\mathrm{e}^{\mathrm{j}(n^2+n)\omega_0^2\sin 2\alpha} \tag{6.48}$$

这表明,当 $U_s=2\omega_0\sin\alpha$ 时,由函数 $\cos\varphi_0\cos(\omega_0 t)\mathrm{e}^{(\mathrm{j}/2)kt^2}$ 的分数谱恢复出的信号与式(6.43)所示信号的分数谱恢复出的结果相同。如图 6.2 所示,当 $U_s=2\Omega$ 时,采样信号 $\hat{c}(t)$ 的分数谱在 $u=\pm\Omega$ 处有两个具有相反相位的线谱叠加后,丢失了相位信息,相位变成了 0 或 π(取决于 $\cos\varphi_0$ 的正负),由采样值重构后的信号变为 $\cos\varphi_0\cos(\omega_0 t)\mathrm{e}^{(\mathrm{j}/2)kt^2}$。特别地,当 $k=0$ 时,$c(t)$ 即为正弦信号。此时,角度 $\alpha=\pi/2$ 分数域对应于频域,因此若以两倍频对正弦信号采样,也无法实现对其完全恢复。至此,命题 6.1 证毕。

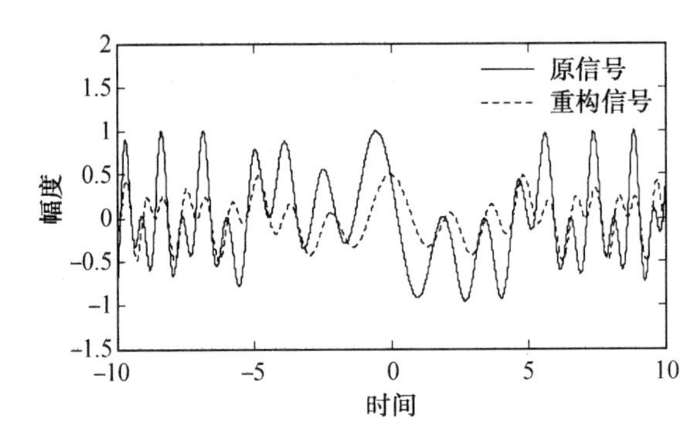

图 6.2 采样边界对信号恢复的影响($k=0.4,\omega_0=2,\varphi_0=\pi/3$)

6.3.4 分数域带限信号的多通道分数阶采样定理

在实际应用中,由于受硬件条件和系统成本的限制,采样率往往不可能取得太高。因此,如何在满足信号无失真恢复的前提下,尽可能降低采样率,就成为一个值得研究的问题。为此,文献[20,48-51]提出了分数域带限信号的多通道分数阶采样,其基本思想是,对于 Ω-分数域带限信号 $f(t)$ 的采样,首先将其通过 M 个(带宽均为 $2\Omega/M$)分数域乘性滤波器 $h_k(t),k=1,2,\cdots,M$。相应地,得到 M 个滤波输出函数 $g_k(t),k=1,2,\cdots,M$,即

$$g_k(t)=\mathscr{F}^{-\alpha}[\mathscr{F}^\alpha[f(t)](u)\times\mathscr{F}^\alpha[h_k(t)](u)](t),\quad k=1,2,\cdots,M \tag{6.49}$$

然后,取时间采样间隔 $T_s=M\pi\sin\alpha/\Omega$,于是利用 $g_k(t)$ 的采样值 $g_k(nT_s)$ 即可实现对 $f(t)$ 的完全重构。若在时域计算 $g_k(t)$,不难验证式(6.49)是复杂的三重积分,不利于实际实现。为此,文献[20,48-51]采用了分数阶傅里叶变换(FRFT)-加窗-分数阶傅里叶逆变换(IFRFT)的分数域乘性滤波处理。在分数阶傅里叶变换数值计算时,输入信号不可能是无限长的,因此必须先对输入信号进行截断处理再做分数阶傅里叶变换数值计算,然后将计算结果乘以满足需要的分数域窗函数,再对加窗处理结果进行相应的分数阶傅里叶逆变换计算得到一段输出信号,并用缓存存储,从而实现对长信号的分数域滤波处理。但由于信号截断导致分数谱泄漏,从而造成滤波输出信号在截断边界出现跳变而失真。为了说明这一问题,设待采样信号 $f(t)$ 为一多分量信号,即

$$f(t)=g_1(t)+g_2(t) \tag{6.50}$$

其中,$g_1(t)$ 和 $g_2(t)$ 的表达式分别为

$$g_1(t)=0.5\sin(t)\mathrm{e}^{-\mathrm{j}0.5t^2},\quad g_2(t)=2\sin(40t)\mathrm{e}^{-\mathrm{j}0.5t^2} \tag{6.51}$$

现利用式(6.49)所示分数域滤波处理方式从 $f(t)$ 中滤出 $g_1(t)$，处理结果如图 6.3 所示。

图 6.3(a) 和 6.3(b) 分别为 $g_1(t)$ 的理论值和滤波输出结果(图中实线表示信号实部，虚线表示信号虚部)。仿真中分数阶傅里叶变换数值计算时，信号截断长度 $N=128$。可以看出在截断边界滤波输出信号出现跳变而失真。此外，当数据量很大时，这种滤波方式需要大容量的存储单元，且实时性很差。鉴于此，下面利用提出的广义分数阶卷积给出一种易于实现的分数域带限信号的多通道分数阶采样定理。

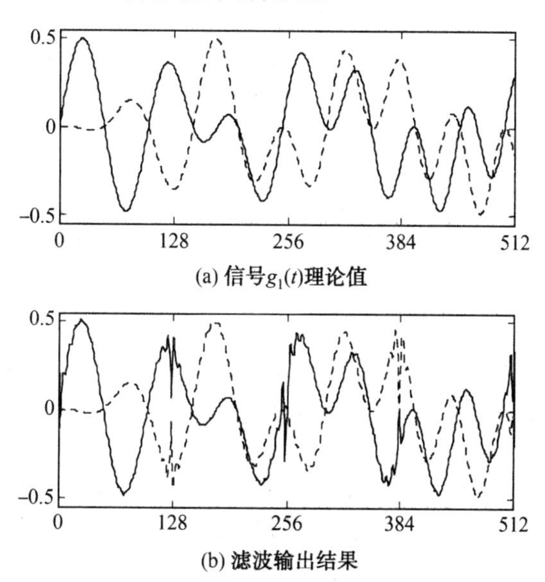

(a) 信号 $g_1(t)$ 理论值

(b) 滤波输出结果

图 6.3　基于 FRFT－IFRFT 的分数域乘性滤波

设 $x(t)$ 是 Ω－分数域带限信号，现将其经过一分数域带宽为 Ω 的滤波器 $h(t)$，记滤波器输出为 $g(t)$。利用时域广义分数阶卷积，则有

$$g(t)=(x\Theta_{\alpha,\alpha,\beta}h)(t) \tag{6.52}$$

根据时域广义分数阶广义卷积定理，可得

$$G_\alpha(u)=\frac{1}{A_\beta}\mathrm{e}^{-\mathrm{j}\frac{\left(\frac{u\csc\alpha}{\csc\beta}\right)^2}{2}\cot\beta}H_\beta\left(\frac{u\csc\alpha}{\csc\beta}\right)X_\alpha(u) \tag{6.53}$$

再利用分数阶傅里叶逆变换，得到

$$g(t)=\int_{-\Omega}^{+\Omega}\frac{1}{A_\beta}\mathrm{e}^{-\mathrm{j}\frac{\left(\frac{u\csc\alpha}{\csc\beta}\right)^2}{2}\cot\beta}H_\beta\left(\frac{u\csc\alpha}{\csc\beta}\right)X_\alpha(u)K_{-\alpha}(u,t)\mathrm{d}u \tag{6.54}$$

基于上述分析，可得下述结果。

定理 6.3　设 $x(t)$ 是 Ω－分数域带限信号，若时间采样间隔 T_s 满足 $0<T_s\leqslant\pi\sin\alpha/\Omega$，则 $x(t)$ 可由 $g(t)$ 的采样值 $g(nT_s)$ 完全恢复，即

$$x(t)=\mathrm{e}^{-\mathrm{j}\frac{t^2}{2}\cot\alpha}\sum_{n\in\mathbf{Z}}g(nT_s)\mathrm{e}^{\mathrm{j}\frac{(nT_s)^2}{2}\cot\alpha}y(t-nT_s) \tag{6.55}$$

式中，$y(t)$ 为插值函数，满足

$$y(t)=\frac{1}{2\Omega}\int_{-\Omega}^{+\Omega}\frac{\mathrm{e}^{\mathrm{j}(t-nT_s)u\csc\alpha}}{A_\beta^{-1}\mathrm{e}^{-\mathrm{j}\frac{\left(\frac{u\csc\alpha}{\csc\beta}\right)^2}{2}\cot\beta}H\left(\frac{u\csc\alpha}{\csc\beta}\right)}\mathrm{d}u \tag{6.56}$$

证明 为了简化分析，令

$$\Xi_{\alpha,\beta}(u)=\frac{1}{A_\beta}\mathrm{e}^{-\mathrm{j}\frac{\left(\frac{u\csc\alpha}{\csc\beta}\right)^2}{2}\cot\beta}H\left(\frac{u\csc\alpha}{\csc\beta}\right),\quad u\in[-\Omega,+\Omega] \tag{6.57}$$

将 $\frac{K_{-\alpha}(u,t)}{\Xi_{\alpha,\beta}(u)}$，$u\in[-\Omega,+\Omega]$ 展开成分数阶傅里叶级数，得到

$$\frac{K_{-\alpha}(u,t)}{\Xi_{\alpha,\beta}(u)}=\sqrt{\frac{\sin\alpha+\mathrm{j}\cos\alpha}{2\Omega}}\sum_{n\in\mathbf{Z}}b_{n,\alpha}(t)\mathrm{e}^{-\mathrm{j}\frac{(nT_s)^2+u^2}{2}\cot\alpha+\mathrm{j}nT_s u\csc\alpha} \tag{6.58}$$

式中，$T_s=\pi\sin\alpha/\Omega$，且分数阶傅里叶级数展开系数 $b_{n,\alpha}(t)$ 的表达式为

$$\begin{aligned}b_{n,\alpha}(t)&=\sqrt{\frac{\sin\alpha-\mathrm{j}\cos\alpha}{2\Omega}}\int_{-\Omega}^{+\Omega}\frac{K_{-\alpha}(u,t)}{\Xi_{\alpha,\beta}(u)}\mathrm{e}^{\mathrm{j}\frac{(nT_s)^2+u^2}{2}\cot\alpha-\mathrm{j}nT_s u\csc\alpha}\mathrm{d}u\\&=\sqrt{\frac{\pi\sin\alpha}{\Omega}}\int_{-\Omega}^{+\Omega}\frac{K_{-\alpha}(u,t)K_\alpha(u,nT_s)}{\Xi_{\alpha,\beta}(u)}\mathrm{d}u\\&=\mathrm{e}^{-\mathrm{j}\frac{t^2-(nT_s)^2}{2}\cot\alpha}\sqrt{\frac{\pi\sin\alpha}{\Omega}}\,\frac{\csc\alpha}{2\pi}\int_{-\Omega}^{+\Omega}\frac{\mathrm{e}^{\mathrm{j}(t-nT_s)u\csc\alpha}}{\Xi_{\alpha,\beta}(u)}\mathrm{d}u\\&=\sqrt{\frac{\Omega}{\pi\sin\alpha}}\mathrm{e}^{-\mathrm{j}\frac{t^2-(nT_s)^2}{2}\cot\alpha}y(t-nT_s)\end{aligned} \tag{6.59}$$

将式(6.59)代入式(6.58)，则有

$$\begin{aligned}K_{-\alpha}(u,t)&=\sqrt{\frac{\sin\alpha+\mathrm{j}\cos\alpha}{2\Omega}}\sum_{n\in\mathbf{Z}}b_{n,\alpha}\Xi_{\alpha,\beta}(u)\mathrm{e}^{-\mathrm{j}\frac{(nT_s)^2+u^2}{2}\cot\alpha+\mathrm{j}nT_s u\csc\alpha}\\&=\sqrt{\frac{\sin\alpha+\mathrm{j}\cos\alpha}{2\Omega}}\sum_{n\in\mathbf{Z}}\sqrt{\frac{\Omega}{\pi\sin\alpha}}\mathrm{e}^{-\mathrm{j}\frac{t^2-(nT_s)^2}{2}\cot\alpha}y(t-nT_s)\times\\&\quad\Xi_{\alpha,\beta}(u)\mathrm{e}^{-\mathrm{j}\frac{(nT_s)^2+u^2}{2}\cot\alpha+\mathrm{j}nT_s u\csc\alpha}\\&=\sum_{n\in\mathbf{Z}}\mathrm{e}^{-\mathrm{j}\frac{t^2-(nT_s)^2}{2}\cot\alpha}y(t-nT_s)\Xi_{\alpha,\beta}(u)K_{-\alpha}(u,nT_s)\end{aligned} \tag{6.60}$$

然后，利用分数阶傅里叶逆变换并结合式(6.54)，可得

$$\begin{aligned}x(t)&=\int_{-\Omega}^{+\Omega}X_\alpha(u)K_{-\alpha}(u,t)\mathrm{d}u\\&=\int_{-\Omega}^{+\Omega}X_\alpha(u)\sum_{n\in\mathbf{Z}}\mathrm{e}^{-\mathrm{j}\frac{t^2-(nT_s)^2}{2}\cot\alpha}y(t-nT_s)\Xi_{\alpha,\beta}(u)K_{-\alpha}(u,nT_s)\mathrm{d}u\\&=\mathrm{e}^{-\mathrm{j}\frac{t^2}{2}\cot\alpha}\sum_{n\in\mathbf{Z}}\mathrm{e}^{-\mathrm{j}\frac{(nT_s)^2}{2}\cot\alpha}y(t-nT_s)\int_{-\Omega}^{+\Omega}X_\alpha(u)\Xi_{\alpha,\beta}(u)K_{-\alpha}(u,nT_s)\mathrm{d}u\\&=\mathrm{e}^{-\mathrm{j}\frac{t^2}{2}\cot\alpha}\sum_{n\in\mathbf{Z}}g(nT_s)\mathrm{e}^{\mathrm{j}\frac{(nT_s)^2}{2}\cot\alpha}y(t-nT_s)\end{aligned} \tag{6.61}$$

于是，定理 6.3 得证。

更一般地，若有 M 个带宽均为 σ_α 的分数域滤波器 $h_k(t)$，$k=1,2,\cdots,M$，将 Ω—分数域带限信号 $x(t)$ 作为这 M 个滤波器的输入，记相应的滤波输出为 $g_k(t)$，$k=1,2,\cdots,M$。于是，利用时域广义分数阶卷积，可得

$$g_k(t)=(x\Theta_{\alpha,\alpha,\beta}h_k)(t),\quad k=1,2,\cdots,M \tag{6.62}$$

进一步地，根据时域广义分数阶卷积定理，则有

$$G_{k,\alpha}(u)=X_\alpha(u)\Xi_{k,\alpha,\beta}(u),\quad k=1,2,\cdots,M,\ -\Omega\leqslant u\leqslant+\Omega \tag{6.63}$$

式中，$G_{k,\alpha}(u)$ 表示 $g_k(t)$ 的分数阶傅里叶变换，且 $\Xi_{k,\alpha,\beta}(u)$ 满足

$$\Xi_{k,\alpha,\beta}(u)=A_{\beta}^{-1}\mathrm{e}^{-\mathrm{j}\frac{\left(\frac{u\csc\alpha}{\csc\beta}\right)^2}{2}\cot\beta}H_{k,\beta}\left(\frac{u\csc\alpha}{\csc\beta}\right) \tag{6.64}$$

其中，$H_{k,\beta}(u)$ 表示 $h_k(t)$ 的 β 角度分数阶傅里叶变换。基于广义分数阶卷积的滤波实现方式，图 6.4 给出了图 6.3(a) 中信号 $g_1(t)$ 的滤波处理结果(图中实线和虚线分别表示信号的实部和虚部)。

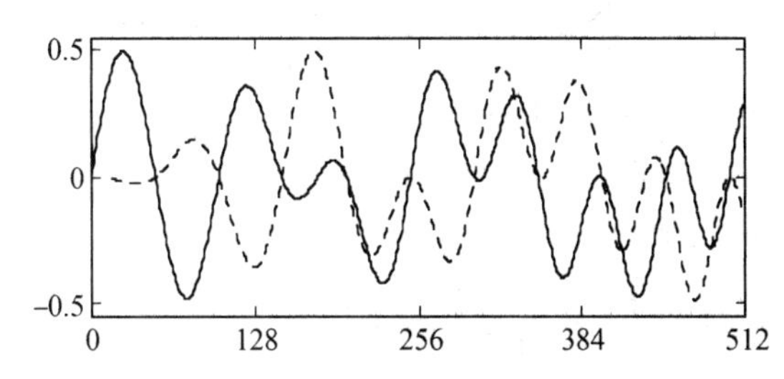

图 6.4　基于广义分数阶卷积的分数域乘性滤波

对比图 6.4 和图 6.3(b) 可以看出，基于广义分数阶卷积的滤波实现方式能够很好地克服文献[20,48-51] 中分数域乘性滤波方法存在的信号失真问题。此外，广义分数阶卷积可以利用经典卷积来实现，易于实际应用。基于此，下面给出基于广义分数阶卷积的分数域带限信号的多通道分数阶采样定理。

定理 6.4　将 Ω 一分数域带限信号 $x(t)$ 通过 M 个带宽均为 σ_α 的分数域滤波器 $\{h_k(t)\}$，得到 M 个滤波输出 $\{g_k(t)\}, k=1,2,\cdots,M$。若时域采样间隔 T_s 满足

$$T_s=\frac{2\pi\sin\alpha}{\sigma_\alpha},\quad \sigma_\alpha=\frac{2\Omega}{M} \tag{6.65}$$

则信号 $x(t)$ 可由 $g_k(t)$ 的采样值完全重构，即

$$x(t)=\mathrm{e}^{-\mathrm{j}\frac{t^2}{2}\cot\alpha}\sum_{n\in\mathbf{Z}}\sum_{k=1}^{M}g_k(nT_s)\mathrm{e}^{\mathrm{j}\frac{(nT_s)^2}{2}\cot\alpha}y_k(t-nT_s) \tag{6.66}$$

其中，插值函数 $y_k(t)$ 满足

$$y_k(t)=\frac{1}{\sigma_\alpha}\int_{-\Omega}^{+\Omega+\sigma_\alpha}Y_k(u,t)\mathrm{e}^{\mathrm{j}tu\csc\alpha}\mathrm{d}u \tag{6.67}$$

$$\sum_{k=0}^{M}\Xi_{k,\alpha,\beta}(u+r\sigma_\alpha)Y_k(u,t)=\mathrm{e}^{\mathrm{j}r\sigma_\alpha t\csc\alpha},\quad -\Omega\leqslant u\leqslant-\Omega+\sigma_\alpha \tag{6.68}$$

式中，$r=0,1,\cdots,M-1$。

证明　由于 $\Xi_{k,\alpha,\beta}(u+r\sigma_\alpha)$ 与时间 t 无关，且有

$$r(t+T_s)\sigma_\alpha\csc\alpha=rt\sigma_\alpha\csc\alpha+2\pi r \tag{6.69}$$

所以 $Y_k(u,t)$ 是关于 t 以 T_s 为周期的周期函数，即

$$Y_k(u,t+T_s)=Y_k(u,t) \tag{6.70}$$

于是，由式(6.67) 和(6.70) 可得

$$y_k(t-nT_s)=\frac{1}{\sigma_\alpha}\int_{-\Omega}^{-\Omega+\sigma_\alpha}Y_k(u,t-nT_s)\mathrm{e}^{\mathrm{j}(t-nT_s)u\csc\alpha}\mathrm{d}u=\frac{1}{\sigma_\alpha}\int_{-\Omega}^{-\Omega+\sigma_\alpha}[Y_k(u,t)\mathrm{e}^{\mathrm{j}tu\cos\alpha}]\mathrm{e}^{-\mathrm{j}nT_s u\csc\alpha}\mathrm{d}u \tag{6.71}$$

根据傅里叶级数的定义，由式(6.71) 得到

$$Y_k(u,t)\mathrm{e}^{\mathrm{j}tu\csc\alpha}=\sum_{n\in\mathbf{Z}}y_k(t-nT_s)\mathrm{e}^{\mathrm{j}nT_s u\csc\alpha},\quad -\Omega\leqslant u\leqslant-\Omega+\sigma_\alpha \tag{6.72}$$

当 $r=0$ 时，在式(6.68)两边同时乘以 $\mathrm{e}^{\mathrm{j}tu\csc\alpha}$，并结合式(6.72)，则有

$$\mathrm{e}^{\mathrm{j}tu\csc\alpha}=\sum_{k=1}^{M}\Xi_{k,\alpha,\beta}(u)\sum_{n\in\mathbf{Z}}y_k(t-nT_s)\mathrm{e}^{\mathrm{j}nT_su\csc\alpha},\quad -\Omega\leqslant u\leqslant -\Omega+\sigma_\alpha \tag{6.73}$$

同样，当 $r=1$ 时，在式(6.68)两边同时乘以 $\mathrm{e}^{\mathrm{j}tu\csc\alpha}$，根据式(6.72)，可得

$$\mathrm{e}^{\mathrm{j}t(u+\sigma_\alpha)\csc\alpha}=\sum_{k=1}^{M}\Xi_{k,\alpha,\beta}(u+\sigma_\alpha)\sum_{n\in\mathbf{Z}}y_k(t-nT_s)\mathrm{e}^{\mathrm{j}nT_su\csc\alpha} \tag{6.74}$$

式中，$-\Omega\leqslant u\leqslant -\Omega+\sigma_\alpha$。同时，注意到

$$\mathrm{e}^{\mathrm{j}nT_s(u+\sigma_\alpha)\csc\alpha}=\mathrm{e}^{\mathrm{j}n2\pi}\mathrm{e}^{\mathrm{j}nT_su\csc\alpha}=\mathrm{e}^{\mathrm{j}nT_su\csc\alpha} \tag{6.75}$$

将式(6.75)代入式(6.74)，则有

$$\sum_{k=1}^{M}\Xi_{k,\alpha,\beta}(u+\sigma_\alpha)\sum_{n\in\mathbf{Z}}y_k(t-nT_s)\mathrm{e}^{\mathrm{j}nT_s(u+\sigma_\alpha)\csc\alpha}=\mathrm{e}^{\mathrm{j}t(u+\sigma_\alpha)\csc\alpha} \tag{6.76}$$

式中，$-\Omega\leqslant u\leqslant -\Omega+\sigma_\alpha$。由于式(6.76)中 $u\in[-\Omega,-\Omega+\sigma_\alpha]$，那么 $u+\sigma_\alpha\in[-\Omega+\sigma_\alpha,-\Omega+2\sigma_\alpha]$，因此式(6.73)对 $u\in[-\Omega+\sigma_\alpha,-\Omega+2\sigma_\alpha]$ 也成立。

类似地，当 $r=r_0(0\leqslant r_0\leqslant M-1)$ 时，在式(6.68)两边同时乘以 $\mathrm{e}^{\mathrm{j}tu\csc\alpha}$，利用式(6.72)和(6.65)得到

$$\sum_{k=1}^{M}\Xi_{k,\alpha,\beta}(u+r_0\sigma_\alpha)\sum_{n\in\mathbf{Z}}y_k(t-nT_s)\mathrm{e}^{\mathrm{j}nT_s(u+r_0\sigma_\alpha)\csc\alpha}=\mathrm{e}^{\mathrm{j}t(u+r_0\sigma_\alpha)\csc\alpha} \tag{6.77}$$

式中，$-\Omega\leqslant u\leqslant -\Omega+\sigma_\alpha$。式(6.77)表明，式(6.73)对 $u\in[-\Omega+r_0\sigma_\alpha,-\Omega+(r_0+1)\sigma_\alpha]$ 仍然成立。因 $0\leqslant r_0\leqslant M-1$，故式(6.73)对 $u\in[-\Omega,+\Omega]$ 成立，即

$$\mathrm{e}^{\mathrm{j}tu\csc\alpha}=\sum_{k=1}^{M}\Xi_{k,\alpha,\beta}(u)\sum_{n\in\mathbf{Z}}y_k(t-nT_s)\mathrm{e}^{\mathrm{j}nT_su\csc\alpha},\quad -\Omega\leqslant u\leqslant +\Omega \tag{6.78}$$

此外，根据分数阶傅里叶逆变换，得到

$$x(t)=A_{-\alpha}\mathrm{e}^{-\mathrm{j}\frac{t^2}{2}\cot\alpha}\int_{-\Omega}^{+\Omega}X_\alpha(u)\mathrm{e}^{-\mathrm{j}\frac{u^2}{2}\cot\alpha}\mathrm{e}^{\mathrm{j}tu\csc\alpha}\mathrm{d}u \tag{6.79}$$

将式(6.78)代入式(6.79)，并整理得

$$x(t)=\mathrm{e}^{-\mathrm{j}\frac{t^2}{2}\cot\alpha}\sum_{k=1}^{M}\sum_{n\in\mathbf{Z}}y_k(t-nT_s)A_{-\alpha}\int_{-\Omega}^{+\Omega}\Xi_{k,\alpha,\beta}(u)X_\alpha(u)\times \mathrm{e}^{-\mathrm{j}\frac{u^2}{2}\cot\alpha+\mathrm{j}nT_su\csc\alpha}\mathrm{d}u \tag{6.80}$$

同时，利用式(6.63)和分数阶傅里叶逆变换，则有

$$g_k(nT_s)\mathrm{e}^{\mathrm{j}\frac{(nT_s)^2}{2}\cot\alpha}=A_{-\alpha}\int_{-\Omega}^{+\Omega}\Xi_{k,\alpha,\beta}(u)X_\alpha(u)\mathrm{e}^{-\mathrm{j}\frac{u^2}{2}\cot\alpha+\mathrm{j}nT_su\csc\alpha}\mathrm{d}u \tag{6.81}$$

将式(6.81)代入式(6.80)，即可导出式(6.66)。至此，定理6.4证毕。图6.5给出了分数域带限信号多通道分数阶采样与重构原理框图。

综上分析，很容易得到下述结论：

① 当 $\alpha=\beta=\pi/2$ 时，定理6.4退化为频域带限信号的多通道采样定理。

② 当 $\alpha=\beta=\pi/2, M=1$，且 $H_{1,\pi/2}(u\csc\alpha)=1/\sqrt{2\pi}$ 时，可得

$$g_1(t)=x(t),\quad y_1(t)=\mathrm{sinc}\left(\frac{\Omega t}{\pi}\right) \tag{6.82}$$

此时，定理6.4即为经典香农采样定理。

③ 当 $\alpha=\beta, M=1$，且 $H_{1,\alpha}(u)=A_\alpha\mathrm{e}^{(\mathrm{j}/2)u^2\cot\alpha}$ 时，则有

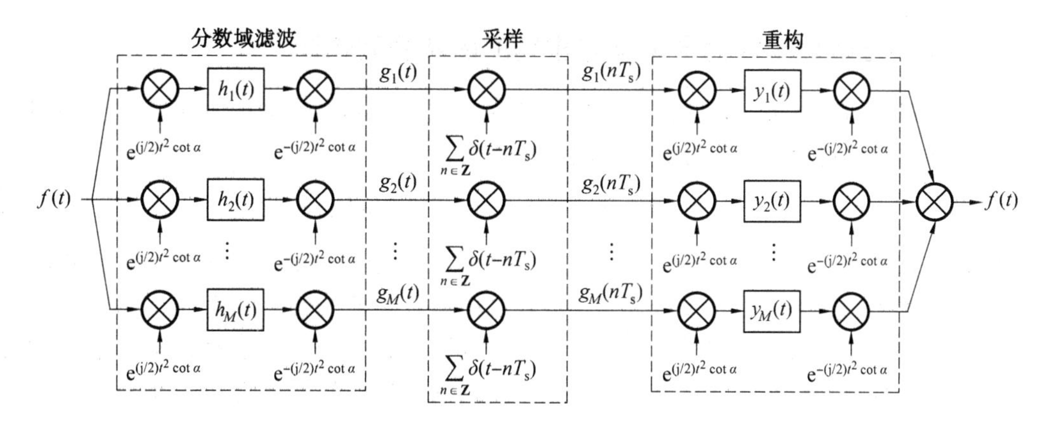

图 6.5　分数域带限信号多通道分数阶采样与重构原理框图

$$g_1(t)=x(t) \tag{6.83}$$

$$y_1(t)=\operatorname{sinc}\left(\frac{\Omega t}{\pi\sin\alpha}\right) \tag{6.84}$$

此时，定理 6.4 便退化为现有分数域带限信号的低通采样定理[38-41]。

④ 当 $\alpha=\beta, M=1, H_{1,\alpha}(u)=A_\alpha e^{(j/2)u^2\cot\alpha}$，且信号 $x(t)$ 为分数域区间 $[-u_h,-u_l]\cup[u_l,u_h](0\leqslant u_l<u_h)$ 上的带通信号时，则有

$$g_1(t)=x(t) \tag{6.85}$$

$$y_1(t)=\operatorname{sinc}\left(\frac{u_h t}{\pi\sin\alpha}\right)-\operatorname{sinc}\left(\frac{u_l t}{\pi\sin\alpha}\right) \tag{6.86}$$

此时，定理 6.4 即为分数域带通信号的采样定理[43]。

此外，根据定理6.4，通过设计不同的分数域滤波器 $h_k(t)(k=1,2,\cdots,M)$ 还可以得到其他形式的分数阶采样定理，如非均匀采样、微分采样等。

综上分析，表 6.1 给出了基于广义分数阶卷积的分数域带限信号的多通道分数阶采样定理与现有多通道分数阶采样定理的比较。

表 6.1　基于广义分数阶卷积的多通道分数阶采样定理与现有多通道分数阶采样定理的比较

比较对象	采用分数域滤波方式	性能比较
文献[20,48-51]	FRFT－加窗－IFRFT	存在谱泄漏，易造成重构信号失真，需要大的存储单元，实时性差
本书	广义分数阶卷积	无谱泄漏，重构信号无失真，可利用经典卷积，易于实现

6.4　函数空间中信号的分数阶采样理论

函数空间中的采样是利用已知信号空间中的函数逼近实际的被测信号，例如，通常人们利用sinc函数生成空间逼近带限信号，样条函数生成空间逼近非带限信号，脉冲函数生成空间逼近脉冲雷达信号等。被测信号所包含的信息将取决于所对应函数空间基函数的权系数。于是，函数空间中的信号采样问题将转化为信号空间中权系数的确定问题，而系数的确定过程则由一系列信号重建算法完成，有利于降低对系统硬件的要求。

6.4.1 分数域带限信号采样与重构的函数空间表述

不失一般性，在式(6.41)中取 $T_s=1$，即 $\Omega=\pi\sin\alpha$。从函数空间的角度看，分数域带限信号的采样与重构可以凝练为分数域带限函数空间

$$\mathscr{B}_\alpha=\left\{\sum_{n\in\mathbf{Z}}f[n]\mathrm{sinc}(t-n)\mathrm{e}^{-\mathrm{j}\frac{t^2-n^2}{2}\cot\alpha}\ \middle|\ f[n]\in\ell^2(\mathbf{Z})\right\} \tag{6.87}$$

上的函数逼近问题。在实际应用中，被采样信号 $f(t)$ 通常并不是严格带限的，即 $f(t)\notin\mathscr{B}_\alpha$。在此情况下，直接对 $f(t)$ 进行采样会造成采样信号分数谱出现混叠，从而导致无法有效地利用采样值恢复出原始信号。通常采取的措施是对 $f(t)$ 进行抗混叠滤波，把信号的分数谱限制在分数域某一有限区间内，从而满足分数域带限信号采样定理的要求，如图 6.6 所示。

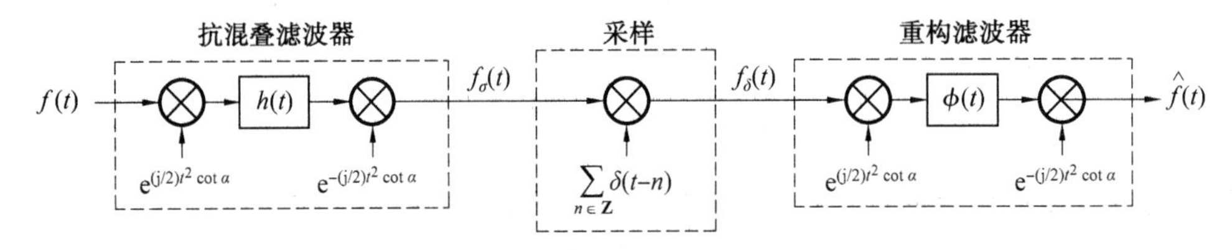

图 6.6　带有抗混叠滤波器的分数阶采样定理框图

可以看出，带有抗混叠滤波器的分数阶采样过程分为以下三个步骤：

① 将待采样的原始连续信号 $f(t)$ 通过一分数域抗混叠滤波器 $h(t)$，相应的滤波输出为一分数域带限信号，可以表示为 $f_\sigma(t)=f(t)\Theta_{\alpha,\alpha,\pi/2}h(t)$。

② 对分数域带限信号 $f_\sigma(t)$ 进行采样，得到采样信号，记为 $f_\delta(t)$，即 $f_\delta(t)=f_\sigma(t)\sum_{n\in\mathbf{Z}}\delta(t-n)$。

③ 将采样信号 $f_\delta(t)$ 通过分数域重构滤波器 $\phi(t)$，从而得到恢复出的原始连续信号，记为 $\hat{f}(t)$，可以表示为 $\hat{f}(t)=f_\delta(t)\Theta_{\alpha,\alpha,\pi/2}\phi(t)$。

根据时域广义分数阶卷积算子 $\Theta_{\alpha,\alpha,\pi/2}$ 的定义，记图 6.6 中理想的抗混叠滤波器分数域传输函数 $H(u\csc\alpha)$，则有

$$H(u\csc\alpha)=\frac{1}{\sqrt{2\pi}}\chi[-\pi\sin\alpha,\pi\sin\alpha](u) \tag{6.88}$$

于是，可得抗混叠滤波器时域冲激函数为 $h(t)=\mathrm{sinc}(t)$。相应地，重构滤波器时域冲激函数 $\phi(t)=\mathrm{sinc}(t)$。若待采样信号 $f(t)\in L^2(\mathbf{R})$，但是 $f(t)\notin\mathscr{B}_\alpha$，那么，$f(t)$ 的分数阶采样与重构可以视为分数域带限函数空间中的逼近问题。具体地说，可以利用

$$f(t)=\sum_{n\in\mathbf{Z}}q[n]s_n(t) \tag{6.89}$$

对 $f(t)$ 进行逼近，其中 $\{q[n]\}_{n\in\mathbf{Z}}\in\ell^2(\mathbf{Z})$ 为权系数，对应于基函数 $s_n(t)$，即

$$s_n(t)\stackrel{\Delta}{=}\mathrm{sinc}(t-n)\mathrm{e}^{-\mathrm{j}\frac{t^2-n^2}{2}\cot\alpha},\quad n\in\mathbf{Z} \tag{6.90}$$

容易验证 $s_n(t)$ 满足

$$\begin{aligned}\langle s_n(t),s_m(t)\rangle_{L^2}&=\mathrm{e}^{\mathrm{j}\frac{n^2-m^2}{2}\cot\alpha}\int_{-\infty}^{+\infty}\mathrm{sinc}(t-n)\mathrm{sinc}(t-m)\mathrm{d}t\\&=\mathrm{e}^{\mathrm{j}\frac{n^2-m^2}{2}\cot\alpha}\mathrm{sinc}(n-m)=\delta(n-m)\end{aligned} \tag{6.91}$$

实际上，$\{s_n(t)\}_{n\in\mathbf{Z}}$ 构成分数域带限函数空间 $\mathscr{B}_\alpha$ 的一组标准正交基。于是，空间 $\mathscr{B}_\alpha=\overline{\mathrm{span}\{s_n(t)\}_{n\in\mathbf{Z}}}$ 上 $f(t)\in L^2(\mathbf{R})$ 的逼近可以通过 $f(t)$ 在空间 $\mathscr{B}_\alpha$ 上的正交投影实现，记 $\mathscr{P}_{\mathscr{B}_\alpha}: L^2(\mathbf{R})\to\mathscr{B}_\alpha$ 为空间 $\mathscr{B}_\alpha$ 上的正交投影算子，则对任意的 $f(t)\in L^2(\mathbf{R})$，有

$$\mathscr{P}_{\mathscr{B}_\alpha}f(t)=\sum_{n\in\mathbf{Z}}\langle f(t),s_n(t)\rangle_{L^2}s_n(t) \tag{6.92}$$

式中，内积 $\langle f(t),s_n(t)\rangle_{L^2}$ 代表信号在基函数 $s_n(t)$ 上的投影系数。投影定理[148] 表明，式(6.92) 中投影操作是分数域带限函数空间中的最小方差逼近，即

$$\mathscr{P}_{\mathscr{B}_\alpha}f(t)=\arg\min_{\hat{f}\in\mathscr{B}_\alpha}\|f(t)-\hat{f}(t)\|^2 \tag{6.93}$$

式中，$\hat{f}(t)$ 表示 $f(t)$ 的逼近函数。此外，结合图 6.6，式(6.92) 中的内积 $\langle f(t),s_n(t)\rangle_{L^2}$ 计算等价于首先用一分数域理想低通滤波器，即 $h(t)=\mathrm{sinc}(t)$，对输入信号 $f(t)$ 进行滤波预处理，然后再进行采样。这里的滤波预处理和采样两个过程可以用内积运算来表述，即

$$(f\Theta_{\alpha,\alpha,\pi/2}h)(t)\Big|_{t=n}=\int_{-\infty}^{+\infty}f(\tau)h(n-\tau)\mathrm{e}^{-\mathrm{j}\frac{n^2-\tau^2}{2}\cot\alpha}\mathrm{d}\tau=\langle f(t),\tilde{s}_n(t)\rangle_{L^2} \tag{6.94}$$

式中，$\tilde{s}_n(t)=h^*(n-t)\mathrm{e}^{(\mathrm{j}/2)(n^2-\tau^2)\cot\alpha}$。因此，图 6.6 中的抗混叠滤波器的选取是任意的，但必须满足 $\langle s_n(t),\tilde{s}_m(t)\rangle_{L^2}=\delta(n-m)$。

从数学的角度看，带有理想抗混叠滤波器的分数域带限函数的采样与重构过程本质是分数域带限函数空间 $\mathscr{B}_\alpha$ 上的正交逼近，即重构信号 $\hat{f}(t)=\mathscr{P}_{\mathscr{B}_\alpha}f(t)$。也就是说，$\hat{f}(t)$ 是空间 $\mathscr{B}_\alpha$ 中最小方差意义下原信号 $f(t)$ 的逼近。显然，$f(t)\in\mathscr{B}_\alpha\Leftrightarrow f(t)=\mathscr{P}_{\mathscr{B}_\alpha}f(t)$，这是因为 $\mathscr{P}_{\mathscr{B}_\alpha}$ 是空间 $\mathscr{B}_\alpha$ 上的正交投影算子。

6.4.2　函数空间 Riesz 基下的分数阶采样定理

1. 函数空间 Riesz 基下的信号逼近与分数阶采样

为了得到一般化结果，将前述分数域带限函数空间 $\mathscr{B}_\alpha$ 扩展为一般的函数空间 $\mathscr{V}_\alpha$，即

$$\mathscr{V}_\alpha(\phi)=\left\{\sum_{n\in\mathbf{Z}}c[n]\phi(t-n)\mathrm{e}^{-\mathrm{j}\frac{t^2-n^2}{2}\cot\alpha}\,\middle|\,c[n]\in\ell^2(\mathbf{Z})\right\} \tag{6.95}$$

这里，称 $\mathscr{V}_\alpha(\phi)$ 是 $\phi(t)$ 生成的函数空间，其中 $\phi(t)$ 是属于 $L^2(\mathbf{R})$ 的连续函数。特别地，当 $\phi(t)=\mathrm{sinc}(t)$ 时，空间 $\mathscr{V}_\alpha(\phi)$ 即为分数域带限函数空间 $\mathscr{B}_\alpha$。下面将基于 Riesz 基的概念讨论空间 $\mathscr{V}_\alpha(\phi)$ 中的分数阶采样与重构问题。为此，需要指出的是，生成函数 $\phi(t)$ 并不是任意的，其应满足下述条件：首先，必须保证空间 $\mathscr{V}_\alpha(\phi)$ 是被完全定义的(well defined) 且是 $L^2(\mathbf{R})$ 的一个子空间；其次，$\mathscr{V}_\alpha(\phi)$ 必须是 $L^2(\mathbf{R})$ 的一个闭合子空间；最后，函数序列

$$\left\{\phi_{n,\alpha}(t)\stackrel{\Delta}{=}\phi(t-n)\mathrm{e}^{-\mathrm{j}\frac{t^2-n^2}{2}\cot\alpha}\right\}_{n\in\mathbf{Z}} \tag{6.96}$$

构成空间 $\mathscr{V}_\alpha(\phi)$ 的一个 Riesz 基。

若函数 $\phi(t)\in L^2(\mathbf{R})$ 使得不等式

$$\left\|\sum_{n\in\mathbf{Z}}c[n]\phi_{n,\alpha}(t)\right\|_{L^2}^2\leqslant B\|c[n]\|_{\ell^2}^2 \tag{6.97}$$

对任意的序列 $c[n]\in\ell^2(\mathbf{Z})$ 都成立，则 $\mathscr{V}_\alpha(\phi)$ 是 $L^2(\mathbf{R})$ 上一个被完全定义的子空间。进一步地，为了保证 $\mathscr{V}_\alpha(\phi)$ 是 $L^2(\mathbf{R})$ 的一个闭合子空间，函数 $\phi(t)$ 还需要确保存在常数 $A>0$ 使得不等式

$$A\|c[n]\|_{\ell^2}^2 \leqslant \left\|\sum_{n\in\mathbf{Z}} c[n]\phi_{n,\alpha}(t)\right\|_{L^2}^2 \tag{6.98}$$

对任意的 $c[n]\in\ell^2(\mathbf{Z})$ 都成立。在此条件下，根据 Riesz 基的定义可知，$\{\phi_{n,\alpha}(t)\}_{n\in\mathbf{Z}}$ 构成空间 $\mathscr{V}_\alpha(\phi)$ 的一个 Riesz 基。基于以上分析，给出下述定理。

定理 6.5 对连续函数 $\phi(t)\in L^2(\mathbf{R})$，设其连续傅里叶变换（变换元做了尺度 $\csc\alpha$ 伸缩）为 $\Phi(u\csc\alpha)$，并记

$$G_{\phi,\alpha}(u)\overset{\Delta}{=}\sum_{k\in\mathbf{Z}}|\Phi(u\csc\alpha+2k\pi)|^2 \tag{6.99}$$

容易验证，$G_{\phi,\alpha}(u+2\pi\sin\alpha)=G_{\phi,\alpha}(u)$ 且 $G_{\phi,\alpha}(u)\in L^1[0,2\pi\sin\alpha]$。那么，对任意两个常数 $0<A\leqslant B$，当且仅当

$$A\leqslant G_{\phi,\alpha}(u)\leqslant B,\quad \text{a.e. } u\in[0,2\pi\sin\alpha] \tag{6.100}$$

时，函数序列 $\{\phi_{n,\alpha}(t)\}_{n\in\mathbf{Z}}$ 构成空间 $\mathscr{V}_\alpha(\phi)$ 的一个 Riesz 基。特别地，当 $A=B=1$，即 $G_{\phi,\alpha}(u)=1$ 时，函数序列 $\{\phi_{n,\alpha}(t)\}_{n\in\mathbf{Z}}$ 为 $\mathscr{V}_\alpha(\phi)$ 的标准正交基。

证明 对任意 $f(t)\in\mathscr{V}_\alpha(\phi)$，由式(6.95)和(6.96)可知，存在 $c[n]\in\ell^2(\mathbf{Z})$ 使得

$$f(t)=\sum_{n\in\mathbf{Z}} c[n]\phi_{n,\alpha}(t) \tag{6.101}$$

成立。根据式(3.121)中混合广义分数阶卷积的定义，式(6.102)可以改写为

$$f(t)=\sum_{n\in\mathbf{Z}} c[n]\phi_{n,\alpha}(t)=c[n]\overset{m}{\Theta}_{\alpha,\alpha,\pi/2}\phi(t) \tag{6.102}$$

然后，利用式(3.122)中混合广义分数阶卷积的性质，得到

$$F_\alpha(u)=\sqrt{2\pi}\,\widetilde{C}_\alpha(u)\Phi(u\csc\alpha) \tag{6.103}$$

式中，$F_\alpha(u)$ 和 $\widetilde{C}_\alpha(u)$ 分别表示 $f(t)$ 的分数阶傅里叶变换和 $c[n]$ 的离散时间分数阶傅里叶变换。进一步地，根据分数阶傅里叶变换的能量守恒定理，可得

$$\|f(t)\|_{L^2}^2=\int_{-\infty}^{+\infty}|F_\alpha(u)|^2\mathrm{d}u=2\pi\int_{-\infty}^{+\infty}|\widetilde{C}_\alpha(u)|^2|\Phi(u\csc\alpha)|^2\mathrm{d}u \tag{6.104}$$

再由式(2.67)和(6.100)，得到

$$\begin{aligned}\|f(t)\|_{L^2}^2&=2\pi\int_0^{2\pi\sin\alpha}|\widetilde{C}_\alpha(u+2k\pi\sin\alpha)|^2|\Phi(u\csc\alpha+2k\pi)|^2\mathrm{d}u\\&=2\pi\int_0^{2\pi\sin\alpha}|\widetilde{C}_\alpha(u)|^2G_{\phi,\alpha}(u)\mathrm{d}u\end{aligned} \tag{6.105}$$

此外，根据式(2.71)中离散时间分数阶傅里叶变换的能量守恒定理，则有

$$\|c[n]\|_{\ell^2}^2=\sum_{n\in\mathbf{Z}}|c[n]|^2=\int_0^{2\pi\sin\alpha}|\widetilde{C}_\alpha(u)|^2\mathrm{d}u \tag{6.106}$$

于是，由式(6.106)、(6.105)和(6.100)，可得

$$A\|c[n]\|_{\ell^2}^2\leqslant\left\|\sum_{n\in\mathbf{Z}}c[n]\phi_{n,\alpha}(t)\right\|_{L^2}^2\leqslant B\|c[n]\|_{\ell^2}^2 \tag{6.107}$$

再结合 Riesz 基的定义可知，函数序列 $\{\phi_{n,\alpha}(t)\}_{n\in\mathbf{Z}}$ 是空间 $\mathscr{V}_\alpha(\phi)$ 的一个 Riesz 基。特别地，当 $A=B=1$，即 $G_{\phi,\alpha}(u)=1$ 时，函数序列 $\{\phi_{n,\alpha}(t)\}_{n\in\mathbf{Z}}$ 为 $\mathscr{V}_\alpha(\phi)$ 的标准正交基。至此，定理 6.5 证毕。

基于上述结果，现在讨论如何确定式(6.102)中的展开系数 $\{c[n]\}_{n\in\mathbf{Z}}$，从而得到空间 $\mathscr{V}_\alpha(\phi)$ 上函数 $f(t)\in L^2(\mathbf{R})$ 的最佳逼近。最佳逼近在最小方差意义下的解为空间 $\mathscr{V}_\alpha(\phi)$ 上的正交投影，即

$$\mathscr{P}_{\mathscr{V}_\alpha(\phi)} f(t) = \sum_{n\in\mathbf{Z}} \langle f(t), \psi_{n,\alpha}(t)\rangle_{L^2} \phi_{n,\alpha}(t), \quad \forall f(t) \in L^2(\mathbf{R}) \tag{6.108}$$

式中，$\{\psi_{n,\alpha}(t)\}_{n\in\mathbf{Z}}$ 为 $\{\phi_{n,\alpha}(t)\}_{n\in\mathbf{Z}}$ 在空间 $\mathscr{V}_\alpha(\phi)$ 中的对偶 Riesz 基。可以看出，式(6.108) 和(6.92) 具有相同的实现结构，只不过式(6.108) 中的解析和综合基函数分别为 $\psi_{n,\alpha}(t)$ 和 $\phi_{n,\alpha}(t)$，而不是理想的 $\mathrm{sinc}(t)$ 函数。根据泛函分析知识可知，对偶 Riesz 基 $\{\psi_{n,\alpha}(t)\}_{n\in\mathbf{Z}}$ 是存在的。具体地说，对于空间 $\mathscr{V}_\alpha(\phi)$ 上的任一 Riesz 基 $\{\phi_{n,\alpha}(t)\}_{n\in\mathbf{Z}}$，存在唯一的函数 $\psi(t) \in L^2(\mathbf{R})$ 使得函数序列

$$\left\{\psi_{n,\alpha}(t) \stackrel{\Delta}{=} \psi(t-n)\mathrm{e}^{-\mathrm{j}\frac{t^2-n^2}{2}\cot\alpha}\right\}_{n\in\mathbf{Z}} \tag{6.109}$$

也是空间 $\mathscr{V}_\alpha(\phi)$ 的一个 Riesz 基，且满足

$$\langle \psi_{m,\alpha}(t), \phi_{n,\alpha}(t)\rangle_{L^2} = \delta(n-m) \tag{6.110}$$

由于对任意的 $n \in \mathbf{Z}$，都有 $\psi_{n,\alpha}(t) \in \mathscr{V}_\alpha(\phi)$ 成立，因此，可以将 $\psi_{0,\alpha}(t)$ 写成 $\{\phi_{n,\alpha}(t)\}_{n\in\mathbf{Z}}$ 的线性组合，即

$$\psi_{0,\alpha}(t) = \psi(t)\mathrm{e}^{-\mathrm{j}\frac{t^2}{2}\cot\alpha} = \sum_{n\in\mathbf{Z}} r[n]\phi_{n,\alpha}(t) = r[n]\overset{m}{\Theta}_{\alpha,\alpha,\pi/2}\phi(t) \tag{6.111}$$

式中，$r[n] \in \ell^2(\mathbf{Z})$。于是，利用式(3.122) 中混合广义分数阶卷积的性质，得到

$$A_\alpha \mathrm{e}^{\mathrm{j}\frac{u^2}{2}\cot\alpha}\Psi(u\csc\alpha) = \widetilde{R}_\alpha(u)\Phi(u\csc\alpha) \tag{6.112}$$

式中，$\Psi(u\csc\alpha)$ 和 $\widetilde{R}_\alpha(u)$ 分别表示 $\psi(t)$ 的连续傅里叶变换(变换元做了尺度 $\csc\alpha$ 伸缩) 和 $r[n]$ 的离散时间分数阶傅里叶变换。此外，将式(6.111) 代入式(6.110)，则有

$$\begin{aligned}\delta(n) &= \langle \psi_{0,\alpha}(t), \phi_{n,\alpha}(t)\rangle_{L^2} = \langle \sum_{k\in\mathbf{Z}} r[k]\phi_{k,\alpha}(t), \phi_{n,\alpha}(t)\rangle_{L^2} \\ &= \sum_{k\in\mathbf{Z}} r[k]\langle \phi_{k,\alpha}(t), \phi_{n,\alpha}(t)\rangle_{L^2} \\ &= \sum_{k\in\mathbf{Z}} r[k]\lambda_\phi[n-k]\mathrm{e}^{-\mathrm{j}\frac{n^2-k^2}{2}\cot\alpha}\end{aligned} \tag{6.113}$$

式中，$\lambda_\phi[n]$ 为函数 $\phi(t)$ 自相关函数的采样，即

$$\lambda_\phi[n-k] = \langle \phi(\cdot - k), \phi(\cdot - n)\rangle_{L^2} \tag{6.114}$$

于是，结合式(6.113)、(3.119) 和(3.120)，则有

$$A_\alpha \mathrm{e}^{\mathrm{j}\frac{u^2}{2}\cot\alpha} = \sqrt{2\pi}\,\widetilde{R}_\alpha(u)\widetilde{\Lambda}_\phi(u\csc\alpha) \tag{6.115}$$

式中，$\widetilde{\Lambda}_\phi(u\csc\alpha)$ 表示 $\lambda_\phi[n]$ 的离散时间傅里叶变换(变换元做了尺度 $\csc\alpha$ 伸缩)。同时，利用式(6.114) 和傅里叶变换的内积定理，得到

$$\lambda_\phi[n-k] = \int_{-\infty}^{+\infty} |\Phi(u\csc\alpha)|^2 \mathrm{e}^{\mathrm{j}(n-k)u\csc\alpha}\mathrm{d}(u\csc\alpha) \tag{6.116}$$

进一步地，经过化简得到

$$\begin{aligned}\lambda_\phi[n-k] &= \sum_{m\in\mathbf{Z}} \int_0^{2\pi\sin\alpha} |\Phi(u\csc\alpha + 2m\pi)|^2 \mathrm{e}^{\mathrm{j}(n-k)u\csc\alpha}\mathrm{d}(u\csc\alpha) \\ &= \frac{1}{\sqrt{2\pi}}\int_0^{2\pi\sin\alpha} \sqrt{2\pi}\,G_{\phi,\alpha}(u)\mathrm{e}^{\mathrm{j}(n-k)u\csc\alpha}\mathrm{d}(u\csc\alpha)\end{aligned} \tag{6.117}$$

于是，有

$$\widetilde{\Lambda}_\phi(u\csc\alpha) = \sqrt{2\pi}\,G_{\phi,\alpha}(u) \tag{6.118}$$

将式(6.118) 和(6.115) 代入式(6.112)，则有

$$\Psi(u\csc\alpha)=\frac{\Phi(u\csc\alpha)}{2\pi G_{\phi,\alpha}(u)} \tag{6.119}$$

根据定理 6.5 可知，式(6.119)的分母是有界且非零的，因此式(6.119)总是有解的。于是，对偶 Riesz 基生成函数 $\psi(t)$ 可以通过对式(6.119)两边做连续傅里叶逆变换得到。基于以上分析，可以直接给出下述定理。

定理 6.6 假设函数序列 $\{\phi_{n,\alpha}(t)\}_{n\in\mathbf{Z}}$ 是空间 $\mathscr{V}_\alpha(\phi)\subset L^2(\mathbf{R})$ 的一个 Riesz 基，则它的对偶函数序列 $\{\psi_{n,\alpha}(t)\}_{n\in\mathbf{Z}}$ 也是 $\mathscr{V}_\alpha(\phi)$ 的一个 Riesz 基。于是，任意函数 $f(t)\in L^2(\mathbf{R})$，其在空间 $\mathscr{V}_\alpha(\phi)$ 中的逼近可以表述为

$$\mathscr{P}_{\mathscr{V}_\alpha(\phi)}f(t)=\underbrace{\sum_{n\in\mathbf{Z}}\underbrace{\langle f(t),\psi_{n,\alpha}(t)\rangle_{L^2}}_{\text{滤波与采样}}\phi_{n,\alpha}(t)}_{\text{重构}} \tag{6.120}$$

结合图 6.2 所示，定理 6.6 具有直观的物理解释。式(6.120)中内积的计算过程等效于图 6.2 中抗混叠滤波和采样过程。从信号处理的角度来看，$\psi(t)$ 相当于解析滤波器，它完全取决于空间 $\mathscr{V}_\alpha(\phi)$ 的生成函数 $\phi(t)$（可视为重构滤波器）的选择，且其频域形式由式(6.119)确定。若 $\{\phi_{n,\alpha}(t)\}_{n\in\mathbf{Z}}$ 是 $\mathscr{V}_\alpha(\phi)$ 的一组正交基，则解析滤波器为重构滤波器 $\phi(t)$，于是有 $\psi_{n,\alpha}(t)=\phi_{n,\alpha}(t)$。

可以看出，式(6.120)中的内积 $\langle f(t),\psi_{n,\alpha}(t)\rangle_{L^2}$ 不一定等于原始连续信号 $f(t)$ 的采样值 $\{f[n]\}_{n\in\mathbf{Z}}$；重构滤波器 $\phi(t)$ 也不一定是理想低通滤波器，即 $\phi(t)=\mathrm{sinc}(t)$。因此，定理 6.6 给出的是广义的分数阶采样与重构表述形式。在实际应用中，通常只能获得连续信号的采样值，因此有必要研究仅利用连续信号采样值进行信号重建的方法。为此，给出下述定理。

定理 6.7 设连续函数 $\phi(t)\in L^2(\mathbf{R})$，使得函数序列 $\{\phi_{n,\alpha}(t)\}_{n\in\mathbf{Z}}$ 是空间 $\mathscr{V}_\alpha(\phi)$ 的一个 Riesz 基，且序列 $\{\phi[n]\}_{n\in\mathbf{Z}}\in\ell^2(\mathbf{Z})$，则存在一函数 $s(t)\in L^2(\mathbf{R})$ 使得 $(s(t)\mathrm{e}^{-(\mathrm{j}/2)t^2\cot\alpha})\in\mathscr{V}_\alpha(\phi)$，当且仅当

$$\frac{1}{\sqrt{2\pi}\,\tilde{\Phi}(u\csc\alpha)}\in L^2[0,2\pi\sin\alpha] \tag{6.121}$$

时，对任意的 $f(t)\in\mathscr{V}_\alpha(\phi)$，有

$$f(t)=\sum_{n\in\mathbf{Z}}f[n]s(t-n)\mathrm{e}^{-\mathrm{j}\frac{t^2-n^2}{2}\cot\alpha} \tag{6.122}$$

成立，且在 $L^2(\mathbf{R})$ 意义下收敛。在此条件下，对 a.e. $u\in\mathbf{R}$，有

$$S(u\csc\alpha)=\frac{\Phi(u\csc\alpha)}{\sqrt{2\pi}\,\tilde{\Phi}(u\csc\alpha)} \tag{6.123}$$

式中，$S(u\csc\alpha)$ 和 $\Phi(u\csc\alpha)$ 分别表示 $s(t)$ 和 $\phi(t)$ 的连续傅里叶变换（变换元做了尺度 $\csc\alpha$ 伸缩），$\tilde{\Phi}(u\csc\alpha)$ 为 $\phi[n]$ 的离散时间傅里叶变换（变换元做了尺度 $\csc\alpha$ 伸缩）。

证明 充分性：首先假设式(6.121)成立，则 $\tilde{\Phi}(u\csc\alpha)\neq 0$，a.e. $u\in\mathbf{R}$。于是，根据式(2.68)可知，存在一序列 $\{c[n]\}_{n\in\mathbf{Z}}\in\ell^2(\mathbf{Z})$ 使得

$$\frac{1}{\sqrt{2\pi}\,\tilde{\Phi}(u\csc\alpha)}=\sum_{n\in\mathbf{Z}}c[n]\mathrm{e}^{\mathrm{j}\frac{n^2}{2}\cot\alpha-\mathrm{j}nu\csc\alpha} \tag{6.124}$$

在 $L^2[0,2\pi\sin\alpha]$ 上成立。由于 $\tilde{\Phi}(u\csc\alpha)$ 是周期 $2\pi\sin\alpha$ 的函数，则有

$$\int_{-\infty}^{+\infty}\left|\frac{\Phi(u\csc\alpha)}{\sqrt{2\pi}\widetilde{\Phi}(u\csc\alpha)}\right|^2\mathrm{d}u=\sum_{k\in\mathbf{Z}}\int_0^{2\pi\sin\alpha}\left|\frac{\Phi(u\csc\alpha+2k\pi)}{\sqrt{2\pi}\widetilde{\Phi}(u\csc\alpha)}\right|^2\mathrm{d}u=\int_0^{2\pi\sin\alpha}\frac{G_{\phi,\alpha}(u)}{|\sqrt{2\pi}\widetilde{\Phi}(u\csc\alpha)|^2}\mathrm{d}u \tag{6.125}$$

进一步地，利用式(6.100)，得到

$$\int_{-\infty}^{+\infty}\left|\frac{\Phi(u\csc\alpha)}{\sqrt{2\pi}\widetilde{\Phi}(u\csc\alpha)}\right|^2\mathrm{d}u\leqslant\|G_{\phi,\alpha}(u)\|_\infty\int_0^{2\pi\sin\alpha}\frac{1}{|\sqrt{2\pi}\widetilde{\Phi}(u\csc\alpha)|^2}\mathrm{d}u \tag{6.126}$$

这表明，$\dfrac{\Phi(u\csc\alpha)}{\sqrt{2\pi}\widetilde{\Phi}(u\csc\alpha)}\in L^2(\mathbf{R})$。于是，可以令

$$S(u\csc\alpha)=\mathfrak{F}\{s(t)\}(u\csc\alpha)=\frac{\Phi(u\csc\alpha)}{\sqrt{2\pi}\widetilde{\Phi}(u\csc\alpha)} \tag{6.127}$$

将式(6.124)代入式(6.127)，得到

$$S(u\csc\alpha)=\Phi(u\csc\alpha)\sum_{n\in\mathbf{Z}}c[n]\mathrm{e}^{\mathrm{j}\frac{n^2}{2}\cot\alpha-\mathrm{j}un\csc\alpha} \tag{6.128}$$

然后，根据分数阶傅里叶变换与傅里叶变换之间的关系[39]，则有

$$\begin{aligned}\mathscr{F}^\alpha\{s(t)\mathrm{e}^{-\mathrm{j}\frac{t^2}{2}\cot\alpha}\}(u)&=\sqrt{2\pi}A_\alpha\mathrm{e}^{\mathrm{j}\frac{u^2}{2}\cot\alpha}\mathfrak{F}\{s(t)\}(u\csc\alpha)\\&=\sqrt{2\pi}\Phi(u\csc\alpha)\sum_{n\in\mathbf{Z}}c[n]K_\alpha(u,n)\\&=\sqrt{2\pi}\widetilde{C}_\alpha(u)\Phi(u\csc\alpha)\end{aligned} \tag{6.129}$$

式中，$\widetilde{C}_\alpha(u)$ 表示 $c[n]$ 的离散时间分数阶傅里叶变换。再结合式(3.122)和(3.121)，可得

$$s(t)\mathrm{e}^{-\mathrm{j}\frac{t^2}{2}\cot\alpha}=\sum_{n\in\mathbf{Z}}c[n]\phi(t-n)\mathrm{e}^{-\mathrm{j}\frac{t^2-n^2}{2}\cot\alpha} \tag{6.130}$$

因为$\{\phi_{n,\alpha}(t)\}_{n\in\mathbf{Z}}$是空间 $\mathscr{V}_\alpha(\phi)$ 的一个 Riesz 基，所以有

$$s(t)\mathrm{e}^{-\mathrm{j}\frac{t^2}{2}\cot\alpha}\in\mathscr{V}_\alpha(\phi) \tag{6.131}$$

此外，根据定理的假设条件，对任意的 $f(t)\in\mathscr{V}_\alpha(\phi)$，存在一序列$\{p[m]\}_{m\in\mathbf{Z}}\in\ell^2(\mathbf{Z})$ 使得

$$f(t)=\sum_{m\in\mathbf{Z}}p[m]\phi(t-m)\mathrm{e}^{-\mathrm{j}\frac{t^2-m^2}{2}\cot\alpha} \tag{6.132}$$

成立。然后，利用式(3.121)和(3.122)，则有

$$F_\alpha(u)=\sqrt{2\pi}\widetilde{P}_\alpha(u)\Phi(u\csc\alpha) \tag{6.133}$$

式中，$F_\alpha(u)$ 和 $\widetilde{P}_\alpha(u)$ 分别表示 $f(t)$ 的连续分数阶傅里叶变换和 $p[m]$ 的离散时间分数阶傅里叶变换。再结合式(6.127)，得到

$$F_\alpha(u)=2\pi\widetilde{P}_\alpha(u)\widetilde{\Phi}(u\csc\alpha)S(u\csc\alpha) \tag{6.134}$$

此外，在式(6.132)中令 $t=n(n\in\mathbf{Z})$，则有

$$f[n]=\sum_{m\in\mathbf{Z}}p[m]\phi[n-m]\mathrm{e}^{-\mathrm{j}\frac{n^2-m^2}{2}\cot\alpha} \tag{6.135}$$

由于序列$\{p[n]\}_{n\in\mathbf{Z}}$和$\{\phi[n]\}_{n\in\mathbf{Z}}$皆属于 $\ell^2(\mathbf{Z})$，则$\{f[n]\}_{n\in\mathbf{Z}}\in\ell^\infty(\mathbf{Z})$ 是被完全定义的。实际上，序列 $f[n]$ 满足

$$f[n]\to0\ \text{当}\ |n|\to\infty \tag{6.136}$$

下面给出式(6.136)的证明。由于 $\widetilde{P}_\alpha(u)$ 和 $\widetilde{\Phi}(u\csc\alpha)$ 均是 $L^2[0,2\pi\sin\alpha]$ 上的函数，根据 Cauchy－Schwarz 不等式，则有

$$\int_{-\infty}^{+\infty}\left|\widetilde{P}_\alpha(u)\widetilde{\Phi}(u\csc\alpha)\frac{2\pi e^{-(j/2)u^2\cot\alpha}}{\sqrt{1-j\cot\alpha}}\right|du$$
$$\leqslant\frac{2\pi}{\sqrt{|\cos\alpha|}}\left[\int_{-\infty}^{+\infty}|\widetilde{P}_\alpha(u)|^2du\cdot\int_{-\infty}^{+\infty}|\widetilde{\Phi}(u\csc\alpha)|^2du\right]^{\frac{1}{2}}<+\infty \tag{6.137}$$

这表明，

$$\widetilde{P}_\alpha(u)\widetilde{\Phi}(u\csc\alpha)\frac{2\pi e^{-(j/2)u^2\cot\alpha}}{\sqrt{1-j\cot\alpha}}\in L^1[0,2\pi\sin\alpha] \tag{6.138}$$

于是，根据傅里叶级数定义，可得函数$\left(\widetilde{P}_\alpha(u)\widetilde{\Phi}(u\csc\alpha)\frac{2\pi e^{-(j/2)u^2\cot\alpha}}{\sqrt{1-j\cot\alpha}}\right)$的傅里叶级数的展开系数为

$$\begin{aligned}
&\frac{1}{2\pi\sin\alpha}\int_0^{2\pi\sin\alpha}\left[\widetilde{P}_\alpha(u)\widetilde{\Phi}(u\csc\alpha)\frac{2\pi e^{-j\frac{u^2}{2}\cot\alpha}}{\sqrt{1-j\cot\alpha}}\right]e^{jnu\csc\alpha}du\\
&=\frac{\csc\alpha}{\sqrt{1-j\cot\alpha}}\int_0^{2\pi\sin\alpha}\sum_{m\in\mathbf{Z}}p[m]K_\alpha(u,m)\widetilde{\Phi}(u\csc\alpha)e^{-j\frac{u^2}{2}\cot\alpha}e^{jun\csc\alpha}du\\
&=\frac{1}{\sqrt{2\pi}}\int_0^{2\pi\sin\alpha}\left(\sum_{m\in\mathbf{Z}}p[m]e^{j\frac{m^2}{2}\cot\alpha}\right)\widetilde{\Phi}(u\csc\alpha)e^{-j(n-m)u\csc\alpha}d(u\csc\alpha)\\
&=\sum_{m\in\mathbf{Z}}p[m]e^{j\frac{m^2}{2}\cot\alpha}\left[\frac{1}{\sqrt{2\pi}}\int_0^{2\pi\sin\alpha}\widetilde{\Phi}(u\csc\alpha)e^{-j(n-m)u\csc\alpha}d(u\csc\alpha)\right]\\
&=\sum_{m\in\mathbf{Z}}p[m]\phi[n-m]e^{j\frac{m^2}{2}\cot\alpha}=f[n]e^{j\frac{n^2}{2}\cot\alpha}
\end{aligned} \tag{6.139}$$

可见，$(f[n]e^{j\frac{n^2}{2}\cot\alpha})$是$L^1[0,2\pi\sin\alpha]$上函数$\widetilde{P}_\alpha(u)\widetilde{\Phi}(u\csc\alpha)\frac{2\pi e^{-(j/2)u^2\cot\alpha}}{\sqrt{1-j\cot\alpha}}$的傅里叶级数的系数。进一步地，根据 Riemann-Lebesgue 引理[149]可知，当$|n|\to\infty$时，$(f[n]e^{j\frac{n^2}{2}\cot\alpha})\to 0$，即式(6.136)成立。然后，对式(6.134)两边做分数阶傅里叶逆变换，得到

$$\begin{aligned}
f(t)&=\int_{-\infty}^{+\infty}2\pi\widetilde{P}_\alpha(u)\widetilde{\Phi}(u\csc\alpha)S(u\csc\alpha)K_{-\alpha}(u,t)du\\
&=\int_{-\infty}^{+\infty}2\pi\sum_{m\in\mathbf{Z}}p[m]K_\alpha(u,m)\frac{1}{\sqrt{2\pi}}\sum_{n'\in\mathbf{Z}}\phi[n']e^{-jn'u\csc\alpha}S(u\csc\alpha)\times\\
&\quad K_{-\alpha}(u,t)du\\
&=\sum_{n'\in\mathbf{Z}}\sum_{m\in\mathbf{Z}}p[m]\phi[n']e^{-j\frac{t^2-m^2}{2}\cot\alpha}\times\\
&\quad\frac{1}{\sqrt{2\pi}}\int_{\mathbf{R}}S(u\csc\alpha)e^{j(t-n'-m)u\csc\alpha}du\csc\alpha\\
&=\sum_{n'\in\mathbf{Z}}\sum_{m\in\mathbf{Z}}p[m]\phi[n']e^{-j\frac{t^2-m^2}{2}\cot\alpha}s(t-n'-m)\\
&=\sum_{n\in\mathbf{Z}}\sum_{m\in\mathbf{Z}}p[m]\phi[n-m]e^{-j\frac{t^2-m^2}{2}\cot\alpha}s(t-n)
\end{aligned} \tag{6.140}$$

最后，将式(6.135)代入式(6.140)即可得到式(6.122)。

必要性：相反地，假设存在一函数$s(t)\in L^2(\mathbf{R})$满足

$$s(t)\mathrm{e}^{-\mathrm{j}\frac{t^2}{2}\cot\alpha} \in \mathcal{V}_\alpha(\phi) \tag{6.141}$$

并使得式(6.122)成立，且在 $L^2(\mathbf{R})$ 意义下收敛。由于 $\phi_{n,\alpha}(t) \in \mathcal{V}_\alpha(\phi)$ 对任意的 $n \in \mathbf{Z}$ 都成立，因此有 $\phi_{0,\alpha}(t) \in \mathcal{V}_\alpha(\phi)$，即

$$\phi(t)\mathrm{e}^{-\mathrm{j}\frac{t^2}{2}\cot\alpha} \in \mathcal{V}_\alpha(\phi) \tag{6.142}$$

于是，将式(6.122)中函数 $f(t)$ 替换成 $\phi(t)\mathrm{e}^{-\mathrm{j}\frac{t^2}{2}\cot\alpha}$，得到

$$\phi(t)\mathrm{e}^{-\mathrm{j}\frac{t^2}{2}\cot\alpha} = \sum_{n\in\mathbf{Z}} \phi[n]\mathrm{e}^{-\mathrm{j}\frac{n^2}{2}\cot\alpha} s(t-n)\mathrm{e}^{-\mathrm{j}\frac{t^2-n^2}{2}\cot\alpha} \tag{6.143}$$

进一步地，则有

$$\phi(t)\mathrm{e}^{-\mathrm{j}\frac{t^2}{2}\cot\alpha} = \sum_{n\in\mathbf{Z}} \phi[n]s(t-n)\mathrm{e}^{-\mathrm{j}\frac{t^2}{2}\cot\alpha} \tag{6.144}$$

利用式(3.121)和(3.122)，可得

$$\Phi(u\csc\alpha) = \sqrt{2\pi}\,\widetilde{\Phi}(u\csc\alpha)S(u\csc\alpha) \tag{6.145}$$

可以看出，

$$\operatorname{supp}\Phi(u\csc\alpha) \subset \operatorname{supp}\widetilde{\Phi}(u\csc\alpha) \tag{6.146}$$

对 a. e. $u \in \mathbf{R}$ 都成立。此外，由于 $\widetilde{\Phi}(u\csc\alpha)$ 是以 $2\pi\sin\alpha$ 为周期的函数，因此对所有 $k \in \mathbf{Z}$ 和 a. e. $u \in \mathbf{R}$，

$$\operatorname{supp}\Phi(u\csc\alpha + 2k\pi) \subset \operatorname{supp}\widetilde{\Phi}(u\csc\alpha) \tag{6.147}$$

成立。同时，除了 $\mathbf{R}$ 上的零测度子集之外，对 a. e. $u \in \mathbf{R}$，有

$$\bigcup_{k\in\mathbf{Z}} \operatorname{supp}\Phi(u\csc\alpha + 2k\pi) = \mathbf{R} \tag{6.148}$$

否则，存在一个非零测度子集 $\delta(|\delta| \neq 0)$ 满足

$$\delta = \mathbf{R} - \bigcup_{k\in\mathbf{Z}} \operatorname{supp}\Phi(u\csc\alpha + 2k\pi) \tag{6.149}$$

使得对任意 $u \in \delta$ 和所有 $k \in \mathbf{Z}$，有

$$\Phi(u\csc\alpha + 2k\pi) = 0 \tag{6.150}$$

这表明，对任意 $u \in \delta \subset \mathbf{R}$，可得

$$G_{\phi,\alpha}(u) = \sum_{k\in\mathbf{Z}} |\Phi(u\csc\alpha + 2k\pi)|^2 = 0 \tag{6.151}$$

然而，由定理 6.5 可知，对 a. e. $u \in \mathbf{R}$，有 $G_{\phi,\alpha}(u) \neq 0$。这与前述矛盾。因此，除了 $\mathbf{R}$ 上的零测度子集之外，式(6.148)对 a. e. $u \in \mathbf{R}$ 都成立。进一步地，对 a. e. $u \in \mathbf{R}$，有

$$\operatorname{supp}\Phi(u\csc\alpha + 2k\pi) \subset \operatorname{supp}\widetilde{\Phi}(u\csc\alpha) \tag{6.152}$$

即对 a. e. $u \in \mathbf{R}$，$\widetilde{\Phi}(u\csc\alpha) \neq 0$。于是，式(6.145)可以改写为

$$\frac{\Phi(u\csc\alpha)}{\sqrt{2\pi}\,\widetilde{\Phi}(u\csc\alpha)} = S(u\csc\alpha) \tag{6.153}$$

因为 $S(u\csc\alpha) \in L^2(\mathbf{R})$，所以结合式(6.121)和(6.100)，得到

$$\begin{aligned} +\infty > \int_{-\infty}^{+\infty} |S(u\csc\alpha)|^2 \,\mathrm{d}u &= \sum_{k\in\mathbf{Z}} \int_0^{2\pi\sin\alpha} \left| \frac{\Phi(u\csc\alpha + 2k\pi)}{\sqrt{2\pi}\,\widetilde{\Phi}(u\csc\alpha)} \right|^2 \mathrm{d}u \\ &= \int_0^{2\pi\sin\alpha} \frac{G_{\phi,\alpha}(u)}{|\sqrt{2\pi}\,\widetilde{\Phi}(u\csc\alpha)|^2} \mathrm{d}u \\ &\geqslant \| G_{\phi,\alpha}(u) \|_0 \int_0^{2\pi\sin\alpha} \frac{1}{|\sqrt{2\pi}\,\widetilde{\Phi}(u\csc\alpha)|^2} \mathrm{d}u \end{aligned} \tag{6.154}$$

因此

$$\frac{1}{\sqrt{2\pi}\,\widetilde{\Phi}(u\csc\alpha)} \in L^2[0,2\pi\sin\alpha] \tag{6.155}$$

即式(6.121)成立。至此,定理 6.7 证毕。

推论 6.1 当空间 $\mathscr{V}_\alpha(\phi)\subset L^2(\mathbf{R})$ 的生成函数 $\phi(t)$ 为 $\mathrm{sinc}(t)$ 函数时,定理 6.7 便退化为分数域带限信号的采样定理[38-41]。

证明 首先,根据 $\phi(t)=\mathrm{sinc}(t)$ 的连续性可知,$\{\phi[n]\}_{n\in\mathbf{Z}}\in \ell^2(\mathbf{Z})$。然后,利用傅里叶变换的 Poisson 求和公式[149],则有

$$\widetilde{\Phi}(u\csc\alpha)=\sum_{k\in\mathbf{Z}}\Phi(u\csc\alpha+2k\pi) \tag{6.156}$$

进一步地,得到

$$\frac{1}{\sqrt{2\pi}\,\widetilde{\Phi}(u\csc\alpha)}=1 \in L^2[0,2\pi\sin\alpha] \tag{6.157}$$

这表明,$\phi(t)$ 满足定理 6.7 的条件。那么,根据定理 6.7 可得

$$S(u\csc\alpha)=\frac{\Phi(u\csc\alpha)}{\sqrt{2\pi}\,\widetilde{\Phi}(u\csc\alpha)}=\Phi(u\csc\alpha) \tag{6.158}$$

即 $s(t)=\mathrm{sinc}(t)$。此时,定理 6.7 即为分数域带限信号的采样定理[38-41]。

在实际应用中,通常只能利用信号的部分采样值进行信号重构,因此需要分析截断对信号重构的影响。对任意函数 $f(t)\in\mathscr{V}_\alpha(\phi)$,采样截断误差为

$$e(t)=\sum_{|n|\geqslant N} f[n]s(t-n)\mathrm{e}^{-\mathrm{j}\frac{t^2-n^2}{2}\cot\alpha} \tag{6.159}$$

于是,可得下述定理。

定理 6.8 对连续函数 $\phi(t)\in L^2(\mathbf{R})$,假设函数序列 $\{\phi_{n,\alpha}(t)\}_{n\in\mathbf{Z}}$ 是空间 $\mathscr{V}_\alpha(\phi)\subset L^2(\mathbf{R})$ 的一个 Riesz 基,且有 $\{\phi[n]\}_{n\in\mathbf{Z}}\in\ell^2(\mathbf{Z})$ 和 $\frac{1}{\widetilde{\Phi}(u\csc\alpha)}\in L^\infty[0,2\pi\sin\alpha]$。那么,采样误差满足

$$\|e(t)\|_{L^2}\leqslant\Big(\sum_{|n|\geqslant N}|f[n]|^2\Big)^{\frac{1}{2}}\left\|\frac{\sqrt{G_{\phi,\alpha}(u)}}{\widetilde{\Phi}(u\csc\alpha)}\right\|_\infty \tag{6.160}$$

证明 对式(6.159)两边进行 α 角度的分数阶傅里叶变换,可得

$$E_\alpha(u)=\mathscr{F}^\alpha\{e(t)\}(u)=\sqrt{2\pi}\sum_{|n|\geqslant N}f[n]K_\alpha(u,n)S(u\csc\alpha) \tag{6.161}$$

然后,利用分数阶傅里叶变换的能量守恒定理,则有

$$\begin{aligned}\|e(t)\|_{L^2}^2&=\Big\|\sqrt{2\pi}\sum_{|n|\geqslant N}f[n]K_\alpha(u,n)S(u\csc\alpha)\Big\|_{L^2}^2\\&=\csc\alpha\int_{-\infty}^{+\infty}\Big|\sum_{|n|\geqslant N}f[n]\mathrm{e}^{\mathrm{j}\frac{n^2}{2}\cot\alpha}\mathrm{e}^{-\mathrm{j}nu\csc\alpha}\Big|^2|S(u\csc\alpha)|^2\mathrm{d}u\end{aligned} \tag{6.162}$$

为简化分析,记 $\tilde{f}[n]=f[n]\mathrm{e}^{\mathrm{j}\frac{n^2}{2}\cot\alpha}$。因为 $\mathrm{e}^{-\mathrm{j}nu\csc\alpha}$ 是以 $2\pi\sin\alpha$ 为周期的函数,则式(6.162)可以改写为

$$\begin{aligned}\| e(t) \|_{L^2}^2 &= \csc\alpha \sum_{k\in\mathbf{Z}} \int_0^{2\pi\sin\alpha} \left| \sum_{|n|\geqslant N} \widetilde{f}[n] \mathrm{e}^{-\mathrm{j}n(u+2k\pi\sin\alpha)\csc\alpha} \right|^2 \times | S(u\csc\alpha + 2k\pi) |^2 \mathrm{d}u \\ &= \csc\alpha \sum_{k\in\mathbf{Z}} \int_0^{2\pi\sin\alpha} \left| \sum_{|n|\geqslant N} \widetilde{f}[n] \mathrm{e}^{-\mathrm{j}nu\csc\alpha} \right|^2 | S(u\csc\alpha + 2k\pi) |^2 \mathrm{d}u \\ &= \csc\alpha \int_0^{2\pi\sin\alpha} \left| \sum_{|n|\geqslant N} \widetilde{f}[n] \mathrm{e}^{-\mathrm{j}nu\csc\alpha} \right|^2 \sum_{k\in\mathbf{Z}} | S(u\csc\alpha + 2k\pi) |^2 \mathrm{d}u \end{aligned} \tag{6.163}$$

利用式(6.121)、(6.100) 和离散时间傅里叶变换能量守恒定理，得到

$$\begin{aligned}\| e(t) \|_{L^2}^2 &= \csc\alpha \int_0^{2\pi\sin\alpha} \left| \frac{1}{\sqrt{2\pi}} \sum_{|n|\geqslant N} \widetilde{f}[n] \mathrm{e}^{-\mathrm{j}nu\csc\alpha} \right|^2 \frac{G_{\phi,\alpha}(u)}{|\widetilde{\Phi}(u\csc\alpha)|^2} \mathrm{d}u \\ &\leqslant \left\| \frac{\sqrt{G_{\phi,\alpha}(u)}}{\widetilde{\Phi}(u\csc\alpha)} \right\|_\infty^2 \int_0^{2\pi\sin\alpha} \left| \frac{1}{\sqrt{2\pi}} \sum_{|n|\geqslant N} \widetilde{f}[n] \mathrm{e}^{-\mathrm{j}nu\csc\alpha} \right|^2 \mathrm{d}(u\csc\alpha) \\ &= \left\| \frac{\sqrt{G_{\phi,\alpha}(u)}}{\widetilde{\Phi}(u\csc\alpha)} \right\|_\infty^2 \sum_{|n|\geqslant N} | \widetilde{f}[n] |^2 \\ &= \left\| \frac{\sqrt{G_{\phi,\alpha}(u)}}{\widetilde{\Phi}(u\csc\alpha)} \right\|_\infty^2 \sum_{|n|\geqslant N} | f[n] |^2 \end{aligned} \tag{6.164}$$

这表明，式(6.160) 成立。于是，定理 6.8 得证。

2. 数值算例

目前，有关分数阶采样理论的研究通常都是基于带限信号的假设，然而自然界中并不存在严格的有限带宽的信号。此外，分数域带限信号采样重构的插值函数是 sinc 函数，由于该函数的高旁瓣和较缓慢的衰减速率，使得信号重构具有较大的计算开销和插值误差。针对这一问题，下面利用定理 6.7 中函数空间 Riesz 基下的分数阶采样定理给出具体的解决思路。

为了使插值函数具有较低的旁瓣和较快的衰减速率，这里选取空间 $\mathscr{V}_\alpha(\phi)$ 的生成函数 $\phi(t)$ 为三阶 B－样条函数 $\beta^3(t)$[51]，即

$$\phi(t) = \beta^3(t) = \begin{cases} \dfrac{t^3}{6}, & 0 \leqslant t < 1 \\ \dfrac{2}{3} - \dfrac{t}{2}(t-2)^2, & 1 \leqslant t < 2 \\ \dfrac{2}{3} - \left(2 - \dfrac{t}{2}\right)(t-2)^2, & 2 \leqslant t < 3 \\ \dfrac{(4-t)^3}{6}, & 3 \leqslant t < 4 \end{cases} \tag{6.165}$$

根据文献[151] 可得 $\Phi(u\csc\alpha) = \mathrm{sinc}^4\left(\dfrac{u\csc\alpha}{2\pi}\right)$。容易验证，

$$G_{\phi,\alpha}(u) = \sum_{k\in\mathbf{Z}} | \Phi(u\csc\alpha + 2k\pi) |^2 \tag{6.166}$$

满足式(6.100) 的要求。也就是说，$\beta^3(t)$ 满足构成空间 $\mathscr{V}_\alpha(\phi)$ 的 Riesz 基的条件。同时，函数 $\beta^3(t)$ 有限支撑在区间[0,4) 上且满足

$$\beta^3(1) = \beta^3(3) = \frac{1}{6}, \quad \beta^3(2) = \frac{2}{3} \tag{6.167}$$

于是，可得

$$\widetilde{\Phi}(u\csc\alpha) = \frac{1}{6}\mathrm{e}^{-\mathrm{j}u\csc\alpha}(1 + 4\mathrm{e}^{-\mathrm{j}u\csc\alpha} + \mathrm{e}^{-\mathrm{j}2u\csc\alpha}) \tag{6.168}$$

对任意的 u,有 $\widetilde{\Phi}(u\csc\alpha)\neq 0$。此外,考虑到多项式 $1+4z+z^2$ 具有零点

$$z_1=-2-\sqrt{3} \quad 和 \quad z_2=-2+\sqrt{3} \tag{6.169}$$

于是,利用 Laurent(洛朗) 级数[152] 即可求得 $\dfrac{1}{\widetilde{\Phi}(u\csc\alpha)}$,进而得到函数空间 Riesz 基下的分数阶采样定理的插值函数 $s(t)$ 为

$$s(t)=\sqrt{3}\sum_{n=0}^{\infty}(\sqrt{3}-2)^{n+1}\beta^3(t-n+1)+\sqrt{3}\sum_{n=1}^{\infty}(\sqrt{3}-2)^{n-1}\beta^3(t+n+1) \tag{6.170}$$

图 6.7 给出了函数空间 Riesz 基下分数阶采样重构插值函数 $s(t)$ 与分数域带限信号采样重构插值函数 $\mathrm{sinc}(t)$ 的比较结果。

由图 6.7 可以看出,插值函数 $s(t)$ 与 $\mathrm{sinc}(t)$ 函数相比,具有较低的旁瓣和较快的衰减速率,有利于提高采样重构信号的精度。为了给出具体的数值结果,将待采样信号建模为

$$f(t)=[2\sin(0.4\pi t)+5\sin(0.5\pi t)+7\sin(0.6\pi t)]\mathrm{e}^{-\mathrm{j}t^2} \tag{6.171}$$

根据分数阶傅里叶变换的定义,可知信号 $f(t)$ 在 $\alpha=\mathrm{arccot}(2)$ 角度分数域是带限的且其截止分数阶频率为 $0.6\pi\sin\alpha$。根据分数域带限信号的分数阶采样定理[38],时间采样间隔 T_s 应当满足 $T_s\leqslant\dfrac{\pi\sin\alpha}{0.6\pi\sin\alpha}$。在仿真中,取 $T_s=\dfrac{1}{2}$。原信号 $f(t)$ 及其采样值如图 6.8 所示。

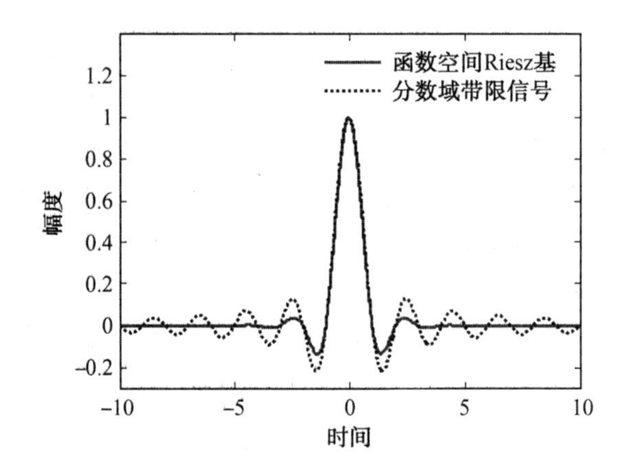

图 6.7　函数空间 Riesz 基下与分数域带限信号的分数阶采样重构插值函数

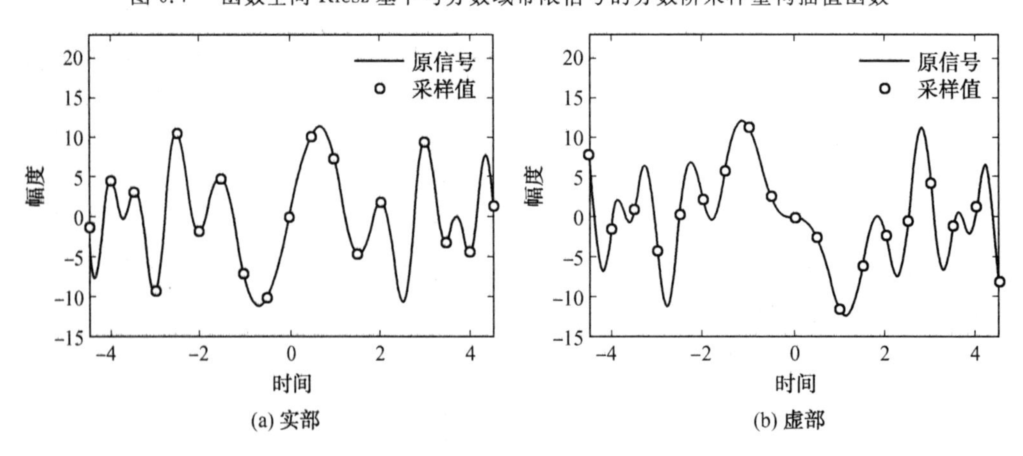

图 6.8　原信号 $f(t)$ 及其采样值

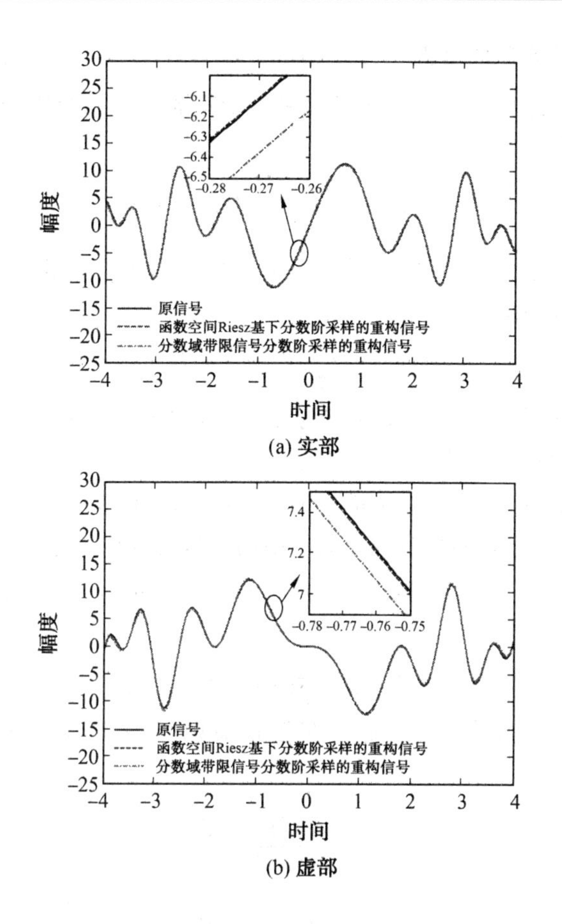

图 6.9　函数空间 Riesz 下与分数域带限信号的分数阶采样的重构信号

进一步地，基于图 6.8 中有限的采样值，分别利用式(6.41) 中分数域带限信号的分数阶采样重构插值公式和式(6.122) 中函数空间 Riesz 基下分数阶采样重构公式对 $t \in [-4, 4]$ 区间上的信号值进行重构，结果如图 6.9 所示。可以看出，对分数域带限信号来说，在采样点有限的情况下，与现有分数域带限信号的分数阶采样重构相比，提出的函数空间 Riesz 基下的分数阶采样重构具有更高的信号重构精度，其归一化的采样重构误差为 6.725×10^{-5}，而分数域带限信号的分数阶采样重构误差为 2.0×10^{-3}。综上分析，可以得出下述结论：

在相同有限采样值的情况下，与现有分数域带限信号的分数阶采样定理[38] 相比，函数空间 Riesz 基下的分数阶采样定理能够进一步提高信号重构的精度；而在保证相同信号重构精度的前提下，函数空间 Riesz 基下的分数阶采样定理能够进一步减少采样点数。

6.4.3　函数空间框架下的分数阶采样定理

定理 6.7 给出了函数空间 Riesz 基下的分数阶采样定理，可以看出该定理的前提条件是：空间 $\mathcal{V}_\alpha(\phi)$ 的生成函数 $\phi(t)$ 必须满足 $\widetilde{\Phi}(u\csc\alpha) \neq 0$。下面将运用框架理论[140]，并引入分数阶 Zak 变换的概念来放宽对函数 $\phi(t)$ 的限制条件。

1. 分数阶傅里叶变换下的框架

在研究采样理论的过程中,Zak 变换[150] 是一个重要工具。经典 Zak 变换可以通过常规时移算子 $\boldsymbol{T}_\tau$ 来定义,即

$$Z_f(\sigma,\omega)=\frac{1}{\sqrt{2\pi}}\sum_{n\in\mathbf{Z}}(\boldsymbol{T}_{-\sigma}f)(n)\mathrm{e}^{-\mathrm{j}\omega n} \tag{6.172}$$

考虑到提出的分数阶时移算子 $\boldsymbol{T}_\tau^\alpha$ 是 $\boldsymbol{T}_\tau$ 的广义形式,很自然的想法是,利用 $\boldsymbol{T}_\tau^\alpha$ 可以定义一种分数阶 Zak 变换,即

$$Z_f^\alpha(\sigma,u)=\sum_{n\in\mathbf{Z}}(\boldsymbol{T}_{-\sigma}^\alpha f)(n)K_\alpha(u,n) \tag{6.173}$$

可以看出,当 $\alpha=\pi/2$ 时,分数阶 Zak 变换即为经典 Zak 变换。特别地,若 $\sigma=0$,分数阶 Zak 变换即为离散时间分数阶傅里叶变换。

下面给出函数序列 $\{\phi_{n,\alpha}(t)\}_{n\in\mathbf{Z}}$ 构成空间 $\mathscr{V}_\alpha(\phi)=\overline{\mathrm{span}}\{\phi_{n,\alpha}(t)\}_{n\in\mathbf{Z}}$ 框架的充分必要条件,进而基于框架的概念建立函数空间 $\mathscr{V}_\alpha(\phi)$ 中的分数阶采样理论。为简化分析,记

$$\varXi_{\phi,\alpha}=\mathrm{supp}\ G_{\phi,\alpha}(u)\cap[0,2\pi\sin\alpha] \tag{6.174}$$

$$N_{\phi,\alpha}=[0,2\pi\sin\alpha]/\varXi_{\phi,\alpha} \tag{6.175}$$

$$E_{\phi,\alpha}\stackrel{\Delta}{=}\{u\in\mathbf{R}\mid G_{\phi,\alpha}(u)>0\} \tag{6.176}$$

其中,$G_{\phi,\alpha}(u)$ 的定义如式(6.99)所示。对于任意的 $\{c[n]\}_{n\in\mathbf{Z}}\in\ell^2(\mathbf{Z})$,引入映射 $\boldsymbol{M}^\alpha$:$\ell^2(\mathbf{Z})\to\mathscr{V}_\alpha(\phi)$,即

$$\boldsymbol{M}^\alpha\{c[n]\}\stackrel{\Delta}{=}\sum_{n\in\mathbf{Z}}c[n]\phi_{n,\alpha}(t) \tag{6.177}$$

于是,可以得到下述定理。

定理 6.9 对任意的 $\phi(t)\in L^2(\mathbf{R})$,若存在常数 $B>0$ 使得 $\phi(t)$ 满足

$$G_{\phi,\alpha}(u)\leqslant B,\quad \text{a.e. } u\in[0,2\pi\sin\alpha] \tag{6.178}$$

则函数序列 $\{\phi_{n,\alpha}(t)\}_{n\in\mathbf{Z}}$ 是 $\mathscr{V}_\alpha(\phi)$ 的一个 Bessel 序列。

证明 首先假设式(6.178)成立,那么对于任意的 $\{c[n]\}_{n\in\mathbf{Z}}\in\ell^2(\mathbf{Z})$,利用式(6.177)、(3.121)、(3.122)并根据分数阶傅里叶变换能量守恒定理,得到

$$\begin{aligned}\|\boldsymbol{M}^\alpha\{c[n]\}\|_{L^2}^2&=\left\|\sqrt{2\pi}\widetilde{C}_\alpha(u)\Phi(u\csc\alpha)\right\|_{L^2}^2=2\pi\int_{-\infty}^{+\infty}|\widetilde{C}_\alpha(u)|^2\,|\Phi(u\csc\alpha)|^2\mathrm{d}u\\&=2\pi\sum_{k\in\mathbf{Z}}\int_0^{2\pi\sin\alpha}|\widetilde{C}_\alpha(u)|^2\,|\Phi(u\csc\alpha+2k\pi)|^2\mathrm{d}u\\&=2\pi\int_0^{2\pi\sin\alpha}|\widetilde{C}_\alpha(u)|^2G_{\phi,\alpha}(u)\mathrm{d}u\\&\leqslant 2\pi B\int_0^{2\pi\sin\alpha}|\widetilde{C}_\alpha(u)|^2\mathrm{d}u\end{aligned} \tag{6.179}$$

其中,$\widetilde{C}_\alpha(u)$ 表示 $c[n]$ 的离散时间分数阶傅里叶变换,$\Phi(u\csc\alpha)$ 表示 $\phi(t)$ 的连续傅里叶变换(变换元做了尺度 $\csc\alpha$ 伸缩)。利用式(2.71)中离散时间分数阶傅里叶变换的能量守恒定理,并结合式(6.179),得到

$$\|\boldsymbol{M}^\alpha\{c[n]\}\|_{L^2}^2\leqslant 2\pi B\|c[n]\|_{\ell^2}^2 \tag{6.180}$$

由此并结合 Bessel 序列的定义可知,函数序列 $\{\phi_{n,\alpha}(t)\}_{n\in\mathbf{Z}}$ 是空间 $\mathscr{V}_\alpha(\phi)$ 的一个 Bessel 序列。相反地,假设 $\{\phi_{n,\alpha}(t)\}_{n\in\mathbf{Z}}$ 是空间 $\mathscr{V}_\alpha(\phi)$ 中的一个 Bessel 序列。对于任意的 $\psi(t)\in$

$L^2(\mathbf{R})$,则有

$$\sum_{n\in\mathbf{Z}}\left|\langle\psi(t)\mathrm{e}^{-\mathrm{j}\frac{t^2}{2}\cot\alpha},\phi_{n,\alpha}(t)\rangle_{L^2}\right|^2=\sum_{n\in\mathbf{Z}}\left|\langle\psi(t),\phi(t-n)\rangle_{L^2}\right|^2 \tag{6.181}$$

然后,再根据傅里叶变换的能量守恒定理,得到

$$\begin{aligned}\sum_{n\in\mathbf{Z}}\left|\langle\psi(t)\mathrm{e}^{-\mathrm{j}\frac{t^2}{2}\cot\alpha},\phi_{n,\alpha}(t)\rangle_{L^2}\right|^2&=\sum_{n\in\mathbf{Z}}\left|\langle\Psi(u\csc\alpha),\mathrm{e}^{-\mathrm{j}nu\csc\alpha}\Phi(u\csc\alpha)\rangle_{L^2}\right|^2\\&=\sum_{n\in\mathbf{Z}}\left|\int_{-\infty}^{+\infty}\Psi(u\csc\alpha)\mathrm{e}^{\mathrm{j}nu\csc\alpha}\Phi^*(u\csc\alpha)\mathrm{d}u\csc\alpha\right|^2\end{aligned} \tag{6.182}$$

进一步地,可得

$$\begin{aligned}&\sum_{n\in\mathbf{Z}}\left|\langle\psi(t)\mathrm{e}^{-\mathrm{j}\frac{t^2}{2}\cot\alpha},\phi_{n,\alpha}(t)\rangle_{L^2}\right|^2\\&=\sum_{n\in\mathbf{Z}}\left|\sum_{k\in\mathbf{Z}}\int_0^{2\pi\sin\alpha}\Psi(u\csc\alpha+2k\pi)\Phi^*(u\csc\alpha+2k\pi)\mathrm{e}^{\mathrm{j}nu\csc\alpha}\mathrm{d}u\csc\alpha\right|^2\\&=\sum_{n\in\mathbf{Z}}\left|\int_0^{2\pi\sin\alpha}\sum_{k\in\mathbf{Z}}\Psi(u\csc\alpha+2k\pi)\Phi^*(u\csc\alpha+2k\pi)\mathrm{e}^{\mathrm{j}nu\csc\alpha}\mathrm{d}u\csc\alpha\right|^2\end{aligned} \tag{6.183}$$

于是,利用离散时间傅里叶变换的能量守恒定理,则有

$$\begin{aligned}&\sum_{n\in\mathbf{Z}}\left|\langle\psi(t)\mathrm{e}^{-\mathrm{j}\frac{t^2}{2}\cot\alpha},\phi_{n,\alpha}(t)\rangle_{L^2}\right|^2\\&=\sum_{n\in\mathbf{Z}}\left|\int_0^{2\pi\sin\alpha}\sum_{k\in\mathbf{Z}}\Psi(u\csc\alpha+2k\pi)\Phi^*(u\csc\alpha+2k\pi)\mathrm{e}^{\mathrm{j}nu\csc\alpha}\mathrm{d}u\csc\alpha\right|^2\\&=\csc\alpha\cdot\int_0^{2\pi\sin\alpha}\left|\sum_{k\in\mathbf{Z}}\Psi(u\csc\alpha+2k\pi)\Phi^*(u\csc\alpha+2k\pi)\right|^2\mathrm{d}u\end{aligned} \tag{6.184}$$

由于$\{\phi_{n,\alpha}(t)\}_{n\in\mathbf{Z}}$是空间$\mathscr{V}_\alpha(\phi)$中的一个 Bessel 序列,因此利用式(6.178)可得

$$\begin{aligned}&\int_0^{2\pi\sin\alpha}\left|\sum_{k\in\mathbf{Z}}\Psi(u\csc\alpha+2k\pi)\Phi^*(u\csc\alpha+2k\pi)\right|^2\mathrm{d}u\\&\leqslant B\int_0^{2\pi\sin\alpha}\sum_{k\in\mathbf{Z}}\left|\Psi(u\csc\alpha+2k\pi)\right|^2\mathrm{d}u\\&=B\int_0^{2\pi\sin\alpha}G_{\psi,\alpha}(u)\mathrm{d}u\end{aligned} \tag{6.185}$$

其中,$G_{\psi,\alpha}(u)\triangleq\sum_{k\in\mathbf{Z}}\left|\Psi(u\csc\alpha+2k\pi)\right|^2$。令

$$D=\{u\in[0,2\pi\sin\alpha]\mid G_{\phi,\alpha}^2(u)>B\} \tag{6.186}$$

并假设 D 具有正测度。同时,令

$$\varepsilon(u\csc\alpha)=\chi_D(u),\quad u\in[0,2\pi\sin\alpha] \tag{6.187}$$

且对所有的 $k\in\mathbf{Z}$,有

$$\varepsilon(u\csc\alpha)=\varepsilon(u\csc\alpha+2k\pi) \tag{6.188}$$

此外,对于任意的 $\psi(t)\in L^2(\mathbf{R})$,令

$$\Psi(u\csc\alpha+2k\pi)=\chi_D(u)\Phi(u\csc\alpha+2k\pi) \tag{6.189}$$

对所有的 $k\in\mathbf{Z}$ 均成立。于是,根据式(6.189),可得

$$G_{\psi,\alpha}(u)=\chi_D(u)G_{\phi,\alpha}(u),\quad\forall u\in[0,2\pi\sin\alpha] \tag{6.190}$$

结合式(6.189)和(6.190),则有

$$\int_0^{2\pi\sin\alpha}\left|\sum_{k\in\mathbf{Z}}\Psi(u\csc\alpha+2k\pi)\Phi^*(u\csc\alpha+2k\pi)\right|^2\mathrm{d}u$$
$$=\int_D |G_{\phi,\alpha}(u)|^2\mathrm{d}u$$
$$\geqslant B\int_D G_{\phi,\alpha}(u)\mathrm{d}u=B\int_0^{2\pi\sin\alpha}G_{\psi,\alpha}(u)\mathrm{d}u \tag{6.191}$$

可以看出,式(6.191)与(6.185)矛盾,因此 D 的测度必为零,即 $G_{\phi,\alpha}(u)\leqslant B$, a. e. $u\in[0,2\pi\sin\alpha]$。至此,定理 6.9 证毕。

定理 6.10 对任意的 $\phi(t)\in L^2(\mathbf{R})$,若函数序列 $\{\phi_{n,\alpha}(t)\}_{n\in\mathbf{Z}}$ 是空间 $\mathscr{V}_\alpha(\phi)$ 的一个 Bessel 序列,则对任意的序列 $\{c[n]\}_{n\in\mathbf{Z}}\in\ell^2(\mathbf{Z})$,式(6.177)定义的映射 $\boldsymbol{M}^\alpha\{c[n]\}$ 在 $L^2(\mathbf{R})$ 中收敛,且满足

$$\mathscr{F}^\alpha[\boldsymbol{M}^\alpha\{c[n]\}](u)=\sqrt{2\pi}\,\widetilde{C}_\alpha(u)\Phi(u\csc\alpha) \tag{6.192}$$

其中,$\widetilde{C}_\alpha(u)$ 和 $\Phi(u\csc\alpha)$ 分别表示 $c[n]$ 的离散时间分数阶傅里叶变换和 $\phi(t)$ 的连续傅里叶变换(变换元做了尺度 $\csc\alpha$ 伸缩)。

证明 根据定理假设,$\{\phi_{n,\alpha}(t)\}_{n\in\mathbf{Z}}$ 是空间 $\mathscr{V}_\alpha(\phi)$ 的一个 Bessel 序列。令 $\{c[n]\}_{n\in\mathbf{Z}}\in\ell^2(\mathbf{Z})$。首先证明 $\boldsymbol{M}^\alpha\{c[n]\}=\sum_{n\in\mathbf{Z}}c[n]\phi_{n,\alpha}(t)$ 在 $L^2(\mathbf{R})$ 中收敛。对任意的 $n,m\in\mathbf{Z}$ 且 $n>m$,有

$$\left\|\sum_{k=-\infty}^{n}c[k]\phi_{k,\alpha}(t)-\sum_{k=-\infty}^{m}c[k]\phi_{k,\alpha}(t)\right\|_{L^2}=\left\|\sum_{k=m+1}^{n}c[k]\phi_{k,\alpha}(t)\right\|_{L^2} \tag{6.193}$$

同时注意到,对任意的 $x\in\mathscr{H}$,根据泛函分析理论有

$$\|x\|_{L^2}=\sup_{\|y\|_{L^2}=1}|\langle x,y\rangle_{L^2}| \tag{6.194}$$

结合式(6.193)和(6.194),得到

$$\left\|\sum_{k=-\infty}^{n}c[k]\phi_{k,\alpha}(t)-\sum_{k=-\infty}^{m}c[k]\phi_{k,\alpha}(t)\right\|_{L^2}=\sup_{\|g\|_{L^2}=1}\left|\left\langle\sum_{k=m+1}^{n}c[k]\phi_{k,\alpha}(t),g(t)\right\rangle_{L^2}\right|$$
$$\leqslant\sup_{\|g\|_{L^2}=1}\sum_{k=m+1}^{n}|c[k]\langle\phi_{k,\alpha}(t),g(t)\rangle_{L^2}| \tag{6.195}$$

然后,根据定理 6.9 并利用 Cauchy-Schwarz 不等式,则有

$$\left\|\sum_{k=-\infty}^{n}c[k]\phi_{k,\alpha}(t)-\sum_{k=-\infty}^{m}c[k]\phi_{k,\alpha}(t)\right\|_{L^2}$$
$$\leqslant\left(\sum_{k=m+1}^{n}|c[k]|^2\right)^{\frac{1}{2}}\sup_{\|g\|_{L^2}=1}\left(\sum_{k=m+1}^{n}|\langle\phi_{k,\alpha}(t),g(t)\rangle_{L^2}|^2\right)^{\frac{1}{2}} \tag{6.196}$$
$$\leqslant\sqrt{B}\left(\sum_{k=m+1}^{n}|c[k]|^2\right)^{\frac{1}{2}}$$

此外,由于 $\{c[k]\}_{n\in\mathbf{Z}}\in\ell^2(\mathbf{Z})$,则式(6.196)表明,$\{\sum_{k=-\infty}^{n}c[k]\phi_{k,\alpha}(t)\}_{n\in\mathbf{Z}}$ 是 $L^2(\mathbf{R})$ 中的一个 Cauchy 列,即 $\{\boldsymbol{M}^\alpha\{c[n]\}=\sum_{k=-\infty}^{n}c[k]\phi_{k,\alpha}(t)\}_{n\in\mathbf{Z}}$ 在 $L^2(\mathbf{R})$ 中收敛。那么

$$\mathscr{F}^\alpha[\boldsymbol{M}^\alpha\{c[n]\}](u)=\sum_{n\in\mathbf{Z}}c[n]K_\alpha(u,n)\Phi(u\csc\alpha) \tag{6.197}$$

在 $L^2(\mathbf{R})$ 中收敛。也就是说,对于任意的 $\{c[k]\}_{n\in\mathbf{Z}}\in\ell^2(\mathbf{Z})$ 及一整数 $N\geqslant 1$,记

$$\widetilde{C}_{\alpha,N}(u)=\sum_{|n|\leqslant N}c[n]K_\alpha(u,n) \tag{6.198}$$

则$\sqrt{2\pi}\,\widetilde{C}_{\alpha,N}(u)\Phi(u\csc\alpha)$在$L^2(\mathbf{R})$意义下收敛于$\mathscr{F}^\alpha[\boldsymbol{M}^\alpha\{c[n]\}](u)$。因此,欲使式(6.192)成立,只需证明$\widetilde{C}_{\alpha,N}(u)\Phi(u\csc\alpha)$在$L^2(\mathbf{R})$中收敛于$\widetilde{C}_\alpha(u)\Phi(u\csc\alpha)$,其中$\widetilde{C}_\alpha(u)$表示$c[n]$的离散时间分数阶傅里叶变换。于是,有

$$\begin{aligned}
&\|\widetilde{C}_\alpha(u)\Phi(u\csc\alpha)-\widetilde{C}_{\alpha,N}(u)\Phi(u\csc\alpha)\|_{L^2}^2\\
&=\int_{-\infty}^{+\infty}|\widetilde{C}_\alpha(u)-\widetilde{C}_{\alpha,N}(u)|^2\,|\Phi(u\csc\alpha)|^2\mathrm{d}u\\
&=\sum_{k\in\mathbf{Z}}\int_0^{2\pi\sin\alpha}|\widetilde{C}_\alpha(u)-\widetilde{C}_{\alpha,N}(u)|^2\,|\Phi(u\csc\alpha+2k\pi)|^2\mathrm{d}u\\
&=\int_0^{2\pi\sin\alpha}|\widetilde{C}_\alpha(u)-\widetilde{C}_{\alpha,N}(u)|^2G_{\phi,\alpha}(u)\mathrm{d}u
\end{aligned} \tag{6.199}$$

根据定理假设,函数序列$\{\phi_{n,\alpha}(t)\}_{n\in\mathbf{Z}}$是空间$\mathscr{V}_\alpha(\phi)$的一个 Bessel 序列,则有$G_{\phi,\alpha}(u)\in L^\infty[0,2\pi\sin\alpha]$。那么,当$N\to\infty$时,

$$\begin{aligned}
&\|\widetilde{C}_\alpha(u)\Phi(u\csc\alpha)-\widetilde{C}_{\alpha,N}(u)\Phi(u\csc\alpha)\|_{L^2}^2\\
&\leqslant\|G_{\phi,\alpha}(u)\|_\infty\int_0^{2\pi\sin\alpha}|\widetilde{C}_\alpha(u)-\widetilde{C}_{\alpha,N}(u)|^2\mathrm{d}u\to 0
\end{aligned} \tag{6.200}$$

这表明,$\sqrt{2\pi}\,\widetilde{C}_{\alpha,N}(u)\Phi(u\csc\alpha)$在$L^2(\mathbf{R})$意义下收敛于$\sqrt{2\pi}\,\widetilde{C}_\alpha(u)\Phi(u\csc\alpha)$,即式(6.192)成立。至此定理 6.10 得证。

定理 6.11　对任意的$\phi(t)\in L^2(\mathbf{R})$,若存在常数$0<A\leqslant B$使得

$$A\leqslant G_{\phi,\alpha}(u)\leqslant B,\quad \text{a.e. } u\in\Xi_{\phi,\alpha} \tag{6.201}$$

成立,则称函数序列$\{\phi_{n,\alpha}(t)\}_{n\in\mathbf{Z}}$是空间$\mathscr{V}_\alpha(\phi)$的一个框架。

证明　当$G_{\phi,\alpha}(u)$满足式(6.201)的上界时,根据定理 6.9 可知,函数序列$\{\phi_{n,\alpha}(t)\}_{n\in\mathbf{Z}}$是空间$\mathscr{V}_\alpha(\phi)$的一个 Bessel 序列。于是,利用定理 6.10,得到

$$\begin{aligned}
\|\boldsymbol{M}^\alpha\{c[n]\}\|_{L^2}^2&=\|\sqrt{2\pi}\,\widetilde{C}_\alpha(u)\Phi(u\csc\alpha)\|_{L^2}^2=2\pi\int_{-\infty}^{+\infty}|\widetilde{C}_\alpha(u)|^2\,|\Phi(u\csc\alpha)|^2\mathrm{d}u\\
&=2\pi\sum_{k\in\mathbf{Z}}\int_0^{2\pi\sin\alpha}|\widetilde{C}_\alpha(u)|^2\,|\Phi(u\csc\alpha+2k\pi)|^2\mathrm{d}u\\
&=2\pi\int_0^{2\pi\sin\alpha}|\widetilde{C}_\alpha(u)|^2G_{\phi,\alpha}(u)\mathrm{d}u
\end{aligned} \tag{6.202}$$

其中,$\widetilde{C}_\alpha(u)$表示$c[n]$的离散时间分数阶傅里叶变换。此外,由式(2.71)可得

$$\|c[n]\|_{L^2}^2=\int_0^{2\pi\sin\alpha}|\widetilde{C}_\alpha(u)|^2\mathrm{d}u \tag{6.203}$$

记映射$\boldsymbol{M}^\alpha$的零空间为

$$\mathscr{N}_{\boldsymbol{M}^\alpha}=\{c[n]\in\ell^2(\mathbf{Z})\mid \boldsymbol{M}^\alpha\{c[n]\}=0\} \tag{6.204}$$

结合式(6.202)和(6.203)并根据式(6.8)中框架的定义,则关于映射$\boldsymbol{M}^\alpha$的框架不等式可以表述为

$$\begin{aligned}
A\int_0^{2\pi\sin\alpha}|\widetilde{C}_\alpha(u)|^2\mathrm{d}u&\leqslant\int_0^{2\pi\sin\alpha}|\widetilde{C}_\alpha(u)|^2G_{\phi,\alpha}(u)\mathrm{d}u\\
&\leqslant B\int_0^{2\pi\sin\alpha}|\widetilde{C}_\alpha(u)|^2\mathrm{d}u,\quad c[n]\in\mathscr{N}_{\boldsymbol{M}^\alpha}^\perp
\end{aligned} \tag{6.205}$$

显然，根据式(6.203)可知，对于任意的$\{c[n]\}_{n\in\mathbf{Z}}\in \ell^2(\mathbf{Z})$，对 a.e. $u\in \Xi_{\phi,\alpha}$ 当且仅当$\widetilde{C}_\alpha(u)=0$时，有$\{c[n]\}_{n\in\mathbf{Z}}\in \mathcal{N}_{\boldsymbol{M}^\alpha}$。而对a.e. $u\in N_{\phi,\alpha}$当且仅当$\widetilde{C}_\alpha(u)=0$时，有$\{c[n]\}_{n\in\mathbf{Z}}\in \mathcal{N}^{\perp}_{\boldsymbol{M}^\alpha}$。于是，式(6.205)可以进一步改写为

$$A\int_0^{2\pi\sin\alpha}|\zeta(u)|^2\mathrm{d}u\leqslant\int_0^{2\pi\sin\alpha}|\zeta(u)|^2G_{\phi,\alpha}(u)\mathrm{d}u\leqslant B\int_0^{2\pi\sin\alpha}|\zeta(u)|^2\mathrm{d}u \quad (6.206)$$

其中，$\zeta(u)\in L^2[0,2\pi\sin\alpha]$且对$u\in N_{\phi,\alpha}$，有$\zeta(u)=0$。进一步地，式(6.206)可以等价地表述为

$$A\int_{\Xi_{\phi,\alpha}}|\zeta(u)|^2\mathrm{d}u\leqslant\int_{\Xi_{\phi,\alpha}}|\zeta(u)|^2G_{\phi,\alpha}(u)\mathrm{d}u\leqslant B\int_{\Xi_{\phi,\alpha}}|\zeta(u)|^2\mathrm{d}u \quad (6.207)$$

对任意的$\zeta(u)\in L^2(\Xi_{\phi,\alpha})$均成立。那么，根据式(6.207)可以导出式(6.201)。至此，定理6.11证毕。

类似地，根据以上证明可以得到下述结论。

定理 6.12 对任意的$\phi(t)\in L^2(\mathbf{R})$，若存在常数$0<A\leqslant B$使得

$$A\leqslant G_{\phi,\alpha}(u)\leqslant B,\quad \text{a.e. } u\in[0,2\pi\sin\alpha] \quad (6.208)$$

成立，则称函数序列$\{\phi_{n,\alpha}(t)\}_{n\in\mathbf{Z}}$是空间$\mathcal{V}_\alpha(\phi)$的一个 Riesz 基。

证明 可以首先假设$\{\phi_{n,\alpha}(t)\}_{n\in\mathbf{Z}}$是空间$\mathcal{V}_\alpha(\phi)$的一个Bessel序列。类似于定理6.11，容易证明当且仅当式(6.206)对任意的$\zeta(u)\in L^2[0,2\pi\sin\alpha]$成立时，映射$\boldsymbol{M}^\alpha$满足式(6.9)所示形式不等式，而后续证明与定理6.11类似，不做赘述。

2. 函数空间框架下的分数阶采样定理

首先，在框架的条件下讨论相关的函数关系。

定理 6.13 假设函数序列$\{\phi_{n,\alpha}(t)\}_{n\in\mathbf{Z}}$是空间$\mathcal{V}_\alpha(\phi)\subset L^2(\mathbf{R})$的一个框架，且$\{\phi[n]\}_{n\in\mathbf{Z}}\in \ell^2(\mathbf{Z})$。那么，若存在一函数$s(t)\in L^2(\mathbf{R})$满足$s(t)\mathrm{e}^{-\mathrm{j}\frac{t^2}{2}\cot\alpha}\in\mathcal{V}_\alpha(\phi)$，并使得

$$f(t)=\sum_{n\in\mathbf{Z}}f[n]s(t-n)\mathrm{e}^{-\mathrm{j}\frac{t^2-n^2}{2}\cot\alpha} \quad (6.209)$$

对任意函数$f(t)\in\mathcal{V}_\alpha(\phi)$均成立，且在$L^2(\mathbf{R})$意义下收敛，则有

(1) $\operatorname{supp}\Phi(u\csc\alpha)=\operatorname{supp}S(u\csc\alpha)\subset E_{\phi,\alpha}=E_{s,\alpha}\subset\operatorname{supp}\widetilde{\Phi}(u\csc\alpha)$。

(2) $G_{\phi,\alpha}(u)=2\pi G_{s,\alpha}(u)|\widetilde{\Phi}(u\csc\alpha)|^2$。

这里，$\Phi(u\csc\alpha)$和$S(u\csc\alpha)$分别表示$\phi(t)$和$s(t)$的连续傅里叶变换(变换元做了尺度$\csc\alpha$伸缩)，$\Phi(u\csc\alpha)$表示$\phi[n]$的离散时间傅里叶变换(变换元做了尺度$\csc\alpha$伸缩)。

证明 (1) 对任意的$n\in\mathbf{Z}$，都有$\phi_{n,\alpha}(t)\in\mathcal{V}_\alpha(\phi)$成立。那么，则有$\phi_{0,\alpha}(t)\in\mathcal{V}_\alpha(\phi)$，即

$$\phi(t)\mathrm{e}^{-\mathrm{j}\frac{t^2}{2}\cot\alpha}\in\mathcal{V}_\alpha(\phi) \quad (6.210)$$

于是，在式(6.209)中将函数$f(t)$替换为$\phi(t)\mathrm{e}^{-\mathrm{j}\frac{t^2}{2}\cot\alpha}$，得到

$$\phi(t)\mathrm{e}^{-\mathrm{j}\frac{t^2}{2}\cot\alpha}=\sum_{n\in\mathbf{Z}}\phi[n]s(t-n)\mathrm{e}^{-\mathrm{j}\frac{t^2}{2}\cot\alpha} \quad (6.211)$$

利用(3.121)和(3.122)，可得

$$\Phi(u\csc\alpha)=\sqrt{2\pi}\,\widetilde{\Phi}(u\csc\alpha)S(u\csc\alpha) \quad (6.212)$$

这表明，对a.e. $u\in\mathbf{R}$，有

$$\operatorname{supp}\Phi(u\csc\alpha)\subset\operatorname{supp}\widetilde{\Phi}(u\csc\alpha) \quad (6.213)$$

$$\operatorname{supp}\Phi(u\csc\alpha)\subset\operatorname{supp}S(u\csc\alpha) \quad (6.214)$$

因为 $\widetilde{\Phi}(u\csc\alpha)$ 是 $2\pi\sin\alpha$ 周期的函数，所以对所有的 $k\in\mathbf{Z}$，都有 $\operatorname{supp}\Phi(u\csc\alpha+2k\pi)\subset\operatorname{supp}\widetilde{\Phi}(u\csc\alpha)$。此外，有

$$\bigcup_{k\in\mathbf{Z}}\operatorname{supp}\Phi(u\csc\alpha+2k\pi)=E_{\phi,\alpha}\tag{6.215}$$

否则，存在一个非零测度子集 $\delta(|\delta|\neq 0)$ 满足

$$\delta=E_{\phi,\alpha}-\bigcup_{k\in\mathbf{Z}}\operatorname{supp}\Phi(u\csc\alpha+2k\pi)\tag{6.216}$$

则对任意的 $u\in\delta$ 和所有 $k\in\mathbf{Z}$，有 $\Phi(u\csc\alpha+2k\pi)=0$。因此，对 $u\in\delta$，有

$$G_{\phi,\alpha}(u)=\sum_{k\in\mathbf{Z}}|\Phi(u\csc\alpha+2k\pi)|^2=0\tag{6.217}$$

这与 $\delta\subset E_{\phi,\alpha}$ 矛盾。故 $\bigcup_{k\in\mathbf{Z}}\operatorname{supp}\Phi(u\csc\alpha+2k\pi)\subset E_{\phi,\alpha}$。同时，不难看出

$$\bigcup_{k\in\mathbf{Z}}\operatorname{supp}\Phi(u\csc\alpha+2k\pi)\supset E_{\phi,\alpha}\tag{6.218}$$

于是，有

$$\operatorname{supp}\widetilde{\Phi}(u\csc\alpha)\supset\bigcup_{k\in\mathbf{Z}}\operatorname{supp}\Phi(u\csc\alpha+2k\pi)=E_{\phi,\alpha}\tag{6.219}$$

此外，由于 $\{\phi_{n,\alpha}(t)\}_{n\in\mathbf{Z}}$ 是 $\mathscr{V}_\alpha(\phi)$ 的一个框架，根据定理假设，存在一序列 $d[n]\in\ell^2(\mathbf{Z})$ 使得

$$s(t)\mathrm{e}^{-\mathrm{j}\frac{t^2}{2}\cot\alpha}=\sum_{n\in\mathbf{Z}}d[n]\phi_{n,\alpha}(t)\tag{6.220}$$

即

$$s(t)\mathrm{e}^{-\mathrm{j}\frac{t^2}{2}\cot\alpha}=\sum_{n\in\mathbf{Z}}d[n]\phi(t-n)\mathrm{e}^{-\mathrm{j}\frac{t^2-n^2}{2}\cot\alpha}\tag{6.221}$$

对式(6.221)两边进行角度 α 的分数阶傅里叶变换，则有

$$S(u\csc\alpha)=A_\alpha^{-1}\mathrm{e}^{-\mathrm{j}\frac{u^2}{2}\cot\alpha}\widetilde{D}_\alpha(u)\Phi(u\csc\alpha)\tag{6.222}$$

式中，$\widetilde{D}_\alpha(u)$ 表示 $d[n]$ 的离散时间分数阶傅里叶变换。式(6.222)表明，$\operatorname{supp}S(u\csc\alpha)\subset\operatorname{supp}\Phi(u\csc\alpha)$。综上分析，可得

$$\operatorname{supp}\Phi(u\csc\alpha)=\operatorname{supp}S(u\csc\alpha)\subset\operatorname{supp}\widetilde{\Phi}(u\csc\alpha)\tag{6.223}$$

$$E_{\phi,\alpha}=E_{s,\alpha}\subset\operatorname{supp}\widetilde{\Phi}(u\csc\alpha)\tag{6.224}$$

(2) 由于 $\widetilde{\Phi}(u\csc\alpha)$ 是 $2\pi\sin\alpha$ 周期的函数，利用式(6.212)可得

$$\Phi(u\csc\alpha+2k\pi)=\sqrt{2\pi}\,\widetilde{\Phi}(u\csc\alpha)S(u\csc\alpha+2k\pi)\tag{6.225}$$

进一步地，有

$$|\Phi(u\csc\alpha+2k\pi)|^2=2\pi\left|\widetilde{\Phi}(u\csc\alpha)\right|^2|S(u\csc\alpha+2k\pi)|^2\tag{6.226}$$

然后，对式(6.226)两边所有 k 求和即可得到定理 6.13 中结论(2)。至此，定理 6.13 证毕。

基于前述分析，下面给出函数空间框架下的分数阶采样定理。

定理 6.14　假设函数序列 $\{\phi_{n,\alpha}(t)\}_{n\in\mathbf{Z}}$ 是空间 $\mathscr{V}_\alpha(\phi)\subset L^2(\mathbf{R})$ 的一个框架，且 $\{\phi[n]\}_{n\in\mathbf{Z}}\in\ell^2(\mathbf{Z})$。那么，当且仅当

$$\frac{1}{\sqrt{2\pi}\,\widetilde{\Phi}(u\csc\alpha)}\chi_{E_{\varphi,\alpha}}(u)\in L^2[0,2\pi\sin\alpha]\tag{6.227}$$

时，存在一函数 $s(t)\in L^2(\mathbf{R})$ 满足 $(s(t)\mathrm{e}^{-\mathrm{j}\frac{t^2}{2}\cot\alpha})\in\mathscr{V}_\alpha(\phi)$，使得对任意 $f(t)\in\mathscr{V}_\alpha(\phi)$，都有

$$f(t)=\sum_{n\in\mathbf{Z}}f[n]s(t-n)\mathrm{e}^{-\mathrm{j}\frac{t^2-n^2}{2}\cot\alpha}\tag{6.228}$$

成立，且在 $L^2(\mathbf{R})$ 意义下收敛。在此条件下，对 a.e. $u\in\mathbf{R}$，有

$$S(u\csc\alpha)=\begin{cases}\dfrac{\Phi(u\csc\alpha)}{\sqrt{2\pi}\,\tilde{\Phi}(u\csc\alpha)}, & u\in E_{\phi,\alpha}\\ 0, & u\notin E_{\phi,\alpha}\end{cases} \tag{6.229}$$

成立。这里，$S(u\csc\alpha)$ 和 $\Phi(u\csc\alpha)$ 分别表示 $s(t)$ 和 $\phi(t)$ 的连续傅里叶变换(变换元做了尺度 $\csc\alpha$ 伸缩)，$\tilde{\Phi}(u\csc\alpha)$ 表示 $\phi[n]$ 的离散时间傅里叶变换(变换元做了尺度 $\csc\alpha$ 伸缩)。

证明 充分性：首先假设式(6.227)成立，则对 a.e. $u\in E_{\phi,\alpha}$，有 $\tilde{\Phi}(u\csc\alpha)\neq 0$。根据式(6.227)和(2.68)可知，存在一序列 $\{c[n]\}_{n\in\mathbf{Z}}\in\ell^2(\mathbf{Z})$ 使得

$$\frac{1}{\sqrt{2\pi}\,\tilde{\Phi}(u\csc\alpha)}\chi_{E_{\phi,\alpha}}(u)=\sum_{n\in\mathbf{Z}}c[n]\mathrm{e}^{\mathrm{j}\frac{n^2}{2}\cot\alpha-\mathrm{j}nu\csc\alpha} \tag{6.230}$$

在 $L^2[0,2\pi\sin\alpha]$ 上成立。由于 $\tilde{\Phi}(u\csc\alpha)$ 是 $2\pi\sin\alpha$ 周期的函数，于是有

$$\begin{aligned}\int_{E_{\phi,\alpha}}\left|\frac{\Phi(u\csc\alpha)}{\sqrt{2\pi}\,\tilde{\Phi}(u\csc\alpha)}\right|^2\mathrm{d}u&=\int_{-\infty}^{+\infty}\left|\frac{\Phi(u\csc\alpha)}{\sqrt{2\pi}\,\tilde{\Phi}(u\csc\alpha)}\right|^2\chi_{E_{\phi,\alpha}}(u)\mathrm{d}u\\&=\int_0^{2\pi\sin\alpha}\frac{G_{\phi,\alpha}(u)\chi_{E_{\phi,\alpha}}(u)}{|\sqrt{2\pi}\,\tilde{\Phi}(u\csc\alpha)|^2}\mathrm{d}u\\&\leqslant\|G_{\phi,\alpha}(u)\chi_{E_{\phi,\alpha}}(u)\|_\infty\int_0^{2\pi\sin\alpha}\frac{\chi_{E_{\phi,\alpha}}(u)}{|\sqrt{2\pi}\,\tilde{\Phi}(u\csc\alpha)|^2}\mathrm{d}u\end{aligned} \tag{6.231}$$

这表明，$\dfrac{\Phi(u\csc\alpha)}{\sqrt{2\pi}\,\tilde{\Phi}(u\csc\alpha)}\chi_{E_{\phi,\alpha}}(u)\in L^2(\mathbf{R})$。于是，可以令

$$S(u\csc\alpha)=\mathfrak{F}\{s(t)\}(u\csc\alpha)\stackrel{\Delta}{=}\frac{\Phi(u\csc\alpha)}{\sqrt{2\pi}\,\tilde{\Phi}(u\csc\alpha)}\chi_{E_{\phi,\alpha}}(u) \tag{6.232}$$

然后，将式(6.230)代入式(6.232)，则有

$$S(u\csc\alpha)=\Phi(u\csc\alpha)\sum_{n\in\mathbf{Z}}c[n]\mathrm{e}^{\mathrm{j}\frac{n^2}{2}\cot\alpha-\mathrm{j}nu\csc\alpha} \tag{6.233}$$

再利用分数阶傅里叶变换与傅里叶变换的关系[39]，得到

$$\begin{aligned}\mathscr{F}^\alpha\{s(t)\mathrm{e}^{\mathrm{j}\frac{t^2}{2}\cot\alpha}\}(u)&=\sqrt{2\pi}A_\alpha\mathrm{e}^{\mathrm{j}\frac{u^2}{2}\cot\alpha}S(u\csc\alpha)=\sqrt{2\pi}\,\Phi(u\csc\alpha)\sum_{n\in\mathbf{Z}}c[n]K_\alpha(u,n)\\&=\sqrt{2\pi}\,\tilde{C}_\alpha(u)\Phi(u\csc\alpha)\end{aligned} \tag{6.234}$$

式中，$\tilde{C}_\alpha(u)$ 表示 $c[n]$ 的离散时间分数阶傅里叶变换。对式(6.234)两边做角度 α 的分数阶傅里叶逆变换，可得

$$s(t)\mathrm{e}^{-\mathrm{j}\frac{t^2}{2}\cot\alpha}=\sum_{n\in\mathbf{Z}}c[n]\phi(t-n)\mathrm{e}^{-\mathrm{j}\frac{t^2-n^2}{2}\cot\alpha} \tag{6.235}$$

由于$\{\phi(t-n)\mathrm{e}^{-\mathrm{j}\frac{t^2-n^2}{2}\cot\alpha}\}_{n\in\mathbf{Z}}$ 是空间 $\mathscr{V}_\alpha(\phi)$ 的一个框架，所以有$(s(t)\mathrm{e}^{-\mathrm{j}\frac{t^2}{2}\cot\alpha})\in\mathscr{V}_\alpha(\phi)$。此外，根据假设条件，对任意 $f(t)\in\mathscr{V}_\alpha(\phi)$，有

$$f(t)=\sum_{m\in\mathbf{Z}}p[m]\phi(t-m)\mathrm{e}^{-\mathrm{j}\frac{t^2-m^2}{2}\cot\alpha} \tag{6.236}$$

式中，$p[m]\in\ell^2(\mathbf{Z})$。对式(6.236)两边做 α 角度的连续分数阶傅里叶变换，则有

$$F_\alpha(u)=\sqrt{2\pi}\,\tilde{P}_\alpha(u)\Phi(u\csc\alpha) \tag{6.237}$$

式中，$F_\alpha(u)$ 和 $\tilde{P}_\alpha(u)$ 分别表示 $f(t)$ 的连续分数阶傅里叶变换和 $p[m]$ 的离散时间分数阶傅里叶变换。然后，利用式(6.237)和(6.232)，可得

$$F_\alpha(u)=2\pi\tilde{P}_\alpha(u)\tilde{\Phi}(u\csc\alpha)S(u\csc\alpha) \tag{6.238}$$

此外，根据式(6.236)，则有

$$f[n]=\sum_{m\in\mathbf{Z}}p[m]\phi[n-m]\mathrm{e}^{-\mathrm{j}\frac{n^2-m^2}{2}\cot\alpha} \tag{6.239}$$

根据前述分析，由于 $p[n],\phi[n]\in\ell^2(\mathbf{Z})$，所以 $\{f[n]\}_{n\in\mathbf{Z}}\in\ell^\infty(\mathbf{Z})$ 是被完全定义的，且当 $|n|\to\infty$ 时，$(f[n]\mathrm{e}^{\mathrm{j}\frac{n^2}{2}\cot\alpha})\to 0$。然后，对式(6.238) 两边做分数阶傅里叶逆变换并结合式(6.239) 即可得式(6.228)。

必要性：相反地，假设存在一函数 $s(t)\in L^2(\mathbf{R})$ 满足 $(s(t)\mathrm{e}^{-\mathrm{j}\frac{t^2}{2}\cot\alpha})\in\mathscr{V}_\alpha(\phi)$，且使得式(6.228) 成立，并在 $L^2(\mathbf{R})$ 意义下收敛。因为对任意 $n\in\mathbf{Z}$ 有 $\phi_{n,\alpha}(t)\in\mathscr{V}_\alpha(\phi)$，所以 $\phi_{0,\alpha}(t)\in\mathscr{V}_\alpha(\phi)$，即 $(\phi(t)\mathrm{e}^{-\mathrm{j}\frac{t^2}{2}\cot\alpha})\in\mathscr{V}_\alpha(\phi)$。于是，由式(6.228) 可得

$$\phi(t)\mathrm{e}^{-\mathrm{j}\frac{t^2}{2}\cot\alpha}=\sum_{n\in\mathbf{Z}}\phi[n]\mathrm{e}^{-\mathrm{j}\frac{n^2}{2}\cot\alpha}s(t-n)\mathrm{e}^{-\mathrm{j}\frac{t^2-n^2}{2}\cot\alpha} \tag{6.240}$$

对式(6.240) 两边做 α 角度的连续分数阶傅里叶变换，则有

$$\Phi(u\csc\alpha)=\sqrt{2\pi}\,\widetilde{\Phi}(u\csc\alpha)S(u\csc\alpha) \tag{6.241}$$

于是，根据定理 6.13，可得

$$\operatorname{supp}\widetilde{\Phi}(u\csc\alpha)\supset\bigcup_{k\in\mathbf{Z}}\operatorname{supp}\Phi(u\csc\alpha+2k\pi)=E_{\phi,\alpha}\supset\operatorname{supp}\Phi(u\csc\alpha) \tag{6.242}$$

因此，式(6.241) 可以进一步改写为

$$S(u\csc\alpha)=\begin{cases}\dfrac{\Phi(u\csc\alpha)}{\sqrt{2\pi}\,\widetilde{\Phi}(u\csc\alpha)}, & u\in E_{\phi,\alpha}\\ 0, & u\notin E_{\phi,\alpha}\end{cases} \tag{6.243}$$

因为 $S(u\csc\alpha)\in L^2(\mathbf{R})$，根据式(6.243)，则有

$$\begin{aligned}+\infty>\int_{-\infty}^{+\infty}|S(u\csc\alpha)|^2\mathrm{d}u&=\int_{-\infty}^{+\infty}\left|\frac{\Phi(u\csc\alpha)}{\sqrt{2\pi}\,\widetilde{\Phi}(u\csc\alpha)}\right|^2\chi_{E_{\phi,\alpha}}(u)\mathrm{d}u\\&=\int_0^{2\pi\sin\alpha}\frac{G_{\phi,\alpha}(u)}{|\sqrt{2\pi}\,\widetilde{\Phi}(u\csc\alpha)|^2}\chi_{E_{\phi,\alpha}}(u)\mathrm{d}u\\&\geqslant\|G_{\phi,\alpha}(u)\chi_{E_{\phi,\alpha}}(u)\|_0\int_0^{2\pi\sin\alpha}\frac{\chi_{E_{\phi,\alpha}}(u)}{|\sqrt{2\pi}\,\widetilde{\Phi}(u\csc\alpha)|^2}\mathrm{d}u\end{aligned} \tag{6.244}$$

该结果表明，式(6.227) 成立。至此，定理 6.14 证毕。

此外，对于 $\sigma\in[0,1)$，若函数 $\phi(t)\in L^2(\mathbf{R})$ 使得 $\{\phi[n+\sigma]\}_{n\in\mathbf{Z}}$ 有意义，且 $\{\phi[n+\sigma]\}_{n\in\mathbf{Z}}\in\ell^2(\mathbf{Z})$。根据式(6.172) 可知，$\phi(t)$ 的经典 Zak 变换（变换元做了尺度 $\csc\alpha$ 伸缩）可以表示为

$$Z_\phi(\sigma,u\csc\alpha)=\frac{1}{\sqrt{2\pi}}\sum_{n\in\mathbf{Z}}\phi[n+\sigma]\mathrm{e}^{-\mathrm{j}nu\csc\alpha} \tag{6.245}$$

那么，若生成函数 $\phi(t)$ 不满足条件

$$\frac{1}{\sqrt{2\pi}\,\widetilde{\Phi}(u\csc\alpha)}\chi_{E_{\phi,\alpha}}(u)\in L^2[0,2\pi\sin\alpha] \tag{6.246}$$

可以通过选择合适的参数 $\sigma\in[0,1)$，使其满足下述条件

$$\frac{1}{\sqrt{2\pi}\,Z_\phi(\sigma,u\csc\alpha)}\chi_{E_{\phi,\alpha}}(u)\in L^2[0,2\pi\sin\alpha] \tag{6.247}$$

于是,可以得到下述定理。

定理6.15 假设$\{\phi_{n,\alpha}(t)\}_{n\in\mathbf{Z}}$是$L^2(\mathbf{R})$子空间$\mathscr{V}_\alpha(\phi)$的一个框架,且有$\{\phi[n+\sigma]\}_{n\in\mathbf{Z}}\in\ell^2(\mathbf{Z})$,其中$\sigma\in[0,1)$。于是,当且仅当

$$\frac{1}{\sqrt{2\pi}Z_\phi(\sigma,u\csc\alpha)}\chi_{E_{\phi,\alpha}}(u)\in L^2[0,2\pi\sin\alpha] \tag{6.248}$$

时,存在一函数$s_\sigma(t)\in L^2(\mathbf{R})$满足$(s_\sigma(t)\mathrm{e}^{-\mathrm{j}\frac{t^2}{2}\cot\alpha})\in\mathscr{V}_\alpha(\phi)$,使得对任意$f(t)\in\mathscr{V}_\alpha(\phi)$,有

$$f(t)=\sum_{n\in\mathbf{Z}}(\mathbf{T}_{-\sigma}^{\alpha}f)(n)s_\sigma(t-n)\mathrm{e}^{-\mathrm{j}\frac{t^2-n^2}{2}\cot\alpha} \tag{6.249}$$

成立,且在$L^2(\mathbf{R})$意义下收敛。在此条件下,对a.e.$u\in\mathbf{R}$,有

$$S_\sigma(u\csc\alpha)=\begin{cases}\dfrac{\Phi(u\csc\alpha)}{\sqrt{2\pi}Z_\phi(\sigma,u\csc\alpha)}, & u\in E_{\phi,\alpha}\\ 0, & u\notin E_{\phi,\alpha}\end{cases} \tag{6.250}$$

式中,$S_\sigma(u\csc\alpha)$和$\Phi(u\csc\alpha)$分别表示$s_\sigma(t)$和$\phi(t)$的连续傅里叶变换(变换元做了尺度$\csc\alpha$伸缩)。

证明 充分性:首先假设式(6.248)成立,则对a.e.$u\in E_{\phi,\alpha}$,有$Z_\phi(\sigma,u\csc\alpha)\neq0$。于是,根据式(2.68)可知,存在一序列$\{c[n]\}_{n\in\mathbf{Z}}\in\ell^2(\mathbf{Z})$使得

$$\frac{1}{\sqrt{2\pi}Z_\phi(\sigma,u\csc\alpha)}\chi_{E_{\phi,\alpha}}(u)=\sum_{n\in\mathbf{Z}}c[n]\mathrm{e}^{\mathrm{j}\frac{n^2}{2}\cot\alpha-\mathrm{j}nu\csc\alpha} \tag{6.251}$$

在$L^2[0,2\pi\sin\alpha]$上成立。由于$Z_\phi(\sigma,u\csc\alpha)$是周期$2\pi\sin\alpha$的函数,则有

$$\begin{aligned}\int_{E_{\phi,\alpha}}\left|\frac{\Phi(u\csc\alpha)}{\sqrt{2\pi}Z_\phi(\sigma,u\csc\alpha)}\right|^2\mathrm{d}u&=\int_{-\infty}^{+\infty}\left|\frac{\Phi(u\csc\alpha)}{\sqrt{2\pi}Z_\phi(\sigma,u\csc\alpha)}\right|^2\chi_{E_{\phi,\alpha}}(u)\mathrm{d}u\\&=\int_0^{2\pi\sin\alpha}\frac{G_{\phi,\alpha}(u)\chi_{E_{\phi,\alpha}}(u)}{|\sqrt{2\pi}Z_\phi(\sigma,u\csc\alpha)|^2}\mathrm{d}u\\&\leqslant\|G_{\phi,\alpha}(u)\chi_{E_{\phi,\alpha}}(u)\|_\infty\int_0^{2\pi\sin\alpha}\frac{\chi_{E_{\phi,\alpha}}(u)}{|\sqrt{2\pi}Z_\phi(\sigma,u\csc\alpha)|^2}\mathrm{d}u\end{aligned} \tag{6.252}$$

这表明,$\dfrac{\Phi(u\csc\alpha)}{\sqrt{2\pi}Z_\phi(\sigma,u\csc\alpha)}\chi_{E_{\phi,\alpha}}(u)\in L^2(\mathbf{R})$。于是,可以令

$$S_\sigma(u\csc\alpha)=\mathfrak{F}\{s_\sigma(t)\}(u\csc\alpha)\stackrel{\Delta}{=}\frac{\Phi(u\csc\alpha)}{\sqrt{2\pi}Z_\phi(\sigma,u\csc\alpha)}\chi_{E_{\phi,\alpha}}(u) \tag{6.253}$$

其中,$\mathfrak{F}$为傅里叶变换算子。将式(6.251)代入(6.253),得到

$$S_\sigma(u\csc\alpha)=\Phi(u\csc\alpha)\sum_{n\in\mathbf{Z}}c[n]\mathrm{e}^{\mathrm{j}\frac{n^2}{2}\cot\alpha-\mathrm{j}nu\csc\alpha} \tag{6.254}$$

由此并结合分数阶傅里叶变换与傅里叶变换的关系[39],则有

$$\mathscr{F}^\alpha\{s_\sigma(t)\mathrm{e}^{\mathrm{j}\frac{t^2}{2}\cot\alpha}\}(u)=\sqrt{2\pi}A_\alpha\mathrm{e}^{\mathrm{j}\frac{u^2}{2}\cot\alpha}S_\sigma(u\csc\alpha)=\sqrt{2\pi}\widetilde{C}_\alpha(u)\Phi(u\csc\alpha) \tag{6.255}$$

其中,$\widetilde{C}_\alpha(u)$表示$c[n]$的离散时间分数阶傅里叶变换。然后,根据式(3.122)和(3.121),可得

$$s_\sigma(t)\mathrm{e}^{-\mathrm{j}\frac{t^2}{2}\cot\alpha}=\sum_{n\in\mathbf{Z}}c[n]\phi(t-n)\mathrm{e}^{-\mathrm{j}\frac{t^2-n^2}{2}\cot\alpha} \tag{6.256}$$

因此,有$s_\sigma(t)\mathrm{e}^{-\mathrm{j}\frac{t^2}{2}\cot\alpha}\in\mathscr{V}_\alpha(\phi)$,这是因为函数序列$\{\phi_{n,\alpha}(t)\}_{n\in\mathbf{Z}}$是空间$\mathscr{V}_\alpha(\phi)$的一个框架。此

外，根据定理假设，对任意的 $f(t) \in \mathscr{V}_\alpha(\phi)$，存在一序列 $\{p[m]\}_{m\in\mathbf{Z}} \in \ell^2(\mathbf{Z})$，使得

$$f(t) = \sum_{m\in\mathbf{Z}} p[m]\phi(t-m)\mathrm{e}^{-\mathrm{j}\frac{t^2-m^2}{2}\cot\alpha} \tag{6.257}$$

成立。于是，由式(3.121) 和(3.122)，得到

$$F_\alpha(u) = \sqrt{2\pi}\,\widetilde{P}_\alpha(u)\Phi(u\csc\alpha) \tag{6.258}$$

其中，$F_\alpha(u)$ 和 $\widetilde{P}_\alpha(u)$ 分别表示 $f(t)$ 的连续分数阶傅里叶变换和 $p[m]$ 的离散时间分数阶傅里叶变换。同时，根据式(6.254)，可得

$$\operatorname{supp} S_\sigma(u\csc\alpha) \subset \operatorname{supp} \Phi(u\csc\alpha) \subset E_{\phi,\alpha} \tag{6.259}$$

由此并结合式(6.253) 和(6.258)，则有

$$F_\alpha(u) = 2\pi\widetilde{P}_\alpha(u)Z_\phi(\sigma, u\csc\alpha)S_\sigma(u\csc\alpha) \tag{6.260}$$

此外，根据式(6.257)，令

$$f[n] = \sum_{m\in\mathbf{Z}} p[m]\phi[n-m]\mathrm{e}^{-\mathrm{j}\frac{n^2-m^2}{2}\cot\alpha} \tag{2.261}$$

由于 $p[n]$ 和 $\phi[n]$ 都属于 $\ell^2(\mathbf{Z})$，则 $\{f[n]\}_{n\in\mathbf{Z}}$ 是被完全定义的。然后，对式(6.260) 两边进行分数阶傅里叶逆变换并结合式(6.261) 即可导出式(6.249)。

必要性：相反地，假设存在一函数 $s_\sigma(t) \in L^2(\mathbf{R})$ 满足

$$s_\sigma(t)\mathrm{e}^{-\mathrm{j}\frac{t^2}{2}\cot\alpha} \in \mathscr{V}_\alpha(\phi) \tag{6.262}$$

并使得式(6.249) 成立，且在 $L^2(\mathbf{R})$ 意义下收敛。由于 $\phi_{n,\alpha}(t) \in \mathscr{V}_\alpha(\phi)$ 对任意的 $n \in \mathbf{Z}$ 都成立，因此有 $\phi_{0,\alpha}(t) \in \mathscr{V}_\alpha(\phi)$，即

$$\phi(t)\mathrm{e}^{-\frac{t^2}{2}\cot\alpha} \in \mathscr{V}_\alpha(\phi) \tag{6.263}$$

于是，将式(6.249) 中 $f(t)$ 替换成 $\phi(t)\mathrm{e}^{-\mathrm{j}\frac{t^2}{2}\cot\alpha}$，得到

$$\phi(t)\mathrm{e}^{-\mathrm{j}\frac{t^2}{2}\cot\alpha} = \sum_{n\in\mathbf{Z}} \phi[n+\sigma]s_\sigma(t-n)\mathrm{e}^{-\mathrm{j}\frac{t^2}{2}\cot\alpha} \tag{6.264}$$

对式(6.264) 两边进行 α 角度的连续分数阶傅里叶变换，则有

$$\Phi(u\csc\alpha) = \sqrt{2\pi}\,Z_\phi(\sigma, u\csc\alpha)S_\sigma(u\csc\alpha) \tag{6.265}$$

这表明，对 a. e. $u \in \mathbf{R}$，有

$$\operatorname{supp} \Phi(u\csc\alpha) \subset \operatorname{supp} Z_\phi(\sigma, u\csc\alpha) \tag{6.266}$$

$$\operatorname{supp} \Phi(u\csc\alpha) \subset \operatorname{supp} S_\sigma(u\csc\alpha) \tag{6.267}$$

由于 $Z_\phi(\sigma, u\csc\alpha)$ 是周期 $2\pi\sin\alpha$ 的函数，则对任意的 $k \in \mathbf{Z}$，有

$$\operatorname{supp} \Phi(u\csc\alpha + 2k\pi) \subset \operatorname{supp} Z_\phi(\sigma, u\csc\alpha) \tag{6.268}$$

同时，有

$$\bigcup_{k\in\mathbf{Z}} \operatorname{supp} \Phi(u\csc\alpha + 2k\pi) = E_{\phi,\alpha} \tag{6.269}$$

成立。否则，存在一个非零测度子集 $\delta(|\delta| \neq 0)$ 使得

$$\delta = E_{\phi,\alpha} - \bigcup_{k\in\mathbf{Z}} \operatorname{supp} \Phi(u\csc\alpha + 2k\pi) \tag{6.270}$$

于是，对任意的 $u \in \delta$ 和所有的 $k \in \mathbf{Z}$，有 $\Phi(u\csc\alpha + 2k\pi) = 0$ 成立。因此，对任意的 $u \in \delta$，有

$$G_{\phi,\alpha}(u) = 0 \tag{6.271}$$

然而，这与 $\delta \subset E_{\phi,\alpha}$ 矛盾。因此，可得

$$\bigcup_{k\in\mathbf{Z}} \operatorname{supp} \Phi(u\csc\alpha+2k\pi) \subset E_{\phi,\alpha} \tag{6.272}$$

此外，容易得到

$$\bigcup_{k\in\mathbf{Z}} \operatorname{supp} \Phi(u\csc\alpha+2k\pi) \supset E_{\phi,\alpha} \tag{6.273}$$

基于前述分析，则有

$$\operatorname{supp} Z_\phi(\sigma,u\csc\alpha) \supset \bigcup_{k\in\mathbf{Z}} \operatorname{supp} \Phi(u\csc\alpha+2k\pi) = E_{\phi,\alpha} \supset \operatorname{supp} \Phi(u\csc\alpha) \tag{6.274}$$

由此，可将式(6.265) 改写为

$$S_\sigma(u\csc\alpha)=\begin{cases}\dfrac{\Phi(u\csc\alpha)}{\sqrt{2\pi}\,Z_\phi(\sigma,u\csc\alpha)}, & u\in E_{\phi,\alpha}\\ 0, & u\notin E_{\phi,\alpha}\end{cases} \tag{6.275}$$

由于 $S_\sigma(u\csc\alpha)\in L^2(\mathbf{R})$，则利用式(6.275)，得到

$$\begin{aligned}\infty &> \int_{-\infty}^{+\infty} |S_\sigma(u\csc\alpha)|^2 \mathrm{d}u = \int_{-\infty}^{+\infty} \left|\frac{\Phi(u\csc\alpha)}{\sqrt{2\pi}\,Z_\phi(\sigma,u\csc\alpha)}\right|^2 \chi_{E_{\phi,\alpha}}(u)\mathrm{d}u\\ &= \int_0^{2\pi\sin\alpha} \frac{G_{\phi,\alpha}(u)}{|\sqrt{2\pi}\,Z_\phi(\sigma,u\csc\alpha)|^2}\chi_{E_{\phi,\alpha}}(u)\mathrm{d}u\\ &\geqslant \| G_{\phi,\alpha}(u)\chi_{E_{\phi,\alpha}}(u)\|_0 \int_0^{2\pi\sin\alpha} \frac{\chi_{E_{\phi,\alpha}}(u)}{|\sqrt{2\pi}\,Z_\phi(\sigma,u\csc\alpha)|^2}\mathrm{d}u\end{aligned} \tag{6.276}$$

这表明，式(6.248) 成立。至此，定理 6.15 证毕。

进一步地，由定理 6.15 可以直接给出下述推论。

推论 6.2 假设 $\{\phi_{n,\alpha}(t)\}_{n\in\mathbf{Z}}$ 是 $L^2(\mathbf{R})$ 子空间 $\mathscr{V}_\alpha(\phi)$ 的一个 Riesz 基，且有 $\{\phi[n+\sigma]\}_{n\in\mathbf{Z}}\in \ell^2(\mathbf{Z})$，其中 $\sigma\in[0,1)$。于是，当且仅当

$$\frac{1}{\sqrt{2\pi}\,Z_\phi(\sigma,u\csc\alpha)} \in L^2[0,2\pi\sin\alpha] \tag{6.277}$$

时，存在一函数 $s_\sigma(t)\in L^2(\mathbf{R})$ 满足

$$s_\sigma(t)\mathrm{e}^{-\mathrm{j}\frac{t^2}{2}\cot\alpha} \in \mathscr{V}_\alpha(\phi) \tag{6.278}$$

使得对任意 $f(t)\in\mathscr{V}_\alpha(\phi)$，有

$$f(t)=\sum_{n\in\mathbf{Z}} (\boldsymbol{T}_{-\sigma}^{\alpha} f)(n)s_\sigma(t-n)\mathrm{e}^{-\mathrm{j}\frac{t^2-n^2}{2}\cot\alpha} \tag{6.279}$$

成立，且在 $L^2(\mathbf{R})$ 意义下收敛。在此条件下，对 a.e. $u\in\mathbf{R}$，有

$$S_\sigma(u\csc\alpha)=\frac{\Phi(u\csc\alpha)}{\sqrt{2\pi}\,Z_\phi(\sigma,u\csc\alpha)} \tag{6.280}$$

式中，$S_\sigma(u\csc\alpha)$ 和 $\Phi(u\csc\alpha)$ 分别表示 $s_\sigma(t)$ 和 $\phi(t)$ 的连续傅里叶变换(变换元做了尺度 $\csc\alpha$ 伸缩)。

3. 数值算例

例 6.1 令 $\phi(t)\in L^2(\mathbf{R})$ 满足

$$\Phi(u\csc\alpha)=\chi_{[0,4\pi\sin\alpha\sigma]}(u) \tag{6.281}$$

其中，$0<\sigma<\frac{1}{2}$。于是，可得

$$G_{\phi,\alpha}(u)=\chi_{[0,4\pi\sin\alpha\sigma]}(u),\quad u\in[0,2\pi\sin\alpha] \tag{6.282}$$

此外，利用傅里叶变换的 Poisson 求和公式[149]，则有

$$\widetilde{\Phi}(u\csc\alpha)=\sum_{k\in\mathbf{Z}}\Phi(u\csc\alpha+2k\pi) \tag{6.283}$$

进一步地，得到

$$\widetilde{\Phi}(u\csc\alpha)\chi_{[0,2\pi\sin\alpha]}(u)=\chi_{[0,4\pi\sin\alpha\sigma]}(u) \tag{6.284}$$

根据定理 6.11 可知，$\{\phi_{n,\alpha}(t)\}_{n\in\mathbf{Z}}$ 是 $\mathscr{V}_\alpha(\phi)$ 的一个框架而不是 Riesz 基。因此，函数空间 Riesz 基下的分数阶采样定理不能直接应用于该函数 $\phi(t)$。然而，很容易验证

$$\frac{1}{\sqrt{2\pi}\,\widetilde{\Phi}(u\csc\alpha)}\chi_{E_{\phi,\alpha}}(u)\in L^2[0,2\pi\sin\alpha] \tag{6.285}$$

这表明，函数 $\phi(t)$ 满足定理 6.14 的条件。于是，利用定理 6.14，可得

$$S(u\csc\alpha)=\frac{\Phi(u\csc\alpha)}{\sqrt{2\pi}\,\widetilde{\Phi}(u\csc\alpha)}\chi_{E_{\phi,\alpha}}(u)=\frac{1}{\sqrt{2\pi}}\chi_{[0,4\pi\sin\alpha\sigma)}(u) \tag{6.286}$$

进而，可以得到式(6.228)中的重构函数 $s(t)$，即

$$s(t)=2\sigma e^{j2\pi\sigma t}\operatorname{sinc}(2\sigma t) \tag{6.287}$$

例 6.2　选取函数 $\phi(t)$ 为二阶 B－样条函数 $\beta^2(t)$，即

$$\phi(t)=\beta^2(t)=\begin{cases}\dfrac{1}{2}t^2, & 0\leqslant t<1\\[2mm] 3t-t^2-\dfrac{3}{2}, & 1\leqslant t<2\\[2mm] \dfrac{1}{2}(3-t)^2, & 2\leqslant t<3\end{cases} \tag{6.288}$$

根据文献[151]可得

$$\Phi(u\csc\alpha)=\frac{1}{\sqrt{2\pi}}\left(\frac{1-e^{-ju\csc\alpha}}{ju\csc\alpha}\right)^3 \tag{6.289}$$

于是，有

$$G_{\phi,\alpha}(u)=\frac{1}{6\pi}+\frac{1}{3\pi}\cos^2\left(\frac{u\csc\alpha}{2}\right) \tag{6.290}$$

再根据定理 6.5 可知，函数序列 $\{\phi_{n,\alpha}(t)\}_{n\in\mathbf{Z}}$ 是 $\mathscr{V}_\alpha(\phi)$ 的一个 Riesz 基。此外，可以看出，函数 $\beta^2(t)$ 在区间[0,3)上整数点的值分别为

$$\beta^2(0)=0 \tag{6.291}$$

$$\beta^2(1)=\beta^2(2)=\frac{1}{2} \tag{6.292}$$

由此可得

$$\widetilde{\Phi}(u\csc\alpha)=\frac{1}{2\sqrt{2\pi}}(e^{-ju\csc\alpha}+e^{-j2u\csc\alpha}) \tag{6.293}$$

容易验证，$\widetilde{\Phi}(u\csc\alpha)$ 在 $u=\pi\sin\alpha\in[0,2\pi\sin\alpha]$ 处的值为零。这表明，$\dfrac{1}{\sqrt{2\pi}\,\widetilde{\Phi}(u\csc\alpha)}$ 不是 $L^2[0,2\pi\sin\alpha]$ 上的函数，即

$$\frac{1}{\sqrt{2\pi}\,\widetilde{\Phi}(u\csc\alpha)}\notin L^2[0,2\pi\sin\alpha] \tag{6.294}$$

因此，定理 6.7 给出的分数阶采样定理无法直接应用于函数 $\phi(t)$。进一步地，可以得到

$$Z_{\phi}(\frac{1}{2},u\csc\alpha)=\frac{1}{8\sqrt{2\pi}}(1+6\mathrm{e}^{-\mathrm{j}u\csc\alpha}+\mathrm{e}^{-\mathrm{j}2u\csc\alpha}) \tag{6.295}$$

则有

$$\frac{1}{\sqrt{2\pi}Z_{\phi}(\frac{1}{2},u\csc\alpha)}\in L^2[0,2\pi\sin\alpha] \tag{6.296}$$

这表明,推论 6.2 中的分数阶采样定理可以应用于函数 $\phi(t)$。同时,考虑到多项式 $1+6z+z^2$ 具有零点

$$z_1=-3-2\sqrt{2} \tag{6.297}$$

$$z_2=-3+2\sqrt{2} \tag{6.298}$$

于是根据 Laurent 级数[152] 即可求得$\dfrac{1}{\sqrt{2\pi}Z_{\phi}(\frac{1}{2},u\csc\alpha)}$。然后,根据

$$S_{1/2}(u\csc\alpha)=\frac{8\left(\dfrac{1-\mathrm{e}^{-\mathrm{j}u\csc\alpha}}{\mathrm{j}u\csc\alpha}\right)^3}{\sqrt{2\pi}(1+6\mathrm{e}^{-\mathrm{j}u\csc\alpha}+\mathrm{e}^{-\mathrm{j}2u\csc\alpha})} \tag{6.299}$$

便可求得式(6.279) 中的重构函数 $s_{1/2}(t)$,即

$$s_{1/2}(t)=\sqrt{2}\sum_{n=0}^{\infty}(2\sqrt{2}-3)^{n+1}\beta^2(t-n)+\sqrt{2}\sum_{n=0}^{\infty}(2\sqrt{2}-3)^{n}\beta^2(t+n+1) \tag{6.300}$$

6.5 分数域带限信号的外推理论

可以看出,前述讨论的分数阶采样重构需要使用信号全部的时域信息。然而,在实际应用中,有时只能获取信号部分的时域信息。接下来,将针对分数域带限信号进一步讨论如何利用有限的截断信号恢复出整个信号的问题,即所谓的分数域带限信号的外推。在通信系统中,信号通常是带宽受限的。我们知道,带限信号在时域上是无限长的,实际观测时只能取有限长的一段信号值。因此,有必要研究基于部分时域信息实现信号的完全重构。

6.5.1 分数阶长椭球波函数

设 $f(t)$ 是 Ω－分数域带限信号,且其在区间$[-T,+T]$($T>0$)上的值是已知的。外推就是利用 $f(t)$ 在区间$[-T,+T]$ 内的已知值获取该区间以外的值。为此,首先引入分数阶长椭球波函数的概念。

如式(3.253) 和(3.254) 所示,将截断算子 $\mathfrak{D}_T$ 和 $\mathfrak{B}_\Omega$ 作用于时域信号 $f(t)$,则有

$$\mathfrak{D}_T f(t)=\begin{cases}f(t), & |t|\leqslant T\\ 0, & \text{其他}\end{cases} \tag{6.301}$$

$$\mathfrak{B}_\Omega f(t)=\mathscr{F}^{-\alpha}[\mathfrak{D}_\Omega F_\alpha(u)](t) \tag{6.302}$$

式中,$F_\alpha(u)$ 表示 $f(t)$ 的分数阶傅里叶变换。根据时域广义分数阶卷积定义,式(6.302) 可以改写为

$$\mathfrak{B}_\Omega f(t)=f(t)\Theta_{\alpha,\alpha,\pi/2}\frac{\sin(t\Omega\csc\alpha)}{\pi t} \tag{6.303}$$

在研究方程[61]

$$(\mathfrak{D}_T\phi(t))\Theta_{\alpha,\alpha,\pi/2}\ \frac{\sin(t\Omega\csc\alpha)}{\pi t}=\lambda\phi(t) \tag{6.304}$$

的特征值问题时，通常将该方程的特征函数 $\phi_k(t)$ 称为分数阶长椭球波函数，相应的特征记为 $\lambda_k, k=0,1,2,\cdots$，它们具有下述特性：

① 存在特征值

$$1>\lambda_0>\lambda_1>\cdots>\lambda_k>\cdots>0,\quad \lim_{k\to\infty}\lambda_k=0 \tag{6.305}$$

② 记特征值 λ_k 所对应的特征函数为 $\phi_k(t)$，则 $\phi_k(t)$ 满足

$$\int_{-\infty}^{+\infty}\phi_k(t)\phi_l^*(t)\mathrm{d}t=\delta(k-l) \tag{6.306}$$

$$\int_{-T}^{+T}\phi_k(t)\phi_l^*(t)\mathrm{d}t=\lambda_k\delta(k-l) \tag{6.307}$$

③ 任意的 Ω－分数域带限信号 $f(t)$ 可展开成分数阶长椭球波函数的级数

$$f(t)=\sum_{k=0}^{+\infty}\eta_k\phi_k(t),\quad t\in\mathbf{R} \tag{6.308}$$

式中，展开系数 η_k 满足

$$\eta_k=\int_{-\infty}^{+\infty}f(t)\phi_k^*(t)\mathrm{d}t \tag{6.309}$$

由于 $f(t)$ 是能量有限的，因此有

$$\|f(t)\|_{L^2}^2=\sum_{k=0}^{+\infty}|\eta_k|^2<+\infty \tag{6.310}$$

④ 任意的 $g(t)\in L^2[-T,+T]$ 在 $[-T,+T]$ 上都可以展开为

$$g(t)=\sum_{k=0}^{\infty}\zeta_k\phi_k(t),\quad t\in[-T,T] \tag{6.311}$$

式中，展开系数 ζ_k 满足

$$\zeta_k=\frac{1}{\lambda_k}\int_{-T}^{+T}g(t)\phi_k^*(t)\mathrm{d}t \tag{6.312}$$

于是，有

$$\int_{-T}^{+T}|g(t)|^2\mathrm{d}t=\sum_{k=0}^{+\infty}\lambda_k|\zeta_k|^2<+\infty \tag{6.313}$$

记 $\mathfrak{V}_\alpha^\Omega$ 为 Ω－分数域带限函数的全体构成的函数空间。可以看出，$\{\phi_k(t)\}$ 是空间 $\mathfrak{V}_\alpha^\Omega$ 和 $L^2[-T,+T]$ 的完备正交系。

此外，记 $\hat{\Phi}_{k,\alpha}(u)$ 和 $\Phi_{k,\alpha}(u)$ 分别表示 $\mathfrak{D}_T\phi_k(t)$ 和 $\phi_k(t)$ 的连续分数阶傅里叶变换。由于 $\phi_k(t)$ 是式(6.304) 中方程的特征函数，则有

$$(\mathfrak{D}_T\phi_k(t))\Theta_{\alpha,\alpha,\pi/2}\ \frac{\sin(t\Omega\csc\alpha)}{\pi t}=\lambda_k\phi_k(t) \tag{6.314}$$

对式(6.314) 两边进行 α 角度 $\hat{\Phi}$ 的连续分数阶傅里叶变换，并结合式(6.301)，得到

$$\mathfrak{D}_\Omega\hat{\Phi}_{k,\alpha}(u)=\lambda_k\Phi_{k,\alpha}(u) \tag{6.315}$$

再根据式(6.301) 可知，对任意的 $k\in\mathbf{N}$，有 $\phi_k(t)\in\mathfrak{V}_\alpha^\Omega$，即

$$\Phi_{k,\alpha}(u)=0,\quad |u|\geqslant\Omega \tag{6.316}$$

此外，利用式(6.316) 和(6.301)，可得

$$\mathfrak{D}_{\Omega}\Phi_{k,\alpha}(u)=\Phi_{k,\alpha}(u) \tag{6.317}$$

对式(6.317) 两边进行 α 角度的分数阶傅里叶逆变换，并结合时域广义分数阶卷积的定义，则有

$$\phi_k(t)\Theta_{\alpha,\alpha,\pi/2}\frac{\sin(t\Omega\csc\alpha)}{\pi t}=\phi_k(t) \tag{6.318}$$

6.5.2 分数域带限信号的外推原理

现在，给出分数域带限信号的外推原理及实现方法。这里主要讨论连续信号的外推且不考虑噪声的影响。

定理 6.16 设函数 $f(t)\in\mathfrak{B}_{\alpha}^{\Omega}$，且已知其在区间 $[-T,+T](T>0)$ 上的值，则对任意 $t\in\mathbf{R}$，求解下述方程：

$$\begin{cases}f_{n+1}(t)=[f_n(t)+\mathfrak{D}_T(f(t)-f_n(t))]\Theta_{\alpha,\alpha,\pi/2}\dfrac{\sin(t\Omega\csc\alpha)}{\pi t}, & n\geqslant 0\\ f_0(t)=0\end{cases} \tag{6.319}$$

当 $n\to\infty$ 时，有

$$f_n(t)\to f(t) \tag{6.320}$$

证明 因为 $f(t)\in\mathfrak{B}_{\alpha}^{\Omega}$，根据式(6.308)，可得

$$f(t)=\sum_{k=0}^{+\infty}\eta_k\phi_k(t),\quad t\in\mathbf{R} \tag{6.321}$$

很显然，$f_n(t)\in\mathfrak{B}_{\alpha}^{\Omega}$，同样有

$$f_n(t)=\sum_{k=0}^{+\infty}\eta_{n,k}\phi_k(t),\quad t\in\mathbf{R} \tag{6.322}$$

此外，利用式(6.304)，得到

$$(\mathfrak{D}_T\phi_k(t))\Theta_{\alpha,\alpha,\pi/2}\frac{\sin(t\Omega\csc\alpha)}{\pi t}=\lambda_k\phi_k(t) \tag{6.323}$$

将式(6.321)、(6.322)、(6.323) 和(6.318) 代入式(6.319)，则有

$$\begin{cases}\displaystyle\sum_{k=0}^{+\infty}\eta_{n+1,k}\phi_k(t)=\sum_{k=0}^{+\infty}(\eta_{n,k}+\lambda_k(\eta_k-\eta_{n,k}))\phi_k(t)\\ \displaystyle\sum_{k=0}^{+\infty}\eta_{0,k}\varphi_k(t)=0\end{cases} \tag{6.324}$$

然后，利用式(6.306) 和(6.307)，得到

$$\begin{cases}\eta_{n+1,k}=(1-\lambda_k)\eta_{n,k}+\lambda_k\eta_k\\ \eta_{0,k}=0\end{cases} \tag{6.325}$$

于是，可以求得

$$\eta_{n,k}=\eta_k[1-(1-\lambda_k)^n] \tag{6.326}$$

将式(6.326) 代入式(6.322)，则有

$$f_n(t)=\sum_{k=0}^{+\infty}\eta_k[1-(1-\lambda_k)^n]\phi_k(t),\quad t\in\mathbf{R} \tag{6.327}$$

那么，误差函数

$$e_n(t)=f(t)-f_n(t) \tag{6.328}$$

可以写为

$$e_n(t)=\sum_{k=0}^{+\infty}\eta_k(1-\lambda_k)^n\phi_k(t) \tag{6.329}$$

其能量为

$$\boldsymbol{E}_{e_n}=\int_{-\infty}^{+\infty}|e_n(t)|^2\mathrm{d}t=\sum_{k=0}^{+\infty}\eta_k^2(1-\lambda_k)^{2n} \tag{6.330}$$

因为

$$\boldsymbol{E}_f=\int_{-\infty}^{+\infty}|f(t)|^2\mathrm{d}t=\sum_{k=0}^{+\infty}|\eta_k|^2<+\infty \tag{6.331}$$

所以，对任意给定的 $\varepsilon>0$，总可以找到一正整数 N 使得

$$\sum_{k>N}|\eta_k|^2<\varepsilon \tag{6.332}$$

此外，根据式(6.305)，可得

$$1-\lambda_k<1 \tag{6.333}$$

$$1-\lambda_k\leqslant 1-\lambda_N,\quad k\leqslant N \tag{6.334}$$

于是，利用式(6.331)、(6.332) 和(6.333)，可得

$$\begin{aligned}\boldsymbol{E}_{e_n}&=\sum_{k=0}^{N}\eta_k^2(1-\lambda_k)^{2n}+\sum_{k>N}\eta_k^2(1-\lambda_k)^{2n}<(1-\lambda_N)^{2n}\sum_{k=0}^{N}\eta_k^2+\sum_{k>N}\eta_k^2\\&<(1-\lambda_N)^{2n}\boldsymbol{E}_f+\varepsilon\end{aligned} \tag{6.335}$$

因为 ε 可以任意小，并且当 $n\to\infty$ 时，有

$$(1-\lambda_N)^{2n}\to 0 \tag{6.336}$$

所以，当 $n\to\infty$ 时，有

$$\boldsymbol{E}_{e_n}\to 0 \tag{6.337}$$

此外，记 $F_\alpha(u)$、$F_{n,\alpha}(u)$ 和 $E_{n,\alpha}(u)$ 分别表示 $f(t)$、$f_n(t)$ 和 $e_n(t)$ 的连续分数阶傅里叶变换，则有

$$E_{n,\alpha}(u)=F_\alpha(u)-F_{n,\alpha}(u) \tag{6.338}$$

显然，有

$$E_{n,\alpha}(u)=0,\quad |u|\geqslant\Omega \tag{6.339}$$

因此，可得

$$\begin{aligned}|e_n(t)|&=\left|\int_{-\Omega}^{+\Omega}E_{n,\alpha}(u)K_{-\alpha}(u,t)\mathrm{d}u\right|\leqslant\left[\int_{-\Omega}^{+\Omega}|E_{n,\alpha}(u)|^2\mathrm{d}u\int_{-\Omega}^{+\Omega}|K_{-\alpha}(u,t)|^2\mathrm{d}u\right]^{\frac{1}{2}}\\&=\sqrt{\frac{\Omega\boldsymbol{E}_{e_n}}{\pi|\sin\alpha|}}\end{aligned} \tag{6.340}$$

故当 $n\to\infty$ 时，$e_n(t)\to 0$，即式(6.320) 成立。于是，定理 6.16 得证。

6.5.3　分数域带限信号的快速外推算法

为简化分析，首先引入下述符号：

$$x(t)=\mathfrak{D}_Tf(t) \tag{6.341}$$

$$\mathfrak{M}_Tf(t)=(1-\mathfrak{D}_T)f(t) \tag{6.342}$$

根据定理 6.16，并利用以下迭代公式

$$\begin{cases} x_n(t) = x(t) + \mathfrak{M}_T \mathfrak{B}_\Omega x_{n-1}(t), \quad n \geqslant 1 \\ x_0(t) = x(t) \end{cases} \tag{6.343}$$

当 $n \to \infty$ 时，有

$$x_n(t) \to f(t) = x(t) + \mathfrak{M}_T f(t) \tag{6.344}$$

在式(6.343)中，一次迭代需要分数阶傅里叶变换及其逆变换的数值计算各一次。设分数阶傅里叶变换计算的数据长度为 N，则 M_1 次迭代的计算复杂度为 $O(2M_1 N\log_2 N)$。若经过 n 次迭代即可恢复出 $f(t), t \in \mathbf{R}$，根据式(6.330)可知，n 次迭代的均方误差为

$$\boldsymbol{E}_{e_n} = \sum_{k=0}^{+\infty} \eta_k^2 (1-\lambda_k)^{2n} \tag{6.345}$$

式中，λ_k 是式(6.304)中方程的特征值。根据分数阶长椭球波函数的性质[61]，λ_k 随着 ΩT 的增大而增大。特别地，当 $\Omega T \to \infty$ 时，$\lambda_k \to 0$。因此，ΩT 越大，需要迭代的次数越少。此外，迭代的误差 $\boldsymbol{E}_{e_n}$ 还取决于系数 η_k。若 n 很小，则式(6.345)中$(1-\lambda_k)$的高次幂项对误差的贡献就小。然而，随着 n 的增大，$(1-\lambda_k)$的高次幂项对误差 $\boldsymbol{E}_{e_n}$ 的影响也就越来越显著。这是因为当 $k \to \infty$ 时，$1-\lambda_k \to 1$。因此，式(6.343)中迭代的收敛速度比较慢。下面介绍一种加速迭代收敛的方法。

经过式(6.343)中第 n 次迭代后，可得

$$x_n(t) = x(t) + \sum_{r=1}^{n} (\mathfrak{M}_T \mathfrak{B}_\Omega)^r x(t) \tag{6.346}$$

再结合式(6.344)可以看出，定理 6.16 中对 $f(t)$ 的迭代逼近实质上可以等价于利用函数 $((\mathfrak{M}_T \mathfrak{B}_\Omega)^r x)(t)(r=1,2,\cdots,n)$ 的线性组合来逼近函数 $(\mathfrak{M}_T f)(t)$，并且组合系数均为 1。因此，选择一种能够最佳逼近函数 $(\mathfrak{M}_T f)(t)$ 的 $((\mathfrak{M}_T \mathfrak{B}_\Omega)^r x)(t)(r=1,2,\cdots,n)$ 的线性组合，有利于加快迭代的收敛速度。在 $L^2(\mathbf{R})$ 意义收敛下，最佳线性组合系数可由

$$\arg \min_{(p_1, p_2, \cdots, p_n)} \left\| \mathfrak{M}_T f(t) - \sum_{r=1}^{n} p_r (\mathfrak{M}_T \mathfrak{B}_\Omega)^r x(t) \right\|^2 \tag{6.347}$$

确定。根据投影定理[148]可知，在 $L^2(\mathbf{R})$ 意义收敛下，函数 $(\mathfrak{M}_T f)(t)$ 的最佳逼近可以通过 $(\mathfrak{M}_T f)(t)$ 在由函数 $((\mathfrak{M}_T \mathfrak{B}_\Omega)^r x)(t)(r=1,2,\cdots,n)$ 张成空间 S 中的正交投影得到。具体地说，最佳逼近可以通过将 $(\mathfrak{M}_T f)(t)$ 向空间 S 的一组正交基投影得到。这里，可以利用修正的 Gram－Schmidt(MGS) 算法[155]来构造空间 S 的正交基。为了得到 $(\mathfrak{M}_T f)(t)$ 在 S 的一组正交基上的投影，需要计算 $(\mathfrak{M}_T f)(t)$ 和 $((\mathfrak{M}_T \mathfrak{B}_\Omega)^r x)(t)(r=1,2,\cdots,n)$ 的内积。由于 $(\mathfrak{M}_T f)(t)$ 是未知的，需要进行相应的转化。首先，利用算子 $\mathfrak{B}_\Omega$ 的 Hermite 性质，可得

$$\begin{aligned} \langle \mathfrak{M}_T f, (\mathfrak{M}_T \mathfrak{B}_\Omega)^n x \rangle &= \langle \mathfrak{M}_T f, \mathfrak{B}_\Omega (\mathfrak{M}_T \mathfrak{B}_\Omega)^{n-1} x \rangle \\ &= \langle f, \mathfrak{B}_\Omega (\mathfrak{M}_T \mathfrak{B}_\Omega)^{n-1} x \rangle - \langle x, \mathfrak{B}_\Omega (\mathfrak{M}_T \mathfrak{B}_\Omega)^{n-1} x \rangle \\ &= \langle \mathfrak{M}_T f, (\mathfrak{M}_T \mathfrak{B}_\Omega)^{n-1} x \rangle - \langle x, \mathfrak{B}_\Omega (\mathfrak{M}_T \mathfrak{B}_\Omega)^{n-1} x \rangle \end{aligned} \tag{6.348}$$

可以看出，式(6.348)中的内积运算是一个递归过程，直到出现

$$\langle \mathfrak{M}_T f, (\mathfrak{M}_T \mathfrak{B}_\Omega) x \rangle = \langle f - x, \mathfrak{B}_\Omega x \rangle = \langle x, x \rangle - \langle x, \mathfrak{B}_\Omega x \rangle \tag{6.349}$$

内积项时，递归过程才结束。此外，需要计算 $((\mathfrak{M}_T \mathfrak{B}_\Omega)^k x)(t)$ 与 $((\mathfrak{M}_T \mathfrak{B}_\Omega)^l x)(t)$ 内积，即

$$\begin{aligned} \langle (\mathfrak{M}_T \mathfrak{B}_\Omega)^k x, (\mathfrak{M}_T \mathfrak{B}_\Omega)^l x \rangle &= \langle (\mathfrak{M}_T \mathfrak{B}_\Omega)^{k-2} x, \mathfrak{B}_\Omega \mathfrak{M}_T \mathfrak{B}_\Omega \mathfrak{M}_T (\mathfrak{M}_T \mathfrak{B}_\Omega)^l x \rangle \\ &= \langle (\mathfrak{M}_T \mathfrak{B}_\Omega)^{k-2} x, \mathfrak{B}_\Omega (\mathfrak{M}_T \mathfrak{B}_\Omega)^{l+1} x \rangle \\ &= \cdots = \langle x, \mathfrak{B}_\Omega (\mathfrak{M}_T \mathfrak{B}_\Omega)^{k+l-1} x \rangle \end{aligned} \tag{6.350}$$

可以看出，$\langle (\mathfrak{M}_T\mathfrak{B}_\Omega)^k x, (\mathfrak{M}_T\mathfrak{B}_\Omega)^l x \rangle$ 的计算仅在有限的区间上进行，且与单独的 k 或 l 的值无关，仅与 $k+l$ 的值有关。基于以上结果，现在给出函数 $(\mathfrak{M}_T f)(t)$ 的最佳逼近的计算方法。令

$$\boldsymbol{y} = [y_1, y_2, \cdots, y_n]^{\mathrm{T}} \tag{6.351}$$

式中

$$y_k = \langle \mathfrak{M}_T f, (\mathfrak{M}_T\mathfrak{B}_\Omega)^k x \rangle, \quad k = 1, \cdots, n \tag{6.352}$$

且设 $\boldsymbol{A}$ 表示一函数向量，具体表达式为

$$\boldsymbol{A} = [(\mathfrak{M}_T\mathfrak{B}_\Omega)x \quad (\mathfrak{M}_T\mathfrak{B}_\Omega)^2 x \quad \cdots \quad (\mathfrak{M}_T\mathfrak{B}_\Omega)^n x] \tag{6.353}$$

同时，设 $\boldsymbol{H}$ 表示一矩阵，其第 k 行第 l 列的元素为

$$H_{k,l} = \langle (\mathfrak{M}_T\mathfrak{B}_\Omega)^k x, (\mathfrak{M}_T\mathfrak{B}_\Omega)^l x \rangle, \quad k, l = 1, \cdots, n \tag{6.354}$$

于是，式(6.347) 中最佳逼近对应的系数向量 $\boldsymbol{p} = [p_1, p_2, \cdots, p_n]^{\mathrm{T}}$ 满足

$$\boldsymbol{Hp} = \boldsymbol{y} \tag{6.355}$$

式中，$\boldsymbol{y}$ 可由式(6.348) 计算得到。于是，函数 $(\mathfrak{M}_T f)(t)$ 最佳逼近可以表示为

$$\boldsymbol{Ap} = \boldsymbol{AH}^{-1}\boldsymbol{y} \tag{6.356}$$

式(6.350) 表明，矩阵 $\boldsymbol{H}$ 为 Hankel 矩阵[155]，它的逆矩阵可以通过线性 Hankel 方程的快速算法得到。设在计算中取数据长度为 N，若式(6.355) 经过 M_2 次迭代即可以恢复 $f(t)$，$t \in \mathbf{R}$，则修正的 Gram－Schmidt 算法的计算复杂度为 $O(2M_2 N\log_2 N + NM_2^2)$，而一次求 Hankel 矩阵的逆的计算复杂度为 $O(2M_2 N\log_2 N + 3NM_2 + \frac{17}{4}M_2^2)$。根据前述分析可知，定理 6.16 中 M_1 次迭代的计算复杂度为 $O(2M_1 N\log_2 N)$。通常，$M_2 \ll M_1$，因此，式(6.356) 所示的最佳逼近算法可以进一步降低算法复杂度，有利于实际实现。

6.5.4　现有各种分数域带限信号外推算法的比较

设信号 $f(t) \in \mathscr{B}_\alpha^\Omega$，根据文献[61,71]并采用式(6.311) 中符号，则 $f(t)$ 可以展开为分数阶长椭球波函数的线性组合形式，即

$$f(t) = \sum_{k=0}^{+\infty} \zeta_k (\mathfrak{D}_T \phi_k(t)) \tag{6.357}$$

式中，展开系数 ζ_k 可以表示为

$$\zeta_k = \frac{1}{\lambda_k}\int_{-T}^{+T} (\mathfrak{D}_T f(t)) \phi_k^*(t) \mathrm{d}t \tag{6.358}$$

进一步地，对式(6.357) 两边做分数阶傅里叶变换，可得

$$F_\alpha(u) = \sum_{k=0}^{+\infty} \zeta_k \mathscr{F}^\alpha [\mathfrak{D}_T \phi_k(t)](u) \tag{6.359}$$

然后，利用分数域广义分数阶卷积的性质，则有

$$\begin{aligned} \mathscr{F}^\alpha [\mathfrak{D}_T \phi_k(t)](u) &= \hat{\Phi}_{k,\alpha}(u) \\ &= \mathrm{e}^{\mathrm{j}\frac{u^2}{2}\cot\alpha} \left[(\Phi_{k,\alpha}(u) \mathrm{e}^{-\mathrm{j}\frac{u^2}{2}\cot\alpha}) * \frac{\sin(Tu\csc\alpha)}{\pi u} \right] \\ &= \mathrm{e}^{\mathrm{j}\frac{u^2}{2}\csc\alpha} \int_{-\infty}^{+\infty} \Phi_{k,\alpha}(v) \mathrm{e}^{-\mathrm{j}\frac{v^2}{2}\cot\alpha} \frac{\sin[T(u-v)\csc\alpha]}{\pi(u-v)} \mathrm{d}v \end{aligned} \tag{6.360}$$

将式(6.316) 和(6.315) 代入式(6.360)，得到

$$\lambda_k \Phi_{k,\alpha}(u) \mathrm{e}^{-\mathrm{j}\frac{u^2}{2}\cot\alpha} = \int_{-\Omega}^{+\Omega} \Phi_{k,\alpha}(v) \mathrm{e}^{-\mathrm{j}\frac{v^2}{2}\cot\alpha} \frac{\sin[T(u-v)\csc\alpha]}{\pi(u-v)} \mathrm{d}v \tag{6.361}$$

此外，根据式(6.304)，可得

$$\lambda_k \phi_k(t) \mathrm{e}^{\mathrm{j}\frac{t^2}{2}\cot\alpha} = \int_{-T}^{+T} \phi_k(\tau) \mathrm{e}^{\mathrm{j}\frac{\tau^2}{2}\cot\alpha} \frac{\sin[(t-\tau)\Omega\csc\alpha]}{\pi(t-\tau)} \mathrm{d}\tau \tag{6.362}$$

可以看出，式(6.362)与式(6.361)是等价的，因为当令 $t = Tu/\Omega$ 和 $\tau = Tv/\Omega$ 时，式(6.362)具有下述表达形式

$$\lambda_k \phi_k\left(\frac{Tu}{\Omega}\right) \mathrm{e}^{\mathrm{j}\frac{1}{2}\left(\frac{Tu}{\Omega}\right)^2\cot\alpha} = \int_{-\Omega}^{+\Omega} \phi_k\left(\frac{Tv}{\Omega}\right) \mathrm{e}^{\mathrm{j}\frac{1}{2}\left(\frac{Tv}{\Omega}\right)^2\cot\alpha} \frac{\sin[T(u-v)\csc\alpha]}{\pi(u-v)} \mathrm{d}v \tag{6.363}$$

对比式(6.361)和(6.363)，则有

$$\Phi_{k,\alpha}(u) = \rho\phi_k\left(\frac{Tu}{\Omega}\right) \mathrm{e}^{\mathrm{j}\frac{1}{2}\left(\frac{Tu}{\Omega}\right)^2\cot\alpha + \mathrm{j}\frac{u^2}{2}\cot\alpha}, \quad u \in [-\Omega, \Omega] \tag{6.364}$$

式中，$\rho \in \mathbf{R}$。为了确定参数 ρ，利用分数阶傅里叶变换的能量守恒定理，则有

$$1 = \int_{-\infty}^{+\infty} |\phi_k(t)|^2 \mathrm{d}t = \rho^2 \int_{-\Omega}^{+\Omega} \left|\phi_k\left(\frac{Tu}{\Omega}\right)\right|^2 \mathrm{d}u = \frac{\rho^2\Omega}{T} \int_{-T}^{+T} |\phi_k(x)|^2 \mathrm{d}x = \frac{\rho^2\Omega\lambda_k}{T} \tag{6.365}$$

于是，可得

$$\rho = \sqrt{\frac{T}{\Omega\lambda_k}} \tag{6.366}$$

然后，利用式(6.364)、(6.315)、(6.360)、(6.359)和(6.366)，得到

$$F_\alpha(u) = \sum_{k=0}^{+\infty} \sqrt{\frac{T\lambda_k}{\Omega}} \zeta_k \phi_k\left(\frac{Tu}{\Omega}\right) \mathrm{e}^{\mathrm{j}\frac{1}{2}\left(\frac{Tu}{\Omega}\right)^2\cot\alpha + \mathrm{j}\frac{u^2}{2}\cot\alpha}, \quad u \in [-\Omega, \Omega] \tag{6.367}$$

最后根据分数阶傅里叶逆变换，即可得到 $f(t), t \in \mathbf{R}$。这表明，由于需要存储和计算 $\{\lambda_k\}$、$\{\phi_k(t)\}$ 和 $\{\alpha_k\}$，文献[61,71]中基于分数阶长椭球波函数展开的外推方法计算量和存储量都相当大，不利于实际实现。

进一步地，为了验证算法性能，设信号 $f(t)$ 的表达式为

$$f(t) = \frac{20}{\pi} \mathrm{e}^{\mathrm{j}2t^2} \operatorname{sinc}\left(\frac{20t}{\pi}\right) \tag{6.368}$$

容易验证，$f(t)$ 是 $\alpha = -\operatorname{arccot}(4)$ 角度分数域带限信号，它的时域波形及分数阶傅里叶变换分别如图 6.10(a) 和图 6.10(b) 所示。

若仅已知信号 $f(t)$ 在区间 $t \in [-0.1, 0.1]$ 上的值，如图 6.10(a) 所示，现在利用分数阶长椭球波函数[61,71]展开法和本书提出的方法对信号 $f(t)$ 进行外推，得到的结果如 6.11 所示。

可以看出，与基于分数阶长椭球波函数展开法[61,71]相比，本书外推算法恢复出的波形更加逼近原始信号波形。为进一步衡量两种外推方法的性能，定义归一化的均方误差(NMSE)为

$$\mathrm{NMSE} = \frac{\| f_{\mathrm{e}} - f \|^2}{\| f \|^2} \tag{6.369}$$

式中，$f_{\mathrm{e}}(t)$ 表示外推恢复出的信号波形。经过计算，本书外推算法的均方误差为 1.037×10^{-4}，而分数阶长椭球波函数展开法的均方误差为 0.685。

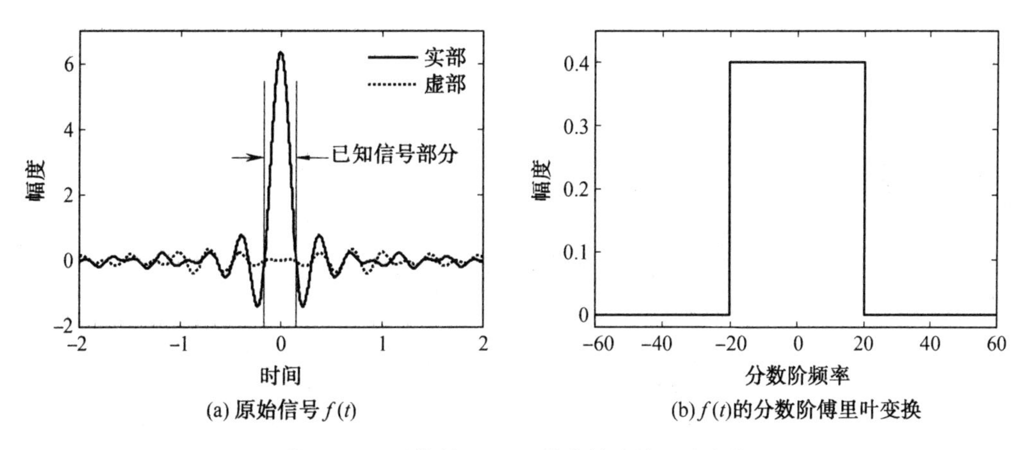

图 6.10　原信号 $f(t)$ 及其分数阶傅里叶变换

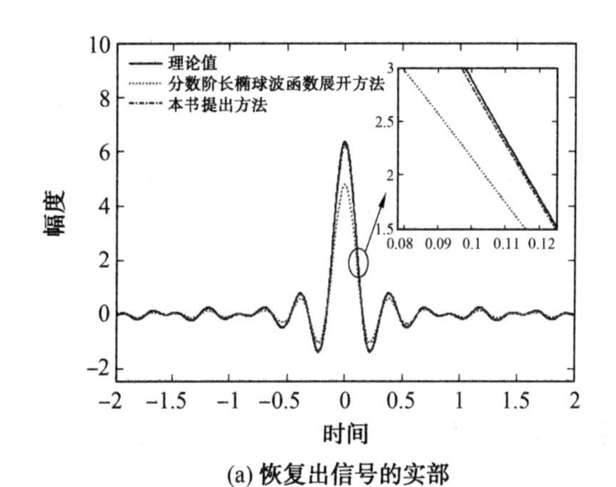

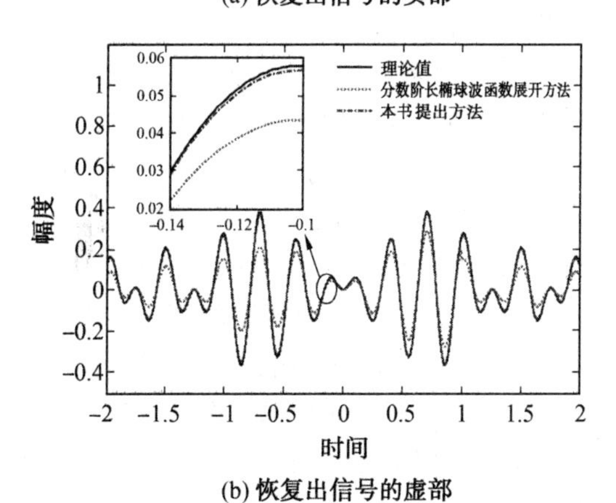

图 6.11　分数域带限信号外推的数值结果

第 7 章

短时分数阶傅里叶变换

本章针对分数阶傅里叶变换在信号分析与处理中面临的局限性讨论分数阶傅里叶分析理论需要进一步演进发展的问题。为了克服分数阶傅里叶变换无法描述信号局部特征的局限，从分数域局部化的角度提出一种新的短时分数阶傅里叶变换，给出该变换的基本性质及定理，分析它的时域和分数域的定位功能及分辨率，并与现有短时分数阶傅里叶变换做了对比分析。

7.1　联合时间和分数阶频率分析的必要性

与傅里叶变换一样，分数阶傅里叶变换是一维的整体性变换，它将信号 $f(t)$ 从整个时域变换到整个分数域，只能提供信号在单一域里的表示，它的局限性主要体现在以下几个方面。

7.1.1　分数阶傅里叶变换缺乏时间和分数阶频率的定位功能

对给定的信号 $f(t)$，希望知道在某一特定时刻或一很短的时间范围，该信号含有哪些分数阶频率，这就是所谓时间定位功能；反过来，分数阶频率定位功能是指：对某一特定的分数阶频率或一很窄的分数阶频率区间，希望知道是什么时刻产生了该分数阶频率。显然，对于给定的某一分数阶频率 u_0，为求得 u_0 处的分数谱 $F_\alpha(u_0)$，分数阶傅里叶变换对时间 t 的积分需要从 $-\infty$ 到 $+\infty$，即需要整个 $f(t)$ 的“知识”。反之，若欲求出某一时刻 t_0 处的值 $f(t_0)$，分数阶傅里叶逆变换需要将 $F_\alpha(u)$ 对 u 从 $-\infty$ 到 $+\infty$ 做积分，同样也需要整个 $F_\alpha(u)$ 的“知识”。实际上，由分数阶傅里叶变换得到的 $F_\alpha(u)$ 是信号 $f(t)$ 在整个积分区间的时间范围内所具有的分数阶频率特征的平均表示。同样，分数阶傅里叶逆变换也是如此。因此，如果想了解在某一个特定时间所对应的分数阶频率是多少，或对某一个特定分数阶频率所对应的时间是多少，分数阶傅里叶变换则无能为力。也就是说，分数阶傅里叶变换不具备时间和分数阶频率的定位功能。

例 7.1　设信号 $f(t)$ 由不同初始频率、相同调频斜率的三个线性调频信号首尾相接组成，即

$$f(t)=\begin{cases}e^{j\omega_1 t+j0.5kt^2}, & 0\leqslant t<t_1\\ e^{j\omega_2 t+j0.5kt^2}, & t_1\leqslant t<t_2\\ e^{j\omega_3 t+j0.5kt^2}, & t_2\leqslant t\leqslant t_3\end{cases}\tag{7.1}$$

式中，$0<t_1<t_2<t_3$，$0\leqslant\omega_1<\omega_2<\omega_3$，$k\in\mathbf{R}$。取 $t_1=5$、$t_2=10$、$t_3=15$、$\omega_1=0.2$、$\omega_2=0.4$、

$\omega_3=0.6$ 以及 $k=-\sqrt{3}$，图 7.1 给出了信号 $f(t)$ 及其分数阶傅里叶变换，图中实线和虚线分别表示信号的实部和虚部。显然，从图 7.1(b) 中只能看到 $F_\alpha(u)$ 在 $u_1=0.1$、$u_2=0.2$ 及 $u_3=0.3$ 处有三个分数阶频率分量，并知道这三个分数阶频率分量的大小，但看不出 $f(t)$ 在何时有分数阶频率 u_0，何时又有 u_1 及 u_2。这表明，分数阶傅里叶变换缺乏时间定位功能。

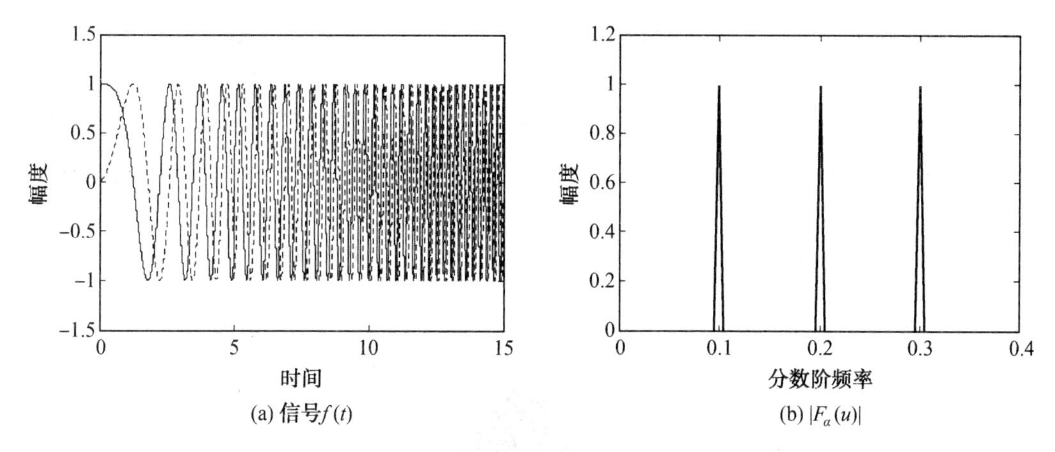

图 7.1　信号 $f(t)$ 及其分数阶傅里叶变换 $|F_\alpha(u)|$

7.1.2　分数阶傅里叶变换对于分数阶频率时变信号的局限性

若对信号 $f(t)$ 的一次记录(或观测)得到的信号所做的分数阶傅里叶变换和过一段时间后再记录该信号所做的分数阶傅里叶变换基本上是一样的，则信号 $f(t)$ 的分数阶傅里叶变换 $F_\alpha(u)$ 与时间 t 无关。此外，某一个固定 α 角度的分数阶傅里叶变换及其逆变换对应的是单变量 t 和 u 的函数，即 $f(t)$ 和 $F_\alpha(u)$。因此，分数阶傅里叶变换适合处理分数阶频率 u 不随时间 t 变化的信号。它将这类信号展开为无穷多个复线性调频信号的和，而这无穷多个复线性调频信号的幅度、分数阶频率和相位都不随时间而变化，即取某一特定的常数。而对于 u 随时间变化的信号，分数阶傅里叶变换只能给出一个总的平均结果。因此，分数阶傅里叶变换无法刻画分数阶频率随时间变化的信号，只适合于分析和处理分数阶频率时不变的信号。然而，在自然界和人工系统中确实存在着这样一类信号，例如非线性调频信号，它广泛存在于雷达、声呐、语音、地球物理和生物医学等领域。

假设信号 $f(t)$ 具有 $f(t)=A(t)\mathrm{e}^{\mathrm{j}\theta(t)}$ 的形式，式(3.79) 中

$$u_i(t)=t\cdot\cos\alpha+\sin\alpha\cdot\frac{\mathrm{d}\theta(t)}{\mathrm{d}t}\tag{7.2}$$

为信号的瞬时分数阶频率(Instantaneous Fractional Frequency,IFF)。分数阶频率时不变信号的 IFF 应为一常数，而分数阶频率时变信号的 IFF 是时间 t 的函数。

例 7.2　信号

$$f(t)=\mathrm{e}^{\mathrm{j}t+\mathrm{j}\frac{1}{2}t^2+\mathrm{j}\frac{1}{3}t^3}\tag{7.3}$$

称为抛物线频率的调制信号。由式(7.2) 可知，该信号的瞬时分数阶频率 $u_i(t)=\sin\alpha+(\cos\alpha+\sin\alpha)t+t^2\sin\alpha$，无论旋转角度 α 取何值，$u_i(t)$ 都是时间 t 的函数，因此信号 $f(t)$ 的分数阶频率是时变的，如图 7.2 所示。

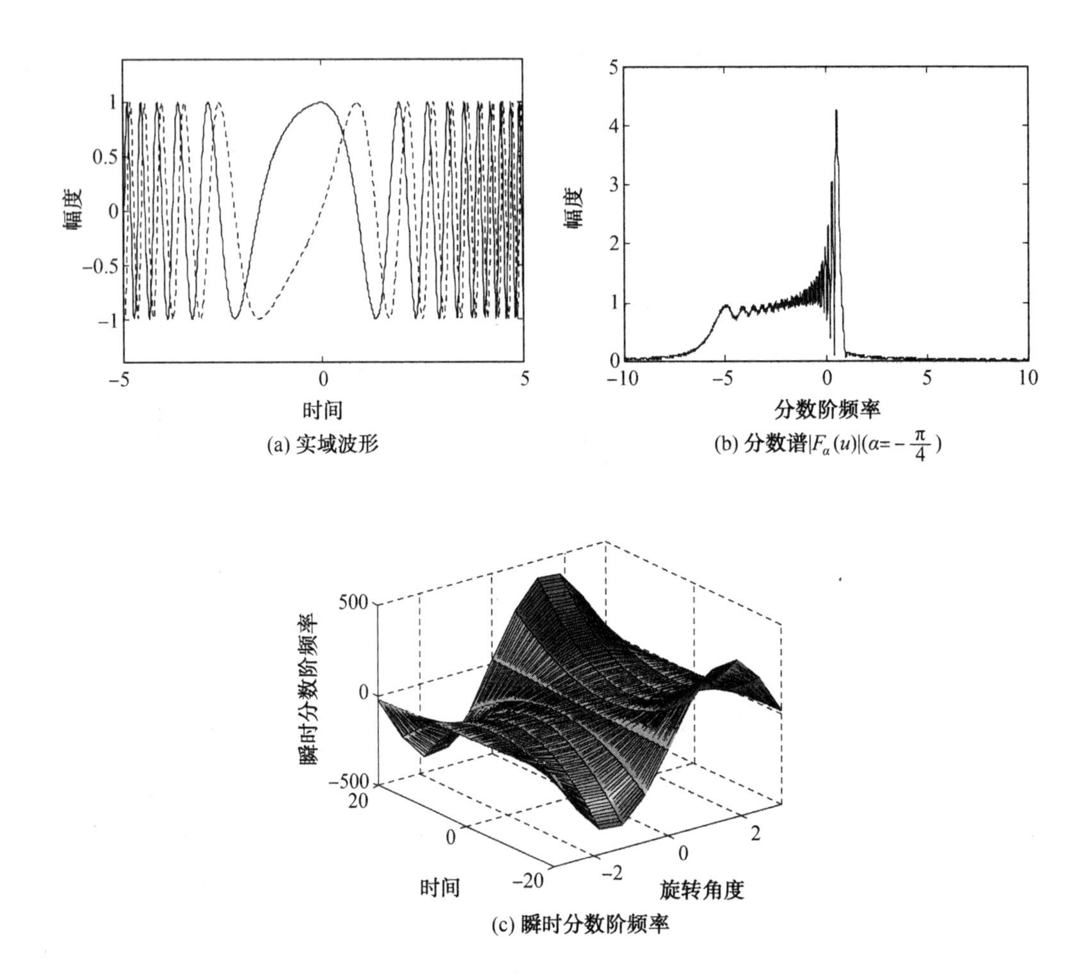

图 7.2　信号 $f(t)$ 的时域波形、瞬时分数阶频率及分数谱

图 7.2(a) 是该信号的时域波形(图中实线和虚线分别表示信号的实部和虚部)，可以看出，随着时间的增加，信号的振荡越来越快；图 7.2(b) 是其 $\alpha=-\pi/4$ 角度分数谱，但是从该分数谱曲线上看不出该信号的分数阶频率随时间抛物线增长的特点。图 7.2(c) 是不同角度 α 下该信号的瞬时分数阶频率。

7.1.3　分数阶傅里叶变换在时间和分数阶频率的分辨率上的局限性

信号 $f(t)\in L^2(\mathbf{R})$ 的 α 角度分数阶傅里叶变换可以写成如下内积的形式

$$F_\alpha(u)=\langle f(\cdot),K_{-\alpha}(u,\cdot)\rangle \tag{7.4}$$

可以看出，信号 $f(t)$ 的分数阶傅里叶变换等效于 $f(t)$ 和基函数 $K_{-\alpha}(u,t)$ 做内积，由于 $K_{-\alpha}(u,t)$ 对不同的 u 构成一族标准正交基，即

$$\langle K_{-\alpha}(u_1,\cdot),K_{-\alpha}(u_2,\cdot)\rangle=\delta(u_1-u_2) \tag{7.5}$$

因此，$F_\alpha(u)$ 可以看成是信号 $f(t)$ 在这一族基函数上的正交投影，它精确地反映了 $f(t)$ 在各分数阶频率处的成分大小。基函数 $K_{-\alpha}(u,t)$ 在分数域是位于 u 处的冲激函数，因此当用分数阶傅里叶变换来分析信号的分数域行为时，它具有最好的分数阶频率分辨率。但是，

$K_{-\alpha}(u,t)$ 是线性调频函数，它在时域的持续时间是从 $-\infty$ 到 $+\infty$，因此，在时域有着最坏的时间分辨率。对于分数阶傅里叶逆变换，分辨率的情况恰好相反。

7.2　短时分数阶傅里叶变换的定义

针对上述分数阶傅里叶变换的局限性，下面将给出相应的克服方法。考虑到短时分数阶傅里叶变换的主要目的是了解信号的局部分数谱特性。因此，可以直接对信号的分数谱做分数域的加窗处理，然后利用分数阶傅里叶逆变换即可得到相应短时分数阶傅里叶变换的时域表达形式。基于此，利用时域广义分数阶卷积将信号 $f(t) \in L^2(\mathbf{R})$ 的短时分数阶傅里叶变换(Short-Time Fractional Fourier Transform，STFRFT) 定义为

$$\mathrm{STFRFT}_f^\alpha(t,u) = \int_{-\infty}^{+\infty} F_\alpha(u') G^*((u'-u)\csc\alpha) K_{-\alpha}(u',t)\,\mathrm{d}u' \tag{7.6}$$

式中，分数域窗函数 $G(u\csc\alpha)$ 是时域窗函数 $g(t)$ 的傅里叶变换(变换元做了尺度 $\csc\alpha$ 伸缩)，$F_\alpha(u')$ 为 $f(t)$ 的分数阶傅里叶变换。利用时域广义分数阶卷积，式(7.6) 可以写为信号的时域表达形式，即

$$\mathrm{STFRFT}_f^\alpha(t,u) = \frac{1}{\sqrt{2\pi}} \cdot \left[x(t)\Theta_{\alpha,\alpha,\pi/2}(g^*(-t)\mathrm{e}^{\mathrm{j}tu\csc\alpha})\right] = \int_{-\infty}^{+\infty} f(\tau)\kappa_\alpha^*(u,t,\tau)\,\mathrm{d}\tau \tag{7.7}$$

式中，核函数 $\kappa_\alpha(u,t,\tau)$ 满足

$$\kappa_\alpha(u,t,\tau) = \frac{1}{\sqrt{2\pi}} g(\tau - t)\mathrm{e}^{-\mathrm{j}\frac{\tau^2-t^2}{2}\cot\alpha + \mathrm{j}(\tau-t)u\csc\alpha} \tag{7.8}$$

特别地，当 $\alpha=\pi/2$ 时，短时分数阶傅里叶变换便退化为常规短时傅里叶变换。式(7.6) 和 (7.7) 表明，短时分数阶傅里叶变换的本质是对信号进行分数域滤波处理，即其在时域体现为信号与时间窗函数 $g^*(-t)$ 和指数因子 $\mathrm{e}^{\mathrm{j}tu\csc\alpha}$ 乘积的时域广义分数阶卷积运算，而在分数域体现为信号的分数阶傅里叶变换与分数域窗函数共轭的乘积。

此外，式(7.7) 可以进一步改写为

$$\mathrm{STFRFT}_f^\alpha(t,u) = \frac{1}{\sqrt{2\pi}} \int_{-\infty}^{+\infty} \left[f(\tau)\mathrm{e}^{\mathrm{j}\frac{\tau^2}{2}\cot\alpha}\right] g^*(\tau - t)\mathrm{e}^{-\mathrm{j}\tau u\csc\alpha}\,\mathrm{d}\tau \times \mathrm{e}^{-\mathrm{j}\frac{t^2}{2}\cot\alpha - \mathrm{j}tu\csc\alpha} \tag{7.9}$$

可见，短时分数阶傅里叶变换的计算可分为以下三个步骤：

① 将信号 $f(t)$ 与一线性调频信号 $\mathrm{e}^{\mathrm{j}\frac{t^2}{2}\cot\alpha}$ 相乘，得到

$$\tilde{f}(t) = f(t)\mathrm{e}^{\mathrm{j}\frac{t^2}{2}\cot\alpha} \tag{7.10}$$

② 对 $\tilde{f}(t)$ 进行常规短时傅里叶变换(变换元做了尺度 $\csc\alpha$ 伸缩)，即

$$\mathrm{STFT}_{\tilde{f}}(t, u\csc\alpha) = \frac{1}{\sqrt{2\pi}} \int_{-\infty}^{+\infty} \tilde{f}(\tau) g^*(\tau - t)\mathrm{e}^{-\mathrm{j}\tau u\csc\alpha}\,\mathrm{d}\tau \tag{7.11}$$

③ 将 $\mathrm{STFT}_{\tilde{f}}(t,u\csc\alpha)$ 与一线性调频信号 $\mathrm{e}^{-\mathrm{j}\frac{t^2}{2}\cot\alpha - \mathrm{j}tu\csc\alpha}$ 相乘，得到 $f(t)$ 的短时分数阶傅里叶变换，即

$$\mathrm{STFRFT}_f^\alpha(t, u\csc\alpha) = \mathrm{e}^{-\mathrm{j}\frac{t^2}{2}\cot\alpha - \mathrm{j}tu\csc\alpha}\mathrm{STFT}_{\tilde{f}}(t, u\csc\alpha) \tag{7.12}$$

基于此，图 7.3 给出了短时分数阶傅里叶变换计算的分解结构示意图。

可以看出，短时分数阶傅里叶变换的计算复杂度主要取决于步骤(2) 中短时傅里叶变

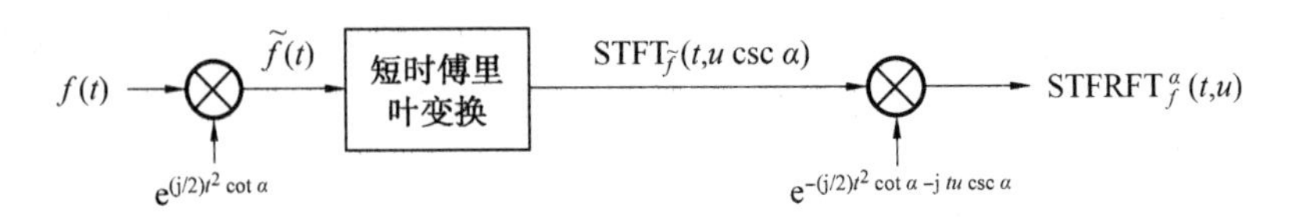

图 7.3　短时分数阶傅里叶变换计算的分解结构

换的计算复杂度，为 $O(N^2\log_2 N)$，其中 N 为数据长度。

为了使短时分数阶傅里叶变换真正是一种有实际价值的信号分析工具，信号 $f(t)$ 应该能够由其短时分数阶傅里叶变换 $\mathrm{STFRFT}_f^{\alpha}(t,u)$ 完全重构出来。为此，需要讨论短时分数阶傅里叶逆变换的公式。

(1) 用短时分数阶傅里叶变换的一维逆变换表示。

由于

$$
\begin{aligned}
&\frac{1}{\sqrt{2\pi}}\int_{-\infty}^{+\infty}\mathrm{STFRFT}_f^{\alpha}(t,u)\mathrm{e}^{-\mathrm{j}\frac{t'^2-t^2}{2}\cot\alpha+\mathrm{j}(t'-t)u\csc\alpha}\mathrm{d}u\csc\alpha \\
&=\frac{1}{\sqrt{2\pi}}\int_{-\infty}^{+\infty}\left[\int_{-\infty}^{+\infty}(f(\tau)\mathrm{e}^{\mathrm{j}\frac{\tau^2}{2}\cot\alpha})g^*(\tau-t)\mathrm{e}^{-\mathrm{j}(\tau-t)u\csc\alpha}\mathrm{d}\tau\right]\times \\
&\quad \mathrm{e}^{-\mathrm{j}\frac{t'^2}{2}\cot\alpha+\mathrm{j}(t'-t)u\csc\alpha}\mathrm{d}u\csc\alpha \\
&=\mathrm{e}^{-\mathrm{j}\frac{t'^2}{2}\cot\alpha}\int_{-\infty}^{+\infty}[f(\tau)\mathrm{e}^{\mathrm{j}\frac{\tau^2}{2}\cot\alpha}]g^*(\tau-t)\times \\
&\quad\left[\frac{1}{\sqrt{2\pi}}\int_{-\infty}^{+\infty}\mathrm{e}^{-\mathrm{j}(\tau-t')u\csc\alpha}\mathrm{d}u\csc\alpha\right]\mathrm{d}\tau \\
&=\sqrt{2\pi}\,\mathrm{e}^{-\mathrm{j}\frac{t'^2}{2}\cot\alpha}\int_{-\infty}^{+\infty}f(\tau)\mathrm{e}^{\mathrm{j}\frac{\tau^2}{2}\cot\alpha}g^*(\tau-t)\delta(\tau-t')\mathrm{d}\tau \\
&=\sqrt{2\pi}\,f(t')g^*(t'-t)
\end{aligned}
\tag{7.13}
$$

令 $t'=t$，若 $g^*(0)\neq 0$，则

$$
f(t)=\frac{1}{\sqrt{2\pi}\,g^*(0)}\int_{-\infty}^{+\infty}\mathrm{STFRFT}_f^{\alpha}(t,u)\mathrm{d}u\csc\alpha \tag{7.14}
$$

(2) 用短时分数阶傅里叶变换的二维逆变换表示。

$$
p(\tau')=\frac{1}{\sqrt{2\pi}}\iint_{-\infty}^{+\infty}\mathrm{STFRFT}_f^{\alpha}(t,u)\gamma(\tau'-t)\mathrm{e}^{-\mathrm{j}\frac{\tau'^2-t^2}{2}\cot\alpha}\times\mathrm{e}^{\mathrm{j}(\tau'-t)u\csc\alpha}\mathrm{d}t\mathrm{d}u\csc\alpha \tag{7.15}
$$

式中，$\gamma(t)$ 为时域窗函数。根据式(7.7)和(7.15)，可得

$$
\begin{aligned}
p(\tau')&=\iint_{-\infty}^{+\infty}\left[\frac{1}{2\pi}\int_{-\infty}^{+\infty}\mathrm{e}^{\mathrm{j}(\tau'-\tau)u\csc\alpha}\mathrm{d}(u\csc\alpha)\right]\times f(\tau)\mathrm{e}^{\mathrm{j}\frac{\tau^2-\tau'^2}{2}\cot\alpha}g^*(\tau-t)\gamma(\tau'-t)\mathrm{d}\tau\mathrm{d}t \\
&=\iint_{-\infty}^{+\infty}\delta(\tau'-\tau)f(\tau)\mathrm{e}^{\mathrm{j}\frac{\tau^2-\tau'^2}{2}\cot\alpha}g^*(\tau-t)\gamma(\tau'-t)\mathrm{d}\tau\mathrm{d}t \\
&=f(\tau')\int_{-\infty}^{+\infty}g^*(\tau'-t)\gamma(\tau'-t)\mathrm{d}t \\
&=f(\tau')\int_{-\infty}^{+\infty}g^*(t)\gamma(t)\mathrm{d}t
\end{aligned}
\tag{7.16}
$$

显然，为了实现完全重构，即使 $p(\tau')=f(\tau')$，必须要求窗函数满足

$$
\int_{-\infty}^{+\infty}\gamma(t)g^*(t)\mathrm{d}t=1 \tag{7.17}
$$

这里称式(7.17)为短时分数阶傅里叶变换的完全重构条件。

需要指出的是，式(7.17)给出的是一个很宽的完全重构条件。对于一个给定的窗函数 $g(t)$，满足该条件的窗函数 $\gamma(t)$ 可以有无穷多可能的选择。那么，窗函数 $\gamma(t)$ 如何选择呢？这里给出三种最简单的选择：①$\gamma(t)=g(t)$；②$\gamma(t)=\delta(t)$；③$\gamma(t)=1$。

显然，最令人感兴趣的是第一种选择 $\gamma(t)=g(t)$，此时短时分数阶傅里叶变换的完全重构条件为

$$\int_{-\infty}^{+\infty}|g(t)|^2\mathrm{d}t=1 \tag{7.18}$$

于是，短时分数阶傅里叶变换的二维逆变换为

$$f(\tau)=\iint_{-\infty}^{+\infty}\mathrm{STFRFT}_f^\alpha(t,u)\kappa_\alpha(u,t,\tau)\mathrm{d}t\mathrm{d}u\csc\alpha \tag{7.19}$$

7.3　短时分数阶傅里叶变换的基本性质及定理

1. 线性性质

假设 $f(t)=k_1f_1(t)+k_2f_2(t)$，$k_1,k_2\in\mathbf{R}$，若

$$f_1(t)\leftrightarrow\mathrm{STFRFT}_{f_1}^\alpha(t,u),\quad f_2(t)\leftrightarrow\mathrm{STFRFT}_{f_2}^\alpha(t,u) \tag{7.20}$$

那么，有

$$\mathrm{STFRFT}_f^\alpha(t,u)=k_1\mathrm{STFRFT}_{f_1}^\alpha(t,u)+k_2\mathrm{STFRFT}_{f_2}^\alpha(t,u) \tag{7.21}$$

证明　根据短时分数阶傅里叶变换的定义，可得

$$\begin{aligned}\mathrm{STFRFT}_f^\alpha(t,u)&=\int_{-\infty}^{+\infty}[k_1f_1(\tau)+k_2f_2(\tau)]\kappa_\alpha^*(u,t,\tau)\mathrm{d}\tau\\&=k_1\int_{-\infty}^{+\infty}f_1(t)\kappa_\alpha^*(u,t,\tau)\mathrm{d}\tau+k_2\int_{-\infty}^{+\infty}f_2(t)\kappa_\alpha^*(u,t,\tau)\mathrm{d}\tau\\&=k_1\mathrm{STFRFT}_{f_1}^\alpha(t,u)+k_2\mathrm{STFRFT}_{f_2}^\alpha(t,u)\end{aligned} \tag{7.22}$$

可以看出，短时分数阶傅里叶变换是线性变换，适合分析、处理多分量信号。

2. 时移特性

假设 $f(t)=f_1(t-t_0)$，若 $f_1(t)\leftrightarrow\mathrm{STFRFT}_{f_1}^\alpha(t,u)$，则

$$\mathrm{STFRFT}_f^\alpha(t,u)=\mathrm{e}^{-\mathrm{j}t_0^2\cot\alpha}\mathrm{STFRFT}_{f_1}^\alpha(t-t_0,u-t_0\cos\alpha) \tag{7.23}$$

证明　根据短时分数阶傅里叶变换的定义，可得

$$\begin{aligned}\mathrm{STFRFT}_f^\alpha(t,u)&=\int_{-\infty}^{+\infty}f(\tau)\kappa_\alpha^*(u,t,\tau)\mathrm{d}\tau\\&=\frac{1}{\sqrt{2\pi}}\int_{-\infty}^{+\infty}f_1(\tau-t_0)g^*(\tau-t)\mathrm{e}^{\mathrm{j}\frac{\tau^2-t^2}{2}\cot\alpha-\mathrm{j}(\tau-t)u\csc\alpha}\mathrm{d}\tau\end{aligned} \tag{7.24}$$

在式(7.24)中做变量代换 $\tau-t_0=\tau'$，则有

$$\begin{aligned}\mathrm{STFRFT}_f^\alpha(t,u)&=\frac{1}{\sqrt{2\pi}}\int_{-\infty}^{+\infty}f_1(\tau')g^*(\tau'+t_0-t)\mathrm{e}^{\mathrm{j}\frac{(\tau'+t_0)^2-t^2}{2}\cot\alpha}\times\mathrm{e}^{-\mathrm{j}(\tau'+t_0-t)u\csc\alpha}\mathrm{d}\tau'\\&=\mathrm{e}^{-\mathrm{j}t_0^2\cot\alpha}\frac{1}{\sqrt{2\pi}}\int_{-\infty}^{+\infty}f_1(\tau')g^*[\tau'-(t-t_0)]\times\end{aligned}$$

$$\mathrm{e}^{\mathrm{j}\frac{\tau'^2-(t-t_0)^2}{2}\cot\alpha-\mathrm{j}(\tau'-(t-t_0))(u-t_0\cos\alpha)\csc\alpha}\mathrm{d}\tau'$$

$$=\mathrm{e}^{-\mathrm{j}t_0^2\cot\alpha}\mathrm{STFRFT}_{f_1}^{\alpha}(t-t_0,u-t_0\cos\alpha) \tag{7.25}$$

这表明,时移会导致短时分数阶傅里叶变换谱中分数阶频率的移动。可以看出,短时分数阶傅里叶变换的时移特性与分数阶傅里叶变换的时移特性是相对应的。

3. 频移特性

假设 $f(t)=f_1(t)\mathrm{e}^{\mathrm{j}\omega_0 t}$,若 $f_1(t)\leftrightarrow\mathrm{STFRFT}_{f_1}^{\alpha}(t,u)$,则

$$\mathrm{STFRFT}_f^{\alpha}(t,u)=\mathrm{e}^{\mathrm{j}\omega_0 t}\mathrm{STFRFT}_{f_1}^{\alpha}(t,u-\omega_0\sin\alpha) \tag{7.26}$$

证明 根据短时分数阶傅里叶变换的定义,得到

$$\mathrm{STFRFT}_f^{\alpha}(t,u)=\int_{-\infty}^{+\infty}f(\tau)\kappa_{\alpha}^{*}(u,t,\tau)\mathrm{d}\tau=\frac{1}{\sqrt{2\pi}}\int_{-\infty}^{+\infty}f_1(\tau)\mathrm{e}^{\mathrm{j}\omega_0\tau}g^{*}(\tau-t)\mathrm{e}^{\mathrm{j}\frac{\tau^2-t^2}{2}\cot\alpha-\mathrm{j}(\tau-t)u\csc\alpha}\mathrm{d}\tau$$

$$=\mathrm{e}^{\mathrm{j}\omega_0 t}\frac{1}{\sqrt{2\pi}}\int_{-\infty}^{+\infty}f_1(\tau)g^{*}(\tau-t)\mathrm{e}^{\mathrm{j}\frac{\tau^2-t^2}{2}\cot\alpha}\times\mathrm{e}^{-\mathrm{j}(\tau-t)(u-\omega_0\sin\alpha)\csc\alpha}\mathrm{d}\tau$$

$$=\mathrm{e}^{\mathrm{j}\omega_0 t}\mathrm{STFRFT}_{f_1}^{\alpha}(t,u-\omega_0\sin\alpha) \tag{7.27}$$

这表明,短时分数阶傅里叶变换的频移特性与分数阶傅里叶变换的频移特性是相对应的。

4. 时移和频移特性

假设 $f(t)=f_1(t-t_0)\mathrm{e}^{\mathrm{j}\omega_0 t}$,若 $f_1(t)\leftrightarrow\mathrm{STFRFT}_{f_1}^{\alpha}(t,u)$,则有

$$\mathrm{STFRFT}_f^{\alpha}(t,u)=\mathrm{e}^{-\mathrm{j}t_0^2\cot\alpha+\mathrm{j}\omega_0 t}\mathrm{STFRFT}_{f_1}^{\alpha}(t-t_0,u-t_0\cos\alpha-\omega_0\sin\alpha) \tag{7.28}$$

证明 利用式(7.23)和(7.26)很容易得到式(7.28)。

5. 内积定理

若 $x(t)\leftrightarrow\mathrm{STFRFT}_x^{\alpha}(t,u)$, $y(t)\leftrightarrow\mathrm{STFRFT}_y^{\alpha}(t,u)$,则

$$\iint_{-\infty}^{+\infty}\mathrm{STFRFT}_x^{\alpha}(t,u)[\mathrm{STFRFT}_y^{\alpha}(t,u)]^{*}\,\mathrm{d}t\mathrm{d}u\csc\alpha=\langle x(t),y(t)\rangle \tag{7.29}$$

证明 根据式(7.6),式(7.29)左边可以写成

$$\iint_{-\infty}^{+\infty}\mathrm{STFRFT}_x^{\alpha}(t,u)[\mathrm{STFRFT}_y^{\alpha}(t,u)]^{*}\,\mathrm{d}t\mathrm{d}u\csc\alpha$$

$$=\iiiint_{-\infty}^{+\infty}X_{\alpha}(v)G^{*}((v-u)\csc\alpha)K_{-\alpha}(v,t)\mathrm{d}v\times$$

$$Y_{\alpha}^{*}(v')G((v'-u)\csc\alpha)K_{\alpha}(v',t)\mathrm{d}v'\mathrm{d}t\mathrm{d}u\csc\alpha$$

$$=\iiint_{-\infty}^{+\infty}X_{\alpha}(v)Y_{\alpha}^{*}(v')G((v'-u)\csc\alpha)G^{*}((v-u)\csc\alpha)\times$$

$$\left[\int_{-\infty}^{+\infty}K_{-\alpha}(v,t)K_{\alpha}(v',t)\mathrm{d}t\right]\mathrm{d}v\mathrm{d}v'\mathrm{d}u\csc\alpha$$

$$=\iiint_{-\infty}^{+\infty}X_{\alpha}(v)Y_{\alpha}^{*}(v')G((v'-u)\csc\alpha)G^{*}((v-u)\csc\alpha)\times$$

$$\delta(v-v')\mathrm{d}v\mathrm{d}v'\mathrm{d}u\csc\alpha$$

$$=\left[\int_{-\infty}^{+\infty}|G((v-u)\csc\alpha)|^2\mathrm{d}u\csc\alpha\right]\int_{-\infty}^{+\infty}X_{\alpha}(v)Y_{\alpha}^{*}(v)\mathrm{d}v \tag{7.30}$$

利用短时分数阶傅里叶变换的完全重构条件,可得

$$\int_{-\infty}^{+\infty}|G((v-u)\csc\alpha)|^2\mathrm{d}u\csc\alpha=\int_{-\infty}^{+\infty}|g(t)|^2\mathrm{d}t=1 \tag{7.31}$$

将式(7.31)代入式(7.30)即可得到式(7.29)。

6. 能量守恒定理

若 $f(t) \leftrightarrow \mathrm{STFRFT}_f^{\alpha}(t,u)$，则

$$\iint_{-\infty}^{+\infty} |\mathrm{STFRFT}_f^{\alpha}(t,u)|^2 \mathrm{d}t\mathrm{d}u\csc\alpha = \int_{-\infty}^{+\infty} |f(t)|^2 \mathrm{d}t \tag{7.32}$$

证明　在式(7.29)中令 $x(t)=y(t)=f(t)$ 即为式(7.32)。

7.4　短时分数阶傅里叶变换的联合时间和分数阶频率分析性能

7.4.1　时间和分数阶频率的定位功能

从式(7.7)中短时分数阶傅里叶变换的时域定义来看，若其核函数 $\kappa_\alpha(u,t,\tau)$ 在时域是有限支撑，那么它与 $f(t)$ 做内积后将保证 $\mathrm{STFRFT}_f^{\alpha}(t,u)$ 在时域也是有限支撑的，从而实现所希望的时间定位功能。同样，由式(7.6)可知，若 $G((u'-u)\csc\alpha)$ 具有分数域带通性质，即 $G((u'-u)\csc\alpha)$ 围绕着其分数谱中心是有限支撑的，那么 $G((u'-u)\csc\alpha)$ 和 $F_\alpha(u)$ 做乘积后也将反映 $F_\alpha(u)$ 在其分数谱中心处的局部特性，从而实现所希望的分数阶频率定位功能。以图 7.1(a)中信号 $f(t)$ 为例，图 7.4 给出了该信号的短时分数阶傅里叶变换。

从图 7.4 可以看出，短时分数阶傅里叶变换不仅能够表征出信号含有哪些分数阶频率分量，而且能够展现出各分数阶频率分量随着时间的变化情况。也就是说，短时分数阶傅里叶变换具有时间和分数阶频率的双重定位功能。

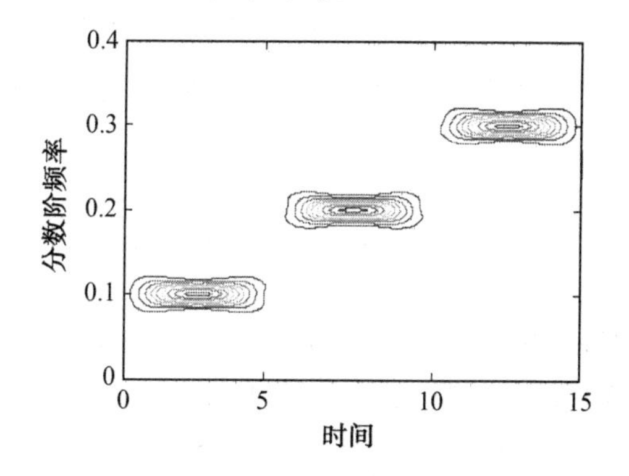

图 7.4　图 7.1(a)中信号 $f(t)$ 的短时分数阶傅里叶变换

7.4.2　时间和分数阶频率分辨率

现在，进一步讨论短时分数阶傅里叶变换在时域和分数域的分辨率。设窗函数 $g(t)$ 的时间中心与宽度分别为 E_g 和 Δ_g，则短时分数阶傅里叶变换核函数 $\kappa_\alpha(u,t,\tau)$ 的时间中心和宽度分别为

$$E\{\kappa_\alpha(u,t,\tau)\}=\frac{\int_{-\infty}^{+\infty}t\mid\kappa_\alpha(u,t,\tau)\mid^2\mathrm{d}t}{\int_{-\infty}^{+\infty}\mid\kappa_\alpha(u,t,\tau)\mid^2\mathrm{d}t}=\frac{\int_{-\infty}^{+\infty}t\mid g(\tau-t)\mid^2\mathrm{d}t}{\int_{-\infty}^{+\infty}\mid g(\tau-t)\mid^2\mathrm{d}t}=E\{g(t)\}=E_g \tag{7.33}$$

$$\begin{aligned}Var\{\kappa_\alpha(u,t,\tau)\}&=\left[\frac{\int_{-\infty}^{+\infty}(t-E_g)^2\mid\kappa_\alpha(u,t,\tau)\mid^2\mathrm{d}t}{\int_{-\infty}^{+\infty}\mid\kappa_\alpha(u,t,\tau)\mid^2\mathrm{d}t}\right]^{\frac{1}{2}}\\&=\left[\frac{\int_{-\infty}^{+\infty}(t-E_g)^2\mid g(\tau-t)\mid^2\mathrm{d}t}{\int_{-\infty}^{+\infty}\mid g(\tau-t)\mid^2\mathrm{d}t}\right]^{\frac{1}{2}}\\&=Var\{g(t)\}=\Delta_g\end{aligned} \tag{7.34}$$

式中，$E\{\cdot\}$ 和 $Var\{\cdot\}$ 分别表示求期望和方差运算。式(7.33)和(7.34)表明，核函数 $\kappa_\alpha(u,t,\tau)$ 所确定的时窗为

$$[E_g-\Delta_g,E_g+\Delta_g] \tag{7.35}$$

此外，记 $g(t)$ 的傅里叶变换为 $G(\omega)$，则 $G(\omega)$ 中心 E_G 与宽度 Δ_G 分别为

$$E_G=E\{G(\omega)\}=\frac{\int_{-\infty}^{+\infty}\omega\mid G(\omega)\mid^2\mathrm{d}\omega}{\int_{-\infty}^{+\infty}\mid G(\omega)\mid^2\mathrm{d}\omega} \tag{7.36}$$

$$\Delta_G=Var\{G(\omega)\}=\left[\frac{\int_{-\infty}^{+\infty}(\omega-E_G)^2\mid G(\omega)\mid^2\mathrm{d}\omega}{\int_{-\infty}^{+\infty}\mid G(\omega)\mid^2\mathrm{d}\omega}\right]^{\frac{1}{2}} \tag{7.37}$$

于是，根据式(7.6)、(7.36)和(7.37)可知，短时分数阶傅里叶变换的分数域窗 $G((u'-u)\csc\alpha)$ 中心和宽度分别为

$$E\{G((u'-u)\csc\alpha)\}=E_G\sin\alpha \tag{7.38}$$

$$Var\{G((u'-u)\csc\alpha)\}=\Delta_G\sin\alpha \tag{7.39}$$

所以，核函数 $\kappa_\alpha(u,t,\tau)$ 所确定的分数域窗为

$$[E_G\sin\alpha-\Delta_G\sin\alpha,E_G\sin\alpha+\Delta_G\sin\alpha] \tag{7.40}$$

这样，短时分数阶傅里叶变换的核函数 $\kappa_\alpha(u,t,\tau)$ 所确定的时间－分数阶频率分析窗是时间－分数阶频率平面(即 $t-u$ 平面)上一个可变矩形

$$[E_g-\Delta_g,E_g+\Delta_g]\times[E_G\sin\alpha-\Delta_G\sin\alpha,E_G\sin\alpha+\Delta_G\sin\alpha] \tag{7.41}$$

其中心在$(E_g,E_G\sin\alpha)$处，面积为

$$2\Delta_g\cdot2\Delta_G\sin\alpha=4\Delta_g\Delta_G\sin\alpha \tag{7.42}$$

不管 E_g 和 $E_G\sin\alpha$ 取何值(即移到何处)，该矩形的面积始终保持不变。该面积的大小即是短时分数阶傅里叶变换的时间－分数阶频率分辨率。为了直观地展示短时分数阶傅里叶变换的分析特点，图 7.5 给出了短时分数阶傅里叶变换的时间－分数阶频率分析窗和短时傅里叶变换时间－频率分析窗的比较示意图。

由式(7.42)可知，短时分数阶傅里叶变换的时间－分数阶频率分辨率取决于其在时间－分数阶频率平面上确定的分析窗的面积。面积越小，短时分数阶傅里叶变换的时间

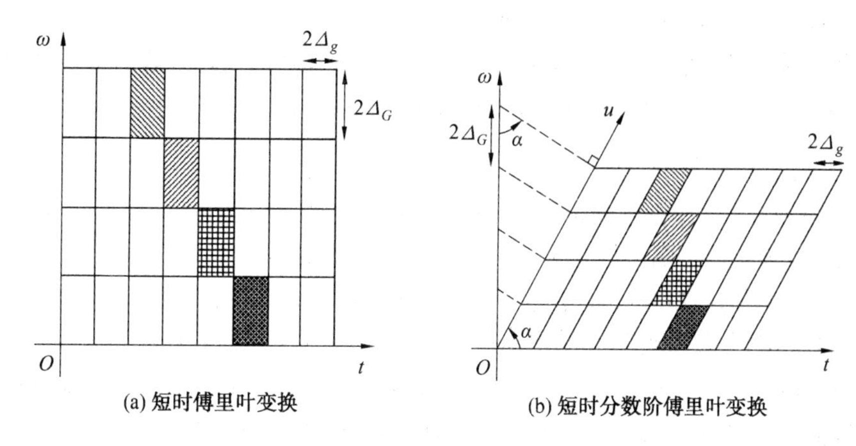

图7.5　短时分数阶傅里叶变换的时间－分数阶频率分析窗和短时傅里叶变换的时间－频率分析窗示意图

－分数阶频率分辨率越高，分析性能越好。但是，根据经典不确定性原理，可知

$$\Delta_g^2\Delta_G^2 \geqslant \frac{1}{4} \tag{7.43}$$

当且仅当 $g(t)$ 为高斯函数，即 $g(t)=2^{1/4}\mathrm{e}^{-\pi t^2}$ 时，式(7.43)中等号成立。容易验证，$\|g(t)\|^2=1$ 满足短时分数阶傅里叶变换的完全可重构条件。于是，根据式(7.34)、(7.39)和(7.43)，可得

$$Var\{\kappa_\alpha(u,t,\tau)\}Var\{G((u'-u)\csc\alpha)\}=\Delta_g\Delta_G\sin\alpha \geqslant \frac{1}{2}\sin\alpha \tag{7.44}$$

式(7.44)表明，α 角度短时分数阶傅里叶变换的分数阶频率分辨率与时域窗口函数的有效宽度成反比，即其在时间分辨率和分数阶频率分辨率之间有一个折中：一方面，好的时间分辨率结果需要时宽短的窗函数；另一方面，好的分数阶频率分辨率需要分数域带宽较窄的窗函数，也就是时宽较长的窗函数，但是二者不可能同时满足。此外，在短时分数阶傅里叶分析中，一旦窗函数选定便具有固定不变的时域和分数域窗宽，即时间－分数阶频率分辨率便确定下来。短时分数阶傅里叶变换是假定截断窗内的信号是平稳的。然而，时间越长，信号的“局部”平稳性就越难保证。理论上，窗函数的宽度应与信号的局部平稳长度相适应。但是，短时分数阶傅里叶变换的窗函数长度无法根据信号的局部平稳长度自适应地调整。

7.5　现有各种短时分数阶傅里叶变换的比较

根据文献[83]，信号 $f(t)$ 的短时分数阶傅里叶变换为

$$f_{\alpha(\xi)}^{(\omega)}(u,\xi)=\int_{-\infty}^{+\infty} f(t)\omega^*(t-\xi)K_{\alpha(\xi)}(u,t)\mathrm{d}t \tag{7.45}$$

式中，$\omega(t)$ 是窗函数；$\alpha(\xi)$ 为旋转角度，其取值与时域窗函数的中心 ξ 有关。在文献[84,85]中，信号 $f(t)$ 的短时分数阶傅里叶变换被定义为

$$S_f^\alpha(t,u)=\int_{-\infty}^{+\infty} f(\tau)h^*(\tau-t)K_\alpha(u,\tau)\mathrm{d}\tau \tag{7.46}$$

式中，$h(t)$ 为窗函数。若取 $h(t)$ 为高斯函数，则式(7.46) 便退化为文献[86] 提出的分数阶 Gabor 变换。因此，分数阶 Gabor 变换可以看成是一种特殊的短时分数阶傅里叶变换。进一步地，可以将式(7.46) 用信号分数域的形式来表示，即

$$S_f^\alpha(t,u)=\sqrt{2\pi}K_\alpha(u,t)\int_{-\infty}^{+\infty}F_\alpha(v)H^*((v-u)\csc\alpha)K_{-\alpha}(v,t)\mathrm{d}v \tag{7.47}$$

式中，$F_\alpha(u)$ 和 $H(u\csc\alpha)$ 分别表示 $f(t)$ 的分数阶傅里叶变换和 $h(t)$ 的傅里叶变换(变换元做了尺度 $\csc\alpha$ 伸缩)。若 $H^*((u-v)\csc\alpha)$ 在分数域是有限支撑的，那么 $F_\alpha(v)$ 与 $H^*((u-v)\csc\alpha)$ 的乘积将反映信号 $f(t)$ 在分数域的局部特性。由式(7.47) 可知，式(7.46) 定义的短时分数阶傅里叶变换本质反映了信号 $f(t)$ 在分数域的局部分数阶频率成分所对应的时域波形与线性调频信号 $\sqrt{2\pi}K_\alpha(u,t)$ 的乘积，并不能准确地刻画出信号分数域的局部特征。可以看出，文献[83,86] 中短时分数阶傅里叶变换的定义与文献[84,85] 的定义具有相同的结构，因此文献[83,86] 中的短时分数阶傅里叶变换也无法准确刻画信号分数域的局部特征。此外，文献[87] 将信号 $f(t)$ 的短时分数阶傅里叶变换定义为

$$\boldsymbol{ST}_f^\alpha(u,t)=\int_{-\infty}^{+\infty}F_\alpha(u+v)g^*(v)\mathrm{e}^{-\mathrm{j}vt}\mathrm{d}v \tag{7.48}$$

式中，$F_\alpha(u)$ 为 $f(t)$ 的分数阶傅里叶变换；$g(v)$ 为分数域窗函数。可以看出，式(7.48) 实质上反映了信号 $f(t)$ 在分数域的局部分数阶频率成分的常规傅里叶变换，并不具备前述讨论的时间和分数阶频率的局部化功能。基于以上分析，表 7.1 给出了本书提出的短时分数阶傅里叶变换与现有定义下短时分数阶傅里叶变换的比较。

表 7.1　与现有定义下短时分数阶傅里叶变换的比较

比较对象	时间－分数阶频率定位功能	准确表征信号局部特性
文献[83]	具备	不能
文献[84,85]	具备	不能
文献[86]	具备	不能
文献[87]	不具备	不能
本书	具备	能

此外，与其他定义相比，本书的短时分数阶傅里叶变换具有明确的物理解释，即时域体现为信号与窗函数的广义分数阶卷积运算，而分数域则表现为窗函数对信号做乘性滤波器处理。

第 8 章

分数阶时频分布理论

短时分数阶傅里叶变换得到的是信号线性的时间－分数阶频率表示，然而若欲用时间－分数阶频率表示来描述信号的能量随时间和分数阶频率变化的情况时，一种直观的、合理的描述方法便是二次型的时间－分数阶频率表示，这是因为能量本身就可以看成是一种二次型表示。通过短时分数阶傅里叶变换的模值的平方（即分数阶谱图）$|\mathrm{STFRFT}_f^{\alpha}(t,u)|^2$ 可以了解信号的能量分布情况。由于受不确定性原理的限制，分数阶谱图存在时间和分数阶频率分辨率的相互约束的矛盾，使得它对能量分布的描述是非常粗糙的；此外，分数阶谱图不满足作为能量分布的某些更为严格的要求。因此，分数阶谱图只属于一种二次型的时间－分数阶频率表示，还不能称作时间－分数阶频率分布。

为了准确地刻画信号的时间－分数阶频率分布，研究性能更好的"能量化"二次型时间－分数阶频率表示是非常必要的。由于这类时间－分数阶频率表示能够刻画信号的能量密度分布，所以将它们统称为时间－分数阶频率分布。

8.1 分数阶时频分布的基本原理

8.1.1 信号的二次型变换和瞬时分数阶相关函数

在信号分析中，信号 $f(t)$ 的瞬时功率是信号模值的平方：

$$|f(t)|^2 = \text{在 } t \text{ 时刻每单位时间的强度（瞬时功率）} \tag{8.1}$$

$$|f(t)|^2 \Delta t = \text{在 } t \text{ 时刻的时域间隔 } \Delta t \text{ 内的能量} \tag{8.2}$$

此外，每单位分数阶频率的强度称为分数阶能谱密度，它是信号分数阶傅里叶变换的模值的平方

$$|F_\alpha(u)|^2 = \text{在 } u \text{ 每单位分数阶频率的强度} \tag{8.3}$$

$$|F_\alpha(u)|^2 \Delta u = \text{在 } u \text{ 分数阶频率的分数域间隔 } \Delta u \text{ 内的能量} \tag{8.4}$$

为了简化分析，通常令

$$\int_{-\infty}^{+\infty} |f(t)|^2 \mathrm{d}t = \int_{-\infty}^{+\infty} |F_\alpha(u)|^2 \mathrm{d}u = \text{总能量} = 1 \tag{8.5}$$

下面考虑非平稳信号 $f(t)$，对 $f(t)$ 进行时间－分数阶频率分析的主要目的是要设计时间和分数阶频率的联合函数，用它表示每单位时间和每单位分数阶频率的能量。这种时间和分数阶频率的联合函数 $P^\alpha(t,u)$ 称为信号的时间－分数阶频率分布。类似于瞬时功率和分数阶能谱密度，有

$$P^\alpha(t,u) = \text{在时间 } t \text{ 和分数阶频率 } u \text{ 的能量密度} \tag{8.6}$$

$$P^{\alpha}(t,u)\Delta t\Delta u = \text{在}(t,u)\text{点处，时间}-\text{分数阶频率网格}\ \Delta t\Delta u\ \text{内的能量} \tag{8.7}$$

信号 $f(t)$ 的瞬时功率实际上是一种二次型变换 $f(t)f^*(t)$，如式(8.1) 所示。其实，在本书第 3 章的 3.4 节中曾利用这种二次型变换来分析信号的分数阶能量谱。具体地说，根据广义分数阶相关的定义及定理，平稳信号 $f(t)$ 的分数阶自相关函数 $R_f^{\alpha}(\tau)$ 和分数阶能谱 $\mathscr{E}_f^{\alpha}(u) = |F_{\alpha}(u)|^2$ 满足

$$R_f^{\alpha}(\tau) = (f \star_{\alpha,\alpha,\alpha} f)(\tau) = \int_{-\infty}^{+\infty} f(t) f^*(t-\tau) \mathrm{e}^{\mathrm{j}t\tau\cot\alpha - \mathrm{j}\tau^2\cot\alpha} \mathrm{d}t \tag{8.8}$$

$$\begin{aligned}\mathscr{E}_f^{\alpha}(u) &= A_{-\alpha}\mathrm{e}^{-\mathrm{j}\frac{u^2}{2}\cot\alpha}\mathscr{F}^{\alpha}[R_f^{\alpha}(\tau)](u) \\ &= \frac{|\csc\alpha|}{2\pi}\int_{-\infty}^{+\infty}\left[\int_{-\infty}^{+\infty} f^*(t-\tau) f(t) \mathrm{e}^{\mathrm{j}t\tau\cot\alpha}\mathrm{d}t\right]\mathrm{e}^{-\mathrm{j}\tau u\csc\alpha}\mathrm{d}\tau\end{aligned} \tag{8.9}$$

分数阶自相关函数也可采用对称形式的定义，即

$$R_f^{\alpha}(\tau) = \int_{-\infty}^{+\infty} f^*\left(t-\frac{\tau}{2}\right) f\left(t+\frac{\tau}{2}\right) \mathrm{e}^{\mathrm{j}t\tau\cot\alpha - \mathrm{j}\frac{\tau^2}{2}\cot\alpha}\mathrm{d}t \tag{8.10}$$

相应地，根据式(8.9) 可将分数阶能谱改写为

$$\mathscr{E}_f^{\alpha}(u) = \frac{|\csc\alpha|}{2\pi}\int_{-\infty}^{+\infty}\left[\int_{-\infty}^{+\infty} f^*\left(t-\frac{\tau}{2}\right) f\left(t+\frac{\tau}{2}\right)\mathrm{e}^{\mathrm{j}t\tau\cot\alpha}\mathrm{d}t\right]\mathrm{e}^{-\mathrm{j}\tau u\csc\alpha}\mathrm{d}\tau \tag{8.11}$$

上述平稳信号的分数阶相关函数和分数阶能谱的定义公式很容易推广到非平稳信号。在非平稳信号的时间 - 分数阶频率分析中，对称形式的时变分数阶自相关函数 $R_f^{\alpha}(t,\tau)$ 比非对称形式更有用，因为对称形式的二次型变换更能表现出非平稳信号的一些重要特性。受式(8.11) 结构形式的启发，为了得到非平稳信号的时变分数阶能谱，需要对非平稳信号进行式(8.11) 右端积分中类似的二次型变换。同时，为了体现信号的局部特性，应做类似于短时傅里叶变换的滑窗处理，并沿 τ 轴加权，可得时变分数阶自相关函数定义为

$$R_f^{\alpha}(t,\tau) = \int_{-\infty}^{+\infty}\phi(x-t,\tau) f^*\left(x-\frac{\tau}{2}\right) f\left(x+\frac{\tau}{2}\right)\mathrm{e}^{\mathrm{j}x\tau\cot\alpha}\mathrm{d}x \tag{8.12}$$

式中，$\phi(t,\tau)$ 为窗函数，而 $R_f^{\alpha}(t,\tau)$ 称为"局部分数阶相关函数"。类似于式(8.11)，对局部分数阶相关函数做傅里叶变换(变换元做尺度 $\csc\alpha$ 伸缩)，可得时变分数阶能谱，也就是信号能量的时间 - 分数阶频率分布，即有

$$P^{\alpha}(t,u) = \frac{|\csc\alpha|}{2\pi}\int_{-\infty}^{+\infty} R_f^{\alpha}(t,\tau)\mathrm{e}^{-\mathrm{j}\tau u\csc\alpha}\mathrm{d}\tau \tag{8.13}$$

式(8.13) 表明，时间 - 分数阶频率分布 $P^{\alpha}(t,u)$ 也可以用局部分数阶相关 $R_f^{\alpha}(t,\tau)$ 来定义。可以发现，若取不同的窗函数 $\phi(t,\tau)$，就能得到不同的时间 - 分数阶频率分布。例如，取窗函数 $\phi(x-t,\tau)=\delta(x-t)$(对 τ 不加以限制，而在时域取瞬时值)，则有

$$R_f^{\alpha}(t,\tau) = f^*\left(t-\frac{\tau}{2}\right) f\left(t+\frac{\tau}{2}\right)\mathrm{e}^{\mathrm{j}t\tau\cot\alpha} \tag{8.14}$$

称之为瞬时分数阶相关函数。对式(8.14) 做傅里叶变换(变换元做尺度 $\csc\alpha$ 伸缩)，可得分数阶 Wigner - Ville 分布(Wigner - Ville Distribution，WVD)，即

$$\mathrm{WVD}_f^{\alpha}(t,u) = \frac{|\csc\alpha|}{2\pi}\int_{-\infty}^{+\infty} R_f^{\alpha}(t,\tau)\mathrm{e}^{-\mathrm{j}\tau u\csc\alpha}\mathrm{d}\tau \tag{8.15}$$

分数阶 Wigner - Ville 分布是时间 - 分数阶频率分布中最基本的一种分布，在其基础上可派生出多种其他的时间 - 分数阶频率分布，后面将对此做详细讨论。

8.1.2　时间－分数阶频率分布的基本要求

由于要求时间－分数阶频率分布具有表示信号能量分布的特性，因此希望时间－分数阶频率分布满足下面一些基本特性。

性质 8.1　时间－分数阶频率分布必须是实的，且希望是非负的。

性质 8.2　时间－分数阶频率分布关于时间 t 和分数阶频率 u 的积分应该给出信号的总能量 E，即

$$\iint_{-\infty}^{+\infty} P^{\alpha}(t,u)\,\mathrm{d}t\mathrm{d}u = E \tag{8.16}$$

性质 8.3　边缘特性

$$\int_{-\infty}^{+\infty} P^{\alpha}(t,u)\,\mathrm{d}t = |\ F_{\alpha}(u)\ |^{2} \tag{8.17}$$

$$\int_{-\infty}^{+\infty} P^{\alpha}(t,u)\,\mathrm{d}u = |\ f(t)\ |^{2} \tag{8.18}$$

即时间－分数阶频率分布关于时间 t 和分数阶频率 u 处的积分分别给出信号在分数阶频率 u 的谱密度和信号在 t 时刻的瞬时功率。

性质 8.4　时间－分数阶频率分布关于分数阶频率 u 和时间 t 的一阶矩分别给出信号的瞬时分数阶频率和分数阶群延迟。

性质 8.5　有限支撑特性，即在 $f(t)$ 和 $F_{\alpha}(u)$ 的总支撑区以外，信号的时间－分数阶频率分布等于零。

除了以上基本特性外，还有其他一些性质(例如，时间矩、频率矩、尺度伸缩、Moyal 公式等)，这里不一一列举。应当指出，实际中适用的时间－分数阶频率分布并非一定要拘泥于满足所有基本性质，在特定场合或特殊应用中，某些性质是不可或缺的，对它们应当给予充分考虑。

8.1.3　分数阶特征函数

为了得到时间和分数阶频率的联合函数，下面介绍传统时间－频率分析中一个重要的统计量——特征函数。

对任意的信号 $f(t)\in L^{2}(\mathbf{R})$，令 $\bar{f}(t)=f(t)\mathrm{e}^{\mathrm{j}\frac{t^{2}}{2}\cot\alpha}$，则 $\bar{f}(t)\in L^{2}(\mathbf{R})$。记 $P(t,\omega)$ 是信号 $\bar{f}(t)$ 的时间变量 t 和频率变量 ω 的分布函数，信号 $\bar{f}(t)$ 的特征函数用 $\mathrm{e}^{\mathrm{j}\theta t+\mathrm{j}\tau\omega}$ 的数学期望定义[139]

$$M(\theta,\tau)=E\{\mathrm{e}^{\mathrm{j}\theta t+\mathrm{j}\tau\omega}\}=\langle\mathrm{e}^{\mathrm{j}\theta t+\mathrm{j}\tau\omega}\rangle=\iint_{-\infty}^{+\infty}\mathrm{e}^{\mathrm{j}\theta t+\mathrm{j}\tau\omega}P(t,\omega)\,\mathrm{d}t\mathrm{d}\omega \tag{8.19}$$

一般说来，特征函数是复变函数，然而并非每一个复变函数都可以用作特征函数，因为它必须是某个密度函数的傅里叶变换①。从式(8.19)可知，时频分布可以通过特征函数的二维傅里叶逆变换得到，即有

① 需要指出的是，特征函数与分布互为傅里叶变换对[139]，它们满足的傅里叶变换定义为：$F(\omega)=\frac{1}{2\pi}\int_{-\infty}^{+\infty}f(t)\mathrm{e}^{-\mathrm{j}\omega t}\mathrm{d}t,\ f(t)=\int_{-\infty}^{+\infty}F(\omega)\mathrm{e}^{\mathrm{j}\omega t}\mathrm{d}\omega$

$$P(t,\omega)=\frac{1}{4\pi^2}\iint_{-\infty}^{+\infty}M(\theta,\tau)\mathrm{e}^{-\mathrm{j}\theta t-\mathrm{j}\tau\omega}\mathrm{d}\theta\mathrm{d}\tau \tag{8.20}$$

此外，令 $P^{\alpha}(t,u)$ 是信号 $f(t)$ 的时间变量 t 和分数阶频率变量 u 的分布函数。从式(2.1)知，信号 $f(t)$ 的分数阶傅里叶变换 $F_{\alpha}(u)$ 与信号 $\bar{f}(t)$ 的傅里叶变换 $\bar{F}(\omega)$ 存在下述关系

$$F_{\alpha}(u)=\sqrt{1-\mathrm{j}\cot\alpha}\,\mathrm{e}^{-\mathrm{j}\frac{u^2}{2}\cot\alpha}\bar{F}(u\csc\alpha) \tag{8.21}$$

由此可得，信号 $f(t)$ 的分数阶频率能量谱 $\mathscr{E}_f^{\alpha}(u)$ 与信号 $\bar{f}(t)$ 的频率能量谱 $\mathscr{E}_{\bar{f}}(\omega)=|\bar{F}(\omega)|^2$ 满足

$$\mathscr{E}_f^{\alpha}(u)=|\csc\alpha|\cdot\mathscr{E}_{\bar{f}}(u\csc\alpha) \tag{8.22}$$

由于 $\mathscr{E}_f^{\alpha}(u)$ 和 $\mathscr{E}_f^{\alpha}(\omega)$ 分别为 $P^{\alpha}(t,u)$ 和 $P(t,\omega)$ 的边缘分布，则有

$$\int_{-\infty}^{+\infty}P^{\alpha}(t,u)\mathrm{d}t=|\csc\alpha|\int_{-\infty}^{+\infty}P(t,u\csc\alpha)\mathrm{d}t \tag{8.23}$$

这表明

$$P^{\alpha}(t,u)=|\csc\alpha|\cdot P(t,u\csc\alpha) \tag{8.24}$$

基于此，利用式(8.19)，可以将信号 $f(t)$ 的分数阶特征函数 $M_{\alpha}(\theta,\tau)$ 定义为

$$M_{\alpha}(\theta,\tau)=|\csc\alpha|\cdot M(\theta,\tau)=|\csc\alpha|\cdot\langle\mathrm{e}^{\mathrm{j}\theta t+\mathrm{j}\tau u\csc\alpha}\rangle=\iint_{-\infty}^{+\infty}\mathrm{e}^{\mathrm{j}\theta t+\mathrm{j}\tau u\csc\alpha}P^{\alpha}(t,u)\mathrm{d}t\mathrm{d}u\csc\alpha \tag{8.25}$$

相应地，根据式(8.28)可得，信号 $f(t)$ 的时间－分数阶频率分布为

$$P^{\alpha}(t,u)=\frac{1}{4\pi^2}\iint_{-\infty}^{+\infty}M_{\alpha}(\theta,\tau)\mathrm{e}^{-\mathrm{j}\theta t-\mathrm{j}\tau u\csc\alpha}\mathrm{d}\theta\mathrm{d}\tau \tag{8.26}$$

可以看出，选择不同的分数阶特征函数，将得到不同的时间－分数阶频率分布。

8.2 分数阶 Cohen 类分布

8.2.1 分数阶 Cohen 类分布的定义

信号 $f(t)$ 的分数阶特征函数 $M_{\alpha}(\theta,\tau)$ 是时间 t 和分数阶频率 u 构成的函数 $\mathrm{e}^{\mathrm{j}\theta t+\mathrm{j}\tau u\csc\alpha}$ 的平均值与 $|\csc\alpha|$ 的乘积。由时频分析理论中算子与平均值的关系[139]可知，$M_{\alpha}(\theta,\tau)$ 既可以由信号 $f(t)$ 的联合时间－分数阶频率分布(或密度)$C_f^{\alpha}(t,u)$ 按照式(8.25)计算得到，也可以由与之对应的特征函数算子 $\mathscr{M}_{\alpha}(\theta,\tau)$ 利用信号的时域波形计算出来，即

$$\begin{aligned}M_{\alpha}(\theta,\tau)&=|\csc\alpha|\cdot\langle\mathrm{e}^{\mathrm{j}\theta t+\mathrm{j}\tau u\csc\alpha}\rangle=|\csc\alpha|\cdot\langle\mathscr{M}_{\alpha}(\theta,\tau)\rangle\\&=|\csc\alpha|\cdot\int_{-\infty}^{+\infty}f^*(t)\mathscr{M}_{\alpha}(\theta,\tau)f(t)\mathrm{d}t\end{aligned} \tag{8.27}$$

于是，根据式(8.26)，信号 $f(t)$ 的时间－分数阶频率分布 $C_f^{\alpha}(t,u)$ 可以表示为

$$C_f^{\alpha}(t,u)=\frac{|\csc\alpha|}{4\pi^2}\iiint_{-\infty}^{+\infty}f^*(x)\mathscr{M}_{\alpha}(\theta,\tau)f(x)\mathrm{e}^{-\mathrm{j}\theta t-\mathrm{j}\tau u\csc\alpha}\mathrm{d}x\mathrm{d}\theta\mathrm{d}\tau \tag{8.28}$$

这样，时间－分数阶频率分布的构造问题就可以归结为如何选择特征函数算子 $\mathscr{M}_{\alpha}(\theta,\tau)$ 的问题。另由时频分析理论[139]知，时间和频率的平均值 $\langle t\rangle$、$\langle\omega\rangle$ 满足

$$\langle t\rangle=\int_{-\infty}^{+\infty}t|f(t)|^2\mathrm{d}t=\int_{-\infty}^{+\infty}f^*(t)\mathscr{T}f(t)\mathrm{d}t \tag{8.29}$$

$$\langle\omega\rangle=\int_{-\infty}^{+\infty}\omega\mid F(\omega)\mid^2\mathrm{d}\omega=\int_{-\infty}^{+\infty}f^*(t)\mathscr{W}f(t)\mathrm{d}t \tag{8.30}$$

式中，时间算子 $\mathscr{T}$ 和频率算子 $\mathscr{W}$ 分别如式(3.43)和(3.33)所示。通过比较式(8.27)和(8.29)、(8.30)可知，分数阶特征函数算子 $\mathscr{M}_\alpha(\theta,\tau)$ 一种可能的选择是在 $\mathrm{e}^{\mathrm{j}\theta t+\mathrm{j}\tau u\csc\alpha}$ 中用时间算子 $\mathscr{T}$ 和分数阶频率算子 $\mathscr{U}^\alpha$ 分别替代时间变量 t 和分数阶频率变量 u，即

$$\mathrm{e}^{\mathrm{j}\theta t+\mathrm{j}\tau u\csc\alpha}\rightarrow\mathscr{M}_\alpha(\theta,\tau)=\mathrm{e}^{\mathrm{j}\theta\mathscr{T}+\mathrm{j}\tau(\csc\alpha)\mathscr{U}^\alpha} \tag{8.31}$$

应当指出，式(8.31)中对应关系并不是唯一的，也可以选择如下对应关系

$$\mathrm{e}^{\mathrm{j}\theta t+\mathrm{j}\tau u\csc\alpha}\rightarrow\mathscr{M}_\alpha(\theta,\tau)=\mathrm{e}^{\mathrm{j}\theta\mathscr{T}}\mathrm{e}^{\mathrm{j}\tau(\csc\alpha)\mathscr{U}^\alpha} \tag{8.32}$$

这里需要注意的是，对于原变量 t 和 u 而言，$\mathrm{e}^{\mathrm{j}\theta t+\mathrm{j}\tau u\csc\alpha}=\mathrm{e}^{\mathrm{j}\theta t}\mathrm{e}^{\mathrm{j}\tau u\csc\alpha}$ 是成立的，但是对于算子来说，$\mathrm{e}^{\mathrm{j}\theta\mathscr{T}+\mathrm{j}\tau(\csc\alpha)\mathscr{U}^\alpha}=\mathrm{e}^{\mathrm{j}\theta\mathscr{T}}\mathrm{e}^{\mathrm{j}\tau(\csc\alpha)\mathscr{U}^\alpha}$ 不成立。这是因为算子 $\mathscr{T}$ 和 $\mathscr{U}^\alpha$ 是不可对易的，即

$$[\mathscr{T},\mathscr{U}^\alpha]=[\mathscr{T},\cos\alpha\cdot\mathscr{T}+\sin\alpha\cdot\mathscr{W}]=\cos\alpha\cdot[\mathscr{T},\mathscr{T}]+\sin\alpha\cdot[\mathscr{T},\mathscr{W}]=\mathrm{j}\sin\alpha\neq0 \tag{8.33}$$

为得到一般性的结论，引入一核函数 $\phi(\theta,\tau)$ 并选择以下对应关系

$$\mathrm{e}^{\mathrm{j}\theta t+\mathrm{j}\tau u\csc\alpha}\rightarrow\mathscr{M}_\alpha(\theta,\tau)=\phi(\theta,\tau)\mathrm{e}^{\mathrm{j}\theta\mathscr{T}+\mathrm{j}\tau(\csc\alpha)\mathscr{U}^\alpha} \tag{8.34}$$

为了保证边缘分布，核函数 $\phi(\theta,\tau)$ 应满足

$$\phi(\theta,0)=\phi(0,\tau)=1 \tag{8.35}$$

同时，注意到

$$\begin{aligned}\mathrm{e}^{\mathrm{j}\theta\mathscr{T}+\mathrm{j}\tau(\csc\alpha)\mathscr{U}^\alpha}f(t)&=\mathrm{e}^{\mathrm{j}(\theta+\tau\cot\alpha)\mathscr{T}+\mathrm{j}\tau\mathscr{W}}f(t)=\mathrm{e}^{-\frac{1}{2}[\mathrm{j}(\theta+\tau\cot\alpha)\mathscr{T},\mathrm{j}\tau\mathscr{W}]}\mathrm{e}^{\mathrm{j}(\theta+\tau\cot\alpha)\mathscr{T}}\mathrm{e}^{\mathrm{j}\tau\mathscr{W}}f(t)\\&=\mathrm{e}^{\frac{\mathrm{j}}{2}(\theta+\tau\cot\alpha)\tau}\mathrm{e}^{\mathrm{j}(\theta+\tau\cot\alpha)t}f(t+\tau)\end{aligned} \tag{8.36}$$

将式(8.34)和(8.36)代入式(8.27)，可得广义的分数阶特征函数为

$$\begin{aligned}M_\alpha(\theta,\tau)&=\mid\csc\alpha\mid\int_{-\infty}^{+\infty}f^*(t)\mathscr{M}_\alpha(\theta,\tau)f(t)\mathrm{d}t\\&=\mid\csc\alpha\mid\int_{-\infty}^{+\infty}f^*(t)\phi(\theta,\tau)\mathrm{e}^{\mathrm{j}\theta\mathscr{T}+\mathrm{j}\tau(\csc\alpha)\mathscr{U}^\alpha}f(t)\mathrm{d}t\\&=\mid\csc\alpha\mid\int_{-\infty}^{+\infty}\phi(\theta,\tau)f^*(t)\mathrm{e}^{\frac{\mathrm{j}}{2}(\theta+\tau\cot\alpha)\tau}\mathrm{e}^{\mathrm{j}(\theta+\tau\cot\alpha)t}f(t+\tau)\mathrm{d}t\\&=\mid\csc\alpha\mid\int_{-\infty}^{+\infty}\phi(\theta,\tau)f^*\left(x-\frac{\tau}{2}\right)\mathrm{e}^{\mathrm{j}(\theta+\tau\cot\alpha)x}f\left(x+\frac{\tau}{2}\right)\mathrm{d}x\end{aligned} \tag{8.37}$$

将式(8.37)代入式(8.28)，则时间－分数阶频率分布可以表示为

$$\begin{aligned}C_f^\alpha(t,u)&=\frac{1}{4\pi^2}\iint_{-\infty}^{+\infty}M_\alpha(\theta,\tau)\mathrm{e}^{-\mathrm{j}\theta t-\mathrm{j}\tau u\csc\alpha}\mathrm{d}\theta\mathrm{d}\tau\\&=\frac{\mid\csc\alpha\mid}{4\pi^2}\iiint_{-\infty}^{+\infty}\phi(\theta,\tau)f^*\left(x-\frac{\tau}{2}\right)f\left(x+\frac{\tau}{2}\right)\mathrm{e}^{\mathrm{j}(\theta+\tau\cot\alpha)x}\times\\&\quad\mathrm{e}^{-\mathrm{j}\theta t-\mathrm{j}\tau u\csc\alpha}\mathrm{d}x\mathrm{d}\theta\mathrm{d}\tau\end{aligned} \tag{8.38}$$

特别地，当 $\alpha=\pi/2$ 时，式(8.38)便简化为Cohen类时频分布[139]。相应地，把式(8.38)所定义的时间－分数阶频率分布简称为分数阶 Cohen 类分布。

注意，在式(8.38)中，变量 θ 并没有出现在信号中，因此若定义

$$\Phi(t,\tau)=\frac{1}{\sqrt{2\pi}}\int_{-\infty}^{+\infty}\phi(\theta,\tau)\mathrm{e}^{-\mathrm{j}t\theta}\mathrm{d}\theta \tag{8.39}$$

于是，分数阶 Cohen 类分布就可以写成

$$C_f^\alpha(t,u)=\frac{|\csc\alpha|}{(2\pi)^{3/2}}\iint_{-\infty}^{+\infty}\Phi(t-x,\tau)f^*\left(x-\frac{\tau}{2}\right)f\left(x+\frac{\tau}{2}\right)\times \mathrm{e}^{-\mathrm{j}\tau(u-x\cos\alpha)\csc\alpha}\mathrm{d}x\mathrm{d}\tau \tag{8.40}$$

若式(8.38)中 $\phi(\theta,\tau)$ 与 Cohen 类时频分布任一成员[139] 的核函数相同,便可以得到一个对应的分数阶 Cohen 类分布,见表 8.1。

表 8.1　一些典型的分数阶 Cohen 类分布及其核函数

名称	核函数 $\phi(\theta,\tau)$	$C_f^\alpha(t,u)$
分数阶 Cohen 类分布	$\phi(\theta,\tau)$	$\frac{\mid\csc\alpha\mid}{4\pi^2}\iiint_{-\infty}^{+\infty}\phi(\theta,\tau)f^*\left(x-\frac{\tau}{2}\right)f\left(x+\frac{\tau}{2}\right)\times \mathrm{e}^{\mathrm{j}(\theta+\tau\cot\alpha)}x\mathrm{e}^{-\mathrm{j}\theta t-\mathrm{j}\tau u\csc\alpha}\mathrm{d}x\mathrm{d}\theta\mathrm{d}\tau$
分数阶 Wigner－Ville 分布	1	$\frac{\mid\csc\alpha\mid}{2\pi}\int_{-\infty}^{+\infty}f^*\left(t-\frac{\tau}{2}\right)f\left(t+\frac{\tau}{2}\right)\times \mathrm{e}^{-\mathrm{j}\tau(u\csc\alpha-t\cot\alpha)}\mathrm{d}\tau$
分数阶 Margenau－Hill 分布	$\cos\left(\frac{\tau}{2}\theta\right)$	$\Re\left\{\frac{1}{2\csc^2\alpha}f(t)F_\alpha^*(u)K_\alpha(u,t)\right\}$
分数阶 Kirkwood－Rihaczek 分布	$\mathrm{e}^{\mathrm{j}\frac{\tau}{2}\theta}$	$\frac{1}{2\csc^2\alpha}f(t)F_\alpha^*(u)K_\alpha(u,t)$
分数阶 Born－Jordan 分布	$\frac{\sin\frac{\tau}{2}\theta}{\frac{\tau}{2}\theta}$	$\int_{-\infty}^{+\infty}\int_{t-0.5\mid\tau\mid}^{t+0.5\mid\tau\mid}\frac{1}{\mid\tau\mid}f^*\left(x-\frac{\tau}{2}\right)f\left(t+\frac{\tau}{2}\right)\times \frac{\mid\csc\alpha\mid}{2\pi}\mathrm{e}^{-\mathrm{j}\tau(u-x\cos\alpha)\csc\alpha}\mathrm{d}x\mathrm{d}\tau$
分数阶 Page 分布	$\mathrm{e}^{\mathrm{j}\theta\mid\tau\mid}$	$\int_{-\infty}^{+\infty}f^*\left(t-\mid\tau\mid-\frac{\tau}{2}\right)f\left(t-\mid\tau\mid+\frac{\tau}{2}\right)\times \frac{\mid\csc\alpha\mid}{2\pi}\mathrm{e}^{-\mathrm{j}\tau u\csc\alpha+\mathrm{j}(t-\mid\tau\mid)\cot\alpha}\mathrm{d}\tau$
分数阶 Choi－Willlianms 分布	$\mathrm{e}^{-\frac{\tau^2}{\sigma}\theta^2}$	$\iint_{-\infty}^{+\infty}\frac{1}{\mid\tau\mid}f^*\left(t-\frac{\tau}{2}\right)f\left(t+\frac{\tau}{2}\right)\times \frac{\mid\csc\alpha\mid\sqrt{\sigma}}{4\pi^{3/2}}\mathrm{e}^{-\frac{\sigma}{4\tau^2}(t-x)^2}\mathrm{d}x\mathrm{d}\tau$
分数阶 Zhao－Atlas－Marks 分布	$g(\tau)\mid\tau\mid\frac{\sin a\tau\theta}{a\tau\theta}$	$\int_{-\infty}^{+\infty}\int_{t-a\mid\tau\mid}^{t+a\mid\tau\mid}g(\tau)f^*\left(x-\frac{\tau}{2}\right)f\left(t+\frac{\tau}{2}\right)\times \frac{\mid\csc\alpha\mid}{4\pi a}\mathrm{e}^{-\mathrm{j}\tau(u-x\cos\alpha)\csc\alpha}\mathrm{d}x\mathrm{d}\tau$

8.2.2　分数阶 Cohen 类分布基本性质与核函数的关系

下面讨论分数阶 Cohen 类分布满足几个基本性质对核函数提出的限制条件。

1. 实值性

时间－分数阶频率分布属于二次型分布,一般不能保证是正的,但作为能量的测度,至少应该要求它是实的。取式(8.38)的复共轭,然后将它与原时间－分数阶频率分布做比较,则直接可以证明,时间－分数阶频率分布是实的分布的充分必要条件是:核函数满足下

述条件

$$\phi(\theta,\tau)=\phi^*(-\theta,-\tau) \tag{8.41}$$

2. 边缘特性

若要求时间－分数阶频率分布 $C_f^\alpha(t,u)$ 是能量密度的分布，则希望它具有边缘特性：对分数阶频率变量的积分等于瞬时功率 $|f(t)|^2$，而对时间变量的积分则可得分数域能量密度谱 $|F_\alpha(u)|^2$。

利用式(8.38)，可得

$$\begin{aligned}\int_{-\infty}^{+\infty}C_f^\alpha(t,u)\mathrm{d}u &= \frac{1}{2\pi}\iiint_{-\infty}^{+\infty}\phi(\theta,\tau)f^*\left(x-\frac{\tau}{2}\right)f\left(x+\frac{\tau}{2}\right)\delta(\tau)\times \\ &\quad \mathrm{e}^{\mathrm{j}(\theta+\tau\cot\alpha)x}\mathrm{e}^{-\mathrm{j}\theta t}\mathrm{d}x\mathrm{d}\theta\mathrm{d}\tau \\ &= \frac{1}{2\pi}\iint_{-\infty}^{+\infty}|f(x)|^2\phi(\theta,0)\mathrm{e}^{-\mathrm{j}\theta(t-x)}\mathrm{d}\theta\mathrm{d}x\end{aligned} \tag{8.42}$$

显然，若要求式(8.42)等于 $|f(t)|^2$，那么对 θ 的积分一定有

$$\frac{1}{2\pi}\int_{-\infty}^{+\infty}\phi(\theta,0)\mathrm{e}^{-\mathrm{j}\theta(t-x)}\mathrm{d}\theta=\delta(t-x) \tag{8.43}$$

这意味着

$$\phi(\theta,0)=1 \tag{8.44}$$

类似地，若使 $\int_{-\infty}^{+\infty}C_f^\alpha(t,u)\mathrm{d}t=|F_\alpha(u)|^2$，则核函数必须满足

$$\phi(0,\tau)=1 \tag{8.45}$$

3. 总能量

通常还希望信号的总能量(归一化能量)保持不变，即

$$\iint_{-\infty}^{+\infty}C_f^\alpha(t,u)\mathrm{d}u\mathrm{d}t=1 \tag{8.46}$$

为此，必须使

$$\phi(0,0)=1 \tag{8.47}$$

4. 不确定性原理

根据时频分析理论[139]知，产生边缘的任何联合分布将产生信号的不确定性原理。因而，满足不确定性原理的条件是必须正确地给出两个边缘，即

$$\phi(0,\tau)=1 \quad 和 \quad \phi(\theta,0)=1 \tag{8.48}$$

5. 平移不变性

令 $f(t)\rightarrow f_1(t)=\boldsymbol{T}_{t_0}^\alpha f(t)=f(t-t_0)\mathrm{e}^{-\mathrm{j}t_0\left(t-\frac{t_0}{2}\right)\cot\alpha}$，并代入式(8.38)，则有

$$\begin{aligned}C_{f_1}^\alpha(t,u) &= \frac{|\csc\alpha|}{4\pi^2}\iiint_{-\infty}^{+\infty}\phi(\theta,\tau)f^*\left(x-\frac{\tau}{2}-t_0\right)f\left(x+\frac{\tau}{2}-t_0\right)\mathrm{e}^{-\mathrm{j}t_0\tau\cot\alpha}\times \\ &\quad \mathrm{e}^{\mathrm{j}(\theta+\tau\cot\alpha)x}\mathrm{e}^{-\mathrm{j}\theta t-\mathrm{j}\tau u\csc\alpha}\mathrm{d}x\mathrm{d}\theta\mathrm{d}\tau \\ &= \frac{|\csc\alpha|}{4\pi^2}\iiint_{-\infty}^{+\infty}\phi(\theta,\tau)f^*\left(x'-\frac{\tau}{2}\right)f\left(x'+\frac{\tau}{2}\right)\times \\ &\quad \mathrm{e}^{\mathrm{j}(\theta+\tau\cot\alpha)x'}\mathrm{e}^{-\mathrm{j}\theta(t-t_0)-\mathrm{j}\tau u\csc\alpha}\mathrm{d}x'\mathrm{d}\theta\mathrm{d}\tau \\ &= C_f^\alpha(t-t_0,u)\end{aligned} \tag{8.49}$$

因此，信号的分数阶时移在时间－分数阶频率分布产生相应的时移。在上面的证明中，实际要求核函数与时间和分数阶频率无关。同样，如果信号的分数谱 $F_\alpha(u)$ 平移一固定的量，则时间－分数阶频率分布也平移相同的量。也就是说，若 $F_\alpha(u) \to F_{2,\alpha}(u) = \boldsymbol{W}_{u_0}^{\alpha} F_\alpha(u) = F_\alpha(u-u_0)\mathrm{e}^{\mathrm{j}u_0\left(u-\frac{u_0}{2}\right)\cot\alpha}$ 或 $f(t) \to f_2(t) = f(t)\mathrm{e}^{\mathrm{j}tu_0\csc\alpha}$，其中 $F_{2,\alpha}(u)$ 为 $f_2(t)$ 的分数阶傅里叶变换，则 $C_{f_2}^{\alpha}(t,u) = C_f^{\alpha}(t,u-u_0)$。这是分数阶 Cohen 类分布所固有的性质。

8.3　分数阶 Wigner－Ville 分布

前面讨论了如何构造二次型时间－分数阶频率分布，以及它的通用形式和基本性质，这些基本概念对于认识和理解时间和分数阶频率联合分析十分重要。时间－分数阶频率分布的提出源于刻画信号在时域和分数域的局部特征，局部性的正确描述又与信号的时间－分数阶频率聚集性密切相关，聚集性是衡量时间－分数阶频率分布的主要指标。前述讨论的一些基本性质多属宏观的性质，实用的时间－分数阶频率分布更侧重于它的局部性质。在时频分析中，信号 $f(t)$ 的常规 Wigner－Ville 分布是一种最基本、应用最多的时频分布，定义为[156]

$$\mathrm{WVD}_f(t,\omega) = \frac{1}{2\pi}\int_{-\infty}^{+\infty} f^*\left(t-\frac{\tau}{2}\right) f\left(t+\frac{\tau}{2}\right)\mathrm{e}^{-\mathrm{j}\tau\omega}\,\mathrm{d}\tau \tag{8.50}$$

相应地，分数阶 Wigner－Ville 分布是最基本的时间－分数阶频率分布，熟悉它的性质对于全面了解时间－分数阶频率分布是十分必要的。

8.3.1　分数阶 Wigner－Ville 分布的定义

当 $\phi(\theta,\tau)=1$ 时，式(8.38)便退化为分数阶 Wigner－Ville 分布，即

$$\mathrm{WVD}_f^{\alpha}(t,u) = \frac{|\csc\alpha|}{2\pi}\int_{-\infty}^{+\infty} f^*\left(t-\frac{\tau}{2}\right) f\left(t+\frac{\tau}{2}\right)\mathrm{e}^{-\mathrm{j}\tau(u\csc\alpha - t\cot\alpha)}\,\mathrm{d}\tau \tag{8.51}$$

如式(8.15)所示，分数阶 Wigner－Ville 分布也可用瞬时分数阶相关函数 $R_f^{\alpha}(t,\tau)$ 关于 τ 的傅里叶变换(变换元做了尺度 $\csc\alpha$ 伸缩)与 $\dfrac{|\csc\alpha|}{\sqrt{2\pi}}$ 的乘积来表示。

特别地，当 $\alpha=\pi/2$ 时，式(8.51)便简化为式(8.50)。容易验证，分数阶 Wigner－Ville 分布与常规 Wigner－Ville 分布满足下述关系

$$\mathrm{WVD}_f^{\alpha}(t,u) = |\csc\alpha|\,\mathrm{WVD}_f(t, u\csc\alpha - t\cot\alpha) \tag{8.52}$$

8.3.2　分数阶 Wigner－Ville 分布的性质

1. 对称性

对所有的 t 和 u，复信号的分数阶 Wigner－Ville 分布都是实数，即

$$\mathrm{WVD}_f^{\alpha}(t,u) = [\mathrm{WVD}_f^{\alpha}(t,u)]^* \tag{8.53}$$

$$\mathrm{WVD}_{f,g}^{\alpha}(t,u) = [\mathrm{WVD}_{g,f}^{\alpha}(t,u)]^* \tag{8.54}$$

证明　由分数阶 Wigner－Ville 分布定义，可得

$$
\begin{aligned}
[\mathrm{WVD}_{g,f}^{\alpha}(t,u)]^{*} &= \left[\frac{|\csc\alpha|}{2\pi}\int_{-\infty}^{+\infty} g^{*}\left(t-\frac{\tau}{2}\right) f\left(t+\frac{\tau}{2}\right) \mathrm{e}^{-\mathrm{j}\tau(u\csc\alpha - t\cot\alpha)}\mathrm{d}\tau\right]^{*} \\
&= \frac{|\csc\alpha|}{2\pi}\int_{-\infty}^{+\infty} g\left(t-\frac{\tau}{2}\right) f^{*}\left(t+\frac{\tau}{2}\right) \mathrm{e}^{\mathrm{j}\tau(u\csc\alpha - t\cot\alpha)}\mathrm{d}\tau \\
&= \frac{|\csc\alpha|}{2\pi}\int_{-\infty}^{+\infty} f^{*}\left(t-\frac{\tau'}{2}\right) g\left(t+\frac{\tau'}{2}\right) \mathrm{e}^{-\mathrm{j}\tau'(u\csc\alpha - t\cot\alpha)}\mathrm{d}\tau' \\
&= \mathrm{WVD}_{f,g}^{\alpha}(t,u)
\end{aligned}
\tag{8.55}
$$

令 $g(t)=f(t)$，则 $\mathrm{WVD}_f^{\alpha}(t,u)=[\mathrm{WVD}_f^{\alpha}(t,u)]^{*}$，故 $\mathrm{WVD}_f^{\alpha}(t,u)$ 是实数。

2. 时移特性

假设 $f_1(t)=f(t-t_0)$，若 $f(t)\leftrightarrow \mathrm{WVD}_f^{\alpha}(t,u)$，则有

$$
\mathrm{WVD}_{f_1}^{\alpha}(t,u)=\mathrm{WVD}_f^{\alpha}(t-t_0,u-t_0\cos\alpha)
\tag{8.56}
$$

证明　由分数阶 Wigner－Ville 分布定义，可得

$$
\begin{aligned}
\mathrm{WVD}_{f_1}^{\alpha}(t,u) &= \frac{|\csc\alpha|}{2\pi}\int_{-\infty}^{+\infty} f^{*}\left(t-t_0-\frac{\tau}{2}\right) f\left(t-t_0+\frac{\tau}{2}\right)\times \\
&\quad \mathrm{e}^{-\mathrm{j}\tau(u\csc\alpha - t\cot\alpha)}\mathrm{d}\tau \\
&= \frac{|\csc\alpha|}{2\pi}\int_{-\infty}^{+\infty} f^{*}\left(t-t_0-\frac{\tau}{2}\right) f\left(t-t_0+\frac{\tau}{2}\right)\times \\
&\quad \mathrm{e}^{-\mathrm{j}\tau((u-t_0\cos\alpha)\csc\alpha - (t-t_0)\cot\alpha)}\mathrm{d}\tau \\
&= \mathrm{WVD}_f^{\alpha}(t-t_0,u-t_0\cos\alpha)
\end{aligned}
\tag{8.57}
$$

该特性与分数阶傅里叶变换的时移特性是相对应的。

3. 频移特性

假设 $f_1(t)=f(t)\mathrm{e}^{\mathrm{j}tu_0}$，若 $f(t)\leftrightarrow \mathrm{WVD}_f^{\alpha}(t,u)$，则有

$$
\mathrm{WVD}_{f_1}^{\alpha}(t,u)=\mathrm{WVD}_f^{\alpha}(t,u-u_0\sin\alpha)
\tag{8.58}
$$

证明　根据分数阶 Wigner－Ville 分布定义，可得

$$
\begin{aligned}
\mathrm{WVD}_{f_1}^{\alpha}(t,u) &= \frac{|\csc\alpha|}{2\pi}\int_{-\infty}^{+\infty} f^{*}\left(t-\frac{\tau}{2}\right)\mathrm{e}^{-\mathrm{j}\left(t-\frac{\tau}{2}\right)u_0} f\left(t+\frac{\tau}{2}\right)\mathrm{e}^{\mathrm{j}\left(t+\frac{\tau}{2}\right)u_0}\times \\
&\quad \mathrm{e}^{-\mathrm{j}\tau(u\csc\alpha - t\cot\alpha)}\mathrm{d}\tau \\
&= \frac{|\csc\alpha|}{2\pi}\int_{-\infty}^{+\infty} f^{*}\left(t-\frac{\tau}{2}\right) f\left(t+\frac{\tau}{2}\right)\times \\
&\quad \mathrm{e}^{-\mathrm{j}\tau((u-u_0\sin\alpha)\csc\alpha - t\cot\alpha)}\mathrm{d}\tau \\
&= \mathrm{WVD}_f^{\alpha}(t,u-u_0\sin\alpha)
\end{aligned}
\tag{8.59}
$$

这一结果与分数阶傅里叶变换的频移特性是一致的。

4. 分数阶时移特性

假设 $f_1(t)=f(t-t_0)\mathrm{e}^{-\mathrm{j}t_0\left(t-\frac{t_0}{2}\right)\cot\alpha}$，若 $f(t)\leftrightarrow \mathrm{WVD}_f^{\alpha}(t,u)$，则有

$$
\mathrm{WVD}_{f_1}^{\alpha}(t,u)=\mathrm{WVD}_f^{\alpha}(t-t_0,u)
\tag{8.60}
$$

证明　与式(8.56)证明类似。

5. 分数阶频移特性

假设 $f_1(t)=f(t)\mathrm{e}^{\mathrm{j}tu_0\csc\alpha}$，若 $f(t)\leftrightarrow \mathrm{WVD}_f^{\alpha}(t,u)$，则有

$$
\mathrm{WVD}_{f_1}^{\alpha}(t,u)=\mathrm{WVD}_f^{\alpha}(t,u-u_0)
\tag{8.61}
$$

证明　与式(8.58)证明类似。

6. 尺度伸缩特性

假设 $f_1(t)=f(ct)$，若 $f(t)\leftrightarrow \mathrm{WVD}_f^{\alpha}(t,u)$，则有

$$\mathrm{WVD}_{f_1}^{\alpha}(t,u)=\sqrt{\frac{\sin 2\beta}{\sin 2\alpha}}\mathrm{WVD}_f^{\beta}\left(ct,\frac{u\csc\alpha}{c\csc\beta}\right) \tag{8.62}$$

式中，$\beta=\mathrm{arccot}(c^{-2}\cot\alpha)$。

证明　由分数阶 Wigner－Ville 分布定义，可得

$$\begin{aligned}
\mathrm{WVD}_{f_1}^{\alpha}(t,u)&=\frac{|\csc\alpha|}{2\pi}\int_{-\infty}^{+\infty}f^*\left(ct-c\frac{\tau}{2}\right)f\left(ct+c\frac{\tau}{2}\right)\mathrm{e}^{-\mathrm{j}\tau(u\csc\alpha-t\cot\alpha)}\mathrm{d}\tau\\
&=\frac{|\csc\alpha|}{2\pi c}\int_{-\infty}^{+\infty}f^*\left(ct-c\frac{\tau}{2}\right)f\left(ct+c\frac{\tau}{2}\right)\mathrm{e}^{-\mathrm{j}c\tau\left(\frac{u}{c}\csc\alpha-ct\frac{\cot\alpha}{c^2}\right)}\mathrm{d}c\tau\\
&=\frac{|\csc\alpha|}{2\pi c}\int_{-\infty}^{+\infty}f^*\left(ct-c\frac{\tau}{2}\right)f\left(ct+c\frac{\tau}{2}\right)\mathrm{e}^{-\mathrm{j}c\tau\left(\frac{u\csc\alpha}{c\csc\beta}\csc\beta-ct\cot\beta\right)}\mathrm{d}c\tau\\
&=\sqrt{\frac{\sin 2\beta}{\sin 2\alpha}}\mathrm{WVD}_f^{\beta}\left(ct,\frac{u\csc\alpha}{c\csc\beta}\right)
\end{aligned} \tag{8.63}$$

式中，$\beta=\mathrm{arccot}(c^{-2}\cot\alpha)$。

7. 边缘特性

若 $f(t)\leftrightarrow \mathrm{WVD}_f^{\alpha}(t,u)$，则有

$$\int_{-\infty}^{+\infty}\mathrm{WVD}_f^{\alpha}(t,u)\mathrm{d}u=|f(t)|^2 \tag{8.64}$$

$$\int_{-\infty}^{+\infty}\mathrm{WVD}_f^{\alpha}(t,u)\mathrm{d}t=|F_\alpha(u)|^2 \tag{8.65}$$

证明　由分数阶 Wigner－Ville 分布定义，可得

$$\begin{aligned}
\int_{-\infty}^{+\infty}\mathrm{WVD}_f^{\alpha}(t,u)\mathrm{d}u&=\frac{|\csc\alpha|}{2\pi}\iint_{-\infty}^{+\infty}f^*\left(t-\frac{\tau}{2}\right)f\left(t+\frac{\tau}{2}\right)\mathrm{e}^{-\mathrm{j}\tau(u\csc\alpha-t\cot\alpha)}\mathrm{d}\tau\mathrm{d}u\\
&=\frac{|\csc\alpha|}{2\pi}\int_{-\infty}^{+\infty}f^*\left(t-\frac{\tau}{2}\right)f\left(t+\frac{\tau}{2}\right)\mathrm{e}^{\mathrm{j}\tau t\cot\alpha}\left[\int_{-\infty}^{+\infty}\mathrm{e}^{-\mathrm{j}\tau u\csc\alpha}\mathrm{d}u\right]\mathrm{d}\tau\\
&=\int_{-\infty}^{+\infty}f^*\left(t-\frac{\tau}{2}\right)f\left(t+\frac{\tau}{2}\right)\mathrm{e}^{\mathrm{j}\tau t\cot\alpha}\delta(\tau)\mathrm{d}\tau\\
&=|f(t)|^2
\end{aligned} \tag{8.66}$$

这表明，分数阶 Wigner－Ville 分布具有时间边缘。同样，可得

$$\begin{aligned}
\int_{-\infty}^{+\infty}\mathrm{WVD}_f^{\alpha}(t,u)\mathrm{d}t&=\frac{|\csc\alpha|}{2\pi}\iint_{-\infty}^{+\infty}f^*\left(t-\frac{\tau}{2}\right)f\left(t+\frac{\tau}{2}\right)\mathrm{e}^{-\mathrm{j}\tau(u\csc\alpha-t\cot\alpha)}\mathrm{d}\tau\mathrm{d}t\\
&=\frac{|\csc\alpha|}{2\pi}\iint_{-\infty}^{+\infty}f^*(t'-\tau)f(t')\mathrm{e}^{\mathrm{j}\tau t'\cot\alpha-\mathrm{j}\frac{\tau^2}{2}\cot\alpha}\mathrm{e}^{-\mathrm{j}\tau u\csc\alpha}\mathrm{d}\tau\mathrm{d}t'\\
&=\int_{-\infty}^{+\infty}\left[\int_{-\infty}^{+\infty}f(t'-\tau)K_\alpha^*(u,t'-\tau)K_\alpha^*(u,t')\mathrm{d}\tau\right]^*f(t')\mathrm{d}t'\\
&=|F_\alpha(u)|^2
\end{aligned} \tag{8.67}$$

这表明，分数阶 Wigner－Ville 分布具有分数阶频率边缘。

8. 总能量

若 $f(t)\leftrightarrow \mathrm{WVD}_f^{\alpha}(t,u)$，则有

$$\iint_{-\infty}^{+\infty} \mathrm{WVD}_f^{\alpha}(t,u)\mathrm{d}u\mathrm{d}t=\int_{-\infty}^{+\infty} |f(t)|^2\mathrm{d}t \tag{8.68}$$

证明　利用式(8.66)和(8.67)很容导出式(8.68)。因此，信号 $f(t)$ 的分数阶 Wigner－Ville 分布为其在时间－分数阶频率平面上的能量密度。

9. 重构性

若预先知道信号的初值(或直流分量)，且不为零，则信号可以由它的分数阶 Wigner－Ville 分布精确重构，即

$$f(t)=\frac{1}{A_{\alpha}^{*} f^{*}(0)}\int_{-\infty}^{+\infty} \mathrm{e}^{\mathrm{j}\frac{u^2}{2}\cot\alpha}\mathrm{WVD}_f^{\alpha}\left(\frac{t}{2},u\right)K_{-\alpha}(u,t)\mathrm{d}u \tag{8.69}$$

证明　重写分数阶 Wigner－Ville 分布定义，即

$$\mathrm{WVD}_f^{\alpha}(t,u)=\frac{|\csc\alpha|}{2\pi}\int_{-\infty}^{+\infty} f^{*}\left(t-\frac{\tau}{2}\right)f\left(t+\frac{\tau}{2}\right)\mathrm{e}^{-\mathrm{j}\tau(u\csc\alpha-t\cot\alpha)}\mathrm{d}\tau \tag{8.70}$$

取 $t=\tau/2$ 代入式(8.70)，得到

$$\mathrm{WVD}_f^{\alpha}\left(\frac{\tau}{2},u\right)=\frac{|\csc\alpha|}{2\pi}\int_{-\infty}^{+\infty} f^{*}(0)f(\tau)\mathrm{e}^{-\mathrm{j}\tau\left(u\csc\alpha-\frac{\tau}{2}\cot\alpha\right)}\mathrm{d}\tau \tag{8.71}$$

再令式(8.71)中 $\tau=t$，则有

$$\begin{aligned}\mathrm{WVD}_f^{\alpha}\left(\frac{t}{2},u\right)&=\frac{|\csc\alpha|}{2\pi}\int_{-\infty}^{+\infty} f^{*}(0)f(t)\mathrm{e}^{-\mathrm{j}tu\csc\alpha}\mathrm{e}^{\mathrm{j}\frac{t^2}{2}\cot\alpha}\mathrm{d}t\\&=A_{\alpha}^{*} f^{*}(0)\mathrm{e}^{-\mathrm{j}\frac{u^2}{2}\cot\alpha}\int_{-\infty}^{+\infty} f(t)K_{\alpha}(u,t)\mathrm{d}t\end{aligned} \tag{8.72}$$

进一步地，利用分数阶傅里叶逆变换的定义，可得

$$f(t)=\frac{1}{A_{\alpha}^{*} f^{*}(0)}\int_{-\infty}^{+\infty} \mathrm{e}^{\mathrm{j}\frac{u^2}{2}\cot\alpha}\mathrm{WVD}_f^{\alpha}\left(\frac{t}{2},u\right)K_{-\alpha}(u,t)\mathrm{d}u \tag{8.73}$$

此即为式(8.69)。

10. 有限支撑性

若 $f(t)=0,t\notin[t_1,t_2]$，则有

$$\mathrm{WVD}_f^{\alpha}(t,u)=0,\quad t\notin[t_1,t_2] \tag{8.74}$$

证明　利用分数阶 Wigner－Ville 分布定义很容易导出式(8.74)，不做赘述。

11. 内积特性

若 $f(t)\leftrightarrow\mathrm{WVD}_f^{\alpha}(t,u)$，$g(t)\leftrightarrow\mathrm{WVD}_g^{\alpha}(t,u)$，则有

$$\iint_{-\infty}^{+\infty} \mathrm{WVD}_f^{\alpha}(t,u)[\mathrm{WVD}_g^{\alpha}(t,u)]^{*}\mathrm{d}t\mathrm{d}u=\frac{|\csc\alpha|}{2\pi}|\langle f(t),g(t)\rangle|^2 \tag{8.75}$$

证明　根据分数阶 Wigner－Ville 分布的定义，可得

$$\begin{aligned}&\iint_{-\infty}^{+\infty} \mathrm{WVD}_f^{\alpha}(t,u)[\mathrm{WVD}_g^{\alpha}(t,u)]^{*}\mathrm{d}t\mathrm{d}u\\&=\frac{|\csc\alpha|^2}{4\pi^2}\iiint_{-\infty}^{+\infty} f^{*}\left(t-\frac{\tau}{2}\right)f\left(t+\frac{\tau}{2}\right)\mathrm{e}^{\mathrm{j}\tau t\cot\alpha}\left[\int_{-\infty}^{+\infty}\mathrm{e}^{-\mathrm{j}(\tau-\tau')u\csc\alpha}\mathrm{d}u\right]\times\\&\quad g\left(t-\frac{\tau'}{2}\right)g^{*}\left(t+\frac{\tau'}{2}\right)\mathrm{e}^{-\mathrm{j}\tau' t\cot\alpha}\mathrm{d}\tau'\mathrm{d}t\mathrm{d}\tau\\&=\frac{|\csc\alpha|}{2\pi}\iiint_{-\infty}^{+\infty} f^{*}\left(t-\frac{\tau}{2}\right)f\left(t+\frac{\tau}{2}\right)\mathrm{e}^{\mathrm{j}\tau t\cot\alpha}\delta(\tau-\tau')g\left(t-\frac{\tau'}{2}\right)\times\end{aligned}$$

$$g^*\left(t+\frac{\tau'}{2}\right)\mathrm{e}^{-\mathrm{j}\tau' t\cot\alpha}\mathrm{d}\tau'\mathrm{d}t\mathrm{d}\tau$$

$$=\frac{|\csc\alpha|}{2\pi}\int_{-\infty}^{+\infty}\left[\int_{-\infty}^{+\infty}f^*\left(t-\frac{\tau}{2}\right)f\left(t+\frac{\tau}{2}\right)g\left(t-\frac{\tau}{2}\right)g^*\left(t+\frac{\tau}{2}\right)\mathrm{d}t\right]\mathrm{d}\tau \tag{8.76}$$

在式(8.76)中做变量替换 $t'=t-\tau/2$,得到

$$\iint_{-\infty}^{+\infty}\mathrm{WVD}_f^\alpha(t,u)[\mathrm{WVD}_g^\alpha(t,u)]^*\,\mathrm{d}t\mathrm{d}u$$

$$=\frac{|\csc\alpha|}{2\pi}\left[\int_{-\infty}^{+\infty}f(t'+\tau)g^*(t'+\tau)\mathrm{d}\tau\right]\left[\int_{-\infty}^{+\infty}f(t')g^*(t')\mathrm{d}t'\right]^*$$

$$=\frac{|\csc\alpha|}{2\pi}|\langle f(t),g(t)\rangle|^2 \tag{8.77}$$

因此,式(8.75)得证。

基于以上分析,表8.2给出了一些常用信号的分数阶 Wigner－Ville 分布。

表 8.2　常用信号的分数阶 Wigner－Ville 分布

信号名称	$f(t)$	分数阶 Wigner－Ville 分布
冲激信号	$\delta(t-t_0)$	$\frac{\|\csc\alpha\|}{2\pi}\delta(t-t_0)$
复指数信号	$\mathrm{e}^{\mathrm{j}\omega_0 t}$	$\delta(u-\omega_0\sin\alpha-t\cos\alpha)$
线性调频信号	$\mathrm{e}^{\mathrm{j}\frac{k}{2}t^2}$	$\delta(u-kt\sin\alpha-t\cos\alpha)$
高斯信号	$\frac{1}{\sqrt{2\pi\sigma^2}}\mathrm{e}^{-\frac{t^2}{2\sigma^2}}$	$\frac{\|\csc\alpha\|}{2\sigma\pi\sqrt{\pi}}\mathrm{e}^{-\frac{t^2}{2\sigma^2}}-\sigma^2(u\csc\alpha-t\cot\alpha)^2$
矩形信号	$\mathrm{rect}\left(\frac{t}{T}\right)$	$\frac{\|\csc\alpha\|\sin\left[2(u\csc\alpha-t\cot\alpha)\left(\frac{T}{2}-\|t\|\right)\right]}{\pi(u\csc\alpha-t\cot\alpha)}$

8.3.3　数值算例

设信号 $f(t)$ 的表达式如下

$$f(t)=\begin{cases}\mathrm{e}^{\mathrm{j}\frac{k}{2}t^2+\mathrm{j}\omega_0 t}, & |t|\leqslant\frac{T}{2}\\ 0, & \text{其他}\end{cases} \tag{8.78}$$

式中,k、ω_0 和 T 皆为实常数,且 $T>0$。令 $k=-1$,$\omega_0=1$,$T=16$。图8.1给出了信号 $f(t)$ 的时域波形及其在不同角度下的分数阶 Wigner－Ville 分布。

当角度 $\alpha=\pi/2$ 时,分数阶 Wigner－Ville 分布便退化为常规 Wigner－Ville 分布。因此,图8.1(b)即为信号 $f(t)$ 的常规 Wigner－Ville 分布。根据分数阶傅里叶变换定义,$f(t)$ 在角度 $\alpha=-\mathrm{arccot}(k)=\pi/4$ 的分数域上具有冲激函数特性,分数域变量随着时间的变化而保持不变,如图8.1(e)所示,$f(t)$ 的 $\pi/4$ 角度分数阶 Wigner－Ville 分布表明,信号的能量在时域和 $\pi/4$ 角度分数域构成的平面上平行于时间轴(即垂直于分数阶频率 u 轴)分布,且呈现出冲激函数特性。可见,数值结果与理论分析是一致的。

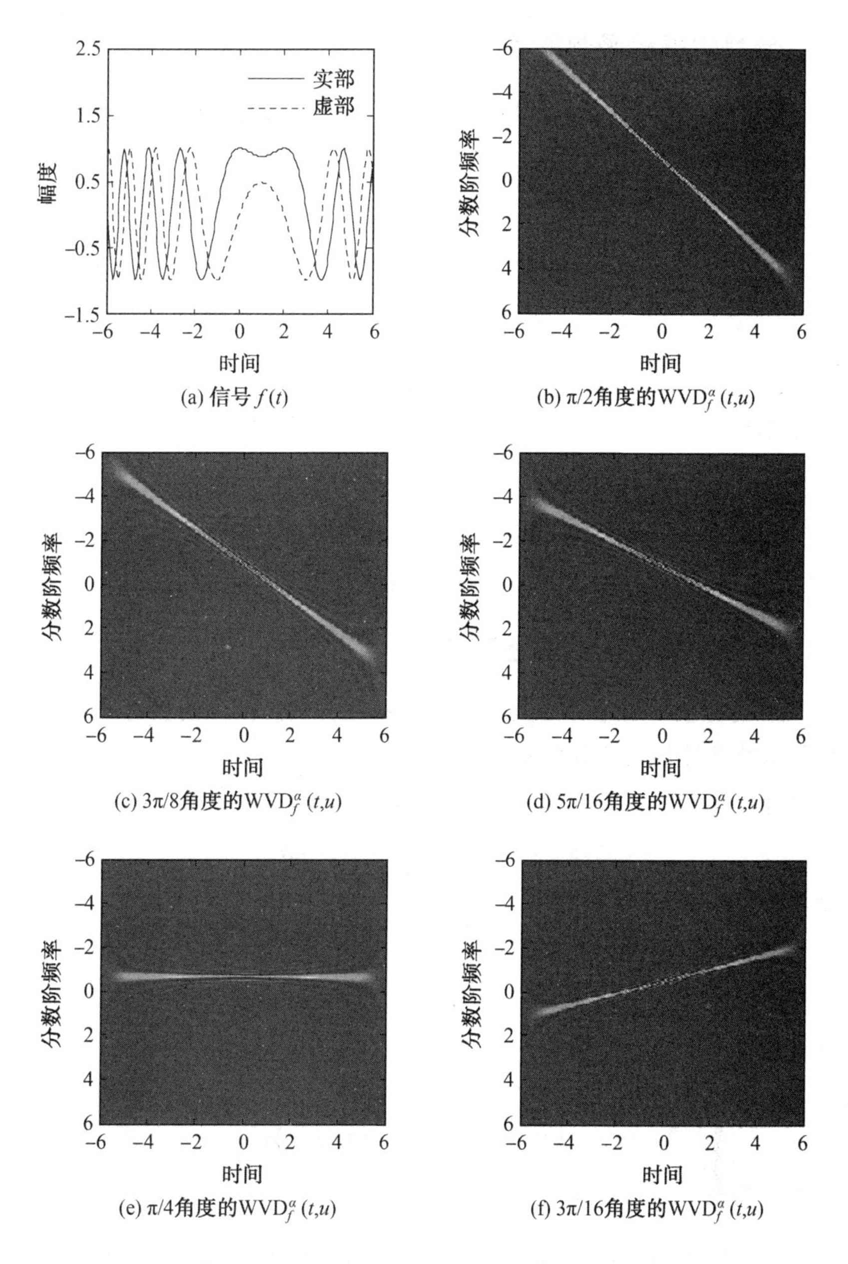

(a) 信号 $f(t)$　(b) $\pi/2$角度的$\mathrm{WVD}_f^{\alpha}(t,u)$
(c) $3\pi/8$角度的$\mathrm{WVD}_f^{\alpha}(t,u)$　(d) $5\pi/16$角度的$\mathrm{WVD}_f^{\alpha}(t,u)$
(e) $\pi/4$角度的$\mathrm{WVD}_f^{\alpha}(t,u)$　(f) $3\pi/16$角度的$\mathrm{WVD}_f^{\alpha}(t,u)$

图 8.1　信号 $f(t)$ 的时域波形及其分数阶 Wigner－Ville 分布

8.4　分数阶模糊函数

在信号处理中，模糊函数（Ambiguity Function，AF）是一种被广泛使用的时频分布，其思想在联合时间－分数阶频率分析中同样很重要，下面介绍与之对应的分数阶模糊函数的定义及性质。

8.4.1 分数阶模糊函数的定义

在 Cohen 类时频分布[139] 中，若取核函数等于 1，相应的特征函数 $M(\theta,\tau)$ 便简化为模糊函数，即

$$\mathrm{AF}_f(\tau,\theta)=\int_{-\infty}^{+\infty} f^*\left(t-\frac{\tau}{2}\right) f\left(t+\frac{\tau}{2}\right) \mathrm{e}^{\mathrm{j}\theta t}\,\mathrm{d}t \tag{8.79}$$

类似地，在式(8.37) 中，令 $\phi(\theta,\tau)=1$，可得信号 $f(t)$ 的分数阶模糊函数为

$$\mathrm{AF}_f^{\alpha}(\tau,\theta)=|\csc\alpha|\int_{-\infty}^{+\infty} f^*\left(t-\frac{\tau}{2}\right) f\left(t+\frac{\tau}{2}\right) \mathrm{e}^{\mathrm{j}(\theta+\tau\cot\alpha)t}\,\mathrm{d}t \tag{8.80}$$

可以看出，分数阶模糊函数可表示为瞬时分数阶相关函数 $R_f^{\alpha}(t,\tau)$ 关于 t 的傅里叶逆变换与 $|\csc\alpha|$ 的乘积，即

$$\mathrm{AF}_f^{\alpha}(\tau,\theta)=|\csc\alpha|\int_{-\infty}^{+\infty} R_f^{\alpha}(t,\tau)\mathrm{e}^{\mathrm{j}\theta t}\,\mathrm{d}t \tag{8.81}$$

特别地，当 $\alpha=\pi/2$ 时，分数阶模糊函数便退化为式(8.79) 中常规模糊函数，且它们满足

$$\mathrm{AF}_f^{\alpha}(\tau,\theta)=|\csc\alpha|\,\mathrm{AF}_f(\tau,\theta+\tau\cot\alpha) \tag{8.82}$$

8.4.2 分数阶模糊函数的基本性质

设信号 $f(t)$ 的分数阶傅里叶变换为 $F_{\alpha}(u)$，根据分数阶模糊函数的定义，容易证明 $f(t)$ 的分数阶模糊函数满足如下基本性质。

1. 共轭对称性

$$\mathrm{AF}_f^{\alpha}(\tau,\theta)=[\mathrm{AF}_f^{\alpha}(-\tau,-\theta)]^* \tag{8.83}$$

2. 时移模糊性

若 $f_1(t)=f(t-t_0)$，则有

$$\mathrm{AF}_{f_1}^{\alpha}(\tau,\theta)=\mathrm{e}^{\mathrm{j}(\tau\cot\alpha+\theta)t_0}\,\mathrm{AF}_f^{\alpha}(\tau,\theta) \tag{8.84}$$

3. 频移模糊性

若 $f_1(t)=f(t)\mathrm{e}^{\mathrm{j}\omega_0}$，则有

$$\mathrm{AF}_{f_1}^{\alpha}(\tau,\theta)=\mathrm{e}^{\mathrm{j}\omega_0\tau}\,\mathrm{AF}_f^{\alpha}(\tau,\theta) \tag{8.85}$$

4. 时延边缘特性

$$\begin{aligned}\mathrm{AF}_{f_1}^{\alpha}(0,\theta)=|\csc\alpha|\int_{-\infty}^{+\infty} &F_{\alpha}\left(u+\frac{\theta\sin\alpha}{2}\right)\mathrm{e}^{-\mathrm{j}\frac{\left(u+\frac{\theta\sin\alpha}{2}\right)^2}{2}\cot\alpha}\times\\ &F_{\alpha}^*\left(u-\frac{\theta\sin\alpha}{2}\right)\mathrm{e}^{\mathrm{j}\frac{\left(u-\frac{\theta\sin\alpha}{2}\right)^2}{2}\cot\alpha}\,\mathrm{d}u\end{aligned} \tag{8.86}$$

5. 频率边缘特性

$$\mathrm{AF}_f^{\alpha}(\tau,0)=|\csc\alpha|\int_{-\infty}^{+\infty} f^*\left(t-\frac{\tau}{2}\right) f\left(t+\frac{\tau}{2}\right) \mathrm{e}^{\mathrm{j}\tau t\cot\alpha}\,\mathrm{d}t \tag{8.87}$$

6. 总能量保持性

$$\mathrm{AF}_f^{\alpha}(0,0)=|\csc\alpha|\int_{-\infty}^{+\infty}|f(t)|^2\,\mathrm{d}t \tag{8.88}$$

8.4.3　分数阶模糊函数和分数阶 Wigner－Ville 分布的区别与联系

比较分数阶模糊函数和分数阶 Wigner－Ville 分布的定义，它们都是信号的二次型变换，即瞬时分数阶相关函数 $R_f^\alpha(t,\tau)$ 的某种变换。前者变换到时延－分数阶频偏平面，表示相关。后者则变换到时间－分数阶频率平面，表示能量分布。由此可见，后者应该是前者的某种傅里叶变换。事实上，它们互为二维傅里叶变换对，具体证明如下：

$$
\begin{aligned}
\mathrm{WVD}_f^\alpha(t,u) &= \frac{|\csc\alpha|}{2\pi}\int_{-\infty}^{+\infty} f^*\left(t-\frac{\tau}{2}\right) f\left(t+\frac{\tau}{2}\right) \mathrm{e}^{-\mathrm{j}\tau(u\csc\alpha - t\cot\alpha)}\,\mathrm{d}\tau \\
&= \frac{|\csc\alpha|}{2\pi}\iint_{-\infty}^{+\infty} f^*\left(x-\frac{\pi}{2}\right) f\left(x+\frac{\tau}{2}\right) \mathrm{e}^{\mathrm{j}\tau(x\cot\alpha - u\csc\alpha)} \times \delta(x-t)\,\mathrm{d}x\mathrm{d}\tau \\
&= \frac{|\csc\alpha|}{4\pi^2}\iiint_{-\infty}^{+\infty} f^*\left(x-\frac{\tau}{2}\right) f\left(x+\frac{\tau}{2}\right) \mathrm{e}^{\mathrm{j}(\tau\cot\alpha+\theta)x} \times \\
&\quad \mathrm{e}^{-\mathrm{j}(\theta t+\tau u\csc\alpha)}\,\mathrm{d}x\mathrm{d}\theta\mathrm{d}\tau
\end{aligned}
\tag{8.89}
$$

将分数阶模糊函数的定义式(8.81) 代入式(8.89)，则有

$$
\mathrm{WVD}_f^\alpha(t,u) = \frac{1}{4\pi^2}\iint_{-\infty}^{+\infty} \mathrm{AF}_f^\alpha(\tau,\theta)\,\mathrm{e}^{-\mathrm{j}(\tau u\csc\alpha+\theta t)}\,\mathrm{d}\theta\mathrm{d}\tau \tag{8.90}
$$

分数阶模糊函数与分数阶 Wigner－Ville 分布的这一内在联系也可以推广到其他时间－分数阶频率分布，本书不做赘述。应当指出的是，如同时域和分数域(包括频域) 表示的作用一样，前述二次型信号的能量和相关的表示在分数阶傅里叶信号分析与处理中具有重要意义。

第 9 章

分数阶小波变换

前述章节已对线性时间－分数阶频率表示和二次型时间－分数阶频率分布做了较为详细的阐述。短时分数阶傅里叶变换以固定的滑动窗对信号进行分析，从而可描述信号的分数域局部特性。前已分析，这种固定时间－分数阶频率分辨率的分析方法并不是对所有的信号都合适。此外，时间－分数阶频率分布虽然具有较好的时间－分数阶频率分辨率，但是由于它是关于信号的双线性变换，不满足线性叠加原理，在实际应用中也会给分析和解决问题带来不便。为此，本章将介绍一种新的线性时间－分数阶频率分析方法——分数阶小波变换。

9.1 分数阶小波变换的定义

我们知道，信号 $f(t) \in L^2(\mathbf{R})$ 的小波变换定义为[157]

$$W_f(a,b)=\int_{-\infty}^{+\infty} f(t)\psi_{a,b}^*(t)\mathrm{d}t \tag{9.1}$$

式中，$a \in \mathbf{R}^+$，$b \in \mathbf{R}$，且核函数 $\psi_{a,b}(t)$ 满足

$$\psi_{a,b}(t)=\frac{1}{\sqrt{a}}\psi\left(\frac{t-b}{a}\right) \tag{9.2}$$

此外，式(9.1)也可以写成信号 $f(t)$ 与核函数 $\psi_{a,b}(t)$ 经典卷积的形式，即

$$W_f(a,b)=f(t)*\left[\frac{1}{\sqrt{a}}\psi^*\left(-\frac{t}{a}\right)\right] \tag{9.3}$$

根据经典卷积定理并利用傅里叶逆变换，则有

$$W_f(a,b)=\int_{-\infty}^{+\infty}\sqrt{2\pi a}F(\omega)\Psi^*(a\omega)\mathrm{e}^{\mathrm{j}\omega b}\mathrm{d}\omega \tag{9.4}$$

式中，$F(\omega)$ 和 $\Psi(\omega)$ 分别表示 $f(t)$ 和 $\psi(t)$ 的傅里叶变换。由小波变换的容许性条件可知，$\Psi(0)=\int_{-\infty}^{+\infty}\psi(t)\mathrm{d}t=0$，因此在频域小波变换相当于一组带通滤波器对信号进行滤波处理[157]。

注意到经典卷积与小波变换之间的密切联系，并考虑到提出的广义分数阶卷积是经典卷积的一般形式，于是可以将信号 $f(t) \in L^2(\mathbf{R})$ 的分数阶小波变换(Fractional Wavelet Transform，FRWT)定义为

$$W_f^{\alpha}(a,b)=f(t)\Theta_{\alpha,\alpha,\pi/2}\left[\frac{1}{\sqrt{a}}\psi^*\left(-\frac{t}{a}\right)\right]=\int_{-\infty}^{+\infty}f(t)\psi_{\alpha,a,b}^*(t)\mathrm{d}t \tag{9.5}$$

式中,核函数 $\psi_{\alpha,a,b}(t)$ 满足

$$\psi_{\alpha,a,b}(t)=\psi_{a,b}(t)\mathrm{e}^{-\mathrm{j}\frac{t^2-b^2}{2}\cot\alpha} \tag{9.6}$$

特别地,当 $\alpha=\pi/2$ 时,式(9.5)便简化为传统小波变换。

对式(9.5)右端关于变量 b 先做分数阶傅里叶变换,然后利用广义分数阶卷积定理并结合分数阶傅里叶逆变换,可得

$$W_f^\alpha(a,b)=\int_{-\infty}^{+\infty}\sqrt{2\pi a}F_\alpha(u)\Psi^*(au\csc\alpha)K_{-\alpha}(u,b)\mathrm{d}u \tag{9.7}$$

式中,$F_\alpha(u)$ 和 $\Psi(u\csc\alpha)$ 分别表示 $f(t)$ 的分数阶傅里叶变换和 $\psi(t)$ 的傅里叶变换(变换元做了尺度 $\csc\alpha$ 伸缩)。式(9.7)表明,不同尺度下的分数阶小波变换相当于一组分数域带通滤波器对信号做滤波处理。这意味着分数阶小波变换突破了传统小波变换仅在时频域内分析的局限,同时又克服了分数阶傅里叶变换无法表征信号局部特征的缺陷,下面将做详细阐述。

此外,式(9.5)中分数阶小波变换的定义可以改写为

$$W_f^\alpha(a,b)=\mathrm{e}^{-\mathrm{j}\frac{b^2}{2}\cot\alpha}\int_{-\infty}^{+\infty}\left[f(t)\mathrm{e}^{\mathrm{j}\frac{t^2}{2}\cot\alpha}\right]\psi_{a,b}^*(t)\mathrm{d}t \tag{9.8}$$

可以看出,分数阶小波变换的数值计算可以分为以下三个步骤:

① 信号与一线性调频信号相乘,即

$$f(t)\to\tilde{f}(t)=f(t)\mathrm{e}^{\mathrm{j}\frac{t^2}{2}\cot\alpha} \tag{9.9}$$

② 对信号 $\tilde{f}(t)$ 做传统小波变换,即

$$W_{\tilde{f}}(a,b)=\int_{-\infty}^{+\infty}\tilde{f}(t)\psi_{a,b}^*(t)\mathrm{d}t \tag{9.10}$$

③ 将 $W_{\tilde{f}}(a,b)$ 与一线性调频信号相乘,即

$$W_f^\alpha(a,b)=W_{\tilde{f}}(a,b)\mathrm{e}^{-\mathrm{j}\frac{b^2}{2}\cot\alpha} \tag{9.11}$$

基于以上分析,图 9.1 给出了分数阶小波变换计算的分解结构。

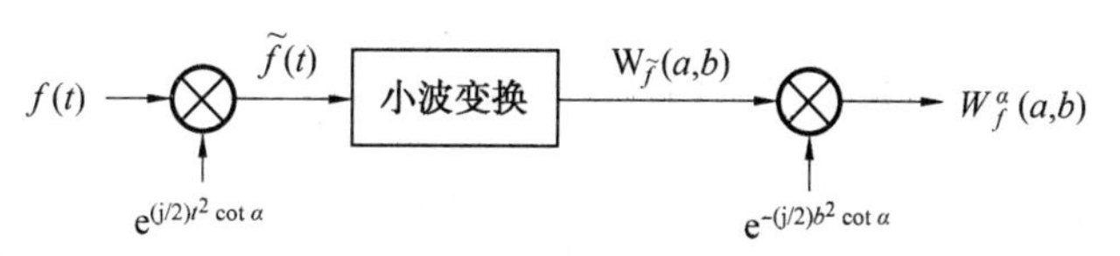

图 9.1　分数阶小波变换计算的分解结构

可以看出,分数阶小波变换的数值计算需要对上述每个分解步骤都进行离散化处理,具体实现过程如下:首先,对信号与线性调频信号 $\mathrm{e}^{(\mathrm{j}/2)t^2\cot\alpha}$ 的乘积进行采样;其次,将尺度参数 $a\in\mathbf{R}^+$ 和平移参数 $b\in\mathbf{R}$ 离散化,通常取 $a=2^m$,$b=n2^m$,且 $n,m\in\mathbf{Z}$,然后对采样信号进行离散小波变换;最后,将变换结果与线性调频信号 $\mathrm{e}^{-(\mathrm{j}/2)b^2\cot\alpha}$ 相乘即可得到信号 $f(t)$ 的分数阶小波变换数值结果。因此,分数阶小波变换的计算复杂度主要取决于离散小波变换的运算,其计算复杂度为 $O(N)$,其中 N 为数据的长度。

9.2　分数阶小波变换的基本性质及定理

1. 线性特性

假设 $f(t)=k_1 f_1(t)+k_2 f_2(t), k_1, k_2 \in \mathbf{R}$。若 $f_1(t) \leftrightarrow W_{f_1}^{\alpha}(a,b), f_2(t) \leftrightarrow W_{f_2}^{\alpha}(a,b)$，则

$$W_f^{\alpha}(a,b)=k_1 W_{f_1}^{\alpha}(a,b)+k_2 W_{f_2}^{\alpha}(a,b) \tag{9.12}$$

这表明，分数阶小波变换是一种线性变换，适合处理多分量信号。

2. 分数阶时移特性

假设

$$f(t)=\mathbf{T}_{\tau}^{\alpha} f_1(t)=f_1(t-\tau) \mathrm{e}^{-\mathrm{j}\tau\left(t-\frac{\tau}{2}\right) \cot \alpha} \tag{9.13}$$

若 $f_1(t) \leftrightarrow W_{f_1}^{\alpha}(a,b)$，则

$$W_f^{\alpha}(a,b)=W_{f_1}^{\alpha}(a,b-\tau) \tag{9.14}$$

证明　根据分数阶小波变换的定义，可得

$$\begin{aligned}
W_f^{\alpha}(a,b) &= \int_{-\infty}^{+\infty} f(t) \psi_{\alpha,a,b}^{*}(t) \mathrm{d}t \\
&= \int_{-\infty}^{+\infty} f_1(t-\tau) \mathrm{e}^{-\mathrm{j}\tau\left(t-\frac{\tau}{2}\right) \cot \alpha} \frac{1}{\sqrt{a}} \psi^{*}\left(\frac{t-b}{a}\right) \mathrm{e}^{\mathrm{j}\frac{t^2-b^2}{2} \cot \alpha} \mathrm{d}t \\
&= \int_{-\infty}^{+\infty} f_1(t-\tau) \mathrm{e}^{\mathrm{j}\frac{(t-\tau)^2}{2} \cot \alpha} \frac{1}{\sqrt{a}} \psi^{*}\left(\frac{t-b}{a}\right) \mathrm{e}^{-\mathrm{j}\frac{b^2}{2} \cot \alpha} \mathrm{d}t \\
&= \int_{-\infty}^{+\infty} f_1(t') \frac{1}{\sqrt{a}} \psi^{*}\left(\frac{t'-(b-\tau)}{a}\right) \mathrm{e}^{\mathrm{j}\frac{t'-b^2}{2} \cot \alpha} \mathrm{d}t' \\
&= W_{f_1}^{\alpha}(a,b-\tau)
\end{aligned} \tag{9.15}$$

这一结果与传统小波变换的时移特性是相对应的。

3. 尺度转换性质

假设 $f(t)=f_1(ct), c \in \mathbf{R}^{+}$。若 $f_1(t) \leftrightarrow W_{f_1}^{\alpha}(a,b)$，则

$$W_f^{\alpha}(a,b)=\frac{1}{\sqrt{c}} W_{f_1}^{\beta}(ac,bc) \tag{9.16}$$

式中，$\beta=\operatorname{arccot}(c^{-2} \cot \alpha)$。

证明　根据分数阶小波变换的定义，可得

$$\begin{aligned}
W_f^{\alpha}(a,b) &= \int_{-\infty}^{+\infty} f(t) \psi_{\alpha,a,b}^{*}(t) \mathrm{d}t = \int_{-\infty}^{+\infty} f_1(ct) \mathrm{e}^{\mathrm{j}\frac{t^2-b^2}{2} \cot \alpha} \frac{1}{\sqrt{a}} \psi^{*}\left(\frac{t-b}{a}\right) \mathrm{d}t \\
&= \frac{1}{\sqrt{c}} \int_{-\infty}^{+\infty} f_1(t') \mathrm{e}^{\mathrm{j}\frac{t'^2-(bc)^2}{2} \cot \beta} \frac{1}{\sqrt{ac}} \psi^{*}\left(\frac{t'-bc}{ac}\right) \mathrm{d}t' \\
&= \frac{1}{\sqrt{c}} W_{f_1}^{\beta}(ac,bc)
\end{aligned} \tag{9.17}$$

因此，式(9.16)得证。

4. 卷积运算特性

假设 $f(t)=f_1(t) \Theta_{\alpha,\alpha,\pi/2} f_2(t)$，若 $f_1(t) \leftrightarrow W_{f_1}^{\alpha}(a,b), f_2(t) \leftrightarrow W_{f_2}^{\alpha}(a,b)$，则

$$W_f^\alpha(a,b)=f_2(t)\overset{b}{*}W_{f_1}^\alpha(a,b) \tag{9.18}$$

式中，符号 $\overset{b}{*}$ 表示对变量 b 做经典卷积。

证明　根据分数阶小波变换的定义，得到

$$\begin{aligned}W_f^\alpha(a,b)&=\int_{-\infty}^{+\infty}f(t)\psi_{\alpha,a,b}^*(t)\mathrm{d}t=\int_{-\infty}^{+\infty}\left[\int_{-\infty}^{+\infty}f_1(t-\tau)\mathrm{e}^{-\mathrm{j}\tau\left(t-\frac{\tau}{2}\right)\cot\alpha}f_2(\tau)\mathrm{d}\tau\right]\psi_{\alpha,a,b}^*(t)\mathrm{d}t\\&=\int_{-\infty}^{+\infty}f_2(\tau)\left[\int_{-\infty}^{+\infty}f_1(t-\tau)\mathrm{e}^{-\mathrm{j}\tau\left(t-\frac{\tau}{2}\right)\cot\alpha}\psi_{\alpha,a,b}^*(t)\mathrm{d}t\right]\mathrm{d}\tau\end{aligned}$$

利用式(9.15)，则有

$$W_f^\alpha(a,b)=\int_{-\infty}^{+\infty}f_2(\tau)W_{f_1}^\alpha(a,b-\tau)\mathrm{d}\tau=f_2(t)\overset{b}{*}W_{f_1}^\alpha(a,b) \tag{9.20}$$

于是，式(9.18)得证。

5. 内积定理

记 $W_x^\alpha(a,b)$ 和 $W_y^\alpha(a,b)$ 分别表示 $x(t)$ 和 $y(t)$ 的分数阶小波变换，且 $\Psi(\Omega)$ 表示 $\psi(t)$ 的傅里叶变换。若

$$C_\psi=\int_{-\infty}^{+\infty}\frac{|\Psi(\Omega)|^2}{\Omega}\mathrm{d}\Omega<+\infty \tag{9.21}$$

则有

$$\iint_{-\infty}^{+\infty}W_x^\alpha(a,b)[W_y^\alpha(a,b)]^*\frac{\mathrm{d}a}{a^2}\mathrm{d}b=2\pi C_\psi\langle x(t),y(t)\rangle \tag{9.22}$$

证明　根据式(9.7)，可得

$$W_x^\alpha(a,b)=\int_{-\infty}^{+\infty}\sqrt{2\pi a}X_\alpha(u)\Psi^*(au\csc\alpha)K_{-\alpha}(u,b)\mathrm{d}u \tag{9.23}$$

$$W_y^\alpha(a,b)=\int_{-\infty}^{+\infty}\sqrt{2\pi a}Y_\alpha(u')\Psi^*(au'\csc\alpha)K_{-\alpha}(u',b)\mathrm{d}u' \tag{9.24}$$

将式(9.23)和(9.23)代入式(9.22)，并整理得到

$$\begin{aligned}&\iint_{-\infty}^{+\infty}W_x^\alpha(a,b)[W_y^\alpha(a,b)]^*\frac{\mathrm{d}a}{a^2}\mathrm{d}b\\&=\iiint_{-\infty}^{+\infty}\sqrt{2\pi a}X_\alpha(u)\Psi^*(au\csc\alpha)K_{-\alpha}(u,b)\mathrm{d}u\times\\&\quad\left[\int_{-\infty}^{+\infty}\sqrt{2\pi a}Y_\alpha(u')\Psi^*(au'\csc\alpha)K_{-\alpha}(u',b)\mathrm{d}u'\right]^*\frac{\mathrm{d}a}{a^2}\mathrm{d}b\\&=2\pi\iiint_{-\infty}^{+\infty}X_\alpha(u)Y_\alpha^*(u')\Psi(au'\csc\alpha)\Psi^*(au\csc\alpha)\times\\&\quad\delta(u-u')\mathrm{d}u\mathrm{d}u'\frac{\mathrm{d}a}{a}=2\pi\int_{-\infty}^{+\infty}\frac{|\Psi(au\csc\alpha)|^2}{a}\mathrm{d}a\int_{-\infty}^{+\infty}X_\alpha(u)Y_\alpha^*(u)\mathrm{d}u\end{aligned} \tag{9.25}$$

此外，根据分数阶傅里叶变换的内积定理，可得

$$\int_{-\infty}^{+\infty}x(t)y^*(t)\mathrm{d}t=\int_{-\infty}^{+\infty}X_\alpha(u)Y_\alpha^*(u)\mathrm{d}u \tag{9.26}$$

于是，将式(9.21)和(9.26)代入式(9.25)即可得到式(9.22)。

6. 能量守恒定理

记 $W_f^\alpha(a,b)$ 为信号 $f(t)\in L^2(\mathbf{R})$ 的分数阶小波变换，则

$$\int_{-\infty}^{+\infty} |f(t)|^2 \mathrm{d}t = \frac{1}{2\pi C_\psi}\iint_{-\infty}^{+\infty} |W_f^\alpha(a,b)|^2 \frac{\mathrm{d}a}{a^2}\mathrm{d}b \tag{9.27}$$

式中，$|W_f^\alpha(a,b)|^2$ 称为 α 角度下的尺度图。

证明　在内积定理中，令 $x(t)=y(t)=f(t)$，即可得到式(9.27)。

能量守恒定理表明，α 角度尺度图表示的是信号在旋转角度为 α 的时间－尺度平面上的能量分布，可以看成是传统小波变换的尺度图由传统时间－尺度平面到 α 角度时间－尺度平面的扩展。

9.3　分数阶小波逆变换及容许性条件

分数阶小波变换区别于分数阶傅里叶变换的一个特点是没有固定的核函数，但也不是任何函数都可以用作分数阶小波变换的核函数。任何变换都必须存在逆变换才有实际意义，但逆变换并不一定存在。

对于分数阶小波变换而言，当 $C_\psi < +\infty$ 时，才能由 $W_f^\alpha(a,b)$ 反演原函数 $f(t)$，即

$$f(t) = \frac{1}{2\pi C_\psi}\iint_{-\infty}^{+\infty} W_f^\alpha(a,b)\psi_{\alpha,a,b}(t)\frac{\mathrm{d}a}{a^2}\mathrm{d}b \tag{9.28}$$

式中，$C_\psi < +\infty$ 便是对母小波函数 $\psi(t)$ 提出的容许性条件。若与传统小波取相同的母小波，可见分数阶小波变换的容许性条件与传统小波变换的容许性条件是一致的。特别地，当 $\alpha=\pi/2$ 时，式(9.28)便简化为传统小波逆变换。

证明　令式(9.22)中 $x(t)=\delta(t)$，$y(t)=f(t)$，可得

$$2\pi C_\psi f(t) = \iint_{-\infty}^{+\infty} W_f^\alpha(a,b)\psi_{\alpha,a,b}(t)\frac{\mathrm{d}a}{a^2}\mathrm{d}b \tag{9.29}$$

进一步地，有

$$f(t) = \frac{1}{2\pi C_\psi}\iint_{-\infty}^{+\infty} W_f^\alpha(a,b)\psi_{\alpha,a,b}(t)\frac{\mathrm{d}a}{a^2}\mathrm{d}b \tag{9.30}$$

显然，式(9.30)成立是以 $C_\psi < +\infty$ 为条件，$C_\psi < +\infty$ 也就是分数阶小波变换内积定理存在的条件。

9.4　分数阶小波变换的重建核与重建核方程

从映射的角度看，某角度 α 的分数阶小波变换的本质是将一维信号 $f(t)$ 等距地映射到由 $W_f^\alpha(a,b)$ 构成的二维空间。因此，与传统小波变换一样，分数阶小波变换中存在信息冗余度，通过变换系数重构原始信号的重建公式不止一个，而是存在许多个。也就是说，信号的分数阶小波变换与其逆变换之间不存在一一对应关系，这时分数阶小波变换的核函数族 $\psi_{\alpha,a,b}(t)$ 是超完备基，它们之间并不是线性无关的，而是彼此存在某种关联，这表明基函数有“富余量”，通俗地说信息“过剩”，这一点与传统小波变换是类似的。

设 (a_0,b_0) 是 α 角度下 (a,b) 平面上任一点。平面 (a,b) 上二维函数 $W_f^\alpha(a,b)$ 是某一函数分数阶小波变换的充要条件是它必须满足下述重建核方程：

$$W_f^\alpha(a_0,b_0) = \iint_{-\infty}^{+\infty} W_f^\alpha(a,b)K_{\psi_\alpha}(a_0,b_0;a,b)\frac{\mathrm{d}a}{a^2}\mathrm{d}b \tag{9.31}$$

式中，$W_f^{\alpha}(a_0,b_0)$ 是 $W_f^{\alpha}(a,b)$ 在 (a_0,b_0) 处的值；$K_{\psi_\alpha}(a_0,b_0;a,b)$ 为重建核，即

$$K_{\psi_\alpha}(a_0,b_0;a,b)=\frac{1}{2\pi C_\psi}\int_{-\infty}^{+\infty}\psi_{\alpha,a,b}(t)\psi_{\alpha,a_0,b_0}^{*}(t)\mathrm{d}t \tag{9.32}$$

证明　由分数阶小波变换的定义，可得

$$W_f^{\alpha}(a_0,b_0)=\int_{-\infty}^{+\infty}f(t)\psi_{\alpha,a_0,b_0}^{*}(t)\mathrm{d}t \tag{9.33}$$

将式(9.28)代入式(9.33)，则有

$$\begin{aligned}W_f^{\alpha}(a_0,b_0)&=\int_{-\infty}^{+\infty}\left[\frac{1}{2\pi C_\psi}\iint_{-\infty}^{+\infty}W_f^{\alpha}(a,b)\psi_{\alpha,a,b}(t)\frac{\mathrm{d}a}{a^2}\mathrm{d}b\right]\psi_{\alpha,a_0,b_0}^{*}(t)\mathrm{d}t\\&=\iint_{-\infty}^{+\infty}W_f^{\alpha}(a,b)\left[\frac{1}{2\pi C_\psi}\int_{-\infty}^{+\infty}\psi_{\alpha,a,b}(t)\psi_{\alpha,a_0,b_0}^{*}(t)\mathrm{d}t\right]\frac{\mathrm{d}a}{a^2}\mathrm{d}b\\&=\iint_{-\infty}^{+\infty}W_f^{\alpha}(a,b)K_{\psi_\alpha}(a_0,b_0;a,b)\frac{\mathrm{d}a}{a^2}\mathrm{d}b\end{aligned} \tag{9.34}$$

于是，式(9.31)得证。

若 $W_f^{\alpha}(a,b)$ 是 $f(t)$ 的分数阶小波变换，重建核方程表明在 (a,b) 平面上某一点 a_0、b_0 处分数阶小波变换的值 $W_f^{\alpha}(a_0,b_0)$ 可由 (a,b) 平面上的值 $W_f^{\alpha}(a,b)$ 来表示。既然 (a,b) 平面上各点的 $W_f^{\alpha}(a,b)$ 可由式(9.31)互相表示，因此这些点上的值是相关的，也即式(9.28)对 $f(t)$ 的重建是存在信息冗余的。这一结论说明，可以用 (a,b) 平面上离散栅格上的 $W_f^{\alpha}(a,b)$ 来重建 $f(t)$，以消除重建过程中的信息冗余。重建核 $K_{\psi_\alpha}(a_0,b_0;a,b)$ 刻画的是由 $W_f^{\alpha}(a,b)$ 构成的二维空间两点 (a_0,b_0) 和 (a,b) 之间的自相关函数，它与所选择的小波类型密切相关，并且度量了每一个变换核函数 $\psi_{\alpha,a,b}(t)$ 的空间与尺度的选择性，这对于如何选取一个适合于具体问题的分析小波是非常重要的。同时，一个平方可积函数或信号只有满足式(9.31)所示的重建核方程时，该函数与其分数阶小波变换的一一对应关系才能得到保证。

9.5　分数阶小波变换的时间—分数阶频率分析

9.5.1　恒 Q 特性

恒 Q 特性是传统小波变换的一个重要性质，也是其区别其他变换且被广泛应用的一个重要特性。类似地，分数阶小波变换也具有恒 Q 特性。

从分数阶小波变换的时域和分数域定义式看，若其核函数 $\psi_{\alpha,a,b}(t)$ 在时域是有限支撑，那么它与 $f(t)$ 做内积后将保证 $W_f^{\alpha}(a,b)$ 在时域也是有限支撑的，从而实现所希望的时间定位功能，即 $W_f^{\alpha}(a,b)$ 反映的是 $f(t)$ 在 b 附近的特征。同样，若 $\Psi^{*}(au\csc\alpha)$ 具有分数域带通特性，即 $\Psi^{*}(au\csc\alpha)$ 围绕其分数阶频率中心是有限支撑的，那么 $\Psi^{*}(au\csc\alpha)$ 和 $F_\alpha(u)$ 做乘积后也将反映 $F_\alpha(u)$ 在其分数阶频率中心处的局部特性，从而实现所希望的分数阶频率定位功能。

记 $\Psi(\omega)$ 表示母小波函数 $\psi(t)$ 的傅里叶变换。若 $\psi(t)$ 和 $\Psi(\omega)$ 都满足窗口函数的要求，记 E_ψ 和 Δ_ψ 分别表示 $\psi(t)$ 的时间中心和时宽，而 E_Ψ 和 Δ_Ψ 分别表示 $\Psi(\omega)$ 的频率中心和带宽。容易验证，分数阶小波变换的核函数 $\psi_{\alpha,a,b}(t)$ 的时间中心和时宽分别为

$$E\{\psi_{\alpha,a,b}(t)\}=\frac{\int_{-\infty}^{+\infty}t\mid\psi_{\alpha,a,b}(t)\mid^2\mathrm{d}t}{\int_{-\infty}^{+\infty}\mid\psi_{\alpha,a,b}(t)\mid^2\mathrm{d}t}=\frac{\int_{-\infty}^{+\infty}t\mid\psi_{a,b}(t)\mid^2\mathrm{d}t}{\int_{-\infty}^{+\infty}\mid\psi_{a,b}(t)\mid^2\mathrm{d}t}$$
$$=E\{\psi_{a,b}(t)\}=b+aE_{\psi}\tag{9.35}$$

$$Var\{\psi_{\alpha,a,b}(t)\}=\left[\frac{\int_{-\infty}^{+\infty}(t-E\{\psi_{\alpha,a,b}(t)\})^2\mid\psi_{\alpha,a,b}(t)\mid^2\mathrm{d}t}{\int_{-\infty}^{+\infty}\mid\psi_{\alpha,a,b}(t)\mid^2\mathrm{d}t}\right]^{\frac{1}{2}}$$
$$=\left[\frac{\int_{-\infty}^{+\infty}(t-E\{\psi_{a,b}(t)\})^2\mid\psi_{a,b}(t)\mid^2\mathrm{d}t}{\int_{-\infty}^{+\infty}\mid\psi_{a,b}(t)\mid^2\mathrm{d}t}\right]^{\frac{1}{2}}$$
$$=Var\{\psi_{a,b}(t)\}=a\Delta_{\psi}\tag{9.36}$$

同时，根据傅里叶变换的尺度伸缩性质，可得

$$E\{\Psi(a\omega)\}=\frac{E_{\Psi}}{a}\tag{9.37}$$

$$Var\{\Psi(a\omega)\}=\frac{\Delta_{\Psi}}{a}\tag{9.38}$$

此外，式(9.7)表明，分数阶小波变换的分数域窗函数可由 $\Psi(a\omega)$ 通过坐标变换 $\omega=u\csc\alpha$ 映射后得到。于是，利用式(9.37)和(9.38)，可得分数阶小波变换的分数域窗口函数中心和宽度分别为

$$E\{\Psi(au\csc\alpha)\}=\frac{E_{\Psi}}{a}\sin\alpha\tag{9.39}$$

$$Var\{\Psi(au\csc\alpha)\}=\frac{\Delta_{\Psi}}{a}\sin\alpha\tag{9.40}$$

那么，分数阶小波变换分数域窗函数的品质因数(即窗宽与窗中心的比)为

$$Q=\frac{Var\{\Psi(a\omega\csc\alpha)\}}{E\{\Psi(a\omega\csc\alpha)\}}=\frac{\frac{\Delta_{\Psi}}{a}\sin\alpha}{\frac{E_{\Psi}}{a}\sin\alpha}=\frac{\Delta_{\Psi}}{E_{\Psi}}\tag{9.41}$$

可以看出，无论角度 α 和尺度因子 $a\in\mathbf{R}^+$ 为何值，分数阶小波变换的分数域窗函数 $\Psi(au\csc\alpha)$ 始终具有相同的品质因数，此即分数阶小波变换的恒 Q 特性。

9.5.2 时间和分数阶频率分辨率

从时间－分数阶频率平面上看，分数阶小波变换的时域－分数域分析窗由其核函数 $\psi_{\alpha,a,b}(t)$ 的时间中心和时宽及其分数域窗函数 $\Psi(au\csc\alpha)$ 的分数阶频率中心和分数域带宽所确定。由式(9.35)和(9.36)可知，一个信号 $f(t)$ 的分数阶小波变换 $W_f^{\alpha}(a,b)$ 把信号限制在时窗的范围内，即

$$[b+aE_{\psi}-a\Delta_{\psi},b+aE_{\psi}+a\Delta_{\psi}]\tag{9.42}$$

在信号分析中，这称为时间局部化。此外，根据式(9.39)与(9.40)可知，$W_f^{\alpha}(a,b)$ 还给出了一个分数域窗

$$\left[\frac{E_{\Psi}\sin\alpha}{a}-\frac{\Delta_{\Psi}\sin\alpha}{a},\frac{E_{\Psi}\sin\alpha}{a}+\frac{\Delta_{\Psi}\sin\alpha}{a}\right] \tag{9.43}$$

内信号 $f(t)$ 分数谱的局部信息，这称为分数阶频率局部化。因此，由式(9.5)和(9.7)计算得到的 $W_f^{\alpha}(a,b)$ 提供了信号 $f(t)$ 的联合时间－分数阶频率分析，并在时间－分数阶频率平面上确定了一个可变的矩形分析窗

$$[b+aE_{\psi}-a\Delta_{\psi},b+aE_{\psi}+a\Delta_{\psi}]\times \left[\frac{E_{\Psi}\sin\alpha}{a}-\frac{\Delta_{\Psi}\sin\alpha}{a},\frac{E_{\Psi}\sin\alpha}{a}+\frac{\Delta_{\Psi}\sin\alpha}{a}\right] \tag{9.44}$$

且面积为

$$2a\Delta_{\psi}\times 2\,\frac{\Delta_{\Psi}\sin\alpha}{a}=4\Delta_{\psi}\Delta_{\Psi}\sin\alpha \tag{9.45}$$

可以看出，分数阶小波变换时间－分数阶频率分析窗面积只与母小波函数 $\psi(t)$ 和角度 α 有关，而与参数 a 和 b 毫无关系。但在同一变换角度 α 下，时间－分数阶频率分析窗的形状随着尺度参数 a 而变化。为了直观地展示出分数阶小波变换时间－分数阶频率分析特点，图9.2给出了分数阶小波变换的时间－分数阶频率分析窗和小波变换的时间－频率分析窗示意图。

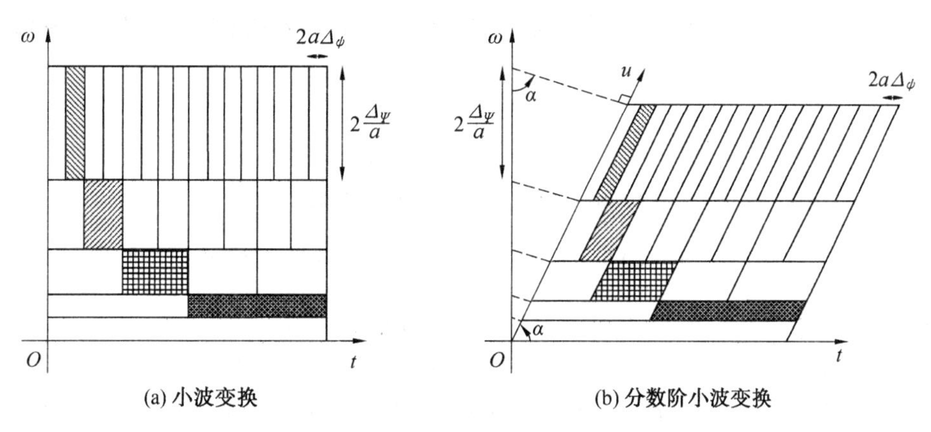

图9.2　分数阶小波变换的时间－分数阶频率分析窗和小波变换的时间－频率分析窗示意图

具体地说，对于较小的 a 值，时窗宽度 $a\Delta_{\psi}$ 随着 a 一起变小，时窗变窄（为了方便起见假定 $E_{\psi}=0$），主频（即中心分数阶频率）$\frac{E_{\Psi}}{a}\sin\alpha$ 变高，检测到的主要是信号中较高分数阶频率成分。由于高分数阶频率成分在时域具有变化迅速的特点，因此为了准确检测到某时刻的高分数阶频率成分，只能利用该时刻附近很短时间范围内的观察数据，这必然要求使用较小的时窗，分数阶小波变换正好具备这样的自适应性；反之，对于较大的 a 值，时窗宽度 $a\Delta_{\psi}$ 随着 a 一起变大，时窗变宽，主频 $\frac{E_{\Psi}}{a}\sin\alpha$ 变低，检测到的主要是信号中较低分数阶频率成分，由于低分数阶频率成分在时域具有变化缓慢的特点，为了准确检测到某时刻的低分数阶频率成分，只能利用该时刻附近较大时间范围内的观察数据，这必然要求使用较大的时窗，分数阶小波变换也恰好具备这种自适应性。

因此，分数阶小波变换的时间－分数阶频率局部化分析性能取决于其核函数在时间－分数阶频率平面上构成的时间－分数阶频率分析窗，窗的面积越小，说明它的时间－分数

阶频率局部化能力越强；反之，其时间－分数阶频率局部化能力越差。为了得到信号精确的时间－分数阶频率局部化描述，自然希望选择使时间－分数阶频率分析窗面积尽量小的窗函数。

9.6 分数阶小波变换的多分辨分析与正交分数阶小波的构造

在传统小波分析中，多分辨分析(Multiresolution Analysis，MRA)对深刻理解小波理论以及构造和应用小波具有重要的意义，它不仅为正交小波的构造提供了切实可行的方法，而且建立了统一的小波理论框架。相应地，下面将建立分数阶小波变换的多分辨分析理论，并给出正交分数阶小波的构造方法。

9.6.1 分数阶小波变换的多分辨分析

记 V_0^α 表示 $\pi\sin\alpha$－分数域带限函数的全体构成的集合，即

$$V_0^\alpha=\{f(t)\mid f(t)\in L^2(\mathbf{R})\text{ 且 }F_\alpha(u)=0,\ |u|>\pi\sin\alpha\}\subset L^2(\mathbf{R}) \tag{9.46}$$

在第6章讨论的 Ω－分数域带限信号的采样中，令 $\Omega=\pi\sin\alpha$，若取采样间隔 $T_s=\pi\sin\alpha/\Omega=1$，对任意的 $f(t)\in V_0^\alpha$，则有

$$f(t)=\sum_{n\in\mathbf{Z}}f[n]\mathrm{sinc}(t-n)\mathrm{e}^{-\mathrm{j}\frac{t^2-n^2}{2}\cot\alpha} \tag{9.47}$$

为简化分析，记 $\varphi_{0,n,\alpha}(t)\triangleq\mathrm{sinc}(t-n)\mathrm{e}^{-\mathrm{j}\frac{t^2-n^2}{2}\cot\alpha}$，于是可得

$$\begin{aligned}\langle\varphi_{0,n,\alpha}(t),\varphi_{0,m,\alpha}(t)\rangle_{L^2}&=\mathrm{e}^{\mathrm{j}\frac{n^2-m^2}{2}\cot\alpha}\int_{-\infty}^{+\infty}\mathrm{sinc}(t-n)\mathrm{sinc}(t-m)\mathrm{d}t\\&=\mathrm{e}^{\mathrm{j}\frac{n^2-m^2}{2}\cot\alpha}\mathrm{sinc}(n-m)\\&=\delta(n-m)\end{aligned} \tag{9.48}$$

容易验证，函数序列 $\{\varphi_{0,n,\alpha}(t)\}_{n\in\mathbf{Z}}$ 构成 $L^2(\mathbf{R})$ 子空间 V_0^α 的一组标准正交基。然而，V_0^α 仅仅是 $L^2(\mathbf{R})$ 的一个子空间，而需要寻找 $L^2(\mathbf{R})$ 的标准正交基。为此，设法逐步扩大所讨论的空间。对于 $2\pi\sin\alpha$－分数域带限函数的全体，记

$$V_1^\alpha=\{f(t)\mid f(t)\in L^2(\mathbf{R})\text{ 且 }F_\alpha(u)=0,\ |u|>2\pi\sin\alpha\} \tag{9.49}$$

显然，$V_0^\alpha\subseteq V_1^\alpha$。根据 Ω－分数域带限信号采样定理，令 $\Omega=2\pi\sin\alpha$ 并取 $T_s=\pi\sin\alpha/\Omega=\frac{1}{2}$，对任意的 $f(t)\in V_1^\alpha$，则有

$$f(t)=\sum_{n\in\mathbf{Z}}f\left[\frac{n}{2}\right]\varphi_{1,n,\alpha}(t) \tag{9.50}$$

式中，函数 $\varphi_{1,n,\alpha}(t)$ 的表达式为

$$\varphi_{1,n,\alpha}(t)\triangleq2^{\frac{1}{2}}\mathrm{sinc}(2t-n)\mathrm{e}^{-\mathrm{j}\frac{t^2-\left(\frac{n}{2}\right)^2}{2}\cot\alpha} \tag{9.51}$$

同样，函数序列 $\{\varphi_{1,n,\alpha}(t)\}_{n\in\mathbf{Z}}$ 构成子空间 V_1^α 的一组标准正交基。容易验证，若 $f(t)\in V_0^\alpha$，则有

$$f(2t)\mathrm{e}^{\mathrm{j}\frac{(2t)^2-t^2}{2}\cot\alpha}\in V_1^\alpha \tag{9.52}$$

这是因为

$$\mathscr{F}^{\alpha}\left[f(2t)\mathrm{e}^{\mathrm{j}\frac{(2t)^2-t^2}{2}\cot\alpha}\right](u)=\frac{1}{2}\mathrm{e}^{\mathrm{j}\frac{3u^2}{8}\cot\alpha}\mathscr{F}^{\alpha}[f(t)]\left(\frac{u}{2}\right) \tag{9.53}$$

同理,可以得到

$$f\left(\frac{t}{2}\right)\mathrm{e}^{\frac{\left(\frac{t}{2}\right)^2-t^2}{2}\cot\alpha}\in V_{-1}^{\alpha} \tag{9.54}$$

式中,$V_{-1}^{\alpha}=\{f(t)\mid f(t)\in L^2(\mathbf{R})$ 且 $F_{\alpha}(u)=0,\ |u|>2^{-1}\pi\sin\alpha\}$。

一般地,对 $2^k\pi\sin\alpha$－分数域带限函数($k\in\mathbf{Z}$),记

$$V_k^{\alpha}=\{f(t)\mid f(t)\in L^2(\mathbf{R})\text{ 且 }F_{\alpha}(u)=0,\ |u|>2^k\pi\sin\alpha\} \tag{9.55}$$

根据 Ω－分数域带限信号采样定理,令 $\Omega=2^k\pi\sin\alpha$ 并取 $T_s=\pi\sin\alpha/\Omega=\frac{1}{2^k}$,对任意的 $f(t)\in V_k^{\alpha}$,则有

$$f(t)=\sum_{n\in\mathbf{Z}}f\left[\frac{n}{2^k}\right]\varphi_{k,n,\alpha}(t) \tag{9.56}$$

式中,函数 $\varphi_{k,n,\alpha}(t)$ 满足

$$\varphi_{k,n,\alpha}(t)\overset{\Delta}{=}2^{\frac{k}{2}}\operatorname{sinc}(2^kt-n)\mathrm{e}^{-\mathrm{j}\frac{t^2-\left(\frac{n}{2^k}\right)^2}{2}\cot\alpha} \tag{9.57}$$

容易验证,函数序列$\{\varphi_{k,n,\alpha}(t)\}_{n\in\mathbf{Z}}$是子空间 V_k^{α} 的一组标准正交基。显然,对任意的 $k\in\mathbf{Z}$,都有

$$V_k^{\alpha}\subseteq V_{k+1}^{\alpha} \tag{9.58}$$

$$\bigcap_{k\in\mathbf{Z}}V_k^{\alpha}=0,\quad \overline{\bigcup_{k\in\mathbf{Z}}V_k^{\alpha}}=L^2(\mathbf{R}) \tag{9.59}$$

同时,若 $f(t)\in V_k^{\alpha},k\in\mathbf{Z}$,可得

$$f(2t)\mathrm{e}^{\mathrm{j}\frac{(2t)^2-t^2}{2}\cot\alpha}\in V_{k+1}^{\alpha}\quad\text{或}\quad f\left(\frac{t}{2}\right)\mathrm{e}^{\mathrm{j}\frac{\left(\frac{t}{2}\right)^2-t^2}{2}\cot\alpha}\in V_{k-1}^{\alpha} \tag{9.60}$$

于是,可得 $L^2(\mathbf{R})$ 中的函数 $\operatorname{sinc}(t)$ 及一个子空间$\{V_k^{\alpha}\}$,$k\in\mathbf{Z}$,具有下述性质:

(1)$\cdots\subseteq V_{-1}^{\alpha}\subseteq V_0^{\alpha}\subseteq V_1^{\alpha}\subseteq\cdots\subseteq V_k^{\alpha}\subseteq\cdots\subseteq L^2(\mathbf{R})$;

(2)$f(t)\in V_k^{\alpha}\Leftrightarrow f(2t)\mathrm{e}^{\mathrm{j}\frac{(2t)^2-t^2}{2}\cot\alpha}\in V_{k+1}^{\alpha},\forall k\in\mathbf{Z}$;

(3) $\overline{\bigcup_{k\in\mathbf{Z}}V_k^{\alpha}}=L^2(\mathbf{R}),\ \bigcap_{k\in\mathbf{Z}}V_k^{\alpha}=\{0\}$;

(4) 函数序列$\{\operatorname{sinc}(t-n)\mathrm{e}^{-\mathrm{j}\frac{t^2-n^2}{2}\cot\alpha}\}_{n\in\mathbf{Z}}$构成空间 V_0^{α} 的一组标准正交基。这里,性质(1) 和(3) 是很明显的,对于性质(4) 可以说得更明确些。

任取 $f(t)\in L^2(\mathbf{R})$,记 $F_{\alpha}(u)$ 为其分数阶傅里叶变换,则有

$$F_{\alpha}(u)=\sum_{k\in\mathbf{Z}}F_{\alpha}(u)\chi_{[2^{k-1}\pi\sin\alpha,2^k\pi\sin\alpha]}(u)\overset{\Delta}{=}\sum_{k\in\mathbf{Z}}F_{k,\alpha}(u) \tag{9.61}$$

式中,$F_{k,\alpha}(u)$ 在$[2^{k-1}\pi\sin\alpha,2^k\pi\sin\alpha]$外恒等于零,故它的分数阶傅里叶逆变换 $f_k(t)\in V_k^{\alpha}$。对式(9.61) 做分数阶傅里叶逆变换,得到

$$f(t)=\sum_{k\in\mathbf{Z}}f_k(t) \tag{9.62}$$

根据式(9.55) 和(9.62),任意的 $f(t)\in L^2(\mathbf{R})$ 都可以由$\{\varphi_{k,n,\alpha}(t)\}_{k,n\in\mathbf{Z}}$表示。遗憾的是,尽管对于任一 $k\in\mathbf{Z}$,函数序列$\{\varphi_{k,n,\alpha}(t)\}_{n\in\mathbf{Z}}$都构成 V_k^{α} 的标准正交基,但其并不构成 $L^2(\mathbf{R})$ 的标准正交基。因为,当 $k\neq k'$ 时,空间 V_k^{α} 和 $V_{k'}^{\alpha}$ 不正交,这表明 V_k^{α} 中的正交系与 $V_{k'}^{\alpha}$ 中的正

交系未必相互正交。解决这一问题的方法是，从子空间序列$\{V_k^\alpha\}_{k\in\mathbf{Z}}$及函数$\mathrm{sinc}(t)$出发，构造一个相互正交的闭子空间序列$\{W_k^\alpha\}_{k\in\mathbf{Z}}$及函数$\psi(t)$，使得$L^2(\mathbf{R})$可分解为$\{W_k^\alpha\}_{k\in\mathbf{Z}}$的正交和，即

$$L^2(\mathbf{R})=\bigoplus_{n\in\mathbf{Z}} W_k^\alpha \tag{9.63}$$

这里，$W_k^\alpha\perp W_{k'}^\alpha(k=k')$，且由$\psi(t)$生成的函数序列$\{\psi_{k,n,\alpha}(t)\}_{n\in\mathbf{Z}}$构成子空间$W_k^\alpha$的一组标准正交基，于是$\{\psi_{k,n,\alpha}(t)\}_{k,n\in\mathbf{Z}}$构成$L^2(\mathbf{R})$的标准正交基。

现在，将上述构造的闭子空间列$\{V_k^\alpha\}_{k\in\mathbf{Z}}$及函数$\mathrm{sinc}(t)$进行抽象和推广，从而建立分数阶小波变换的多分辨分析（简称分数阶多分辨分析）理论。

定义 9.1（正交分数阶多分辨分析） 空间$L^2(\mathbf{R})$中一列闭子空间$\{V_k^\alpha\}_{k\in\mathbf{Z}}$若满足

(1) 单调性：$V_k^\alpha\subseteq V_{k+1}^\alpha,\ \forall k\in\mathbf{Z}$；

(2) 逼近性：$\overline{\bigcup_{k\in\mathbf{Z}} V_k^\alpha}=L^2(\mathbf{R}),\ \bigcap_{k\in\mathbf{Z}} V_k^\alpha=\{0\}$；

(3) 伸缩性：$f(t)\in V_k^\alpha\Leftrightarrow f(2t)\mathrm{e}^{\mathrm{j}\frac{(2t)^2-t^2}{2}\cot\alpha}\in V_{k+1}^\alpha,\ \forall k\in\mathbf{Z}$；

(4) 正交性：存在函数$\varphi(t)\in L^2(\mathbf{R})$且满足$(\varphi(t)\mathrm{e}^{-\mathrm{j}\frac{t^2}{2}\cot\alpha})\in V_0^\alpha$，使得函数序列$\{\varphi(t-n)\mathrm{e}^{-\mathrm{j}\frac{t^2-n^2}{2}\cot\alpha}\}_{n\in\mathbf{Z}}$是$V_0^\alpha$的标准正交基。

则称$\{V_k^\alpha\}_{k\in\mathbf{Z}}$为空间$L^2(\mathbf{R})$的一个正交分数阶多分辨分析，其中$\varphi(t)$称为$\{V_k^\alpha\}_{k\in\mathbf{Z}}$的尺度函数，$V_k^\alpha$称为$L^2(\mathbf{R})$的逼近子空间或尺度空间。

分数阶多分辨分析提供了在不同尺度下分析函数的一种手段，它对空间$L^2(\mathbf{R})$的划分如图 9.3 所示。

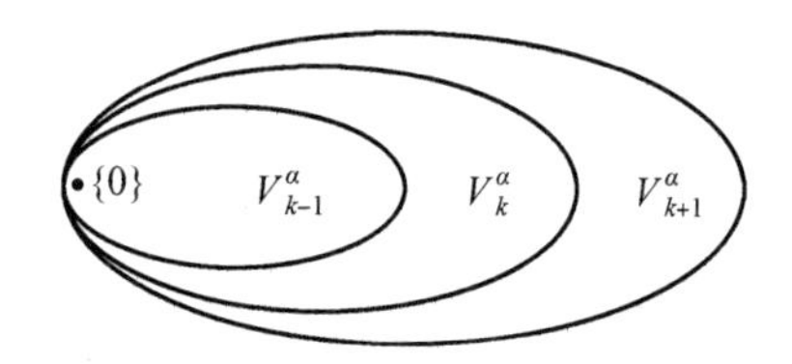

图 9.3 闭子空间$\{V_k^\alpha\}_{k\in\mathbf{Z}}$相互包含关系

定理 9.1 设闭子空间列$\{V_k^\alpha\}_{k\in\mathbf{Z}}$构成$L^2(\mathbf{R})$的一个正交分数阶多分辨分析，$\varphi(t)$是相应的尺度函数，对任意的$k\in\mathbf{Z}$，则函数序列

$$\varphi_{k,n,\alpha}(t)=2^{\frac{k}{2}}\varphi(2^k t-n)\mathrm{e}^{-\mathrm{j}\frac{t^2-\left(\frac{n}{2^k}\right)^2}{2}\cot\alpha},\quad n\in\mathbf{Z} \tag{9.64}$$

构成子空间V_k^α的一组标准正交基。

证明 首先，函数序列$\{\varphi_{k,n,\alpha}(t)\}_{n\in\mathbf{Z}}$是一个标准正交系，这是因为根据定义 9.1 中的性质(4)有

$$\begin{aligned}\langle\varphi_{k,n,\alpha}(t),\varphi_{k,m,\alpha}(t)\rangle&=2^k\mathrm{e}^{\mathrm{j}\frac{n^2-m^2}{2^{2k+1}}\cot\alpha}\int_{-\infty}^{+\infty}\varphi(2^k t-n)\varphi^*(2^k t-m)\mathrm{d}t\\&=\mathrm{e}^{\mathrm{j}\frac{n^2-m^2}{2^{2k+1}}\cot\alpha}\int_{-\infty}^{+\infty}\varphi(t-n)\varphi^*(t-m)\mathrm{d}t\\&=\delta(n-m)\end{aligned} \tag{9.65}$$

其次，对任意的$f(t)\in V_k^\alpha$，利用定义 9.1 中的性质(3)，可得

$$f\left(\frac{t}{2^k}\right)\mathrm{e}^{\mathrm{j}\frac{\left(\frac{t}{2^k}\right)^2-t^2}{2}\cot\alpha}\in V_0^\alpha \tag{9.66}$$

注意到属于 V_0^α 的任意函数都可以表示为 V_0^α 基函数的线性组合，于是有

$$f\left(\frac{t}{2^k}\right)\mathrm{e}^{\mathrm{j}\frac{\left(\frac{t}{2^k}\right)^2-t^2}{2}\cot\alpha}=\sum_{n\in\mathbf{Z}}c_n\varphi(t-n)\mathrm{e}^{-\mathrm{j}\frac{t^2-n^2}{2}\cot\alpha} \tag{9.67}$$

式中，c_n 表示组合系数。进一步地，式(9.67) 可化简为

$$f\left(\frac{t}{2^k}\right)=\sum_{n\in\mathbf{Z}}c_n\varphi(t-n)\mathrm{e}^{-\mathrm{j}\frac{\left(\frac{t}{2^k}\right)^2-n^2}{2}\cot\alpha} \tag{9.68}$$

将式(9.68) 中的 t 替换为 2^kt，得到

$$f(t)=\sum_{n\in\mathbf{Z}}c'_n2^{\frac{k}{2}}\varphi(2^kt-n)\mathrm{e}^{-\mathrm{j}\frac{t^2-\left(\frac{n}{2^k}\right)^2}{2}\cot\alpha} \tag{9.69}$$

式中，$c'_n=c_n2^{-\frac{k}{2}}\mathrm{e}^{(\mathrm{j}/2)n^2(1-2^{-2k})\cot\alpha}$。故任意的 $f(t)\in V_k^\alpha$ 可以表示为标准正交系$\{\varphi_{k,n,\alpha}(t)\}_{k\in\mathbf{Z}}$ 的线性组合。因此，$\{\varphi_{k,n,\alpha}(t)\}_{k\in\mathbf{Z}}$ 是 V_k^α 的一组标准正交基。

根据定理 9.1 可知，子空间 V_k^α 是由 $\varphi(t)$ 二进伸缩、整数平移和线性频率调制生成，即

$$V_k^\alpha=\overline{\operatorname{span}}\{2^{\frac{k}{2}}\varphi(2^kt-n)\mathrm{e}^{-\mathrm{j}\frac{t^2-\left(\frac{n}{2^k}\right)^2}{2}\cot\alpha}\}_{n\in\mathbf{Z}},\quad\forall k\in\mathbf{Z} \tag{9.70}$$

也可以称$\{V_k^\alpha\}_{k\in\mathbf{Z}}$ 是由尺度函数 $\varphi(t)$ 生成的分数阶多分辨分析，而称 $\varphi(t)$ 是$\{V_k^\alpha\}_{k\in\mathbf{Z}}$ 的生成元。

可以看出，对于 $L^2(\mathbf{R})$ 的一个正交分数阶多分辨分析，要求尺度函数 $\varphi(t)$ 生成的函数序列$\{\varphi_{0,n,\alpha}(t)\}_{k\in\mathbf{Z}}$ 是 V_0^α 的一个标准正交基。实际上，这个条件可以进一步放宽，即仅要求$\{\varphi_{0,n,\alpha}(t)\}_{k\in\mathbf{Z}}$ 构成 V_0^α 的一个 Riesz 基。

定义 9.2(广义分数阶多分辨分析)　空间 $L^2(\mathbf{R})$ 中一列闭子空间$\{V_k^\alpha\}_{k\in\mathbf{Z}}$ 若满足

(1) 单调性：$V_k^\alpha\subseteq V_{k+1}^\alpha,\forall k\in\mathbf{Z}$；

(2) 逼近性：$\overline{\bigcup_{k\in\mathbf{Z}}V_k^\alpha}=L^2(\mathbf{R}),\ \bigcap_{k\in\mathbf{Z}}V_k^\alpha=\{0\}$；

(3) 伸缩性：$f(t)\in V_k^\alpha\Leftrightarrow f(2t)\mathrm{e}^{\mathrm{j}\frac{(2t)^2-t^2}{2}\cot\alpha}\in V_{k+1}^\alpha,\forall k\in\mathbf{Z}$；

(4)Riesz 基：存在函数 $\varphi(t)\in L^2(\mathbf{R})$ 且满足 $(\varphi(t)\mathrm{e}^{-\mathrm{j}\frac{t^2}{2}\cot\alpha})\in V_0^\alpha$，使得函数序列$\{\varphi(t-n)\mathrm{e}^{-\mathrm{j}\frac{t^2-n^2}{2}\cot\alpha}\}_{n\in\mathbf{Z}}$ 是 V_0^α 的一个 Riesz 基。

则称$\{V_k^\alpha\}_{k\in\mathbf{Z}}$ 为 $L^2(\mathbf{R})$ 的一个广义分数阶多分辨分析，其中 $\varphi(t)$ 称为该广义分数阶多分辨分析的尺度函数。

下面定理给出了空间 V_0^α 中存在 Riesz 基的充要条件。

定理 9.2　对于连续函数 $\varphi(t)\in L^2(\mathbf{R})$，设 $\Phi(u\csc\alpha)$ 表示其傅里叶变换(变换元做了尺度 $\csc\alpha$ 伸缩)，并记

$$G_{\varphi,\alpha}(u)=\sum_{k\in\mathbf{Z}}|\Phi(u\csc\alpha+2k\pi)|^2 \tag{9.71}$$

函数序列$\{\varphi_{0,n,\alpha}(t)=\varphi(t-n)\mathrm{e}^{-\mathrm{j}\frac{t^2-n^2}{2}\cot\alpha}\}_{n\in\mathbf{Z}}$ 是 V_0^α 中的 Riesz 基的充分必要条件是：存在常数 $0<\varepsilon_0\leqslant\varepsilon_1<+\infty$，使得对 a. e. $u\in[0,2\pi\sin\alpha]$，有

$$\varepsilon_0\leqslant G_{\varphi,\alpha}(u)\leqslant\varepsilon_1 \tag{9.72}$$

特别地，当 $\varepsilon_0=\varepsilon_1=1$ 时，$\{\varphi_{0,n,\alpha}(t)\}_{n\in\mathbf{Z}}$ 是 V_0^α 的标准正交基。

证明 与定理6.5类似。

在实际应用中，正交基往往能够带来分析与处理上的方便，下述定理给出了如何由 V_0^α 中的Riesz基构造正交基的方法。

定理9.3 设 $\{V_k^\alpha\}_{k\in\mathbf{Z}}$ 是由尺度函数 $\varphi(t)$ 生成的广义分数阶多分辨分析，记 $\Phi(u\csc\alpha)$ 表示 $\varphi(t)$ 的傅里叶变换（变换元做了尺度 $\csc\alpha$ 伸缩），并令

$$\Theta(u\csc\alpha)=\frac{\Phi(u\csc\alpha)}{\sqrt{G_{\varphi,\alpha}(u)}} \tag{9.73}$$

则 $\Theta(u\csc\alpha)$ 的傅里叶逆变换 $\theta(t)$ 是一个正交尺度函数，即 $\{V_k^\alpha\}_{k\in\mathbf{Z}}$ 是由 $\theta(t)$ 按式(9.70)生成的 $L^2(\mathbf{R})$ 的一个正交分数阶多分辨分析。

证明 首先，证明 $\{\theta_{0,n,\alpha}(t)=\theta(t-n)\mathrm{e}^{-\mathrm{j}\frac{t^2-n^2}{2}\cot\alpha}\}_{n\in\mathbf{Z}}$ 是 V_0^α 中的一个标准正交系。根据广义分数阶多分辨分析的性质(4)可知，$\{\varphi_{0,n,\alpha}(t)\}_{n\in\mathbf{Z}}$ 是 V_0^α 的Riesz基，所以存在常数 $0<\varepsilon_0\leqslant\varepsilon_1<+\infty$，使得对 a.e. $u\in[0,2\pi\sin\alpha]$，有式(9.72)成立。显然，$\frac{1}{\sqrt{G_{\varphi,\alpha}(u)}}\in L^\infty(\mathbf{R})$ 是一个 $2\pi\sin\alpha$ 周期函数，则

$$\frac{1}{\sqrt{G_{\varphi,\alpha}(u)}}\in L^2[0,2\pi\sin\alpha] \tag{9.74}$$

于是，根据式(2.68)，存在一序列 $\{c[n]\}_{n\in\mathbf{Z}}\in \ell^2(\mathbf{Z})$ 满足

$$\frac{1}{\sqrt{G_{\varphi,\alpha}(u)}}=\sum_{n\in\mathbf{Z}}c[n]\mathrm{e}^{\mathrm{j}\frac{n^2}{2}\cot\alpha-\mathrm{j}un\csc\alpha} \tag{9.75}$$

将式(9.75)代入式(9.73)，得到

$$\Theta(u\csc\alpha)=\sum_{n\in\mathbf{Z}}c[n]\Phi(u\csc\alpha)\mathrm{e}^{\mathrm{j}\frac{n^2}{2}\cot\alpha-\mathrm{j}un\csc\alpha} \tag{9.76}$$

对式(9.76)做傅里叶逆变换，可得

$$\theta(t)=\sum_{n\in\mathbf{Z}}c[n]\varphi(t-n)\mathrm{e}^{\mathrm{j}\frac{n^2}{2}\cot\alpha} \tag{9.77}$$

在式(9.77)两边同时乘以函数 $\mathrm{e}^{-\mathrm{j}\frac{t^2}{2}\cot\alpha}$，则有

$$\theta(t)\mathrm{e}^{-\mathrm{j}\frac{t^2}{2}\cot\alpha}=\sum_{n\in\mathbf{Z}}c[n]\varphi(t-n)\mathrm{e}^{-\mathrm{j}\frac{t^2-n^2}{2}\cot\alpha}=\sum_{n\in\mathbf{Z}}c[n]\varphi_{0,n,\alpha}(t) \tag{9.78}$$

因为 $\{\varphi_{0,n,\alpha}(t)\}_{n\in\mathbf{Z}}$ 是 V_0^α 的Riesz基，所以 $(\theta(t)\mathrm{e}^{-\mathrm{j}\frac{t^2}{2}\cot\alpha})\in V_0^\alpha$。此外，由于

$$G_{\theta,\alpha}(u)\stackrel{\Delta}{=}\sum_{k\in\mathbf{Z}}|\Theta(u\csc\alpha+2k\pi)|^2=\frac{\sum_{k\in\mathbf{Z}}|\Phi(u\csc\alpha+2k\pi)|^2}{G_{\varphi,\alpha}(u)}=1 \tag{9.79}$$

因此，$\{\theta_{0,n,\alpha}(t)\}_{n\in\mathbf{Z}}$ 是 V_0^α 的一个标准正交系。

其次，再证 $\{\theta_{0,n,\alpha}(t)\}_{n\in\mathbf{Z}}$ 生成的子空间等于 V_0^α，记 $\widetilde{V}_0^\alpha=\overline{\mathrm{span}}\{\varphi_{0,n,\alpha}(t)\}_{n\in\mathbf{Z}}$，即证 $\widetilde{V}_0^\alpha=V_0^\alpha$。一方面，由于 $\{\theta_{0,n,\alpha}(t)\}_{n\in\mathbf{Z}}\in V_0^\alpha$，且 V_0^α 是闭子空间，因此 $\widetilde{V}_0^\alpha\subseteq V_0^\alpha$。另一方面，由式(9.73)得 $\Theta(u\csc\alpha)=\frac{\Phi(u\csc\alpha)}{\sqrt{G_{\varphi,\alpha}(u)}}$，再用完全相同的方法可证得 $\widetilde{V}_0^\alpha\subseteq V_0^\alpha$，因此有 $\widetilde{V}_0^\alpha=V_0^\alpha$。

定理9.3不仅阐明了广义分数阶多分辨分析尺度函数 $\varphi(t)$ 与正交分数阶多分辨分析尺度函数 $\theta(t)$ 之间的关系，而且给出了由 $\varphi(t)$ 到 $\theta(t)$ 的正交化处理公式。若无特别说明，以后尺度函数一般指正交尺度函数。

9.6.2　正交分数阶小波的构造

现在，讨论正交分数阶小波的构造问题。对任意的 $k \in \mathbf{Z}$，定义子空间 W_k^α，即

$$W_k^\alpha \perp V_k^\alpha, \quad V_{k+1}^\alpha = W_k^\alpha \oplus V_k^\alpha \tag{9.80}$$

容易验证，对任意的 $k, k' \in \mathbf{Z}$，子空间序列 $\{W_k^\alpha\}_{k\in\mathbf{Z}}$ 满足

(1)$W_k^\alpha \perp W_{k'}^\alpha, \forall k \neq k'$；

(2)$L^2(\mathbf{R}) = \bigoplus_{k\in\mathbf{Z}} W_k^\alpha$；

(3)$g(t) \in W_k^\alpha \Leftrightarrow g(2t)\mathrm{e}^{\mathrm{j}\frac{(2t)^2-t^2}{2}\cot\alpha} \in W_{k+1}^\alpha$ 或 $g\left(\frac{t}{2}\right)\mathrm{e}^{\mathrm{j}\frac{\left(\frac{t}{2}\right)^2-t^2}{2}\cot\alpha} \in W_{k-1}^\alpha$。

性质(2) 表明，通过构造每一个子空间 W_k^α 的标准正交基便可得到空间 $L^2(\mathbf{R})$ 的标准正交基；而性质(3) 则进一步说明，只要构造 W_0^α的标准正交基就足够了。于是，关键的问题就是构造函数 $\psi(t) \in L^2(\mathbf{R})$，使得 $\left\{\psi_{0,n,\alpha}(t) \stackrel{\Delta}{=} \psi(t-n)\mathrm{e}^{-\mathrm{j}\frac{t^2-n^2}{2}\cot\alpha}\right\}_{n\in\mathbf{Z}}$ 是 W_0^α的标准正交基。现在的问题是，这样的函数 $\psi(t)$ 是否一定存在以及如何构造？下面做进一步解答。

为简化分析，记 $s_\alpha[n] \stackrel{\Delta}{=} s[n]\mathrm{e}^{\mathrm{j}\frac{n^2}{4}\cot\alpha}$。由于对任意的 $n \in \mathbf{Z}$，都有 $\varphi_{0,n,\alpha}(t) \in V_0^\alpha$，所以有

$$\varphi_{0,0,\alpha}(t) \in V_0^\alpha \subseteq V_1^\alpha \tag{9.81}$$

此外，V_1^α 有标准正交基$\{\varphi_{1,n,\alpha}(t)\}_{n\in\mathbf{Z}}$，则必存在唯一的系数序列$\{h[n]\}_{n\in\mathbf{Z}} \in \ell^2(\mathbf{Z})$，满足

$$\varphi_{0,0,\alpha}(t) = \sum_{n\in\mathbf{Z}} h[n]\varphi_{1,n,\alpha}(t) \tag{9.82}$$

称式(9.82) 为分数阶尺度方程。将式(9.82) 进一步化简，可得

$$\varphi(t) = \sum_{n\in\mathbf{Z}} h_\alpha[n]\sqrt{2}\varphi(2t-n) \tag{9.83}$$

式中，系数序列的计算公式为

$$h_\alpha[n] = \sqrt{2}\int_{-\infty}^{+\infty} \varphi(t)\varphi^*(2t-n)\mathrm{d}t \tag{9.84}$$

另一方面，待构造的分数阶小波函数 $\psi(t)$ 满足 $\psi_{0,0,\alpha}(t) \in W_0^\alpha \subseteq V_1^\alpha$，则应该存在唯一的系数序列$\{g[n]\}_{n\in\mathbf{Z}} \in \ell^2(\mathbf{Z})$，使得

$$\psi_{0,0,\alpha}(t) = \sum_{n\in\mathbf{Z}} g[n]\varphi_{1,n,\alpha}(t) \tag{9.85}$$

称之为分数阶小波方程。进一步地，根据式(9.85)，有

$$\psi(t) = \sum_{n\in\mathbf{Z}} g_\alpha[n]\sqrt{2}\varphi(2t-n) \tag{9.86}$$

于是，分数阶小波函数 $\psi(t)$ 的构造就转化为寻找相应的序列$\{g_\alpha[n]\}_{n\in\mathbf{Z}} \in \ell^2(\mathbf{Z})$。为此，引入下述记号

$$\Lambda(u\csc\alpha) = \frac{1}{\sqrt{2}}\sum_{n\in\mathbf{Z}} h_\alpha[n]\mathrm{e}^{-\mathrm{j}nu\csc\alpha} \tag{9.87}$$

$$\Gamma(u\csc\alpha) = \frac{1}{\sqrt{2}}\sum_{n\in\mathbf{Z}} g_\alpha[n]\mathrm{e}^{-\mathrm{j}nu\csc\alpha} \tag{9.88}$$

可以看出，$\Lambda(u\csc\alpha)$ 和 $\Gamma(u\csc\alpha)$ 都是 $2\pi\sin\alpha$ 周期的函数。

对式(9.82) 两边做分数阶傅里叶变换，则分数阶尺度方程的分数域形式为

$$\Phi(u\csc\alpha) = \Lambda\left(\frac{u\csc\alpha}{2}\right)\Phi\left(\frac{u\csc\alpha}{2}\right) \tag{9.89}$$

同样，对式(9.85)两边做分数阶傅里叶变换，则分数阶小波方程的分数域形式为

$$\Psi(u\csc\alpha)=\Gamma\left(\frac{u\csc\alpha}{2}\right)\Phi\left(\frac{u\csc\alpha}{2}\right)\tag{9.90}$$

式中，$\Psi(u\csc\alpha)$ 表示 $\psi(t)$ 的傅里叶变换(变换元做了尺度 $\csc\alpha$ 伸缩)。此外，根据定理9.2可知，由尺度函数 $\varphi(t)$ 生成的函数序列 $\{\varphi_{0,n,\alpha}(t)\}_{n\in\mathbf{Z}}$ 构造子空间 V_0^α 的标准正交基，则有

$$G_{\varphi,\alpha}(u)=\sum_{k\in\mathbf{Z}}|\Phi(u\csc\alpha+2k\pi)|^2=1\tag{9.91}$$

将式(9.89)代入式$\sum$(9.91)，可得

$$\begin{aligned}1&=\sum_{k\in\mathbf{Z}}|\Phi(u\csc\alpha+2k\pi)|^2=\sum_{k\in\mathbf{Z}}\left|\Lambda\left(\frac{u\csc\alpha}{2}+k\pi\right)\right|^2\left|\Phi\left(\frac{u\csc\alpha}{2}+k\pi\right)\right|^2\\&=\sum_{k'\in\mathbf{Z}}\left|\Lambda\left(\frac{u\csc\alpha}{2}+2k'\pi\right)\right|^2\left|\Phi\left(\frac{u\csc\alpha}{2}+2k'\pi\right)\right|^2+\\&\quad\sum_{k'\in\mathbf{Z}}\left|\Lambda\left(\frac{u\csc\alpha}{2}+(2k'+1)\pi\right)\right|^2\left|\Phi\left(\frac{u\csc\alpha}{2}+(2k'+1)\pi\right)\right|^2\\&=\left|\Lambda\left(\frac{u\csc\alpha}{2}\right)\right|^2\sum_{k'\in\mathbf{Z}}\left|\Phi\left(\frac{u\csc\alpha}{2}+2k'\pi\right)\right|^2+\\&\quad\left|\Lambda\left(\frac{u\csc\alpha}{2}+\pi\right)\right|^2\sum_{k'\in\mathbf{Z}}\left|\Phi\left(\frac{u\csc\alpha}{2}+(2k'+1)\pi\right)\right|^2\\&=\left|\left(\Lambda\frac{u\csc\alpha}{2}\right)\right|^2+\left|\Lambda\left(\frac{u\csc\alpha}{2}+\pi\right)\right|^2\end{aligned}\tag{9.92}$$

因此，可以得到

$$|\Lambda(u\csc\alpha)|^2+|\Lambda(u\csc\alpha+\pi)|^2=1\tag{9.93}$$

同理，由函数 $\psi(t)$ 生成的函数序列 $\{\psi_{0,n,\alpha}(t)\}_{n\in\mathbf{Z}}$ 构造子空间 W_0^α 的标准正交基，则有

$$G_{\psi,\alpha}(u)=\sum_{k\in\mathbf{Z}}|\Psi(u\csc\alpha+2k\pi)|^2=1\tag{9.94}$$

将式(9.85)代入式(9.94)并进行化简，得到

$$|\Gamma(u\csc\alpha)|^2+|\Gamma(u\csc\alpha+\pi)|^2=1\tag{9.95}$$

此外，由于子空间 W_0^α 是 V_0^α 在 V_1^α 中的正交补空间，因此函数序列 $\{\psi_{0,m,\alpha}(t)\}_{m\in\mathbf{Z}}$ 和 $\{\varphi_{0,n,\alpha}(t)\}_{n\in\mathbf{Z}}$ 是相互正交的，即

$$\langle\psi_{0,m,\alpha}(t),\varphi_{0,n,\alpha}(t)\rangle_{L^2}=0,\quad\forall m,n\in\mathbf{Z}\tag{9.96}$$

同时，注意到

$$\mathscr{F}^\alpha[\varphi_{0,n,\alpha}(t)](u)=\sqrt{2\pi}K_\alpha(u,n)\Phi(u\csc\alpha)\tag{9.97}$$

$$\mathscr{F}^\alpha[\psi_{0,m,\alpha}(t)](u)=\sqrt{2\pi}K_\alpha(u,m)\Psi(u\csc\alpha)\tag{9.98}$$

于是，利用分数阶傅里叶变换内积定理，可得

$$\begin{aligned}0&=\langle\varphi_{0,m,\alpha}(t),\varphi_{0,n,\alpha}(t)\rangle_{L^2}=\langle\mathscr{F}^\alpha[\varphi_{0,m,\alpha}(t)](u),\mathscr{F}^\alpha[\varphi_{0,n,\alpha}(t)](u)\rangle_{L^2}\\&=\mathrm{e}^{\mathrm{j}\frac{n^2-m^2}{2}\cot\alpha}\int_{-\infty}^{+\infty}\Phi(u\csc\alpha)\Psi^*(u\csc\alpha)\mathrm{e}^{-\mathrm{j}(n-m)u\csc\alpha}\mathrm{d}u\csc\alpha\end{aligned}\tag{9.99}$$

由于 $\Lambda(u\csc\alpha)$ 和 $\Gamma(u\csc\alpha)$ 都是 $2\pi\sin\alpha$ 周期的函数，因此将式(9.89)和(9.90)代入式(9.99)，得到

$$0=\int_{-\infty}^{+\infty}\Lambda\left(\frac{u\csc\alpha}{2}\right)\Gamma^{*}\left(\frac{u\csc\alpha}{2}\right)\left|\Phi\left(\frac{u\csc\alpha}{2}\right)\right|^{2}\mathrm{e}^{-\mathrm{j}(n-m)u\csc\alpha}\mathrm{d}u\csc\alpha$$
$$=\sum_{k\in\mathbf{Z}}\int_{4k\pi\sin\alpha}^{4(k+1)\pi\sin\alpha}\Lambda\left(\frac{u\csc\alpha}{2}+2k\pi\right)\Gamma^{*}\left(\frac{u\csc\alpha}{2}+2k\pi\right)\times$$
$$\left|\Phi\left(\frac{u\csc\alpha}{2}+2k\pi\right)\right|^{2}\mathrm{e}^{-\mathrm{j}(n-m)u\csc\alpha}\mathrm{d}u\csc\alpha$$
$$=\int_{0}^{4\pi\sin\alpha}\Lambda\left(\frac{u\csc\alpha}{2}\right)\Gamma^{*}\left(\frac{u\csc\alpha}{2}\right)\sum_{k\in\mathbf{Z}}\left|\Phi\left(\frac{u\csc\alpha}{2}+2k\pi\right)\right|^{2}\times$$
$$\mathrm{e}^{-\mathrm{j}(n-m)u\csc\alpha}\mathrm{d}u\csc\alpha \tag{9.100}$$

然后，利用式(9.91)，可得

$$0=\int_{0}^{4\pi\sin\alpha}\Lambda\left(\frac{u\csc\alpha}{2}\right)\Gamma^{*}\left(\frac{u\csc\alpha}{2}\right)\mathrm{e}^{-\mathrm{j}(n-m)u\csc\alpha}\mathrm{d}u\csc\alpha$$
$$=\int_{0}^{2\pi\sin\alpha}\Lambda\left(\frac{u\csc\alpha}{2}\right)\Gamma^{*}\left(\frac{u\csc\alpha}{2}\right)\mathrm{e}^{-\mathrm{j}(n-m)u\csc\alpha}\mathrm{d}u\csc\alpha+$$
$$\int_{2\pi\sin\alpha}^{4\pi\sin\alpha}\Lambda\left(\frac{u\csc\alpha}{2}\right)\Gamma^{*}\left(\frac{u\csc\alpha}{2}\right)\mathrm{e}^{-\mathrm{j}(n-m)u\csc\alpha}\mathrm{d}u\csc\alpha \tag{9.101}$$

对式(9.101)进一步化简，则有

$$0=\int_{0}^{2\pi\sin\alpha}\Lambda\left(\frac{u\csc\alpha}{2}\right)\Gamma^{*}\left(\frac{u\csc\alpha}{2}\right)\mathrm{e}^{-\mathrm{j}(n-m)u\csc\alpha}\mathrm{d}u\csc\alpha+$$
$$\int_{0}^{2\pi\sin\alpha}\Lambda\left(\frac{u\csc\alpha}{2}+\pi\right)\Gamma^{*}\left(\frac{u\csc\alpha}{2}+\pi\right)\mathrm{e}^{-\mathrm{j}(n-m)u\csc\alpha}\mathrm{d}u\csc\alpha$$
$$=\int_{0}^{2\pi\sin\alpha}\left[\Lambda\left(\frac{u\csc\alpha}{2}\right)\Gamma^{*}\left(\frac{u\csc\alpha}{2}\right)+\Lambda\left(\frac{u\csc\alpha}{2}+\pi\right)\Gamma^{*}\left(\frac{u\csc\alpha}{2}+\pi\right)\right]\times$$
$$\mathrm{e}^{-\mathrm{j}(n-m)u\csc\alpha}\mathrm{d}u\csc\alpha \tag{9.102}$$

因为$\left\{\frac{1}{\sqrt{2\pi}}\mathrm{e}^{-\mathrm{j}nu\csc\alpha}\right\}_{n\in\mathbf{Z}}$是$L^{2}[0,2\pi\sin\alpha]$的标准正交基，则由式(9.102)得到

$$\Lambda(u\csc\alpha)\Gamma^{*}(u\csc\alpha)+\Lambda(u\csc\alpha+\pi)\Gamma^{*}(u\csc\alpha+\pi)=0 \tag{9.103}$$

至此，在正交分数阶多分辨分析下产生了两个非常重要的函数$\Lambda(u\csc\alpha)$和$\Gamma(u\csc\alpha)$，它们满足式(9.93)、(9.95)和(9.103)，用矩阵表示为

$$\boldsymbol{M}(u\csc\alpha)\boldsymbol{M}^{\dagger}(u\csc\alpha)=\boldsymbol{I} \tag{9.104}$$

式中，符号†表示求共轭转置，$\boldsymbol{I}$为单位矩阵，且$M(u\csc\alpha)$的表达式为

$$\boldsymbol{M}(u\csc\alpha)=\begin{bmatrix}\Lambda(u\csc\alpha) & \Lambda(u\csc\alpha+\pi)\\ \Gamma(u\csc\alpha) & \Gamma(u\csc\alpha+\pi)\end{bmatrix} \tag{9.105}$$

那么，函数序列$\{\psi_{0,n,\alpha}(t)\}_{n\in\mathbf{Z}}$构成$W_{0}^{\alpha}$的标准正交基，即$\psi(t)$成为正交分数阶小波的充要条件是矩阵$\boldsymbol{M}(u\csc\alpha)$是酉矩阵，即式(9.104)成立。

定理 9.4　对任意的$f(t)\in W_{0}^{\alpha}$，必存在一个$2\pi\sin\alpha$周期的函数$\xi(u\csc\alpha)$，使得$f(t)$的分数阶傅里叶变换$F_{\alpha}(u)$可表示为

$$F_{\alpha}(u)=\sqrt{1-\mathrm{j}\cot\alpha}\,\mathrm{e}^{\mathrm{j}\frac{u^{2}\cot\alpha+u\csc\alpha}{2}}\xi(u\csc\alpha)\Lambda^{*}\left(\frac{u\csc\alpha}{2}+\pi\right)\Phi\left(\frac{u\csc\alpha}{2}\right) \tag{9.106}$$

证明　因为$f(t)\in W_{0}^{\alpha}\subseteq V_{1}^{\alpha}$，所以存在$\{c[n]\}_{n\in\mathbf{Z}}\in\ell^{2}(\mathbf{Z})$，满足

$$f(t)=\sum_{n\in\mathbf{Z}}c[n]\varphi_{1,n,\alpha}(t)=\sum_{n\in\mathbf{Z}}c[n]2^{\frac{1}{2}}\varphi(2t-n)\mathrm{e}^{-\mathrm{j}\frac{t^{2}-\left(\frac{n}{2}\right)^{2}}{2}\cot\alpha} \tag{9.107}$$

对式(9.107)两边做分数阶傅里叶变换，得到

$$F_\alpha(u)=\sqrt{1-\mathrm{j}\cot\alpha}\,\mathrm{e}^{\mathrm{j}\frac{u^2}{2}\cot\alpha}\frac{1}{\sqrt{2}}\sum_{n\in\mathbf{Z}}c_\alpha[n]\mathrm{e}^{-\mathrm{j}n\frac{u\csc\alpha}{2}}\Phi\left(\frac{u\csc\alpha}{2}\right)\tag{9.108}$$

同时，记

$$\Xi(u\csc\alpha)=\frac{1}{\sqrt{2}}\sum_{n\in\mathbf{Z}}c_\alpha[n]\mathrm{e}^{-\mathrm{j}nu\csc\alpha}\tag{9.109}$$

可以看出，$\Xi(u\csc\alpha)\in L^2[0,2\pi\sin\alpha]$。于是，式(9.108)可以改写为

$$F_\alpha(u)=\sqrt{1-\mathrm{j}\cot\alpha}\,\mathrm{e}^{\mathrm{j}\frac{u^2}{2}\cot\alpha}\Xi\left(\frac{u\csc\alpha}{2}\right)\Phi\left(\frac{u\csc\alpha}{2}\right)\tag{9.110}$$

此外，注意到 $W_0^\alpha\perp V_0^\alpha$，所以

$$f(t)\perp\varphi_{0,n,\alpha}(t),\quad\forall n\in\mathbf{Z}\tag{9.111}$$

那么，则有

$$\langle f(t),\varphi_{0,n,\alpha}(t)\rangle_{L^2}=0\tag{9.112}$$

利用式(9.97)和分数阶傅里叶变换的内积定理，得到

$$\begin{aligned}0&=\langle f(t),\varphi_{0,n,\alpha}(t)\rangle_{L^2}=\langle F_\alpha(u),\sqrt{2\pi}K_\alpha(u,n)\Phi(u\csc\alpha)\rangle_{L^2}\\&=\int_{-\infty}^{+\infty}F_\alpha(u)\mathrm{e}^{-\mathrm{j}\frac{u^2}{2}\cot\alpha}\Phi^*(u\csc\alpha)\mathrm{e}^{\mathrm{j}nu\csc\alpha}\mathrm{d}u\csc\alpha\times\sqrt{1+\mathrm{j}\cot\alpha}\,\mathrm{e}^{-\mathrm{j}\frac{n^2}{2}\cot\alpha}\end{aligned}\tag{9.113}$$

将式(9.110)代入式(9.113)，则有

$$0=\int_{-\infty}^{+\infty}\Xi\left(\frac{u\csc\alpha}{2}\right)\Lambda^*\left(\frac{u\csc\alpha}{2}\right)\left|\Phi\left(\frac{u\csc\alpha}{2}\right)\right|^2\mathrm{e}^{\mathrm{j}nu\csc\alpha}\mathrm{d}u\csc\alpha\tag{9.114}$$

同时，注意到函数 $\Xi(u\csc\alpha)$ 和 $\Lambda(u\csc\alpha)$ 都是 $2\pi\sin\alpha$ 周期的函数，则由式(9.114)和(9.91)得到

$$\begin{aligned}0&=\int_{-\infty}^{+\infty}\Xi\left(\frac{u\csc\alpha}{2}\right)\Lambda^*\left(\frac{u\csc\alpha}{2}\right)\left|\Phi\left(\frac{u\csc\alpha}{2}\right)\right|^2\mathrm{e}^{\mathrm{j}nu\csc\alpha}\mathrm{d}u\csc\alpha\\&=\sum_{k\in\mathbf{Z}}\int_{4k\pi\sin\alpha}^{4(k+1)\pi\sin\alpha}\Xi\left(\frac{u\csc\alpha}{2}+2k\pi\right)\Lambda^*\left(\frac{u\csc\alpha}{2}+2k\pi\right)\times\\&\quad\left|\Phi\left(\frac{u\csc\alpha}{2}+2k\pi\right)\right|^2\mathrm{e}^{\mathrm{j}nu\csc\alpha}\mathrm{d}u\csc\alpha\\&=\int_0^{4\pi\sin\alpha}\Xi\left(\frac{u\csc\alpha}{2}\right)\Lambda^*\left(\frac{u\csc\alpha}{2}\right)\mathrm{e}^{\mathrm{j}nu\csc\alpha}\mathrm{d}u\csc\alpha\\&=\int_0^{2\pi\sin\alpha}\left[\Xi\left(\frac{u\csc\alpha}{2}\right)\Lambda^*\left(\frac{u\csc\alpha}{2}\right)+\Xi\left(\frac{u\csc\alpha}{2}+\pi\right)\Lambda^*\left(\frac{u\csc\alpha}{2}+\pi\right)\right]\mathrm{e}^{\mathrm{j}nu\csc\alpha}\mathrm{d}u\csc\alpha\end{aligned}\tag{9.115}$$

因为$\left\{\frac{1}{\sqrt{2\pi}}\mathrm{e}^{-\mathrm{j}nu\csc\alpha}\right\}_{n\in\mathbf{Z}}$是 $L^2[0,2\pi\sin\alpha]$ 的标准正交基，所以由式(9.115)得到

$$\Xi\left(\frac{u\csc\alpha}{2}\right)\Lambda^*\left(\frac{u\csc\alpha}{2}\right)+\Xi\left(\frac{u\csc\alpha}{2}+\pi\right)\Lambda^*\left(\frac{u\csc\alpha}{2}+\pi\right)=0\tag{9.116}$$

这表明，对 $\forall u\in\mathbf{R}$，向量

$$[\Xi(u\csc\alpha),-\Xi(u\csc\alpha+\pi)]\tag{9.117}$$

与

$$[\Lambda^*(u\csc\alpha),\Lambda^*(u\csc\alpha+\pi)]\tag{9.118}$$

是线性无关的，故存在函数 $\lambda(u\csc\alpha)$，使得

$$\begin{cases}\Xi(u\csc\alpha)=\lambda(u\csc\alpha)\Lambda^*(u\csc\alpha+\pi)\\ \Xi(u\csc\alpha+\pi)=-\lambda(u\csc\alpha)\Lambda^*(u\csc\alpha)\end{cases}\tag{9.119}$$

于是，有

$$\lambda(u\csc\alpha)+\lambda(u\csc\alpha+\pi)=0\tag{9.120}$$

由于函数 $\Xi(u\csc\alpha),\Lambda(u\csc\alpha)\in L^2[0,2\pi\sin\alpha]$，所以 $\lambda(u\csc\alpha)\in L^2[0,2\pi\sin\alpha]$。故 $\lambda(u\csc\alpha)$ 可以展开为傅里叶级数的形式，即

$$\lambda(u\csc\alpha)=\sum_{k\in\mathbf{Z}}c[k]\mathrm{e}^{\mathrm{j}ku\csc\alpha}\tag{9.121}$$

式中，傅里叶级数的系数 $c[k]$ 满足

$$\begin{aligned}c[k]&=\frac{1}{2\pi\sin\alpha}\int_0^{\pi\sin\alpha}\lambda(u\csc\alpha)\mathrm{e}^{-\mathrm{j}ku\csc\alpha}\mathrm{d}u+\frac{1}{2\pi\sin\alpha}\int_{\pi\sin\alpha}^{2\pi\sin\alpha}\lambda(u\csc\alpha)\mathrm{e}^{-\mathrm{j}ku\csc\alpha}\mathrm{d}u\\&=\frac{1}{2\pi}\int_0^{\pi\sin\alpha}\lambda(u\csc\alpha)\mathrm{e}^{-\mathrm{j}ku\csc\alpha}\mathrm{d}u\csc\alpha+\frac{1}{2\pi}\int_0^{\pi\sin\alpha}\lambda(u\csc\alpha+\pi)\mathrm{e}^{-\mathrm{j}k(u\csc\alpha+\pi)}\mathrm{d}u\csc\alpha\\&=\frac{1-(-1)^k}{2\pi}\int_0^{\pi\sin\alpha}\lambda(u\csc\alpha)\mathrm{e}^{-\mathrm{j}ku\csc\alpha}\mathrm{d}u\csc\alpha\end{aligned}\tag{9.122}$$

所以，有 $c[2k]=0,\forall k\in\mathbf{Z}$。于是，可得

$$\lambda(u\csc\alpha)=\sum_{n\in\mathbf{Z}}c[2k+1]\mathrm{e}^{\mathrm{j}(2k+1)u\csc\alpha}=\mathrm{e}^{\mathrm{j}u\csc\alpha}\xi(2u\csc\alpha)\tag{9.123}$$

式中，$\xi(2u\csc\alpha)=\sum_{k\in\mathbf{Z}}c[2k+1]\mathrm{e}^{\mathrm{j}2ku\csc\alpha}$。显然，$\xi(u\csc\alpha)\in L^2[0,2\pi\sin\alpha]$。将式(9.123) 和(9.119) 代入式(9.110) 即得式(9.106)。至此，定理 9.4 证毕。

现在，假设 $\psi(t)\in L^2(\mathbf{R})$ 就是要寻找的正交分数阶小波函数，则函数序列 $\{\psi_{0,n,\alpha}(t)\}_{n\in\mathbf{Z}}$ 构造子空间 W_0^α 的标准正交基，那么对任意的 $f(t)\in W_0^\alpha$，有

$$f(t)=\sum_{n\in\mathbf{Z}}\gamma[n]\psi_{0,n,\alpha}(t)=\sum_{n\in\mathbf{Z}}\gamma[n]\psi(t-n)\mathrm{e}^{-\mathrm{j}\frac{t^2-n^2}{2}\cot\alpha}\tag{9.124}$$

式中，$\{\gamma[n]\}_{n\in\mathbf{Z}}\in\ell^2(\mathbf{Z})$。对式(9.124) 两边做分数阶傅里叶变换可得

$$F_\alpha(u)=\sqrt{1-\mathrm{j}\cot\alpha}\,\mathrm{e}^{\mathrm{j}\frac{u^2}{2}\cot\alpha}\Upsilon(u\csc\alpha)\Psi(u\csc\alpha)\tag{9.125}$$

式中，$\Upsilon(u\csc\alpha)$ 的表达式如下

$$\Upsilon(u\csc\alpha)=\sum_{n\in\mathbf{Z}}(\gamma[n]\mathrm{e}^{\mathrm{j}\frac{n^2}{2}\cot\alpha})\mathrm{e}^{-\mathrm{j}nu\csc\alpha}\tag{9.126}$$

显然，$\Upsilon(u\csc\alpha)\in L^2[0,2\pi\sin\alpha]$。比较式(9.125) 和(9.106)，可以选取

$$\Psi(u\csc\alpha)=\mathrm{e}^{\mathrm{j}\frac{u\csc\alpha}{2}}\Lambda^*\left(\frac{u\csc\alpha}{2}+\pi\right)\Phi\left(\frac{u\csc\alpha}{2}\right)\tag{9.127}$$

将式(9.87) 代入式(9.127)，再进行傅里叶逆变换，可得

$$\psi(t)=\sum_{n\in\mathbf{Z}}(-1)^{-n-1}h_\alpha^*[-n-1]\sqrt{2}\varphi(2t-n)\tag{9.128}$$

需要指出的是，$\Psi(u\csc\alpha)$ 的选取并不是唯一的，因而 $\psi(t)$ 不是唯一的。为此，给出下述定理。

定理 9.5　若两个函数序列 $\{\psi_{0,n,\alpha}(t)\}_{n\in\mathbf{Z}}$ 与 $\left\{v_{0,n,\alpha}(t)\stackrel{\Delta}{=}v(t-n)\mathrm{e}^{-\mathrm{j}\frac{t^2-n^2}{2}\cot\alpha}\right\}_{n\in\mathbf{Z}}$ 都构成子空间 W_0^α 的标准正交基，那么必存在 $2\pi\sin\alpha$ 周期的函数 $\rho(u\csc\alpha)$，且 $|\rho(u\csc\alpha)|=1$，使得

$$V(u\csc\alpha)=\rho(u\csc\alpha)\Psi(u\csc\alpha) \tag{9.129}$$

式中,$V(u\csc\alpha)$ 表示 $v(t)$ 的傅里叶变换(变换元做了尺度 $\csc\alpha$ 伸缩)。

证明　因为函数序列$\{\psi_{0,n,\alpha}(t)\}_{n\in\mathbf{Z}}$ 是 W_0^α 的标准正交基及 $v_{0,0,\alpha}(t)\in W_0^\alpha$,故有

$$v_{0,0,\alpha}(t)=\sum_{n\in\mathbf{Z}}q[n]\psi_{0,n,\alpha}(t) \tag{9.130}$$

式中,$q[n]=\langle v_{0,0,\alpha}(t),\psi_{0,n,\alpha}(t)\rangle_{L^2}, n\in\mathbf{Z}$。对式(9.130)做分数阶傅里叶变换,得到

$$V(u\csc\alpha)=\sum_{n\in\mathbf{Z}}q[n]\mathrm{e}^{\mathrm{j}\frac{n^2}{2}\cot\alpha}\mathrm{e}^{-\mathrm{j}nu\csc\alpha}\Psi(u\csc\alpha)=\rho(u\csc\alpha)\Psi(u\csc\alpha) \tag{9.131}$$

式中,$\rho(u\csc\alpha)$ 的表达式为

$$\rho(u\csc\alpha)=\sum_{n\in\mathbf{Z}}(q[n]\mathrm{e}^{\mathrm{j}\frac{n^2}{2}\cot\alpha})\mathrm{e}^{-\mathrm{j}nu\csc\alpha} \tag{9.132}$$

可以看出,函数 $\rho(u\csc\alpha)$ 是 $2\pi\sin\alpha$ 周期的函数。此外,由于函数序列$\{\psi_{0,n,\alpha}(t)\}_{n\in\mathbf{Z}}$ 和$\{v_{0,n,\alpha}(t)\}_{n\in\mathbf{Z}}$ 都是 W_0^α 的标准正交基,则有

$$\sum_{n\in\mathbf{Z}}|V(u\csc\alpha+2k\pi)|^2=\sum_{n\in\mathbf{Z}}|\Psi(u\csc\alpha+2k\pi)|^2=1 \tag{9.133}$$

于是,结合式(9.133)和(9.131),得到

$$|\rho(u\csc\alpha)|=1 \tag{9.134}$$

至此,定理 9.5 证毕。

根据定理 9.5,取(若无特别说明,以后就默认这样选取)

$$\Psi(u\csc\alpha)=\mathrm{e}^{-\mathrm{j}\frac{u\csc\alpha}{2}}\Lambda^*\left(\frac{u\csc\alpha}{2}+\pi\right)\Phi\left(\frac{u\csc\alpha}{2}\right) \tag{9.135}$$

相应地,可以得到

$$\psi(t)=\sum_{n\in\mathbf{Z}}(-1)^n h_\alpha^*[1-n]\sqrt{2}\varphi(2t-n) \tag{9.136}$$

此外,比较式(9.136)和(9.86),有

$$g_\alpha[n]=(-1)^n h_\alpha^*[1-n] \tag{9.137}$$

例 9.1　取分数阶尺度函数 $\varphi(t)=\chi_{[0,1)}(t)$,其中 $\chi_{[a,b)}(t)$ 表示区间$[a,b)$上的特征函数。此时,容易得到

$$G_{\varphi,\alpha}(u)=\sum_{k\in\mathbf{Z}}|\Phi(u\csc\alpha+2k\pi)|^2=1 \tag{9.138}$$

这表明,函数序列$\{\varphi_{0,n,\alpha}(t)\}_{n\in\mathbf{Z}}$ 是 V_0^α 的一组标准正交基。于是,利用式(9.84),可得

$$h_\alpha[n]=\sqrt{2}\int_{-\infty}^{+\infty}\varphi(t)\varphi^*(2t-n)\mathrm{d}t=\begin{cases}\dfrac{1}{\sqrt{2}}, & n=0,1\\ 0, & \text{其他}\end{cases} \tag{9.139}$$

所以,有

$$g_\alpha[n]=(-1)^n h_\alpha^*[1-n]=\begin{cases}\dfrac{1}{\sqrt{2}}, & n=0\\ -\dfrac{1}{\sqrt{2}}, & n=1\\ 0, & \text{其他}\end{cases} \tag{9.140}$$

然后,利用式(9.136),可得分数阶小波函数为

$$\psi(t)=\chi_{[0,\frac{1}{2})}(t)-\chi_{[\frac{1}{2},1)}(t) \tag{9.141}$$

例 9.2　取 $\varphi(t)=(t+1)\chi_{[-1,0)}(t)+(1-t)\chi_{[0,1)}(t)$，容易得到

$$\Phi(u\csc\alpha)=\left(\frac{\sin(u\csc\alpha/2)}{u\csc\alpha/2}\right)^2 \tag{9.142}$$

于是，有 $G_{\varphi,\alpha}(u)=\frac{1}{3}+\frac{2}{3}\cos^2\left(\frac{u\csc\alpha}{2}\right)\neq 1$。根据定理 9.2 可知，函数序列 $\{\varphi_{0,n,\alpha}(t)\}_{n\in\mathbf{Z}}$ 不是 V_0^α 的标准正交基，而是 Riesz 基。设函数 $\theta(t)\in L^2(\mathbf{R})$，令其傅里叶变换（变换元做了尺度 $\csc\alpha$ 伸缩）为

$$\Theta(u\csc\alpha)=\frac{\Phi(u\csc\alpha)}{\sqrt{G_{\varphi,\alpha}(u)}}=\frac{4\sqrt{3}\sin^2\left(\frac{u\csc\alpha}{2}\right)}{(u\csc\alpha)^2\left[1+2\cos^2\left(\frac{u\csc\alpha}{2}\right)\right]^{\frac{1}{2}}} \tag{9.143}$$

由定理 9.3 可知，函数 $\theta(t)$ 是一个正交分数阶尺度函数，则由式(9.89) 可得

$$\Lambda\left(\frac{u\csc\alpha}{2}\right)=\frac{\Theta(u\csc\alpha)}{\Theta\left(\frac{u\csc\alpha}{2}\right)}=\cos^2\left(\frac{u\csc\alpha}{2}\right)\left[\frac{1+2\sin^2\left(\frac{u\csc\alpha}{2}\right)}{1+2\cos^2(u\csc\alpha)}\right]^{\frac{1}{2}} \tag{9.144}$$

再利用式(9.135) 和(9.144)，则有

$$\begin{aligned}\Psi(u\csc\alpha)&=\mathrm{e}^{-\mathrm{j}\frac{u\csc\alpha}{2}}\sin^2\left(\frac{u\csc\alpha}{4}\right)\left[\frac{1+2\sin^2\left(\frac{u\csc\alpha}{4}\right)}{1+2\cos^2\left(\frac{u\csc\alpha}{2}\right)}\right]^{\frac{1}{2}}\Theta\left(\frac{u\csc\alpha}{2}\right)\\&=\sqrt{3}\,\mathrm{e}^{-\mathrm{j}\frac{u\csc\alpha}{2}}\sin^2\left(\frac{u\csc\alpha}{4}\right)\Phi\left(\frac{u\csc\alpha}{2}\right)\times\\&\quad\left\{\frac{1+2\sin^2\left(\frac{u\csc\alpha}{4}\right)}{\left[1+2\cos^2\left(\frac{u\csc\alpha}{2}\right)\right]+\left[1+2\cos^2\left(\frac{u\csc\alpha}{4}\right)\right]}\right\}^{\frac{1}{2}}\end{aligned} \tag{9.145}$$

然后，再利用傅里叶逆变换即可得到函数 $\psi(t)$。

9.7　分数阶小波变换的采样理论

在本书第 6 章的 6.4 节中，定理 6.7 给出了函数空间 $\mathscr{V}_\alpha(\phi)=\overline{\mathrm{span}}\{\phi(t-n)\mathrm{e}^{-\mathrm{j}\frac{t^2-n^2}{2}\cot\alpha}\}_{n\in\mathbf{Z}}$ 中的一般化分数阶采样定理。由于空间 $\mathscr{V}_\alpha(\phi)$ 与分数阶小波变换多分辨分析的基本空间 V_0^α 具有相同的结构，容易验证定理 6.7 也适合分数阶小波变换，下面将给出详细的分析过程。

9.7.1　分数阶小波子空间中的采样定理

定理 9.6　对于连续函数 $\varphi(t)\in L^2(\mathbf{R})$，若 $\{\varphi_{0,n,\alpha}(t)\}_{n\in\mathbf{Z}}$ 是空间 V_0^α 的一个 Riesz 基，且序列 $\{\varphi[n]\}_{n\in\mathbf{Z}}\in l^2(\mathbf{Z})$，则存在一函数 $s(t)\in L^2(\mathbf{R})$ 满足 $s(t)\mathrm{e}^{-\mathrm{j}\frac{t^2}{2}\cot\alpha}\in V_0^\alpha$，并使得当且仅当

$$\frac{1}{\sqrt{2\pi}\,\widetilde{\Phi}(u\csc\alpha)}\in L^2[0,2\pi\sin\alpha] \tag{9.146}$$

成立时，对任意的 $f(t)\in V_0^\alpha$，有

$$f(t)=\sum_{n\in\mathbf{Z}} f[n]s(t-n)\mathrm{e}^{-\mathrm{j}\frac{t^2-n^2}{2}\cot\alpha} \tag{9.147}$$

成立，且在 $L^2(\mathbf{R})$ 意义下收敛。在此条件下，对任意的 $u\in\mathbf{R}$，有 $S(u\csc\alpha)=\dfrac{\Phi(u\csc\alpha)}{\sqrt{2\pi}\,\tilde{\Phi}(u\csc\alpha)}$，其中 $S(u\csc\alpha)$ 和 $\Phi(u\csc\alpha)$ 分别表示 $s(t)$ 和 $\varphi(t)$ 的连续傅里叶变换（变换元做了尺度 $\csc\alpha$ 伸缩），$\tilde{\Phi}(u\csc\alpha)$ 为 $\varphi[n]$ 的离散时间傅里叶变换（变换元做了尺度 $\csc\alpha$ 伸缩）。

证明 与定理 6.7 类似。

例 9.3 若取分数阶尺度函数 $\varphi(t)=\chi_{[0,1)}$，则容易验证 $\{\varphi[n]\}_{n\in\mathbf{Z}}\in\ell^2(\mathbf{Z})$，且有

$$\frac{1}{\sqrt{2\pi}\,\tilde{\Phi}(u\csc\alpha)}=1\in L^2[0,2\pi\sin\alpha] \tag{9.148}$$

可见，$\varphi(t)$ 满足定理 9.6 的要求。在此条件下，可以得到插值函数 $s(t)=\chi_{[0,1)}$。

例 9.4 令 $\varphi(t)=\mathrm{sinc}(t)$，则有 $\{\varphi[n]\}_{n\in\mathbf{Z}}\in\ell^2(\mathbf{Z})$，并且

$$\frac{1}{\sqrt{2\pi}\,\tilde{\Phi}(u\csc\alpha)}=1\in L^2[0,2\pi\sin\alpha] \tag{9.149}$$

因此，$\varphi(t)$ 满足定理 9.6 的要求。此时，可以求得 $s(t)=\mathrm{sinc}(t)$。在此条件下，定理 9.6 即为分数域带限信号的采样定理[38-41]。

例 9.5 令 $\varphi(t)=t\chi_{[0,1)}+(2-t)\chi_{[1,2)}$，则容易验证 $\{\varphi[n]\}_{n\in\mathbf{Z}}\in\ell^2(\mathbf{Z})$，并且

$$\frac{1}{\sqrt{2\pi}\,\tilde{\Phi}(u\csc\alpha)}=\mathrm{e}^{-\mathrm{j}u\csc\alpha}\in L^2[0,2\pi\sin\alpha] \tag{9.150}$$

所以，$\varphi(t)$ 满足定理 9.6 的要求。于是，可以得到

$$S(u\csc\alpha)=\mathrm{e}^{-\mathrm{j}u\csc\alpha}\Phi(u\csc\alpha) \tag{9.151}$$

进一步地，有 $s(t)=\varphi(t-1)=(t-1)\chi_{[1,2)}+(3-t)\chi_{[2,3)}$。

需要指出的是，有些尺度函数 $\varphi(t)$ 并不满足式(9.146)的要求。在经典小波变换采样理论中，解决该问题的一种常用方法是引入过采样（Oversampling）。鉴于此，下面将讨论分数阶小波变换的过采样定理。

为便于分析，首先引入一些记号。对于任意的 $J\in\mathbf{Z}^+\cup\{0\}$，对式(9.89)进行迭代运算，得到

$$\Phi(2^J u\csc\alpha)=\Upsilon_J(u)\Phi(u\csc\alpha) \tag{9.152}$$

其中，$\Upsilon_0(u)=1$ 和 $\Upsilon_J(u)\stackrel{\Delta}{=}\prod_{j=0}^{J-1}\Lambda(2^j u\csc\alpha)$，$J\geqslant 1$。容易验证，$\Upsilon_J(u)=\Upsilon_J(u+2\pi\sin\alpha)\in L^\infty(I)$。同时，记

$$E_J\stackrel{\Delta}{=}\mathrm{supp}\Upsilon_J(u) \tag{9.153}$$

于是，$E_0\stackrel{\Delta}{=}\mathbf{R}$ 以及

$$E_J=\bigcap_{j=0}^{J-1}\mathrm{supp}\,\Lambda(2^j u\csc\alpha),\quad J\geqslant 1 \tag{9.154}$$

考虑到 $\mathrm{supp}\,\Lambda(2\,\cdot)=2^{-1}\mathrm{supp}\,\Lambda(\cdot)$，因此式(9.154)可以改写为

$$E_J=\bigcap_{j=0}^{J-1}2^{-j}\mathrm{supp}\,\Lambda(u\csc\alpha) \tag{9.155}$$

此外，记

$$\widetilde{\Phi}_J(2^J u\csc\alpha) \stackrel{\Delta}{=} \sum_{k\in\mathbf{Z}} \Phi(2^J u\csc\alpha + 2^{J+1}k\pi) \tag{9.156}$$

于是，根据式(9.89)和傅里叶变换的 Poisson 求和公式，得到

$$\widetilde{\Phi}_J(2^J u\csc\alpha) = \Upsilon_J(u)\sum_{k\in\mathbf{Z}} \Phi(u\csc\alpha + 2k\pi) = \Upsilon_J(u)\widetilde{\Phi}(u\csc\alpha) \tag{9.157}$$

定理 9.7　设 $\varphi(t)\in L^2(\mathbf{R})$ 是分数阶小波变换广义多分辨分析 $\{V_k^\alpha\}_{k\in\mathbf{Z}}$ 的尺度函数，且满足 $\{\varphi[n]\}_{n\in\mathbf{Z}}\in \ell^2(\mathbf{Z})$，则存在一函数 $s(t)\in L^2(\mathbf{R})$ 满足 $s(t)\mathrm{e}^{-\mathrm{j}\frac{t^2}{2}\cot\alpha}\in V_0^\alpha$，以及存在一常数 $J\in\mathbf{Z}^+\cup\{0\}$，使得当且仅当

$$\frac{1}{\sqrt{2\pi}\widetilde{\Phi}(u\csc\alpha)}\chi_{E_J}(u)\in L^2[0,2\pi\sin\alpha] \tag{9.158}$$

成立时，对任意的 $f(t)\in V_0^\alpha$，有

$$f(t) = \sum_{n\in\mathbf{Z}} f\left[\frac{n}{2^J}\right] s(2^J t - n)\mathrm{e}^{-\mathrm{j}\frac{t^2-\left(\frac{n}{2^J}\right)^2}{2}\cot\alpha} \tag{9.159}$$

成立，且在 $L^2(\mathbf{R})$ 意义下收敛。在此条件下，对 a. e. $u\in E_J$，有

$$S(u\csc\alpha) = \frac{\Phi(u\csc\alpha)}{\sqrt{2\pi}\widetilde{\Phi}(u\csc\alpha)} \tag{9.160}$$

成立。其中，$S(u\csc\alpha)$ 和 $\Phi(u\csc\alpha)$ 分别表示 $\varphi(t)$ 和 $s(t)$ 的傅里叶变换(变换元做了尺度 $\csc\alpha$ 伸缩)，而 $\widetilde{\Phi}(u\csc\alpha)$ 则表示 $\varphi[n]$ 的离散时间傅里叶变换(变换元做了尺度 $\csc\alpha$ 伸缩)。

证明　充分性：首先，假设式(9.158)成立，则 $\widetilde{\Phi}(u\csc\alpha)\neq 0$，a. e. $u\in E_J$。根据式(2.68)可知，存在一序列 $\{c[n]\}_{n\in\mathbf{Z}}\in\ell^2(\mathbf{Z})$ 使得

$$\frac{1}{\sqrt{2\pi}\widetilde{\Phi}(u\csc\alpha)}\chi_{E_J}(u) = \sum_{n\in\mathbf{Z}} c[n]\mathrm{e}^{\mathrm{j}\frac{n^2}{2}\cot\alpha - \mathrm{j}un\csc\alpha} \tag{9.161}$$

在 $L^2[0,2\pi\sin\alpha]$ 上成立。由于 $\widetilde{\Phi}(u\csc\alpha)$ 是周期 $2\pi\sin\alpha$ 的函数，则有

$$\begin{aligned}\int_{-\infty}^{+\infty}\left|\frac{\Phi(u\csc\alpha)}{\sqrt{2\pi}\widetilde{\Phi}(u\csc\alpha)}\chi_{E_J}(u)\right|^2\mathrm{d}u &= \sum_{k\in\mathbf{Z}}\int_0^{2\pi\sin\alpha}\left|\frac{\Phi(u\csc\alpha+2k\pi)}{\sqrt{2\pi}\widetilde{\Phi}(u\csc\alpha)}\right|^2\chi_{E_J}(u)\mathrm{d}u\\ &= \int_0^{2\pi\sin\alpha}\frac{G_{\varphi,\alpha}(u)}{|\sqrt{2\pi}\widetilde{\Phi}(u\csc\alpha)|^2}\chi_{E_J}(u)\mathrm{d}u\end{aligned} \tag{9.162}$$

由此并结合式(9.72)，得到

$$\int_{-\infty}^{+\infty}\left|\frac{\Phi(u\csc\alpha)}{\sqrt{2\pi}\widetilde{\Phi}(u\csc\alpha)}\chi_{E_J}(u)\right|^2\mathrm{d}u \leqslant \|G_{\varphi,\alpha}(u)\|_\infty\int_0^{2\pi\sin\alpha}\frac{1}{|\sqrt{2\pi}\widetilde{\Phi}(u\csc\alpha)|^2}\chi_{E_J}(u)\mathrm{d}u \tag{9.163}$$

这表明，$\frac{\Phi(u\csc\alpha)}{\sqrt{2\pi}\widetilde{\Phi}(u\csc\alpha)}\chi_{E_J}(u)\in L^2(\mathbf{R})$。于是，可以令

$$S(u\csc\alpha) = \mathfrak{F}\{s(t)\}(u\csc\alpha) \stackrel{\Delta}{=} \frac{\Phi(u\csc\alpha)}{\sqrt{2\pi}\widetilde{\Phi}(u\csc\alpha)}\chi_{E_J}(u) \tag{9.164}$$

或者

$$\Phi(u\csc\alpha)\chi_{E_J}(u) = \sqrt{2\pi}S(u\csc\alpha)\widetilde{\Phi}(u\csc\alpha) \tag{9.165}$$

将式(9.161)代入式(9.164),则有

$$S(u\csc\alpha)=\Phi(u\csc\alpha)\sum_{n\in\mathbf{Z}}c[n]\mathrm{e}^{\mathrm{j}\frac{n^2}{2}\cot\alpha-\mathrm{j}un\csc\alpha} \tag{9.166}$$

然后,利用分数阶傅里叶变换与傅里叶变换的关系[39]和式(9.166),得到

$$\begin{aligned}\mathscr{F}^{\alpha}\{s(t)\mathrm{e}^{-\mathrm{j}\frac{t^2}{2}\cot\alpha}\}(u)&=\sqrt{2\pi}A_{\alpha}\mathrm{e}^{\mathrm{j}\frac{u^2}{2}\cot\alpha}\mathfrak{F}\{s(t)\}(u\csc\alpha)\\&=\sqrt{2\pi}\Phi(u\csc\alpha)\sum_{n\in\mathbf{Z}}c[n]K_{\alpha}(u,n)\\&=\sqrt{2\pi}\widetilde{C}_{\alpha}(u)\Phi(u\csc\alpha)\end{aligned} \tag{9.167}$$

其中,$\widetilde{C}_{\alpha}(u)$ 表示 $c[n]$ 的离散时间分数阶傅里叶变换。于是,结合式(9.167)、(3.121)和(3.122),则有

$$s(t)=\sum_{n\in\mathbf{Z}}c[n]\varphi(t-n)\mathrm{e}^{-\mathrm{j}\frac{t^2-n^2}{2}\cot\alpha} \tag{9.168}$$

这表明,$s(t)\in V_0^{\alpha}$,因为$\{\varphi(t-n)\mathrm{e}^{-\mathrm{j}\frac{t^2-n^2}{2}\cot\alpha}\}_{n\in\mathbf{Z}}$ 是 V_0^{α} 的 Riesz 基。此外,利用式(9.165)和(9.154),可得

$$\Upsilon_J(u)\Phi(u\csc\alpha)\chi_{E_J}(u)=\Upsilon_J(u)\sqrt{2\pi}S(u\csc\alpha)\widetilde{\Phi}(u\csc\alpha) \tag{9.169}$$

即

$$\Upsilon_J(u)\Phi(u\csc\alpha)=\Upsilon_J(u)\sqrt{2\pi}S(u\csc\alpha)\widetilde{\Phi}(u\csc\alpha) \tag{9.170}$$

于是,根据式(9.170)、(9.152)和(9.156),得到

$$\Phi(2^J u\csc\alpha)=\sqrt{2\pi}\widetilde{\Phi}_J(2^J u\csc\alpha)S(u\csc\alpha) \tag{9.171}$$

由此可得

$$\Phi(u\csc\alpha)=\sqrt{2\pi}\widetilde{\Phi}_J(u\csc\alpha)S\left(\frac{u\csc\alpha}{2^J}\right) \tag{9.172}$$

根据傅里叶变换的 Poisson 求和公式,则有

$$\widetilde{\Phi}_J(u\csc\alpha)=\sum_{k\in\mathbf{Z}}\Phi(u\csc\alpha+2^{J+1}k\pi)=2^{-J}\sum_{m\in\mathbf{Z}}\varphi\left[\frac{m}{2^J}\right]\mathrm{e}^{-\mathrm{j}\frac{m}{2^J}u\csc\alpha} \tag{9.173}$$

然后,对式(9.172)两边做傅里叶逆变换,并结合式(9.173),得到

$$\varphi(t)=\sum_{m\in\mathbf{Z}}\varphi\left[\frac{m}{2^J}\right]s(2^J t-m) \tag{9.174}$$

此外,对任意的 $f(t)\in V_0^{\alpha}$,存在一序列$\{a[k]\}_{k\in\mathbf{Z}}\in\ell^2(\mathbf{Z})$ 使得

$$f(t)=\sum_{k\in\mathbf{Z}}a[k]\varphi(t-k)\mathrm{e}^{-\mathrm{j}\frac{t^2-k^2}{2}\cot\alpha} \tag{9.175}$$

成立。将式(9.174)代入式(9.175),得到

$$f(t)=\sum_{k\in\mathbf{Z}}a[k]\sum_{m\in\mathbf{Z}}\varphi\left[\frac{m}{2^J}\right]s(2^J(t-k)-m)\mathrm{e}^{-\mathrm{j}\frac{t^2-k^2}{2}\cot\alpha} \tag{9.176}$$

在式(9.176)中做变量代换 $n=2^J k+m$,则有

$$f(t)=\sum_{n\in\mathbf{Z}}s(2^J t-n)\sum_{k\in\mathbf{Z}}a[k]\varphi\left[\frac{n}{2^J}-k\right]\mathrm{e}^{-\mathrm{j}\frac{t^2-k^2}{2}\cot\alpha} \tag{9.177}$$

此外,由式(9.175)可得

$$f[n]=\sum_{k\in\mathbf{Z}}a[k]\varphi[n-k]\mathrm{e}^{-\mathrm{j}\frac{n^2-k^2}{2}\cot\alpha},\quad n\in\mathbf{Z} \tag{9.178}$$

则$\{f[n]\}_{n\in\mathbf{Z}}\in\ell^{\infty}(\mathbf{Z})$ 是被完全定义的,因为$\{a[n]\}_{n\in\mathbf{Z}}$ 和$\{\varphi[n]\}_{n\in\mathbf{Z}}$ 是属于空间 $\ell^2(\mathbf{Z})$ 的序

列。实际上，序列 $f[n]$ 满足

$$f[n]\to 0 \text{ 当 } |n|\to\infty \tag{9.179}$$

下面给出式(9.179)的证明。令 $\widetilde{A}_\alpha(u)$ 表示式(9.175)中 $a[k]$ 的离散时间分数阶傅里叶变换。由于 $\widetilde{A}_\alpha(u)$ 和 $\widetilde{\Phi}(u\csc\alpha)$ 是空间 $L^2[0,2\pi\sin\alpha]$ 上的函数，根据 Cauchy－Schwarz 不等式可知

$$\widetilde{A}_\alpha(u)\widetilde{\Phi}(u\csc\alpha)\frac{2\pi \mathrm{e}^{-\mathrm{j}\frac{u^2}{2}\cot\alpha}}{\sqrt{1-\mathrm{j}\cot\alpha}}\in L^1[0,2\pi\sin\alpha] \tag{9.180}$$

于是，根据傅里叶级数的定义，可得 $\widetilde{A}_\alpha(u)\widetilde{\Phi}(u\csc\alpha)\dfrac{2\pi \mathrm{e}^{-\mathrm{j}\frac{u^2}{2}\cot\alpha}}{\sqrt{1-\mathrm{j}\cot\alpha}}$ 的傅里叶级数的展开系数为

$$\begin{aligned}
&\frac{1}{2\pi\sin\alpha}\int_0^{2\pi\sin\alpha}\widetilde{A}_\alpha(u)\widetilde{\Phi}(u\csc\alpha)\frac{2\pi \mathrm{e}^{-\mathrm{j}\frac{u^2}{2}\cot\alpha}}{\sqrt{1-\mathrm{j}\cot\alpha}}\mathrm{e}^{\mathrm{j}nu\csc\alpha}\mathrm{d}u\\
&=\frac{\csc\alpha}{\sqrt{1-\mathrm{j}\cot\alpha}}\int_0^{2\pi\sin\alpha}\sum_{k\in\mathbf{Z}}a[k]K_\alpha(u,k)\widetilde{\Phi}(u\csc\alpha)\mathrm{e}^{-\mathrm{j}\frac{u^2}{2}\cot\alpha}\mathrm{e}^{\mathrm{j}un\csc\alpha}\mathrm{d}u\\
&=\frac{1}{\sqrt{2\pi}}\int_0^{2\pi\sin\alpha}\sum_{k\in\mathbf{Z}}a[k]\mathrm{e}^{\mathrm{j}\frac{k^2}{2}\cot\alpha}\widetilde{\Phi}(u\csc\alpha)\mathrm{e}^{-\mathrm{j}(n-k)u\csc\alpha}\mathrm{d}u\csc\alpha\\
&=\sum_{k\in\mathbf{Z}}a[k]\mathrm{e}^{\mathrm{j}\frac{k^2}{2}\cot\alpha}\frac{1}{\sqrt{2\pi}}\int_0^{2\pi\sin\alpha}\widetilde{\Phi}(u\csc\alpha)\mathrm{e}^{-\mathrm{j}(n-k)u\csc\alpha}\mathrm{d}u\csc\alpha\\
&=\sum_{k\in\mathbf{Z}}a[k]\varphi[n-k]\mathrm{e}^{\mathrm{j}\frac{k^2}{2}\cot\alpha}=f[n]\mathrm{e}^{\mathrm{j}\frac{n^2}{2}\cot\alpha}
\end{aligned} \tag{9.181}$$

这表明，$f[n]\mathrm{e}^{\mathrm{j}\frac{n^2}{2}\cot\alpha}$ 是 $L^1[0,2\pi\sin\alpha]$ 空间上函数的傅里叶级数的系数。那么，根据 Riemann－Lebesgue 引理[149] 可知，当 $|n|\to\infty$ 时，$(f[n]\mathrm{e}^{\mathrm{j}\frac{n^2}{2}\cot\alpha})\to 0$，即式(9.179)成立。接下来，将式(9.178)中的变量 n 替换成 $\dfrac{n}{2^J}$，则有

$$f\left[\frac{n}{2^J}\right]=\sum_{k\in\mathbf{Z}}a[k]\varphi\left[\frac{n}{2^J}-k\right]\mathrm{e}^{-\mathrm{j}\frac{\left(\frac{n}{2^J}\right)^2-k^2}{2}\cot\alpha} \tag{9.182}$$

然后，将式(9.182)代入式(9.177)即可得到式(9.159)。

必要性：相反地，假设存在一函数 $s(t)\in L^2(\mathbf{R})$ 满足

$$s(t)\mathrm{e}^{-\mathrm{j}\frac{t^2}{2}\cot\alpha}\in V_0^\alpha \tag{9.183}$$

并使得式(9.159)成立，且在 $L^2(\mathbf{R})$ 意义下收敛。由于对任意的 $n\in\mathbf{Z}$，

$$\varphi_{0,n,\alpha}(t)\in V_0^\alpha \tag{9.184}$$

都成立。于是，则有 $\varphi_{0,0,\alpha}(t)\in V_0^\alpha$，即 $\varphi(t)\mathrm{e}^{-\mathrm{j}\frac{t^2}{2}\cot\alpha}\in V_0^\alpha$。那么，将式(9.159)中 $f(t)$ 替换成 $\varphi(t)\mathrm{e}^{-\mathrm{j}\frac{t^2}{2}\cot\alpha}$，可得

$$\varphi(t)\mathrm{e}^{-\mathrm{j}\frac{t^2}{2}\cot\alpha}=\sum_{n\in\mathbf{Z}}\varphi\left[\frac{n}{2^J}\right]\mathrm{e}^{-\mathrm{j}\frac{\left(\frac{n}{2^J}\right)^2}{2}\cot\alpha}s(2^Jt-n)\mathrm{e}^{-\mathrm{j}\frac{t^2-\left(\frac{n}{2^J}\right)^2}{2}\cot\alpha} \tag{9.185}$$

由此得到

$$\varphi(t)\mathrm{e}^{-\mathrm{j}\frac{t^2}{2}\cot\alpha}=\sum_{n\in\mathbf{Z}}\varphi\left[\frac{n}{2^J}\right]s(2^Jt-n)\mathrm{e}^{-\mathrm{j}\frac{t^2}{2}\cot\alpha} \tag{9.186}$$

然后,对式(9.186)两边做分数阶傅里叶变换,则有

$$\Phi(u\csc\alpha)=\sqrt{2\pi}\,\widetilde{\Phi}_J(u\csc\alpha)S\left(\frac{u\csc\alpha}{2^J}\right) \tag{9.187}$$

于是,可得

$$\Phi(2^J u\csc\alpha)=\sqrt{2\pi}\,\widetilde{\Phi}_J(2^J u\csc\alpha)S(u\csc\alpha) \tag{9.188}$$

再根据式(9.152)和(9.157),得到

$$\Upsilon_J(u)\Phi(u\csc\alpha)=\Upsilon_J(u)\widetilde{\Phi}(u\csc\alpha)\sqrt{2\pi}\,S(u\csc\alpha) \tag{9.189}$$

这表明,除了 $\mathbf{R}$ 上的零测度子集外,对 a.e. $u\in\mathbf{R}$,有

$$E_J\cap\operatorname{supp}\Phi(u\csc\alpha)\subset E_J\cap\operatorname{supp}\widetilde{\Phi}(u\csc\alpha) \tag{9.190}$$

也就是说,对所有的 $k\in\mathbf{Z}$,

$$E_J\cap\operatorname{supp}\Phi(u\csc\alpha+2k\pi)\subset E_J\cap\operatorname{supp}\widetilde{\Phi}(u\csc\alpha) \tag{9.191}$$

都成立,这是因为 $\Lambda(u\csc\alpha)$ 和 $\widetilde{\Phi}(u\csc\alpha)$ 都是周期 $2\pi\sin\alpha$ 的函数。此外,除了 $\mathbf{R}$ 上的零测度子集外,对 a.e. $u\in\mathbf{R}$,有

$$\bigcup_{k\in\mathbf{Z}}\operatorname{supp}\Phi(u\csc\alpha+2k\pi)=\mathbf{R} \tag{9.192}$$

否则,存在非零测度子集 $\delta(|\delta|\neq 0)$ 满足

$$\delta=\mathbf{R}-\bigcup_{k\in\mathbf{Z}}\operatorname{supp}\Phi(u\csc\alpha+2k\pi) \tag{9.193}$$

那么,对任意的 $u\in\delta$ 和任意的 $k\in\mathbf{Z}$,有

$$\Phi(u\csc\alpha+2k\pi)=0 \tag{9.194}$$

因此,对任意的 $u\in\delta$,则有

$$G_{\varphi,\alpha}(u)=\sum_{k\in\mathbf{Z}}\|\Phi(u\csc\alpha+2k\pi)\|^2=0 \tag{9.195}$$

这与式(9.72)矛盾。因此,由式(9.191)和(9.192)可知,除了 $\mathbf{R}$ 上的零测度子集外,对 a.e. $u\in\mathbf{R}$,有

$$E_J\cap\operatorname{supp}\widetilde{\Phi}(u\csc\alpha)\supset E_J \tag{9.196}$$

即 $\operatorname{supp}\widetilde{\Phi}(u\csc\alpha)\supset E_J$。于是,式(9.189)可以改写为

$$S(u\csc\alpha)=\frac{\Phi(u\csc\alpha)}{\sqrt{2\pi}\,\widetilde{\Phi}(u\csc\alpha)}\chi_{E_J}(u) \tag{9.197}$$

由于 $S(u\csc\alpha)\in L^2(\mathbf{R})$,则根据式(9.197)和(9.72),得到

$$\begin{aligned}\infty>\int_{-\infty}^{+\infty}|S(u\csc\alpha)|^2\mathrm{d}u&=\sum_{k\in\mathbf{Z}}\int_0^{2\pi\sin\alpha}\left|\frac{\Phi(u\csc\alpha+2k\pi)}{\sqrt{2\pi}\,\widetilde{\Phi}(u\csc\alpha)}\right|^2\chi_{E_J}(u)\mathrm{d}u\\&=\int_0^{2\pi\sin\alpha}\frac{G_{\varphi,\alpha}(u)}{|\sqrt{2\pi}\,\widetilde{\Phi}(u\csc\alpha)|^2}\chi_{E_J}(u)\mathrm{d}u\\&\geqslant\|G_{\varphi,\alpha}(u)\|_0\int_0^{2\pi\sin\alpha}\frac{\chi_{E_J}(u)}{|\sqrt{2\pi}\,\widetilde{\Phi}(u\csc\alpha)|^2}\mathrm{d}u\end{aligned} \tag{9.198}$$

这表明,式(9.158)成立。至此,定理9.7得证。

可以看出,定理9.7可以进一步扩展到空间 V_k^α。由定义9.2中条件(3)可知,若 $f(t)\in V_k^\alpha$,则有

$$f\left(\frac{t}{2^k}\right)\mathrm{e}^{\mathrm{j}\frac{\left(\frac{t}{2^k}\right)^2-t^2}{2}\cot\alpha}\in V_0^\alpha \tag{9.199}$$

将式(9.159)中 $f(t)$ 替换成 $f\left(\frac{t}{2^k}\right)\mathrm{e}^{\mathrm{j}\frac{\left(\frac{t}{2^k}\right)^2-t^2}{2}\cot\alpha}$，则对任意的 $f(t)\in V_k^\alpha$，有

$$f(t)=\sum_{n\in\mathbf{Z}}f\left[\frac{n}{2^{J+k}}\right]s(2^{J+k}t-n)\mathrm{e}^{-\mathrm{j}\frac{t^2-\left(\frac{n}{2^{J+k}}\right)^2}{2}\cot\alpha}\tag{9.200}$$

由于 V_k^α 是 $L^2(\mathbf{R})$ 的逼近子空间，因此根据式(9.200)通过选择合适的参数可以逼近 $L^2(\mathbf{R})$ 空间上的任意函数。

9.7.2　采样误差分析

在信号采样重构的过程中，常常会有不同类型的误差发生。下面将重点分析截断和混叠误差。

首先，考察截断对信号重构的影响，任意的 $f(t)\in V_0^\alpha$ 对应的截断误差可以表示为

$$e_T(t)=\sum_{|n|\geqslant N}f\left[\frac{n}{2^J}\right]s(2^Jt-n)\mathrm{e}^{-\mathrm{j}\frac{t^2-\left(\frac{n}{2^J}\right)^2}{2}\cot\alpha}\tag{9.201}$$

于是，可以得到下述结果。

定理 9.8　设 $\varphi(t)\in L^2(\mathbf{R})$ 是分数阶小波变换广义多分辨分析 $\{V_k^\alpha\}k\in\mathbf{Z}$ 的尺度函数，且满足 $\{\varphi[n]\}_{n\in\mathbf{Z}}\in\ell^2(\mathbf{Z})$ 以及 $\frac{1}{\sqrt{2\pi}\widetilde{\Phi}(u\csc\alpha)}\chi_{E_J}(u)\in L^\infty[0,2\pi\sin\alpha]$，$J\in\mathbf{Z}^+\cup\{0\}$。那么，采样截断误差满足

$$\|e_T(t)\|_{L^2}\leqslant 2^{-\frac{J}{2}}\left(\sum_{|n|\geqslant N}\left|f\left[\frac{n}{2^J}\right]\right|^2\right)^{\frac{1}{2}}\left\|\frac{\sqrt{G_{\varphi,\alpha}(u)}}{\widetilde{\Phi}(u\csc\alpha)}\chi_{E_J}(u)\right\|_\infty\tag{9.202}$$

证明　对式(9.201)两边做分数阶傅里叶变换，可得

$$E_{T,\alpha}(u)=\mathscr{F}^\alpha\{e_T(t)\}(u)=\sqrt{2\pi}\,2^{-J}\sum_{|n|\geqslant N}f\left[\frac{n}{2^J}\right]K_\alpha\left(u,\frac{n}{2^J}\right)S\left(\frac{u\csc\alpha}{2^J}\right)\tag{9.203}$$

由此并结合分数阶傅里叶变换能量守恒定理，则有

$$\|e_T(t)\|_{L^2}^2=\|E_{T,\alpha}(u)\|_{L^2}^2=\frac{\csc\alpha}{2^{2J}}\int_{-\infty}^{+\infty}\left|\sum_{|n|\geqslant N}f\left[\frac{n}{2^J}\right]\mathrm{e}^{\mathrm{j}\frac{\left(\frac{n}{2^J}\right)^2}{2}\cot\alpha}\mathrm{e}^{-\mathrm{j}\frac{n}{2^J}u\csc\alpha}\right|^2\left|S\left(\frac{u\csc\alpha}{2^J}\right)\right|^2\mathrm{d}u\tag{9.204}$$

为简化分析，记 $\widetilde{f}[n]\xlongequal{\Delta}f[n]\mathrm{e}^{\mathrm{j}\frac{n^2}{2}\cot\alpha}$，并在式(9.204)做变量代换 $u'=\frac{u}{2^J}$，可得

$$\|e_T(t)\|_{L^2}^2=\frac{\csc\alpha}{2^J}\int_{-\infty}^{+\infty}\left|\sum_{|n|\geqslant N}\widetilde{f}\left[\frac{n}{2^J}\right]\mathrm{e}^{-\mathrm{j}nu'\csc\alpha}\right|^2|S(u'\csc\alpha)|^2\mathrm{d}u'\tag{9.205}$$

考虑到 $\mathrm{e}^{-\mathrm{j}nu'\csc\alpha}$ 是周期 $2\pi\sin\alpha$ 的函数，因此有

$$\begin{aligned}\|e_T(t)\|_{L^2}^2&=\frac{\csc\alpha}{2^J}\sum_{k\in\mathbf{Z}}\int_0^{2\pi\sin\alpha}\left|\sum_{|n|\geqslant N}\widetilde{f}\left[\frac{n}{2^J}\right]\mathrm{e}^{-\mathrm{j}nu'\csc\alpha}\right|^2\times|S(u'\csc\alpha+2k\pi)|^2\mathrm{d}u'\\&=\frac{\csc\alpha}{2^J}\int_0^{2\pi\sin\alpha}\left|\sum_{|n|\geqslant N}\widetilde{f}\left[\frac{n}{2^J}\right]\mathrm{e}^{-\mathrm{j}nu'\csc\alpha}\right|^2\times\sum_{k\in\mathbf{Z}}|S(u'\csc\alpha+2k\pi)|^2\mathrm{d}u'\end{aligned}\tag{9.206}$$

由此并结合式(9.197)、(9.72)和离散时间傅里叶变换的能量守恒定理，得到

$$\| e_T(t) \|_{L^2}^2 = 2^{-J}\int_0^{2\pi\sin\alpha} \frac{G_{\varphi,\alpha}(u')}{|\widetilde{\Phi}(u'\csc\alpha)|^2}\chi_{E_J}(u') \times \left| \frac{1}{\sqrt{2\pi}}\sum_{|n|\geqslant N}\widetilde{f}\left[\frac{n}{2^J}\right]\mathrm{e}^{-\mathrm{j}nu'\csc\alpha}\right|^2 \mathrm{d}u'\csc\alpha$$

$$\leqslant 2^{-J}\left\| \frac{\sqrt{G_{\varphi,\alpha}(u')}}{\widetilde{\Phi}(u'\csc\alpha)}\chi_{E_J}(u')\right\|_\infty^2 \times \int_0^{2\pi\sin\alpha}\left| \frac{1}{\sqrt{2\pi}}\sum_{|n|\geqslant N}\widetilde{f}\left[\frac{n}{2^J}\right]\mathrm{e}^{-\mathrm{j}nu'\csc\alpha}\right|^2 \mathrm{d}u'\csc\alpha$$

$$= 2^{-J}\sum_{|n|\geqslant N}\left|\widetilde{f}\left[\frac{n}{2^J}\right]\right|^2 \left\| \frac{\sqrt{G_{\varphi,\alpha}(u')}}{\widetilde{\Phi}(u'\csc\alpha)}\chi_{E_J}(u')\right\|_\infty^2$$

$$= 2^{-J}\sum_{|n|\geqslant N}\left|f\left[\frac{n}{2^J}\right]\right|^2 \left\| \frac{\sqrt{G_{\varphi,\alpha}(u')}}{\widetilde{\Phi}(u'\csc\alpha)}\chi_{E_J}(u')\right\|_\infty^2 \tag{9.207}$$

这表明，式(9.202)成立。

此外，当 $f(t)\in V_k^\alpha$ 时，相应的采样截断误差表示为

$$e_T(t) = \sum_{|n|\geqslant N} f\left[\frac{n}{2^{J+k}}\right] s(2^{J+k}t-n)\mathrm{e}^{-\mathrm{j}\frac{t^2-\left(\frac{n}{2^{J+k}}\right)^2}{2}\cot\alpha} \tag{9.208}$$

类似地，可得采样截断误差满足

$$\| e_T(t) \|_{L^2} \leqslant 2^{-\frac{J+k}{2}}\left(\sum_{|n|\geqslant N}\left|f\left[\frac{n}{2^{J+k}}\right]\right|^2\right)^{\frac{1}{2}}\left\|\frac{\sqrt{G_{\varphi,\alpha}(u)}}{\widetilde{\Phi}(u\csc\alpha)}\chi_{E_J}(u)\right\|_\infty \tag{9.209}$$

现在，讨论混叠误差，比如当 $f(t)$ 属于 V_k^α 而不属于 V_0^α 的情形($k>0$)。对于 $f(t)\in V_1^\alpha$，相应的混叠误差定义为

$$e_A(t) = f(t) - \sum_{n\in\mathbf{Z}} f\left[\frac{n}{2^J}\right]s(2^Jt-n)\mathrm{e}^{-\mathrm{j}\frac{t^2-\left(\frac{n}{2^J}\right)^2}{2}\cot\alpha} \tag{9.210}$$

下面的定理，通过分数阶小波系数刻画了混叠误差。

定理9.9 设$\varphi(t)\in L^2(\mathbf{R})$为分数阶小波变换广义多分辨分析$\{V_k^\alpha\}_{k\in\mathbf{Z}}$的尺度函数，且满足$\{\varphi[n]\}_{n\in\mathbf{Z}}$属于$\ell^2(\mathbf{Z})$以及$\frac{1}{\sqrt{2\pi}\widetilde{\Phi}(u\csc\alpha)}\chi_{E_J}(u)\in L^2[0,2\pi\sin\alpha]$，$J\in\mathbf{Z}^+\cup\{0\}$。那么，采样混叠误差满足

$$\| e_A(t) \|_{L^2} \leqslant \sqrt{2\pi}\,2^{\frac{J+\delta_J}{2}}\left(\sum_{n\in\mathbf{Z}}|d[n]|^2\right)^{\frac{1}{2}}\left\|(\Gamma(u\csc\alpha))^{1-\delta_J}G_{\varphi,\alpha}^{\frac{1}{2}}\left(\frac{u}{2^{J+\delta_J-1}}\right)\times\right.$$
$$\left.\left(\frac{\widetilde{\Phi}(u\csc\alpha+\pi)}{\widetilde{\Phi}(2u\csc\alpha)}\det M(u\csc\alpha)\right)^{\delta_J}\left(\prod_{j=1}^{J-1}\Lambda\left(\frac{u\csc\alpha}{2^j}\right)\right)^{1-\delta_{J-1}-\delta_J}\right\|_\infty \tag{9.211}$$

其中，$\{d[n]\}_{n\in\mathbf{Z}}$ 表示 $f(t)$ 在 W_0^α上的分数阶小波系数，$M(u\csc\alpha)$ 的定义见式(9.105)，det 表示求矩阵行列式的值。此外，δ_J 表示 Dirac 函数，即

$$\delta_J = \begin{cases} 1, & J=0 \\ 0, & J\neq 0 \end{cases} \tag{9.212}$$

证明 由于 $W_0^\alpha = V_1^\alpha \ominus V_0^\alpha$，结合式(9.159)可知，实际上仅需证明式(9.211)对任意的 $f(t)\in W_0^\alpha$ 皆成立即可。此外，$\psi(t)\in L^2(\mathbf{R})$ 满足 $\psi(t)\mathrm{e}^{-\mathrm{j}\frac{t^2}{2}\cot\alpha}\in W_0^\alpha$是分数阶小波变换广义多分辨分析$\{V_k^\alpha\}_{k\in\mathbf{Z}}$的小波函数。考虑到

$$\{\psi_{0,n,\alpha}(t) = \psi(t-n)\mathrm{e}^{-\mathrm{j}\frac{t^2-n^2}{2}\cot\alpha}\}_{n\in\mathbf{Z}} \tag{9.213}$$

是 W_0^α的 Riesz 基，因此存在序列$\{d[n]\}_{n\in\mathbf{Z}}\in\ell^2(\mathbf{Z})$满足

$$f(t)=\sum_{n\in\mathbf{Z}} d[n]\psi(t-n)\mathrm{e}^{-\mathrm{j}\frac{t^2-n^2}{2}\cot\alpha} \tag{9.214}$$

记 $F_\alpha(u)$ 和 $\widetilde{D}_\alpha(u)$ 分别表示 $f(t)$ 的分数阶傅里叶变换和 $d[n]$ 的离散时间分数阶傅里叶变换。于是,对式(9.214) 两边做分数阶傅里叶变换,并结合式(9.90),可得

$$F_\alpha(u)=\sqrt{2\pi}\,\widetilde{D}_\alpha(u)\Psi(u\csc\alpha)=\sqrt{2\pi}\,\widetilde{D}_\alpha(u)\Gamma\left(\frac{u\csc\alpha}{2}\right)\Phi\left(\frac{u\csc\alpha}{2}\right) \tag{9.215}$$

同样,对式(9.210) 两边做分数阶傅里叶变换,并利用式(9.197),得到

$$\begin{aligned}E_{A,\alpha}(u)&=F_\alpha(u)-\sqrt{2\pi}\,2^{-J}\sum_{n\in\mathbf{Z}} f\left[\frac{n}{2^J}\right]K_\alpha\left(u,\frac{n}{2^J}\right)S\left(\frac{u\csc\alpha}{2^J}\right)\\&=F_\alpha(u)-\sqrt{2\pi}\,2^{-J}\sum_{n\in\mathbf{Z}} f\left[\frac{n}{2^J}\right]K_\alpha\left(u,\frac{n}{2^J}\right)\frac{\Phi\left(\frac{u\csc\alpha}{2^J}\right)}{\sqrt{2\pi}\,\widetilde{\Phi}\left(\frac{u\csc\alpha}{2^J}\right)}\chi_{E_J}\left(\frac{u}{2^J}\right)\end{aligned} \tag{9.216}$$

其中,$E_{A,\alpha}(u)$ 表示 $e_A(t)$ 的分数阶傅里叶变换。此外,根据式(3.325) 中分数阶 Poisson 求和公式,则有

$$2^{-J}\sum_{n\in\mathbf{Z}} f\left[\frac{n}{2^J}\right]K_\alpha\left(u,\frac{n}{2^J}\right)=\mathrm{e}^{\mathrm{j}\frac{u^2}{2}\cot\alpha}\sum_{n\in\mathbf{Z}} F_\alpha(u+2^{J+1}n\pi\sin\alpha)\times \mathrm{e}^{-\mathrm{j}\frac{(u+2^{J+1}n\pi\sin\alpha)^2}{2}\cot\alpha} \tag{9.217}$$

将式(9.215) 代入式(9.217),可得

$$2^{-J}\sum_{n\in\mathbf{Z}} f\left[\frac{n}{2^J}\right]K_\alpha\left(u,\frac{n}{2^J}\right)=\sqrt{2\pi}\,\mathrm{e}^{\mathrm{j}\frac{u^2}{2}\cot\alpha}\sum_{n\in\mathbf{Z}}\widetilde{D}_\alpha(u+2^{J+1}n\pi\sin\alpha)\times \mathrm{e}^{-\mathrm{j}\frac{(u+2^{J+1}n\pi\sin\alpha)^2}{2}\cot\alpha}\Psi(u\csc\alpha+2^{J+1}n\pi) \tag{9.218}$$

由此并结合式(2.67),得到

$$2^{-J}\sum_{n\in\mathbf{Z}} f\left[\frac{n}{2^J}\right]K_\alpha\left(u,\frac{n}{2^J}\right)=\sqrt{2\pi}\,\widetilde{D}_\alpha(u)\sum_{n\in\mathbf{Z}}\Psi(u\csc\alpha+2^{J+1}n\pi) \tag{9.219}$$

于是,将式(9.215) 和(9.219) 代入式(9.216),则有

$$E_{A,\alpha}(u)=\sqrt{2\pi}\,\widetilde{D}_\alpha(u)\Gamma\left(\frac{u\csc\alpha}{2}\right)\Phi\left(\frac{u\csc\alpha}{2}\right)-\sqrt{2\pi}\,\widetilde{D}_\alpha(u)\sum_{n\in\mathbf{Z}}\Psi(u\csc\alpha+ 2^{J+1}n\pi)\frac{\Phi\left(\frac{u\csc\alpha}{2^J}\right)}{\widetilde{\Phi}\left(\frac{u\csc\alpha}{2^J}\right)}\chi_{E_J}\left(\frac{u}{2^J}\right) \tag{9.220}$$

下面,针对常数 $J\in\mathbf{Z}^+\cup\{0\}$ 的不同取值,进行分类讨论。

情况 Ⅰ　$J=0$。根据式(9.220) 和分数阶傅里叶变换能量守恒定理,得到

$$\|e_A(t)\|_{L^2}^2=2\pi\left\|\widetilde{D}_\alpha(u)\Gamma\left(\frac{u\csc\alpha}{2}\right)\Phi\left(\frac{u\csc\alpha}{2}\right)-\widetilde{D}_\alpha(u)\sum_{n\in\mathbf{Z}}\Psi(u\csc\alpha+2n\pi)\frac{\Phi(u\csc\alpha)}{\widetilde{\Phi}(u\csc\alpha)}\right\|_{L^2}^2 \tag{9.221}$$

再利用式(9.89) 和(9.221),则有

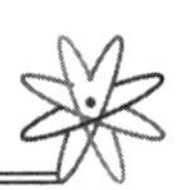

$$\| e_A(t) \|_{L^2}^2 = 2\pi \left\| \widetilde{D}_\alpha(u) \left(\Gamma\left(\frac{u\csc\alpha}{2}\right) \Phi\left(\frac{u\csc\alpha}{2}\right) \right) - \frac{\sum_{n\in\mathbf{Z}} \Psi(u\csc\alpha + 2n\pi)}{\widetilde{\Phi}(u\csc\alpha)} \Lambda\left(\frac{u\csc\alpha}{2}\right) \Phi\left(\frac{u\csc\alpha}{2}\right) \right\|_{L^2}^2 \tag{9.222}$$

于是,根据式(9.222),得到

$$\begin{aligned} \| e_A(t) \|_{L^2}^2 &= 2\pi \sum_{k\in\mathbf{Z}} \int_0^{4\pi\sin\alpha} \left| \Phi\left(\frac{u\csc\alpha}{2} + 2k\pi\right) \right|^2 |\widetilde{D}_\alpha(u)|^2 \times \\ &\quad \left| \Gamma\left(\frac{u\csc\alpha}{2}\right) - \frac{\sum_{n\in\mathbf{Z}} \Psi(u\csc\alpha + 2n\pi)}{\widetilde{\Phi}(u\csc\alpha)} \Lambda\left(\frac{u\csc\alpha}{2}\right) \right|^2 \mathrm{d}u \\ &= 2\pi \int_0^{4\pi\sin\alpha} G_{\varphi,\alpha}\left(\frac{u}{2}\right) |\widetilde{D}_\alpha(u)|^2 \times \left| \Gamma\left(\frac{u\csc\alpha}{2}\right) - \right. \\ &\quad \left. \frac{\sum_{n\in\mathbf{Z}} \Psi(u\csc\alpha + 2n\pi)}{\widetilde{\Phi}(u\csc\alpha)} \Lambda\left(\frac{u\csc\alpha}{2}\right) \right|^2 \mathrm{d}u \end{aligned} \tag{9.223}$$

此外,由式(9.89) 和(9.90) 可知

$$\begin{aligned} \sum_{n\in\mathbf{Z}} \Psi(u\csc\alpha + 2n\pi) &= \sum_{n\in\mathbf{Z}} \Gamma\left(\frac{u\csc\alpha}{2} + n\pi\right) \Phi\left(\frac{u\csc\alpha}{2} + n\pi\right) \\ &= \sum_{k\in\mathbf{Z}} \Gamma\left(\frac{u\csc\alpha}{2} + 2k\pi\right) \Phi\left(\frac{u\csc\alpha}{2} + 2k\pi\right) + \\ &\quad \sum_{k\in\mathbf{Z}} \Gamma\left(\frac{u\csc\alpha}{2} + (2k+1)\pi\right) \Phi\left(\frac{u\csc\alpha}{2} + (2k+1)\pi\right) \\ &= \Gamma\left(\frac{u\csc\alpha}{2}\right) \widetilde{\Phi}\left(\frac{u\csc\alpha}{2}\right) + \Gamma\left(\frac{u\csc\alpha}{2} + \pi\right) \widetilde{\Phi}\left(\frac{u\csc\alpha}{2} + \pi\right) \end{aligned} \tag{9.224}$$

以及

$$\widetilde{\Phi}(u\csc\alpha) = \sum_{n\in\mathbf{Z}} \Phi(u\csc\alpha + 2n\pi) = \Lambda\left(\frac{u\csc\alpha}{2}\right) \widetilde{\Phi}\left(\frac{u\csc\alpha}{2}\right) + \Lambda\left(\frac{u\csc\alpha}{2} + \pi\right) \widetilde{\Phi}\left(\frac{u\csc\alpha}{2} + \pi\right) \tag{9.225}$$

于是,将式(9.224) 和(9.225) 代入式(9.223),则有

$$\begin{aligned} \| e_A(t) \|_{L_2}^2 &= 2\pi \int_0^{4\pi\sin\alpha} G_{\varphi,\alpha}\left(\frac{u}{2}\right) |\widetilde{D}_\alpha(u)|^2 \left| \frac{\widetilde{\Phi}\left(\frac{u\csc\alpha}{2} + \pi\right)}{\widetilde{\Phi}(u\csc\alpha)} \times \right. \\ &\quad \left. \left(\Gamma\left(\frac{u\csc\alpha}{2}\right) \Lambda\left(\frac{u\csc\alpha}{2} + \pi\right) - \Gamma\left(\frac{u\csc\alpha}{2} + \pi\right) \Lambda\left(\frac{u\csc\alpha}{2}\right) \right) \right|^2 \mathrm{d}u \end{aligned} \tag{9.226}$$

由此得到

$$\begin{aligned} \| e_A(t) \|_{L^2}^2 &\leqslant 2\pi \int_0^{4\pi\sin\alpha} |\widetilde{D}_\alpha(u)|^2 \mathrm{d}u \left\| G_{\varphi,\alpha}^{\frac{1}{2}}\left(\frac{u}{2}\right) \frac{\widetilde{\Phi}\left(\frac{u\csc\alpha}{2} + \pi\right)}{\widetilde{\Phi}(u\csc\alpha)} \det M\left(\frac{u\csc\alpha}{2}\right) \right\|_\infty^2 \\ &= 2\pi \cdot 2 \sum_{n\in\mathbf{Z}} |d[n]|^2 \left\| G_{\varphi,\alpha}^{\frac{1}{2}}(u) \frac{\widetilde{\Phi}(u\csc\alpha + \pi)}{\widetilde{\Phi}(2u\csc\alpha)} \det M(u\csc\alpha) \right\|_\infty^2 \end{aligned} \tag{9.227}$$

情况 Ⅱ $J=1$。于是,根据式(9.220) 和(3.247),得到

$$\| e_A(t) \|_{L^2}^2 = 2\pi \left\| \widetilde{D}_\alpha(u)\Gamma\left(\frac{u\csc\alpha}{2}\right)\Phi\left(\frac{u\csc\alpha}{2}\right) - \widetilde{D}_\alpha(u)\sum_{n\in\mathbf{Z}}\Psi(u\csc\alpha + 4n\pi)\frac{\Phi\left(\frac{u\csc\alpha}{2}\right)}{\widetilde{\Phi}\left(\frac{u\csc\alpha}{2}\right)}\chi_{2\operatorname{supp}\Lambda(u\csc\alpha)}(u) \right\|_{L^2}^2 \tag{9.228}$$

由此并结合式(9.90)，则有

$$\begin{aligned} &\| e_A(t) \|_{L^2}^2 \\ &= 2\pi \left\| \widetilde{D}_\alpha(u)\Gamma\left(\frac{u\csc\alpha}{2}\right)\Phi\left(\frac{u\csc\alpha}{2}\right) - \widetilde{D}_\alpha(u)\Gamma\left(\frac{u\csc\alpha}{2}\right)\times \right. \\ &\left. \sum_{n\in\mathbf{Z}}\Phi\left(\frac{u\csc\alpha}{2}+2n\pi\right)\frac{\Phi\left(\frac{u\csc\alpha}{2}\right)}{\widetilde{\Phi}\left(\frac{u\csc\alpha}{2}\right)}\chi_{2\operatorname{supp}\Lambda(u\csc\alpha)}(u) \right\|_{L^2}^2 \end{aligned} \tag{9.229}$$

然后，根据傅里叶变换的 Poisson 求和公式，式(9.229) 可以改写为

$$\| e_A(t) \|_{L^2}^2 = 2\pi \left\| \widetilde{D}_\alpha(u)\Gamma\left(\frac{u\csc\alpha}{2}\right)\Phi\left(\frac{u\csc\alpha}{2}\right) - \widetilde{D}_\alpha(u)\Gamma\left(\frac{u\csc\alpha}{2}\right)\widetilde{\Phi}\left(\frac{u\csc\alpha}{2}\right)\frac{\Phi\left(\frac{u\csc\alpha}{2}\right)}{\widetilde{\Phi}\left(\frac{u\csc\alpha}{2}\right)}\chi_{2\operatorname{supp}\Lambda(u\csc\alpha)}(u) \right\|_{L^2}^2 \tag{9.230}$$

于是，得到

$$\begin{aligned} \| e_A(t) \|_{L^2}^2 &= 2\pi \left\| \widetilde{D}_\alpha(u)\Gamma\left(\frac{u\csc\alpha}{2}\right)\Phi\left(\frac{u\csc\alpha}{2}\right)(1-\chi_{2\operatorname{supp}\Lambda(u\csc\alpha)}(u)) \right\|_{L^2}^2 \\ &= 2\pi\sum_{k\in\mathbf{Z}}\int_0^{4\pi\sin\alpha} |\widetilde{D}_\alpha(u)|^2 \left|\Gamma\left(\frac{u\csc\alpha}{2}\right)\right|^2 \left|\Phi\left(\frac{u\csc\alpha}{2}+2k\pi\right)\right|^2 \times \\ &\quad |1-\chi_{2\operatorname{supp}\Lambda(u\csc\alpha)}(u)|\,du \\ &= 2\pi\int_0^{4\pi\sin\alpha} |\widetilde{D}_\alpha(u)|^2 \left|\Gamma\left(\frac{u\csc\alpha}{2}\right)\right|^2 G_{\varphi,\alpha}\left(\frac{u}{2}\right)\times \\ &\quad |1-\chi_{\operatorname{supp}\Lambda\left(\frac{u\csc\alpha}{2}\right)}(u)|\,du \\ &\leqslant 2\pi\int_0^{4\pi\sin\alpha} |\widetilde{D}_\alpha(u)|^2 du \times \\ &\quad \left\| \Gamma\left(\frac{u\csc\alpha}{2}\right)G_{\varphi,\alpha}^{\frac{1}{2}}\left(\frac{u}{2}\right)(1-\chi_{\operatorname{supp}\Lambda\left(\frac{u\csc\alpha}{2}\right)}(u)) \right\|_\infty^2 \\ &= 2\pi\cdot 2\sum_{n\in\mathbf{Z}} |d[n]|^2 \cdot \| \Gamma(u\csc\alpha)G_{\varphi,\alpha}^{\frac{1}{2}}(u)\chi_{\mathbf{R}\ominus\operatorname{supp}\Lambda(u\csc\alpha)}(u) \|_\infty^2 \\ &\leqslant 2\pi\cdot 2\sum_{n\in\mathbf{Z}} |d[n]|^2 \cdot \| \Gamma(u\csc\alpha)G_{\varphi,\alpha}^{\frac{1}{2}}(u) \|_\infty^2 \end{aligned} \tag{9.231}$$

情况 Ⅲ　$J \geqslant 2$。此时，式(9.220) 和(3.247) 表明

$$\| e_A(t) \|_{L^2}^2 = 2\pi \left\| \widetilde{D}_\alpha(u)\Gamma\left(\frac{u\csc\alpha}{2}\right)\prod_{j=2}^{J}\Lambda\left(\frac{u\csc\alpha}{2^j}\right)\Phi\left(\frac{u\csc\alpha}{2^J}\right) - \widetilde{D}_\alpha(u)\Gamma\left(\frac{u\csc\alpha}{2}\right)\times \right.$$

$$\left.\prod_{j=2}^{J}\Lambda\left(\frac{u\csc\alpha}{2^j}\right)\widetilde{\Phi}\left(\frac{u\csc\alpha}{2^J}\right)\frac{\Phi\left(\frac{u\csc\alpha}{2^J}\right)}{\widetilde{\Phi}\left(\frac{u\csc\alpha}{2^J}\right)}\chi_{\bigcap_{j=1}^{J}2^J\operatorname{supp}\Lambda(u\csc\alpha)}(u)\right\|_{L^2}^2$$

$$=2\pi\left\|\widetilde{D}_\alpha(u)\Gamma\left(\frac{u\csc\alpha}{2}\right)\prod_{j=2}^{J}\Lambda\left(\frac{u\csc\alpha}{2^j}\right)\Phi\left(\frac{u\csc\alpha}{2^J}\right)\times(1-\chi_{\bigcap_{j=1}^{J}2^j\operatorname{supp}\Lambda(u\csc\alpha)}(u))\right\|_{L^2}^2 \tag{9.232}$$

于是,可以得到

$$\begin{aligned}
\|e_A(t)\|_{L^2}^2 &= 2\pi\int_0^{2^{J+1}\pi\sin\alpha}\left|\widetilde{D}_\alpha(u)\Gamma\left(\frac{u\csc\alpha}{2}\right)\prod_{j=2}^{J}\Lambda\left(\frac{u\csc\alpha}{2^j}\right)\right|^2\times \\
&\quad \sum_{k\in\mathbf{Z}}\left|\Phi\left(\frac{u\csc\alpha}{2^J}+2k\pi\right)\right|^2 \left|1-\chi_{\bigcap_{j=1}^{J}2^j\operatorname{supp}\Lambda(u\csc\alpha)}(u)\right|\mathrm{d}u \\
&\leqslant 2\pi\int_0^{2^{J+1}\pi\sin\alpha}|\widetilde{D}_\alpha(u)|^2\mathrm{d}u\left\|\Gamma\left(\frac{u\csc\alpha}{2}\right)G_{\varphi,\alpha}^{\frac{1}{2}}\left(\frac{u}{2^J}\right)\times\right. \\
&\quad \left.\prod_{j=2}^{J}\Lambda\left(\frac{u\csc\alpha}{2^j}\right)(1-\chi_{\bigcap_{j=1}^{J}2^j\operatorname{supp}\Lambda(u\csc\alpha)}(u))\right\|_\infty^2 \\
&= 2\pi\cdot 2^J\sum_{n\in\mathbf{Z}}|d[n]|^2\cdot\left\|\Gamma(u\csc\alpha)G_{\varphi,\alpha}^{\frac{1}{2}}\left(\frac{u}{2^{J-1}}\right)\times\right. \\
&\quad \left.\prod_{j=1}^{J-1}\Lambda\left(\frac{u\csc\alpha}{2^j}\right)\chi_{\mathbf{R}\ominus\bigcap_{j=0}^{J-1}2^j\operatorname{supp}\Lambda(u\csc\alpha)}\right\|_\infty^2 \\
&\leqslant 2\pi\cdot 2^J\sum_{n\in\mathbf{Z}}|d[n]|^2\cdot\left\|\Gamma(u\csc\alpha)G_{\varphi,\alpha}^{\frac{1}{2}}\left(\frac{u}{2^{J-1}}\right)\prod_{j=1}^{J-1}\Lambda\left(\frac{u\csc\alpha}{2^j}\right)\right\|_\infty^2
\end{aligned} \tag{9.233}$$

至此,结合情况 Ⅰ、Ⅱ 和 Ⅲ,即可得到式(9.211)。

此外,当 $f(t)\in V_{k+1}^\alpha$ 时,相应的采样混叠误差表示为

$$e_A(t)=f(t)-\sum_{n\in\mathbf{Z}}f\left[\frac{n}{2^{J+k}}\right]s(2^{J+k}t-n)\mathrm{e}^{-\mathrm{j}\frac{t^2-\left(\frac{n}{2^{J+k}}\right)^2}{2}\cot\alpha} \tag{9.234}$$

类似地,可得采样混叠误差满足

$$\begin{aligned}
\|e_A(t)\|_{L^2} &\leqslant \sqrt{2\pi}\,2^{\frac{J+\delta_J-k}{2}}\left(\sum_{n\in\mathbf{Z}}|d[n]|^2\right)^{\frac{1}{2}}\times \\
&\quad \left\|\left(\frac{\widetilde{\Phi}(u\csc\alpha+\pi)}{\widetilde{\Phi}(2u\csc\alpha)}\det M(u\csc\alpha)\right)^{\delta_J}(\Gamma(u\csc\alpha))^{1-\delta_J}\times\right. \\
&\quad \left.G_{\varphi,\alpha}^{\frac{1}{2}}\left(\frac{u}{2^{J+\delta_J-1}}\right)\left(\prod_{j=1}^{J-1}\Lambda\left(\frac{u\csc\alpha}{2^j}\right)\right)^{1-\delta_{J-1}-\delta_J}\right\|_\infty
\end{aligned} \tag{9.235}$$

需要指出的是,这里的$\{d[n]\}_{n\in\mathbf{Z}}$是 $f(t)$ 在 W_k^α 上的分数阶小波系数。式(9.235)表明,对于固定的 J,通过选择合适的参数 k 可以降低采样混叠误差。

9.8 现有各种分数阶小波变换的比较

在文献[90]中,信号 $f(t)\in L^2(\mathbf{R})$ 的分数阶小波变换被定义为

$$W^{\alpha}(a,b)=\frac{1}{\sqrt{a}}\int_{-\infty}^{+\infty}F_{\alpha}(u)\psi^{*}\left(\frac{u-b}{a}\right)\mathrm{d}u \tag{9.236}$$

式中，$a\in\mathbf{R}^{+}$ 且 $b\in\mathbf{R}$。容易验证，该分数阶小波变换并不具备前述讨论的时域和分数域的局部化功能。在文献[90]的基础上，文献[91]又构造了随机分数阶小波变换，该变换的结构本质上与式(9.236)是一致的。文献[92]则将信号 $f(t)$ 的分数阶小波变换定义为

$$(W_{\psi}^{\alpha}f)(b,a)=\frac{\csc\alpha}{4\pi^{2}}\int_{-\infty}^{+\infty}F(u\sin\alpha)\Psi^{*}(au\sin\alpha)\mathrm{e}^{\mathrm{j}\frac{u^{2}}{4}(1-a^{2})\sin2\alpha-\mathrm{j}bu}\mathrm{d}u \tag{9.237}$$

式中，$F(u\sin\alpha)$ 和 $\Psi(u\sin\alpha)$ 分别表示函数 $f(t)$ 和母小波函数 $\psi(t)$ 的傅里叶变换(变换元做了尺度 $\sin\alpha$ 伸缩)。此外，文献[93]又提出了分数阶小波包变换的定义，即

$$(\mathscr{F}^{\alpha}x)(u,a,b)=\frac{1}{\sqrt{a}}\int_{-\infty}^{+\infty}x(t)K_{\alpha}(u,t)\psi^{*}\left(\frac{t-b}{a}\right)\mathrm{d}t \tag{9.238}$$

然而，由于式(9.237)和(9.238)缺乏有效的物理解释，并未受到太多的关注。表 9.1 给出了本书定义的分数阶小波变换与现有分数阶小波变换的比较。

表 9.1　本书定义的分数阶小波变换与现有分数阶小波变换的比较

比较对象	时间－分数阶频率定位功能	分数阶多分辨分析	有效物理解释
文献[90,91]	不具备	不具备	无
文献[92]	不具备	不具备	无
文献[93]	不具备	不具备	无
本书	具备	具备	分数域带通滤波器组

9.9　分数阶小波变换的应用

9.9.1　在信号去噪中的应用

由于小波变换的本质相当于一组频域带通滤波器，因此传统小波去噪方法一般假设信号能量在频域相对聚集。于是，变换后信号能量集中在某些频带的少数小波系数上，通过将其他频带上的小波系数置零或者给予较小权重，便可达到有效抑制噪声的目的。但对于频域能量非最佳聚集信号，小波变换处理结果将不会是最优的。分数阶采样理论[38]表明，频域能量非最佳聚集信号在某一分数域上其能量将会是最佳聚集的，譬如线性调频类信号。由于分数阶小波变换本质相当于一组分数域多尺度带通滤波器，因此它非常适合处理这类信号。具体地说，分数阶小波变换能够将信号分数谱分解到不同的分数阶频带上，得到一系列分数域子带信号，使得信号能量集中在某些分数域子带的变换系数上，通过将其他分数域子带的变换系数置零或给予较小权重便可实现对上述信号的去噪处理。

假设含噪信号为 $x(t)=s(t)+n(t)$，其中期望 $s(t)$ 是调频斜率为 -1 的高斯包络的线性调频信号，$n(t)$ 高斯白噪声，且信噪比为 3 dB。仿真中选取 db8 小波作为母小波，并采用硬阈值化准则。为了衡量分数阶小波变换的去噪性能，设信号 $s(t)$ 及其恢复信号 $\hat{s}(t)$ 的均方误差(mean square error，MSE)为

$$\sigma_{\mathrm{e}}^{2}=E\{|s(t)-\hat{s}(t)|^{2}\} \tag{9.239}$$

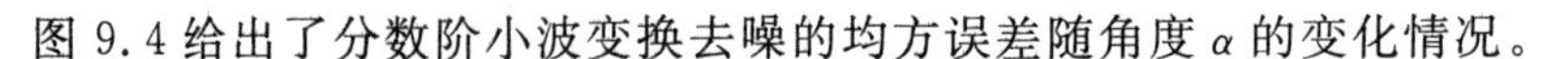

图 9.4 给出了分数阶小波变换去噪的均方误差随角度 α 的变化情况。

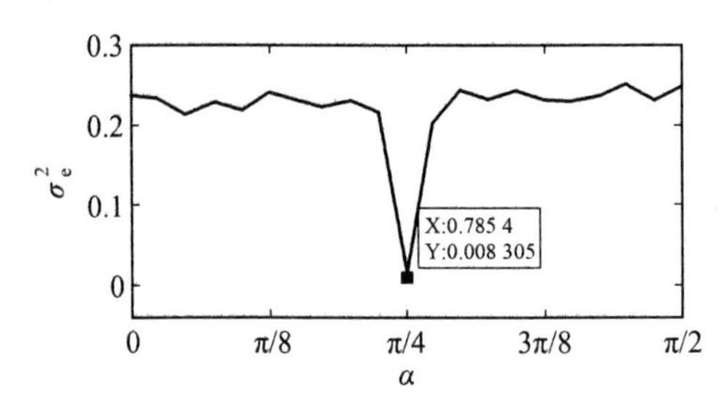

图 9.4　不同角度 α 下分数阶小波变换去噪的均方误差 σ_e^2

从图 9.4 可以看出，$\alpha=\pi/4$ 角度分数阶小波变换去噪效果最好，均方误差 $\sigma_e^2=8.305\times10^{-3}$，而在其他 α 角度下，分数阶小波变换去噪效果均较差，σ_e^2 约为 0.24。特别地，$\alpha=\pi/2$ 角度分数阶小波变换(即传统小波变换)去噪的 $\sigma_e^2=0.247\ 3$。这是因为根据分数阶傅里叶变换与时频分布关系[114] 可知，期望信号 $s(t)$ 仅在 $\alpha=\pi/4$ 角度分数域上能量呈最佳聚集特性。图 9.5 给出了角度 $\pi/4$ 的分数阶小波变换对含噪信号 $x(t)$ 的三层分解结果，图中横轴表示时间采样点，纵轴表示幅度。

在图 9.5 中，s 和 x 分别为期望信号及其含噪信号的时域波形，a_1、a_2 和 a_3 分别表示 $\pi/4$ 角度分数阶小波变换在 1～3 层上分解得到的信号概貌部分，相应的细节信息分别为 d_1、d_2 和 d_3。可以看出，反映噪声的细节部分幅度较小，可以利用所提出的方法将其剔除，从而达到有效抑制噪声的目的。

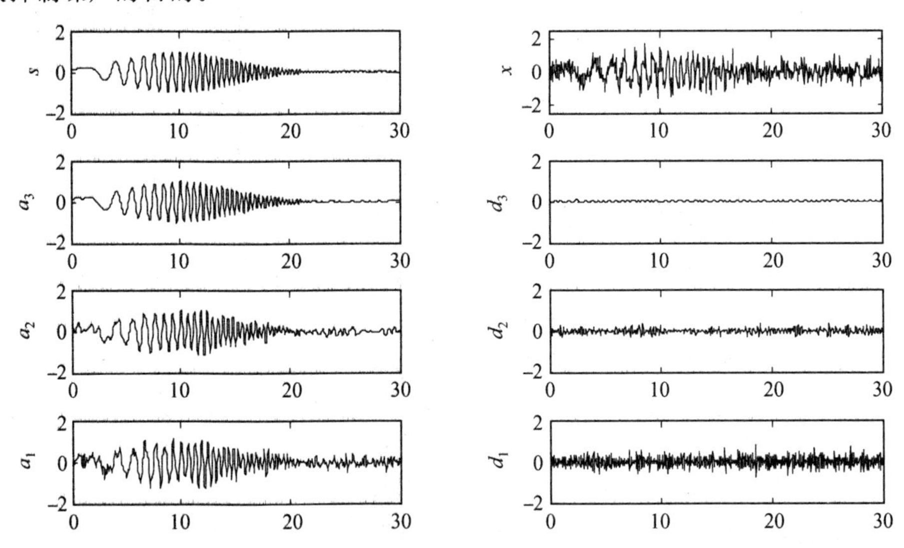

图 9.5　含噪信号 $x(t)$ 的角度 $\pi/4$ 分数阶小波变换的三层分解结果

9.9.2　在线性调频信号时延估计中的应用

由于线性调频信号在分数域呈现能量最佳聚集特性，且时延在分数域反映为信号分数阶频率的搬移，因此分数阶傅里叶变换是用于线性调频信号时延估计的有效工具。然而，由于分数阶傅里叶变换缺乏信号局部化表征功能，基于该变换的时延估计方法通常需要迭代搜索，计算量很大，往往无法满足实际应用需求。注意到分数阶小波变换具有刻画信号分数域局部特征的功能，能够有效地克服基于分数阶傅里叶变换时延估计方法的缺陷。

假设源信号 $s(t)$ 为一线性调频信号，具体表达式为

$$s(t)=\mathrm{e}^{-\frac{(t-t_0)^2}{2\sigma^2}}\mathrm{e}^{-\mathrm{j}\frac{k}{2}t^2+\mathrm{j}\omega_0 t} \tag{9.240}$$

式中，$t_0,\sigma,k,\omega_0\in\mathbf{R}$。观测信号 $y(t)$ 由该源信号 $s(t)$ 的多径时延信号和加性高斯白噪声 $n(t)$ 组成，即

$$y(t)=\sum_{n=0}^{N}c_n(t)+n(t) \tag{9.241}$$

式中，N 为路径条数，$c_n(t)\overset{\Delta}{=}\lambda_n s(t-\tau_n)$ 表示第 n 径时延信号，其中 $0\leqslant\tau_0<\tau_1<\tau_2<\cdots<\tau_N,\lambda_n>0$。这里，$\tau_n$ 和 λ_n 分别表示第 n 径信道的传播增益和时延。于是，利用分数阶小波变换对含噪信号 $y(t)$ 进行时延估计的过程如下：

步骤一：利用提出的分数阶小波变换去噪方法对含噪观测信号 $y(t)$ 进行降噪处理，记 $\hat{y}(t)$ 为噪声抑制后得到的观测信号的估计。

步骤二：对降噪后得到的信号 $\hat{y}(t)$ 进行分数阶小波分解，从而分离出各径时延信号。记 $S_\alpha(u)$ 表示 $s(t)$ 的分数阶傅里叶变换，则源信号 $s(t)$ 的多径时延信号的分数阶傅里叶变换可以表示为

$$\sum_{n=0}^{N}\lambda_n \mathrm{e}^{\mathrm{j}\frac{\tau_n^2}{4}\sin 2\alpha-\mathrm{j}u\tau_n\sin\alpha}S_\alpha(u-\tau_n\cos\alpha) \tag{9.242}$$

由于线性调频信号的能量在分数域最佳聚集，且分数谱体现为冲激特性，因此由式(9.242)可以看出，利用分数阶小波变换的分数域多尺度伸缩滤波功能可以有效地实现各径时延信号 $c_n(t)(n=0,\cdots,N)$ 的分离，将分离得到第 n 径时延信号 $c_n(t)$ 的估计记为 $\hat{c}_n(t)$。

步骤三：将分离得到的时延信号的估计 $\hat{c}_n(t)(n=0,\cdots,N)$ 变换到分数域，并利用峰值检测算法对时延进行估计，即

$$\hat{\tau}_n=\frac{\arg\max\limits_{u}|\hat{C}_{n,\alpha}(u)|^2}{\cos\alpha}-\omega_0\tan\alpha \tag{9.243}$$

式中，$\hat{C}_{n,\alpha}(u)$ 表示 $\hat{c}_n(t)$ 的分数阶傅里叶变换。

在仿真中，取 $N=2,\lambda_0=1,\lambda_1=0.5,\lambda_2=0.25,\tau_0=0,\tau_1=10\sqrt{2}$ 以及 $\tau_2=25\sqrt{2}$。源信号 $s(t)$ 的参数为 $\sigma^2=10,t_0=10,k=1$ 和 $\omega_0=5\sqrt{2}$。$s(t)$ 与 $n(t)$ 的信噪比为 -5 dB。图9.6给出了观测信号的分数阶小波变换去噪结果，图中实线和虚线分别表示信号的实部和虚部。从图 9.6 可以看出，基于分数阶小波变换的方法能够对噪声进行很好的抑制。经过计算，观测信号与其降噪后得到的估计信号的归一化均方误差(NMSE)为 1.57×10^{-3}。图9.7给出了分离出的各径时延信号及其分数谱。

根据分数阶傅里叶变换与时频分布的关系[114]可知，仿真参数下的观测信号 $y(t)$ 在角度 $\alpha=\pi/4$ 分数域能量最佳聚集，分数谱呈现为冲激函数特性。此外，时间的延迟在分数域体现为分数阶频率的搬移。因此，$\alpha=\pi/4$ 角度的分数阶小波变换能够有效地提取出各径时延信号 $c_n(t),n=0,\cdots,N$，如图 9.7 所示。然后，对估计出的各径时延信号 $\hat{c}_n(t)$ 进行分数谱峰值检测，即可以得到时延的估计值，即 $\hat{\tau}_0=0.000\,4,\hat{\tau}_1=14.140\,7$ 和 $\hat{\tau}_2=35.356\,8$。

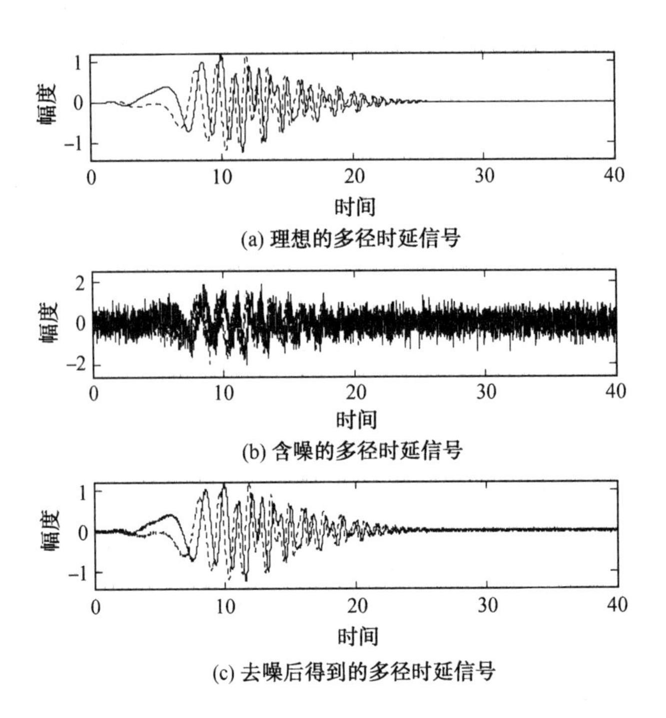

图 9.6　分数阶小波去噪结果

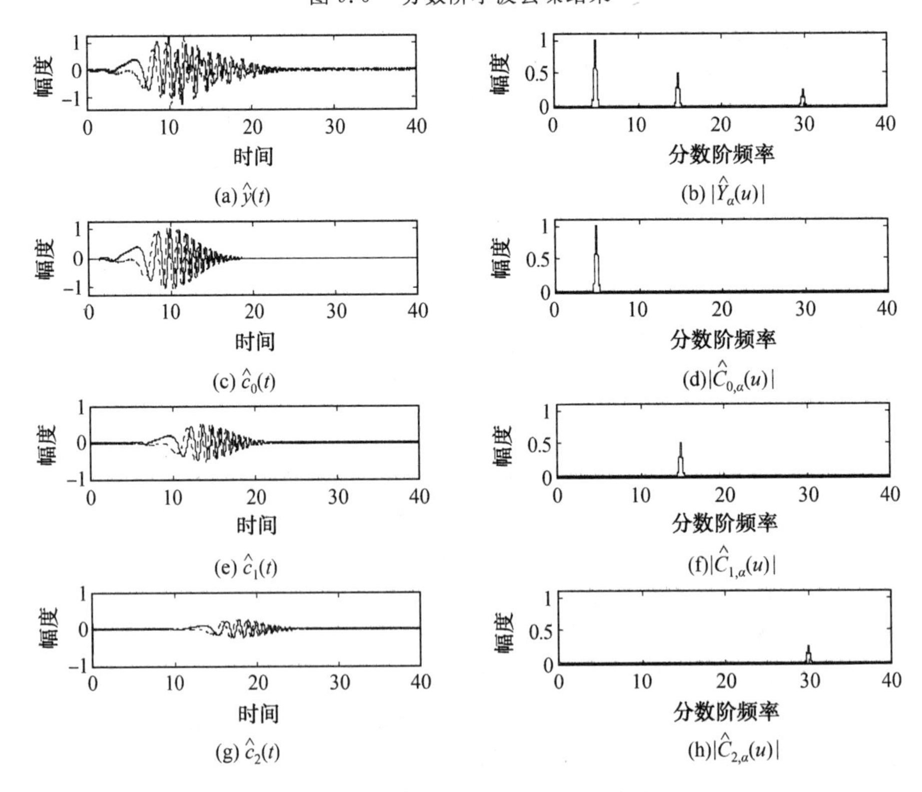

图 9.7　基于分数阶小波变换的时延估计

参考文献

[1] OZAKTAS H M,ZALEVSKY Z,KUTAY M A. The fractional Fourier transform with applications in optics and signal processing [M]. New York: Wiley,2000.

[2] SEJDIC E,DJUROVIC I,STANKOVIC L. Fractional Fourier transform as a signal processing tool: An overview of recent developments [J]. Signal Processing,2011, 91(6):1351-1369.

[3] BRACEWELL R N. The Fourier transform and its applications [M]. New York: McGraw-Hill,2000.

[4] ALMEIDA L B. The fractional Fourier transform and time-frequency representations [J]. IEEE Transactions on Signal Processing,1994,42(11): 3084-3091.

[5] NAMIAS V. The fractional order Fourier transform and its application to quantum mechanics [J]. Journal of the Institute of Mathematics and Its Applications,1980, 25(3): 241-265.

[6] MCBRIDE A C,KERR F H. On namias fractional Fourier transform [J]. IMA Journal of Applied Mathematics,1987,39: 159-175.

[7] WIENER N. Hermitian polynomials and Fourier analysis [J]. Journal of Mathematics Physics MIT,1929,18: 70-73.

[8] CONDON E U. Immersion of Fourier transform in a continuous group of functional transformations [J]. Proc. National Academy of Sciences,1937,23: 158-164.

[9] KOBER H. Wurzeln aus der hankel,Fourier und aus anderen stetigen transformationen [J]. Quarterly Journal of Mathematics,1939,10: 45-59.

[10] HIDA H. A role of Fourier transform in the theory of infinite dimensional unitary group [J]. Journal of Mathematics of Kyoto University,1973,13: 203-212.

[11] LOHMANN A W. Image Rotation,Wigner Rotation,and Fractional Fourier Transform [J]. Journal of the Optical Society of America A,1993, 10(10): 2181-2186.

[12] OZAKTAS H M,ARIKAN O,KUTAY M A,et al. Digital computation of the fractional Fourier transform [J]. IEEE Transactions on Signal Processing,1996, 44(9): 2141-2150.

[13] GARCIA J,MAS D,DORSCH R G. Fractional Fourier transform calculation through the Fast-Fourier-Transform algorithm [J]. Applied Optics,1996,

35(35): 7013-7018.

[14] PEI S C, YEH M H, TSENG C C. Discrete fractional Fourier transform based on orthogonal projections [J]. IEEE Transactions on Signal Processing, 1999, 47(5): 1335-1348.

[15] CANDAN C, KUTAY M A, OZAKTAS H M. The discrete fractional Fourier transform[J]. IEEE Transactions on Signal Processing, 2000, 48(5): 1329-1337.

[16] SERBES A, DURAK L. The discrete fractional Fourier transform based on the DFT matrix [J]. Signal Processing, 2011, 91(3): 571-581.

[17] MENDLOVIC D, OZAKTAS H M. Fractional Fourier transforms and their optical implementation: Ⅰ [J]. Journal of the Optical Society of America A, 1993, 10(9): 1875-1881.

[18] OZAKTAS H M, MENDLOVIC D. Fractional Fourier transforms and their optical implementation: Ⅱ [J]. Journal of the Optical Society of America A, 1993, 10(12): 2522-2531.

[19] MUSTARD D. Fractional convolution [J]. Journal of the Australian Mathematical Society B, 1998, 40: 257-265.

[20] SHARMA K K, JOSHI S D. Papoulis-like generalized sampling expansions in fractional Fourier domains and their application to superresolution [J]. Optical Communications, 2007, 278: 52-59.

[21] OZAKTAS H M, BARSHAN B, MENDLOVIC D, et al. Convolution, filtering, and multiplexing in fractional Fourier domains and their relation to chirp and wavelet transforms [J]. Journal of the Optical Society of America A, 1994, 11(2): 547-558.

[22] AKAY O, BOUDREAUX-BARTELS G F. Fractional convolution and correlation via operator methods and an application to detection of linear FM signals [J]. IEEE Transactions on Signal Processing, 2001, 49(5): 979-993.

[23] ALMEIDA L B. Product and convolution theorems for the fractional Fourier transform [J]. IEEE Signal Processing Letters, 1997, 4(1): 15-17.

[24] ZAYED A I. A convolution and product theorem for the fractional Fourier transform [J]. IEEE Signal Processing Letters, 1998, 5(4): 101-103.

[25] KRANIAUSKAS P, CARIOLARO G, ERSEGHE T. Method for defining a class of fractional operations [J]. IEEE Transactions on Signal Processing, 1998, 46(10): 2804-2807.

[26] TORRES R, PELLAT-FINET P, TORRES Y. Fractional convolution, fractional correlation and their translation invariance properties [J]. Signal Processing, 2010, 90(6): 1976-1984.

[27] SINGH A K, SAXENA R. On convolution and product theorems for FRFT [J]. Wireless Personal Communications, 2012, 65(1): 189-201.

[28] MENDLOVIC D, OZAKTAS H M, LOHMANN A W. Fractional correlation [J]. Applied Optics, 1995, 34(2): 303-309.

[29] BITRAN Y,ZALEVSKY Z,MENDLOVIC D,et al. Fractional correlation operation: Performance analysis [J]. Applied Optics,1996,35(2): 297-303.

[30] ZALEVSKY Z,MENDLOVIC D,CAULFIELD J H. Fractional correlator with real-time control of the space-invariance property [J]. Applied Optics,1997, 36(11): 2370-2375.

[31] ZALEVSKY Z,OZAKTAS H M,KUTAY A M. Fractional Fourier transform-exceeding the classical concepts of signal's manipulation [J]. Optics and Spectroscopy,2007,103(6): 868-876.

[32] SINGH A K,SAXENA R. Correlation theorem for fractional Fourier transform [J]. International Journal of Signal Processing,Image Processing and Pattern Recognition,2011,4(2): 31-40.

[33] TAO R,ZHANG F,WANG Y. Fractional power spectrum [J]. IEEE Transactions on Signal Processing,2008,56(9): 4199-4206.

[34] 张峰,陶然. 分数阶 Fourier 域谱估计及其应用[J]. 电子学报,2008,36(9):1723-1727.

[35] PEI S C,DING J J. Fractional Fourier transform,wigner distribution,and filter design for stationary and nonstationary random processes [J]. IEEE Transactions on Signal Processing,2010,58(8): 4079-4092.

[36] KUTAY M A,OZAKTAS H M,ONURAL L,et al. Filtering in fractional Fourier domains[C]. in Proc. IEEE Int. Conf. Acoust. ,Speech,Signal Processing,1995, pp. 937-940.

[37] KUTAY M A,OZAKTAS H M,ARIKAN O,et al. Optimal filtering in fractional Fourier domains [J]. IEEE Transactions on Signal Processing,1997, 45(7): 1129-1143.

[38] XIA X G. On bandlimited signals with fractional Fourier transform [J]. IEEE Signal Processing Letters,1996,3(3): 72-74.

[39] ZAYED A I. On the relationship between Fourier and fractional Fourier transforms[J]. IEEE Signal Processing Letters,1996,3(12): 310-311.

[40] ERSEGHE T,KRANIAUSKAS P,CARIOLARO G. Unified fractional Fourier transform and sampling theorem [J]. IEEE Transactions on Signal Processing, 1999,47(12): 3419-3423.

[41] TORRES R,PELLAT-FINET P,TORRES Y. Sampling theorem for fractional bandlimited signals: A self-contained proof application to digital holography [J]. IEEE Signal Processing Letters,2006,13(11): 676-679.

[42] CANDAN C,OZAKTAS H M. Sampling and series expansion theorems for fractional Fourier and other transforms [J]. Signal Processing,2003,83: 2455-2457.

[43] 张卫强,陶然. 分数阶傅里叶变换域上带通信号的采样定理[J]. 电子学报,2005, 33(7): 1196-1199.

[44] SHARMA K K,JOSHI S D. Fractional Fourier transform of bandlimited periodic signals and its sampling theorems [J]. Optics Communications,2005,

256：272-278.

[45] BHANDARI A,MARZILIANO P. Sampling and reconstruction of sparse signals in fractional Fourier domain [J]. IEEE Signal Processing Letters,2010,17(3)：221-224.

[46] BHANDARI A,ZAYED A I. Shift-Invariant and sampling spaces associated with the fractional Fourier transform domain [J]. IEEE Transactions on Signal Processing,2012,60(4)：1627-1637.

[47] ZAYED A I,GARCÍA A G. New sampling formulae for the fractional Fourier transform [J]. Signal Processing,1999,77：111-114.

[48] ZHANG F,TAO R,WANG Y. Multi-Channel sampling theorems for bandlimited signals with fractional Fourier transform [J]. Science in China Series E：Technological Sciences,2008,51(6)：790-802.

[49] 张峰,陶然,王越. 分数阶 Fourier 域带限信号多通道采样定理[J]. 中国科学 E 辑:技术科学,2008,38(11)：1874-1885.

[50] WEI D, RAN Q, LI Y. Generalized sampling expansion for bandlimited signals associated with the fractional Fourier transform [J]. IEEE Signal Processing Letters,2010,17(6)：595-598.

[51] WEI D, RAN Q, LI Y. Sampling of fractional bandlimited signals associated with fractional Fourier transform [J]. Optik-International Journal for Light and Electron Optics,2012,123(2)：137-139.

[52] SHI J, CHI Y, ZHANG N. Multichannel sampling and reconstruction of bandlimited signals in fractional Fourier domain [J]. IEEE Signal Processing Letters,2010,17(11)：909-912.

[53] TAO R,DENG B,WANG Y. Sampling and sampling rate conversion of band limited signals in the fractional Fourier transform domain [J]. IEEE Transactions on Signal Processing,2008,56(1)：158-171.

[54] 张峰,陶然. 基于离散时间分数阶Fourier变换的多抽样率信号处理[J]. 自然科学进展,2008,18(1)：93-101.

[55] 邓兵，陶然，张惠云. 抽样率转换的分数阶 Fourier 域分析[J]. 电子学报,2006,34(12)：2190-2194.

[56] 李炳照，陶然，王越. 非均匀采样信号的分数阶数字频谱研究[J]. 电子学报,2006,34(12)：6412-9412.

[57] 孟祥意,陶然,王越. 抽取和内插的分数阶 Fourier 域分析[J]. 中国科学 F 辑:信息科学,2007,37(8)：1000-1017.

[58] 李炳照,陶然,王越. 分数阶 Fourier 域上非均匀采样信号的频谱重构研究[J]. 电子学报,2008,36(6)：3020-3023.

[59] TAO R,ZHANG F,WANG Y. Sampling random signals in a fractional Fourier domain[J]. Signal Processing,2011,91(6)：1394-1400.

[60] SHARMA K K,JOSHI S D. Extrapolation of signals using the method of

alternating projections in fractional Fourier domains [J]. Signal,Image and Video Processing,2008,2: 177-182.

[61] PEI S C,DING J J. Generalized prolate spheroidal wave functions for optical finite fractional Fourier and linear canonical transforms [J]. Journal of the Optical Society of America A,2005,22(3): 460-474.

[62] ZHAO H,RAN Q W,MA J,et al. Generalized prolate spheroidal wave functions associated with linear canonical transform [J]. IEEE Transactions on Signal Processing,2010,58(6): 3032-3041.

[63] OZAKTAS H M,AYTÜR O. Fractional Fourier domains [J]. Signal Processing, 1995,46: 119-124.

[64] SHEN J. On some quantum and analytical properties of fractional Fourier transforms [M]. Wavelet Analysis: Twenty Year's Developments,Ed. D. X. Zhou,Singapore:World Scientific Press,2002.

[65] SHINDE S,GADRE V M. An uncertainty principle for real signals in the fractional Fourier transform domain [J]. IEEE Transactions on Signal Processing,2001, 49(11): 2545-2548.

[66] CAPUS C,BROWN K. Fractional Fourier transform of the Gaussian and fractional domain signal support [J]. IEE Proceedings Vision,Image and Signal Processing, 2003,150(2): 99-106.

[67] XU G,WANG X,XU X. The Logarithmic,Heisenberg's and short-time uncertainty principles associated with fractional Fourier transform [J]. Signal Processing,2009, 89(3): 339-343.

[68] STERN A. Uncertainty principles in linear canonical transform domains and some of their implications in optics [J]. Journal of the Optical Society of America A, 2008,25: 647-652.

[69] SHARMA K K,JOSHI S D. Uncertainty principle for real signals in the linear canonical transform domains [J]. IEEE Transactions on Signal Processing,2008, 56: 2677-2683.

[70] ZHAO J,TAO R,LI Y L,et al. Uncertainty principles for linear canonical transform [J]. IEEE Transactions on Signal Processing,2009,57: 2856-2858.

[71] ZHAO J,TAO R,WANG Y. On signal moments and uncertainty relations associated with linear Canonical transform [J]. Signal Processing,2010, 90: 2686-2689.

[72] XU G,WANG X,XU X. Three uncertainty relations for real signals associated with linear canonical transform [J]. IET Signal Processing,2009,3: 85-92.

[73] XU G,WANG X,XU X. On uncertainty principle for the linear canonical transform of complex signals [J]. IEEE Transactions on Signal Processing,2010, 58:4916-4918.

[74] ERDEN M F,KUTAY M A,OZAKTAS H M. Repeated filtering in consecutive

fractional Fourier domains and its application to signal restoration [J]. IEEE Transactions on Signal Processing, 1999, 47(5): 1458-1462.

[75] SUBRAMANIAM S R, LING B W K, GEORGAKIS A. Filtering in rotated time-frequency domains with unknown noise statistics [J]. IEEE Transactions on Signal Processing, 2012, 61(1): 489-493.

[76] 齐林，陶然，周思永，等. LFM 信号的一种最优滤波算法[J]. 电子学报, 2004, 32(9): 1464-1467.

[77] DURAK L, ALDIRMAZ S. Adaptive filtering in fractional Fourier domain [J]. Signal Processing, 2010, 90(4): 1188-1196.

[78] ELGAMEL S A, CLEMENTE C, SORAGHAN J J. Radar matched filtering using the fractional Fourier transform [C]. London, United Kingdom: Proceedings of Sensor Signal Processing for Defence. 2010: 1-5.

[79] ZHANG F, TAO R, WANG Y. Matched filtering in fractional Fourier domain [C]. Harbin, China: Proceedings of the 2nd International Conference on Instrumentation, Measurement, Computer, Communication and Control. 2012: 1-4.

[80] PEI S C, DING J J. Fractional cosine, sine, and hartley transforms [J]. IEEE Transactions on Signal Processing, 2002, 50(7): 1661-1680.

[81] ZAYED A I. Hilbert transform associated with the fractional Fourier transform[J]. IEEE Signal Processing Letters, 1998, 5(8): 206-208.

[82] TAO R, LI X, WANG Y. Generalization of the fractional Hilbert transform [J]. IEEE Signal Processing Letters, 2008, 15: 365-368.

[83] MENDLOVIC D, ZALEVSKY Z, LOHMANN A W, et al. Signal spatial-filtering using localized fractional Fourier transform [J]. Optics Communications, 1996, 126: 14-18.

[84] 孙晓兵, 保铮. 分数阶 Fourier 变换及其应用[J]. 电子学报, 1996, 24(12): 60-65.

[85] TAO R, LEI Y L, WANG Y. Short-time fractional Fourier transform and its applications [J]. IEEE Transactions on Signal Processing, 2010, 58(5): 2568-2580.

[86] ZHANG Y, GU B Y, DONG B Z, et al. Fractional Gabor transform [J]. Optics Letters, 1997, 22(21): 1583-1585.

[87] STANKOVI L, ALIEVA T, BASTIAANS M J. Time-frequency signal analysis based on the windowed fractional Fourier transform [J]. Signal Processing, 2003, 83: 2459-2468.

[88] DRAGOMAN D. Fractional wigner distribution function [J]. Journal of the Optical Society of America A, 1996, 13(3): 474-478.

[89] AKAY O, BOUDREAUX-BARTELS G F. Joint fractional signal representations [J]. Journal of the Franklin Institute, 2000, 337: 365-378.

[90] MENDLOVIC D, ZALEVSKY Z, MAS D. Fractional wavelet transform [J]. Applied Optics, 1997, 36(20): 4801-4806.

[91] BHATNAGAR G, WU Q M J, RAMAN B. A new fractional random wavelet

transform for fingerprint security [J]. IEEE Transactions on Systems, Man, and Cybernetics-Part A: Systems and Humans, 2012, 42(1): 262-275.

[92] PRASAD A, MAHATO A. The fractional wavelet transform on spaces of type S [J]. Integral Transforms and Specical Functions, 2011, 23(4): 237-249.

[93] HUANG Y, SUTER B. The fractional wave packet transform [J]. Multidimensional Systems and Signal Processing, 1998, 9(4): 399-402.

[94] LI B Z, TAO R, XU T Z, et al. The Poisson sum formulae associated with the fractional Fourier transform [J]. Signal Processing, 2009, 89: 851-856.

[95] WANG M, CHEN A, CHUI C. Linear frequency-modulated signal detection using Radon-ambiguity transform [J]. IEEE Transactions on Signal Processing, 1998, 46:571-586.

[96] UNNIKRISHNAN G, JOSEPH J, SINGH K. Optical encryption by double random phase encoding in the fractional Fourier domain [J]. Optics Letters, 2000, 258: 887-889.

[97] LIU S, YU L, ZHU B. Optical image encryption by cascaded fractional Fourier transforms with random phase filtering [J]. Optics Communications, 2001, 187:57-63.

[98] YETIK I S, KUTAY M A, OZAKTAS H M. Image representation and compression with the fractional Fourier transform [J]. Optics Communications, 2001, 197: 275-278.

[99] HENNELLY B, SHERIDAN J T. Fractional Fourier transform-based image encryption: phase retrieval algorithm [J]. Optics Communications, 2003, 226: 61-80.

[100] JOSHI M, SHAKHER C, SINGH K. Color image encryption and decryption using fractional Fourier transform [J]. Optics Communications, 2007, 279(1): 35-42.

[101] LIU Z, LIU S. Double image encryption based on iterative fractional Fourier transform [J]. Optics Communications, 2007, 275(2): 324-329.

[102] SINGH N, SINHA A. Optical image encryption using fractional Fourier transform and chaos [J]. Optics and Lasers in Engineering, 2008, 46(2): 117-123.

[103] TAO R, MENG X Y, WANG Y. Image encryption with multiorders of fractional Fourier transforms [J]. IEEE Transactions on Information Forensics and Security, 2010, 5(4): 734-738.

[104] JOSHI M, SHAKHER C, SINGH K. Fractional Fourier transform based image multiplexing and encryption technique for four-color images using input images as keys [J]. Optics Communications, 2010, 283(12): 2496-2505.

[105] DJUROVÍI, STANKOVÍS, PITAS I. Digital watermarking in the fractional Fourier transformation domain [J]. Journal of Network and Computer Applications, 2001, 24: 167-173.

[106] GUO Q, LIU Z, LIU S. Image watermarking algorithm based on fractional Fourier

transform and random phase encoding [J]. Optics Communications,2011, 284:3918-3923.

[107] RAWAT S,RAMAN B. A blind watermarking algorithm based on fractional Fourier transform and visual cryptography [J]. Signal Processing,2012, 92(6): 1480-1491.

[108] NISHCHAL N K,JOSEPH J,SINGH K. Securing information using fractional Fourier transform in digital holography [J]. Optics Communications,2004, 235: 253-259.

[109] PAN W,QIN K,CHEN Y. An adaptable-multilayer fractional Fourier transform approach for image registration [J]. IEEE Transactions on Pattern Analysis and Machine Intelligence,2009,31(3): 400-414.

[110] CHEN L,ZHAO D. Application of fractional Fourier transform on spatial filtering[J]. Optik-International Journal for Light and Electron Optics,2006, 117(3): 107-110.

[111] SERBES A,DURAK L. Optimum signal and image recovery by the method of alternating projections in fractional Fourier domains [J]. Communications in Nonlinear Science and Numerical Simulation,2010,15(3): 675-689.

[112] LEE S Y,SZU H H. Fractional Fourier transforms,wavelet transforms,and adaptive neural networks [J]. Optical Engineering,1994,33(7): 2326-2330.

[113] XIA X G,OWECHKO Y,SOFFER B H,et al. On generalized-marginal time-frequency distributions [J]. IEEE Transactions on Signal Processing,1996, 44(11):2882-2886.

[114] PEI S C,DING J J. Relations between fractional operations and time-frequency distributions,and their applications [J]. IEEE Transactions on Signal Processing, 2001,49(8): 1638-1655.

[115] BARSHAN B,AYRULU B. Fractional Fourier transform pre-processing for neural networks and its application to object recognition [J]. Neural Networks,2002, 15(1): 131-140.

[116] SUN H B,LIU G S,GU H,et al. Application of the fractional Fourier transform to moving target detection in airborne SAR [J]. IEEE Transactions on Aerospace and Electronic Systems,2002,38(4): 1416-1424.

[117] YETIK I S,NEHORAI A. Beamforming using the fractional Fourier transform [J]. IEEE Transactions on Signal Processing,2003,51(6): 1663-1668.

[118] DU L,SU G. Adaptive inverse synthetic aperture radar imaging for nonuniformly moving targets [J]. IEEE Geoscience and Remote Sensing Letters,2005, 2(3):247-249.

[119] BENNETT M J,MCLAUGHLIN S,ANDERSON T,et al. The use of the fractional Fourier transform with coded excitation in ultrasound imaging [J]. IEEE Trans Biomedical Engineering,2006,53(4): 754-756.

[120] 陶然，邓兵，王越. 分数阶 Fourier 变换在信号处理领域的研究进展[J]. 中国科学 F 辑：信息科学. 2006，36(2)：113-136.

[121] PEI S C，DING J J. Relations between Gabor transforms and fractional Fourier transforms and their applications for signal processing [J]. IEEE Transactions on Signal Processing，2007，55(10)：4839-4850.

[122] SHARMA K K，JOSHI S D. Time delay estimation using fractional Fourier transform[J]. Signal Processing，2007，87(5)：853-865.

[123] OONINCX P J. Joint time-frequency offset detection using the fractional Fourier transform [J]. Signal Processing，2008，88(12)：2936-2942.

[124] TAO R，LI X，LI Y，et al. Time-delay estimation of chirp signals in the fractional Fourier domain [J]. IEEE Trans on Signal Process，2009，57(7)：2852-2855.

[125] AKAY O，ERZDEN E. Employing fractional autocorrelation for fast detection and sweep rate estimation of pulse compression radar waveforms [J]. Signal Processing，2009，89：2479-2489.

[126] JACOB R，THOMAS T，UNNIKRISHNAN A. Applications of fractional Fourier transform in sonar signal processing [J]. IETE Journal of Research，2009，55(1)：16-27.

[127] COWELL D M J，FREEAR S. Separation of overlapping linear frequency modulated(LFM) signals using the fractional Fourier transform [J]. IEEE Transactions on Ultrasonics，Ferroelectrics and Frequency Control，2010，57(10)：2324-2333.

[128] HARPUT S，EVANS T，BUBB N，et al. Diagnostic ultrasound tooth imaging using fractional Fourier transform [J]. IEEE Transactions on Ultrasonics，Ferroelectrics and Frequency Control，2011，50(10)：2096-2106.

[129] MARTONE M. A multicarrier system based on the fractional Fourier transform for time-frequency-selective channels [J]. IEEE Transactions on Communications，2001，49(6)：1011-1020.

[130] ERSEGHE T，LAURENTI N，CELL V. A multicarrier architecture based upon the affine Fourier transform [J]. IEEE Transactions on Communications，2005，53(5)：853-862.

[131] STOJANOVI D，DJUROVI I，VOJCIC B R. Interference analysis of multicarrier systems based on affine Fourier transform [J]. IEEE Transactions on Wireless Communications，2009，8(6)：2877-2880.

[132] 齐林，陶然，周思永，等. 直接序列扩频系统中线性调频干扰的抑制[J]. 兵工学报，2004，25(4)：234-65.

[133] 陈恩庆，陶然，张卫强. 一种基于分数阶傅里叶变换的时变信道参数估计方法[J]. 电子学报，2005，33(12)：2011-2014.

[134] KHANNA R，SAXENA R. Improved fractional Fourier transform based receiver for spatial multiplexed MIMO antenna systems [J]. Wireless Personal

Communications,2009,50: 563-574.

[135] TAO R,MENG X Y,WANG Y. Transform order division Multiplexing [J]. IEEE Transactions on Signal Processing,2011,59(2): 598-609.

[136] SHI J,CHI Y,SHA X,et al. Fractional Fourier domain communication system(FrFDCS): analytic, modeling and simulation results [C]. Proceedings of IEEE Canadian Conference on Electrical and Computer Engineering, 2009:423-426.

[137] 史军,迟永钢,张乃通. 变换域通信系统:原理、技术与发展趋势[J]. 南京邮电大学学报,2009,29(1):87-94.

[138] CHI Y,ZHANG S,SHI J. Fractional Fourier domain communication system: system structure and signal modeling [C]. Harbin, China: Proceedings of the 6th International ICST Conference on Communications and Networking, 2011:560-564.

[139] COHEN L. Time-frequency analysis [M]. Englewood Cliffs,NJ: Prentice-Hall,1995.

[140] CHRISTENSEN O. An introduction to frames and Riesz bases [M]. Boston,MA: Birkhuser,2003.

[141] SAYEED A M,JONES D L. Integral transforms covariant to unitary operators and their implications for joint signal representations [J]. IEEE Transactions on Signal Processing,1996,44(6): 1365-1376.

[142] AKAY O,BOUDREAUX-BARTELS G F. Unitary and hermitian fractional operators and their relation to the fractional Fourier transform [J]. IEEE Signal Processing Letters,1998,5(12): 312-314.

[143] GIANG B T,TUAN N M. Generalized convolutions for the integral transforms of Fourier type and applications [J]. Fractional Calculus and Applied Analysis,2009, 12(3): 252-268.

[144] THAO N X,TUAN T. On the generalized convolution for I-transform [J]. Acta Mathematica Vietnamica,2003,18(2): 135-145.

[145] BRITVINA L E. General convolutions of integral transforms and their application to ODE and PDE problems [J]. Mathematical Modeling and Analysis,2006, 11(1):23-34.

[146] BRITVINA L E. Generalized convolutions for the Hankel transform and related integral operators [J]. Mathematische Nachrichten,2007,280: 962-970.

[147] PEI S C,YEH M H,LUO T L. Fractional Fourier series expansion for finite signals and dual extension to discrete-time fractional Fourier transform [J]. IEEE Transactions on Signal Processing,1999,47(10): 2883-2888.

[148] PAPOULIS A. Signal analysis [M]. New York:McGraw-Hill,1977.

[149] DEBNATH L, BHATTA D. Integral transforms and their applications [M]. 2nd ed. Boca-Raton-London-New York:Chapman & Hall/CRC,2007.

[150] JANSSEN A J E M. The Zak-transform and sampling theorem for wavelet subspaces [J]. IEEE Transactions on Signal Processing, 1993, 41: 3360-3364.

[151] UNSER M, ALDROUBI A, EDEN M. B-Spline signal processing-Part Ⅰ: Theory [J]. IEEE Transactions on Signal Processing, 1993, 41(2): 821-833.

[152] MATHEWS J H, HOWELL R W. Complex analysis for mathematics and engineering[M]. Boston: Jones and Bartlett, 1997.

[153] GABOR D. Theory of communication [J]. Journal of the Institution of Electrical Engineers, 1946, 93(III): 429-457.

[154] SLEPIAN D, POLLAK H O. Prolate spheroidal wave functions, Fourier analysis and uncertainty-I [J]. Bell System Technical Journal, 1961, 40(1): 43-63.

[155] GOLUB G H, LOAN C F V. Matrix computations [M], 3rd ed. Baltimore, MD: The Johns Hopkins Univ. Press, 1996.

[156] WIGNER E P. On the Quantum correction for thermodynamic equilibrium [J]. Physical Review, 1932, 40: 749-759.

[157] MALLAT S. A wavelet tour of signal processing: The sparse way [M]. Orlando, FL: Academic Press, 2009.

名词索引

B

C

D

F

G

H

K

L

M

P

R

S

W

X